职业设计师岗位技能培训系列教程

从设计到印刷

CorelDRAW X5

平面设计师必读

1 DVD 影音视频教学光盘

王夕勇　霍奇超　程文昌　编著

印刷工业出版社

北京希望电子出版社
Beijing Hope Electronic Press
www.bhp.com.cn

内容提要

本书全面介绍了中文版CorelDRAW X5图形处理软件在印刷出版中的应用。全书共分11章，内容包括CorelDRAW X5的基本操作，图形的绘制与编辑，对象、轮廓线编辑与颜色填充，文本处理，特殊效果应用，对象的组织与安排，位图处理，文档打印与输出。

并通过实际案例介绍、陷阱分析来帮助读者迅速掌握软件在平面设计中的关键应用方法、平面设计工作的工艺流程、各种常见印刷类设计稿的设计规范，清楚了解在平面设计工作中常遇到的技术难题与易犯错误，熟练掌握正确的工作方法，以达到具有两年以上工作经验的设计师的工作水平。

本书作为新闻出版总署教育培训中心开展的"职业数码出版设计师"高技能人才培训项目的教学用书，也可以作为设计、印刷等专业院校的教材，及有志于从事设计工作的自学人员的学习用书。

本书配套光盘内容为书中案例视频教学、从设计到印刷的设计流程教学视屏，同时还配有部分图片素材。

图书在版编目（CIP）数据

从设计到印刷CorelDRAW X5平面设计师必读/王夕勇,霍奇超,程文昌编著.
-北京:印刷工业出版社，2011.6

职业设计师岗位技能培训系列教程

ISBN 978-7-5142-0213-7

I.从…II.①王…②霍…③程…III.①图形软件，CorelDRAW X5－技术培训－教材
IV.TP391.41

中国版本图书馆CIP数据核字(2011)第094518号

从设计到印刷CorelDRAW X5平面设计师必读

编　著：王夕勇　霍奇超　程文昌

责任编辑：郭　蕊　刘　芯　　责任校对：蒋　依

责任印制：密　东　　责任设计：深度文化

出版发行：印刷工业出版社（北京市翠微路2号　邮编：100036）

北京希望电子出版社（北京市海淀区上地三街9号嘉华大厦C座610　邮编：100085）

网　址：www.bhp.com.cn

经　销：各地新华书店

印　刷：北京市密东印刷有限公司

开　本：787mm×1092mm　1/16

字　数：392千字

印　张：17

印　数：1～4000

印　次：2011年6月第1版　2011年6月第1次印刷

定　价：39.80元（配1张DVD光盘）

ISBN：978-7-5142-0213-7

序

职业教育是我国教育事业的重要组成部分，是衡量一个国家现代化水平的重要标志，我国一直非常重视职业教育的发展。西方发达国家的职业教育一直处于一个较高的水平，有效地促进了国家的经济发展、社会进步，增加了就业。发展职业教育，提高劳动者的素质，培养实用型人才是职业教育的一个重要目标，尤其是在当前我国城镇化步伐加快，农村剩余劳动力大转移的前提下，职业教育的地位更为突出和重要。经过20多年探索，我国职业教育改革发展的思路日益清晰。《国务院关于大力发展职业教育的决定》明确提出，要“推进职业教育办学思想的转变。坚持‘以服务为宗旨、以就业为导向’的职业教育办学方针，积极推动职业教育从计划培养向市场驱动转变，从政府直接管理向宏观引导转变，从传统的升学导向往就业导向转变。促进职业教育教学与生产实践、技术推广、社会服务紧密结合，推动职业院校更好地面向社会、面向市场办学”。各级政府和社会各界对这种职业教育的办学思路已逐步形成共识，并引导着我国职业教育不断深化改革，在服务中求支持，在改革中求发展。

在此背景下，新闻出版总署教育培训中心与相关专业培训公司、软件厂商、相关院校合作推出了“职业数码出版设计师”培训计划，旨在培养出符合企业需求的平面设计师。该培训计划将实际工作场景融入培训课程，以实际工作案例作为课程内容，将大大激发学生的学习热情。随着排版设计的新技术和平板电脑、手机等硬件设备的广泛应用，人们渐渐的更乐意使用这些硬件来阅读电纸书，以获取信息。电纸书的排版设计师也成为市场稀缺的高薪人才。“职业数码出版设计师”培训计划更是根据此市场需求，推出了“电、纸媒体排版”学习课程，让学员不光掌握传统的设计印刷知识，对前沿技术也能充分了解。

“职业数码出版设计师”培训地点位于北京大兴区的北京印刷学院高职院内，从这里已经走出了一批批高素质平面设计师。他们深深地感到“职业数码出版设计师”培训为其工作打下了良好的基础，并且起到了连接学校和企业的桥梁作用。本系列用书是根据“职业数码出版设计师”培训计划编写的教材，作者将多年的工作经验和技巧融入教材实例中，也希望该书能对有兴趣从事平面设计工作的读者有所帮助。

本套教材是配合该项目的实施，专门开发的教材。教材采用了大量实际案例，并将软件知识点与专业知识进行综合分析与讲解，力求帮助读者通过强化专业技能培训与实务训练，迅速掌握软件在平面设计中的关键应用方法、平面设计工作的工艺流程、各种常见印刷类设计稿的设计规范，清楚了解在平面设计工作中常遇到的技术难题与易犯错误，熟练掌握正确的工作方法，以达到具有两年以上工作经验的设计师的工作水平。

本书附赠的光盘中包括案例教学视频，拍摄了本套书封面从设计、制作、出片、打样、印刷以及装订的完整流程，带领读者实地跟踪、参观演练从设计到印刷的完整工艺流程，以对其有一个完整的感性认识，从而更加清晰地掌握手中涉及到的专业知识。

编著者

前 言

设计是将一种计划、规划、设想通过视觉的形式传达出来的活动过程。人类通过劳动改造世界，创造文明，创造物质财富和精神财富，而最基础、最主要的创造活动是造物。设计便是造物活动进行预先的计划，可以把任何造物活动的计划技术和计划过程理解为设计。

随着现代科技的发展、知识社会的到来、创新形态的嬗变，设计也正由专业设计师的工作向更广泛的用户参与演变，以用户为中心的、用户参与的创新设计日益受到关注，用户参与的创新模式正在逐步显现。用户需求、用户参与、以用户为中心被认为是新条件下设计创新的重要特征，用户成为创新的关键词，用户体验也被认为是知识社会环境下创新模式的核心。设计不再是专业设计师的专利，以用户参与、以用户为中心也成为了设计的关键词。

本套教材以职业活动为导向，以“理论实践一体化”为原则，有较强的针对性和适应性，能帮助读者更准确、更快捷地去理解和掌握平面设计与印刷的有关专业知识，充分体现了理论与实践的可操控性。本书既可以作为具有应用和实践特色的主题教材，又可以作为自学的实践教材，能帮助学习者切实地把握本课程的知识内涵，提高理论与实践的水平，具备了职业活动导向教材的特色。

设计软件是设计师完成视觉传达的得力助手，平面类设计软件中最深入人心的当数Photoshop、Illustrator、InDesign、CorelDRAW，它们分工协作，相辅相成。通过对本教材的学习，可以传授给读者视觉思维的表达能力和软件设计能力。

平面设计软件大致可以分为图像软件（如Photoshop）、图形软件（如Illustrator、CorelDRAW）、排版软件（如InDesign、CorelDRAW）三类。图像和图形软件的区别就如同给设计师一个照相机和一支画笔，设计师可以选择将物品拍下来，也可以选择画出来；而排版软件区别于其他两类软件就是能对文字更加高效精确地编辑，对版面的控制也最方便。

CorelDRAW软件为专业设计师及绘图爱好者提供简报、彩页、手册、产品包装、标识、网页及其他。CorelDRAW提供的智慧型绘图工具以及新的动态向导可以充分降低用户的操控难度，允许用户更加容易精确地创建物体的尺寸和位置，减少点击步骤，节省设计时间。

本书介绍的CorelDARW X5是Corel公司推出的一款优秀的图像软件，在实际的设计工作中运用广泛，如用于平面广告设计、工业设计、企业形象设计、产品包装、产品造型、网页设计、图案绘制、印刷制版等。

本书内容与特点

本书的最大特点就是在保证基础知识讲解完整的基础上，融入了工作中应该掌握的印刷知识，并且以实际案例让读者身临其境地感受平面设计。

最后，通过实际案例介绍、陷阱分析帮助读者迅速掌握软件在平面设计中的关键应用方法、平面设计工作的工艺流程、各种常见印刷类设计稿的设计规范，清楚了解在平面设计工作中常遇到的技术难题与易犯错误，熟练掌握正确的工作方法，以达到具有两年以上工作经验的设计师的工作水平。

本书配套光盘内容为书中案例视频教学、从设计到印刷的设计流程教学视频，同时还配有部分图片素材、矢量成品案例供读者学习使用。

本书由王夕勇、霍奇超、程文昌编写，同时参与编写和资料整理的还有张冠玉、于亚杰王静、蔡欣平、陈涛杰、韦娜娜、姚淼。

因编者水平有限，敬请读者批评指正。

编著者

CONTENTS 目录

认识CorelDRAW X5

1.1 矢量图与位图........2
1.2 CorelDRAW在设计流程中的重要作用........4
1.3 CorelDRAW在印刷设计中的运用........4
1.4 CorelDRAW基础知识........6
1.4.1 工作区概览........6
1.4.2 文件基本操作........13
1.5 页面设置........15
1.6 视图控制........15
1.6.1 改变显示比例........15
1.6.2 改变显示模式........16
1.7 CorelDRAW X5的优化设置........17
1.7.1 认识“选项”对话框........17
1.7.2 设置“工作区”选项........17
1.7.3 设置“文档”选项........23
1.7.4 设置“全局”选项........24
1.8 小结........25
1.9 习题........25

第 2 章

设计前准备工作

2.1 原稿的获取与筛选........28
2.1.1 文字的获取........28
2.1.2 图片的获取与筛选........32
2.2 原稿与制作文件的管理........33
2.3 创建合格的文件........35
2.4 小结........36
2.5 习题........36

图形的绘制和编辑

3.1 曲线的绘制和编辑........38
3.1.1 认识曲线........38
3.1.2 曲线的绘制........39
3.1.3 曲线的编辑........40
3.1.4 节点的连接、分割和对齐........45
3.1.5 曲线的变形........47
3.1.6 与曲线相关的工具........48
3.1.7 艺术笔工具........50
3.2 几何图形的绘制........52
3.2.1 绘制矩形........52
3.2.2 绘制圆角矩形........53
3.2.3 绘制椭圆........55
3.2.4 绘制多边形........57
3.2.5 绘制螺纹........57
3.2.6 绘制图纸........58
3.2.7 绘制预设形状........58
3.3 小结........60
3.4 习题........60

第4章 对象的排列与组合

4.1 对象的叠放次序......62
4.1.1 图层对象的顺序......62
4.1.2 图层对象管理器......64
4.2 对象的对齐和分布......66
4.2.1 网格和辅助线......66
4.2.2 排列多个对象......70
4.2.3 标尺......72
4.3 群组与结合......74
4.3.1 群组......74
4.3.2 结合......76
4.4 造型对象......77
4.4.1 焊接......77
4.4.2 修剪......78
4.4.3 相交......80
4.4.4 简化......81
4.4.5 移除后面图像......82
4.4.6 移除前面图像......82
4.5 小结......83
4.6 习题......83

第5章 编辑轮廓线和填充颜色

5.1 认识和设置颜色......86
5.1.1 认识色彩模式......86
5.1.2 设置调色板......87
5.1.3 使用颜色......92
5.2 轮廓线的编辑......95
5.2.1 轮廓画笔对话框......95
5.2.2 轮廓颜色对话框和彩色泊坞窗......98
5.2.3 轮廓宽度......99
5.3 填充色......99
5.3.1 颜色填充......100
5.3.2 渐变填充......100
5.3.3 图案填充......104
5.3.4 纹理填充......105
5.3.5 PostScript填充......106
5.4 交互式填充......106
5.4.1 使用“交互式填充工具”进行渐变填充......106
5.4.2 使用预设样式......108
5.5 其他填充工具......108
5.5.1 颜色滴管工具......108
5.5.2 交互式网状填充......109
5.6 小结......110
5.7 习题......110

第6章 文本的编辑

6.1 认识文本......112
6.1.1 美术字文本和段落文本......112
6.1.2 添加美术字文本和段落文本......113
6.1.3 转换文本模式......116
6.2 文本操作......118
6.2.1 选择文本......118

CONTENTS 目录

6.2.2 编辑文本 120

6.3 转曲艺术字 141

6.4 小结 145

6.5 习题 145

图形特效

7.1 设置透明效果 148

7.1.1 设置均匀透明效果 148

7.1.2 设置渐变透明效果 150

7.1.3 设置图案透明度效果 151

7.1.4 设置底纹透明效果 151

7.2 使用调和效果 152

7.2.1 建立调和 152

7.2.2 属性栏 153

7.2.3 修改调和 154

7.2.4 沿路径调和 156

7.2.5 拆分调和对象 157

7.2.6 复合调和 157

7.3 编辑轮廓图 158

7.3.1 轮廓化效果制作方法 158

7.3.2 设置轮廓图的步数和步长 159

7.3.3 设置轮廓线和填充的颜色 160

7.3.4 拆分轮廓化对象 161

7.3.5 复制轮廓图属性 162

7.4 使用变形效果 162

7.4.1 制作变形效果 162

7.4.2 使用属性栏设置变形效果 164

7.5 使用封套效果 166

7.5.1 制作封套效果 166

7.5.2 封套的4种工作模式 167

7.6 立体效果 168

7.6.1 制作和手动调整立体对象 168

7.6.2 使用属性栏调整立体对象 170

7.7 阴影效果 174

7.7.1 制作阴影效果 174

7.7.2 编辑阴影 175

7.7.3 阴影填色 177

7.7.4 复制和清除阴影 178

7.8 透视效果 179

7.9 透镜效果 179

7.9.1 使用透镜效果 180

7.9.2 设置透镜选项 181

7.10 图框精确裁剪 181

7.10.1 制作图框精确裁剪对象 181

7.10.2 编辑裁剪对象 182

7.10.3 复制内置对象 183

7.10.4 锁定内置对象 184

7.10.5 设置内置对象的默认值 185

7.11 调整图形颜色 185

7.11.1 调整“亮度/对比度/强度” 186

7.11.2 调整“颜色平衡” 186

7.11.3 调整“伽玛值” 187

7.11.4 调整“色度/饱和度/光度” 187

7.12 小结 188

7.13 习题 188

位图图像

8.1 位图的基本概念 190

8.2 导入位图 190

8.3 导入时编辑位图 191
8.3.1 裁剪位图 191
8.3.2 重新取样 192
8.4 外部链接位图 192
8.5 位图的基本操作 194
8.5.1 移动、伸缩、旋转位图 194
8.5.2 裁切位图 195
8.6 位图的色彩特效 196
8.6.1 位图颜色遮罩 197
8.6.2 转换色彩模式 198
8.6.3 调整位图色彩 201
8.7 位图的高级操作 203
8.7.1 图像转图形 203
8.7.2 位图滤镜 205
8.8 小结 228
8.9 习题 228

第9章 打印输出

9.1 文档预检 230
9.1.1 页面尺寸 230
9.1.2 页面出血 230
9.1.3 字体 231
9.1.4 位图 232
9.2 输出设定 233
9.2.1 分色选项 233
9.2.2 标记 234
9.3 小结 234
9.4 习题 234

第10章 实战案例

10.1 购物广场广告设计 236
10.2 小结 246

第11章 逃出陷阱

11.1 底色陷阱 248
11.1.1 “黑色底”避四色黑 248
11.1.2 “黑色底”就黑色图 249
11.1.3 “浅色底”避黑 249
11.2 文字陷阱 250
11.2.1 文字字体陷阱 250
11.2.2 文字颜色的陷阱 250
11.3 尺寸陷阱 251
11.4 颜色陷阱 252
11.4.1 四色的设置 252
11.4.2 专色的困惑 253
11.5 标线陷阱 253
11.6 图片陷阱 254
11.7 小结 255

附录

常用快捷键 256

1

第1章

认识CorelDRAW X5

CorelDRAW X5是一个集绘图和排版于一体的设计软件，广泛应用于商标、包装、海报、手册、插画及网页设计等。熟悉CorelDRAW X5的工作环境，了解CorelDRAW X5在设计流程中的作用，让设计师的工作变得轻松愉快。

本章将对CorelDRAW X5进行简单的介绍，包括软件的工作界面、工具名称和用途；以及文件的基本操作知识，如文件的打开和保存等，为后面章节的学习打下坚实的基础。

设计要点

- CorelDRAW X5在设计流程中的重要作用
- CorelDRAW X5基础知识
- CorelDRAW X5文件的基本操作

1.1 矢量图与位图

计算机中的图片通常分为两种：矢量图形与位图图像。这两种图片的构成有很大的不同。

1. 矢量图

矢量图又叫向量图（如图1-1所示），它是用一系列计算机指令来描述和记录一幅图。一幅图可以分解为一系列由点、线、面等组成的子图。矢量图所记录的是对象的几何形状、线条粗细和色彩等，其基本组成单元是节点和路径。矢量图形在缩放时边缘都是平滑的，图形不会失真，如图1-2所示。因此，矢量图特别适用于文字设计、图案设计、版式设计、标志设计、计算机辅助设计（CAD）、工艺美术设计、插图设计等，且生成的矢量图文件体积很小。

图1-1

图1-2

其缺点是不易制作出色彩丰富的图像，想要像位图那样精确地绘制丰富、真实的图像效果难度很大。下面将要学习的CorelDRAW X5就是一个矢量绘图软件，矢量绘图软件描述图的方式与分辨率无关，因此，用CorelDRAW X5绘制图形是没有设置分辨率的选项的。

2. 位图

位图（如图1-3所示）又叫点阵图或像素图。计算机屏幕上显示的图像是由屏幕上的发光点（即像素）构成的，每个点的颜色与亮度等信息由二进制数据来描述，这些点是离散的，类似于点阵。多个像素的色彩组合就形成了图像，这个图像称之为位图。位图图像可以通过数码相机、扫描仪或PhotoCD软件获得，也可以通过其他设计软件绘制生成。

图1-3

其优点在于表现力强、层次多、细节多，容易模拟出像照片一样的真实效果。在对位图图像进行拉伸、放大或缩小等处理时，由于是对图像中的像素进行编辑，所以图像的清晰度和光滑度会受到影响，如图1–4所示。

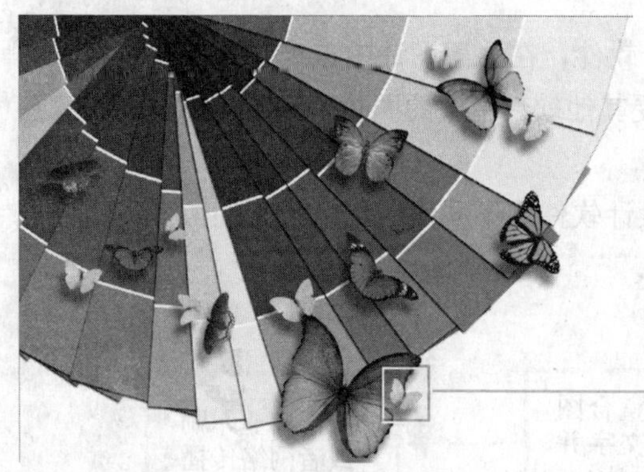

图1–4

3. 矢量图和位图

下面结合软件来认识矢量图和位图。

使用CorelDRAW绘制的图都是矢量图。虽然矢量图也能模拟位图图像，绘制与之一样的层次、细节丰富的图像，但是绘制的时间成本非常惊人，如图1–5所示。而使用Photoshop绘制的图片都是位图。

矢量图和位图是可以相互转换的，在Photoshop中打开矢量图，矢量图将被转换成位图；在矢量软件中打开或者置入位图，不能直接将位图转换成矢量图，但是有专门的命令实现转换。

矢量图最核心的特点是可以无损地任意缩放图形，利用矢量图的这一特点来绘制的一些简单结构和色彩的图形（如企业标志、标识）其优势是很明显的。这种结构简单的图形文件体积很小，易于传播，并且能无限制地放大，为企业的应用提供了极大的便利。

图1–5

1.2 CorelDRAW在设计流程中的重要作用

CorelDRAW是集绘图和排版于一身的优秀设计软件，在平面设计中占据着重要的位置。它既可以为其他排版软件提供绘制的图形，也可以接受其他软件生成的图片来完成排版，还可直接用于输出印刷。

通过下面的流程图，能够直观地看到3类常用设计软件的不同作用，以及它们协同完成商业品的工作流程，如图1-6所示。

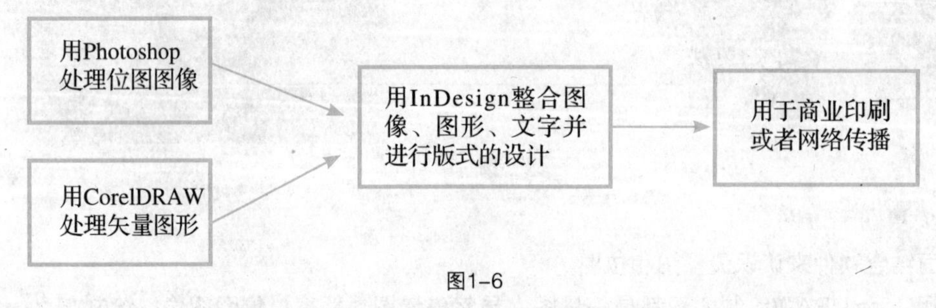

图1-6

1.3 CorelDRAW在印刷设计中的运用

使用CorelDRAW软件为企业绘制标志、图形，排版书刊、画册是设计师必备的技能。CorelDRAW常用来处理以下工作。

1. 绘制地图

利用CorelDRAW的手绘工具，设计师能轻松地绘制路径，以及为地图中的路线进行描边。使用CorelDRAW的自定义符号能节省绘制时间，并显著地减小文件的大小，如图1-7所示。

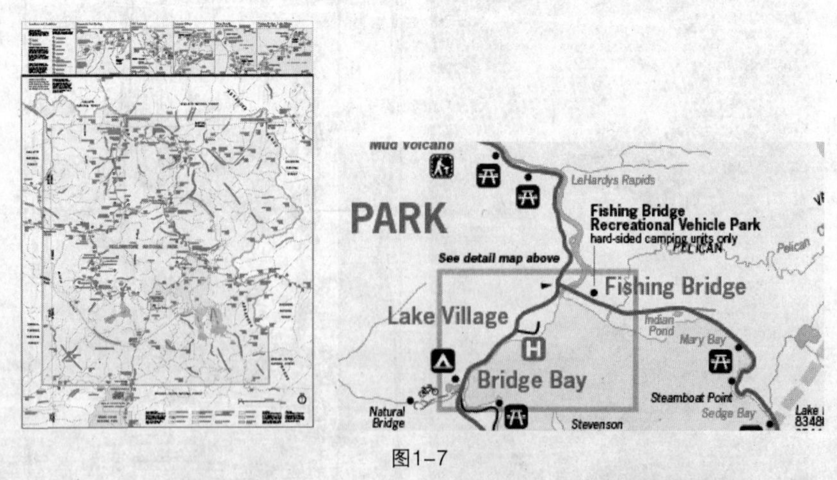

图1-7

2. 海报、名片

使用CorelDRAW的绘图功能、文字变形和图案编辑功能，制作出各种各样的海报、名片，如图1-8所示。

图1-8

3. 户型图

使用CorelDRAW制作房地产宣传页中使用的户型图，如图1-9所示。

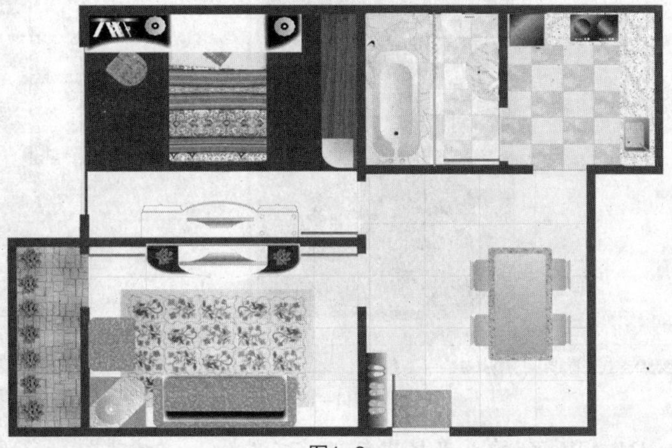

图1-9

4. 画册

用CorelDRAW制作企业宣传画册和书刊，如图1-10所示。

图1-10

1.4 CorelDRAW基础知识

熟悉CorelDRAW X5的操作界面、工具箱、泊坞窗与基本操作是深入学习的基础。本节主要的内容包括工作区概览和文件的基本操作，让设计师快速掌握CorelDRAW X5的工作环境。

1.4.1 工作区概览

1. 操作界面

打开CorelDRAW软件，首先看到如图1-11所示的工作界面，包括菜单栏、工具栏、绘图工作区等基本元素。

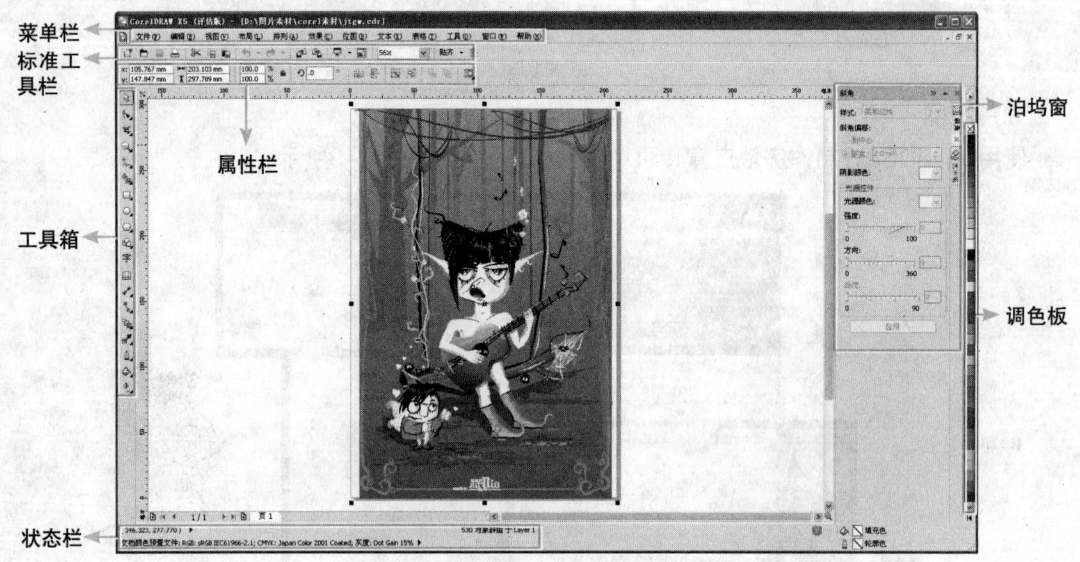

图1-11

- 菜单：CorelDRAW X5的菜单栏中包括“文件”、“编辑”、“视图”、“布局”、“排列”、“效果”、“位图”、“文本”、“表格”、“工具”、“窗口”和“帮助”12类功能各异的菜单。单击菜单栏中的各个命令会弹出相应的下拉菜单。
- 标准工具栏：放置常用的功能按钮。
- 属性栏：用来显示绘图工具的相关属性。选择的工具不同，相关的属性栏也不相同，设置属性栏中的相关属性，使对象产生相应的变化。
- 工具箱：放置用于绘制和编辑图稿的工具。
- 状态栏：页面上的相关信息在状态栏中显示。
- 页面：绘制对象和排版的工作区域。
- 泊坞窗：是CorelDRAW X5中很有特色的窗口，通过泊坞窗内的交互式对话框，用户无须反复地打开、关闭各种参数对话框，就可以查看或修改各种参数的设置，极大地方便了用户的操作和使用。
- 调色板：选择调色板中的颜色对对象进行描边和填充。

2. 工具箱的介绍

CorelDRAW X5把常用的工具都放置在了工具箱中，并将功能近似的工具以展开的方式归类组合在一起，如图1-12所示。工具箱的操作灵活、方便，将鼠标放在工具上停留几秒会显示工具的快捷键。熟记这些快捷键可减少鼠标在工具箱和文档窗口间来回移动的次数，帮助设计师提高工作效率。

在使用时，修改属性栏中的参数将得到更加丰富的效果。

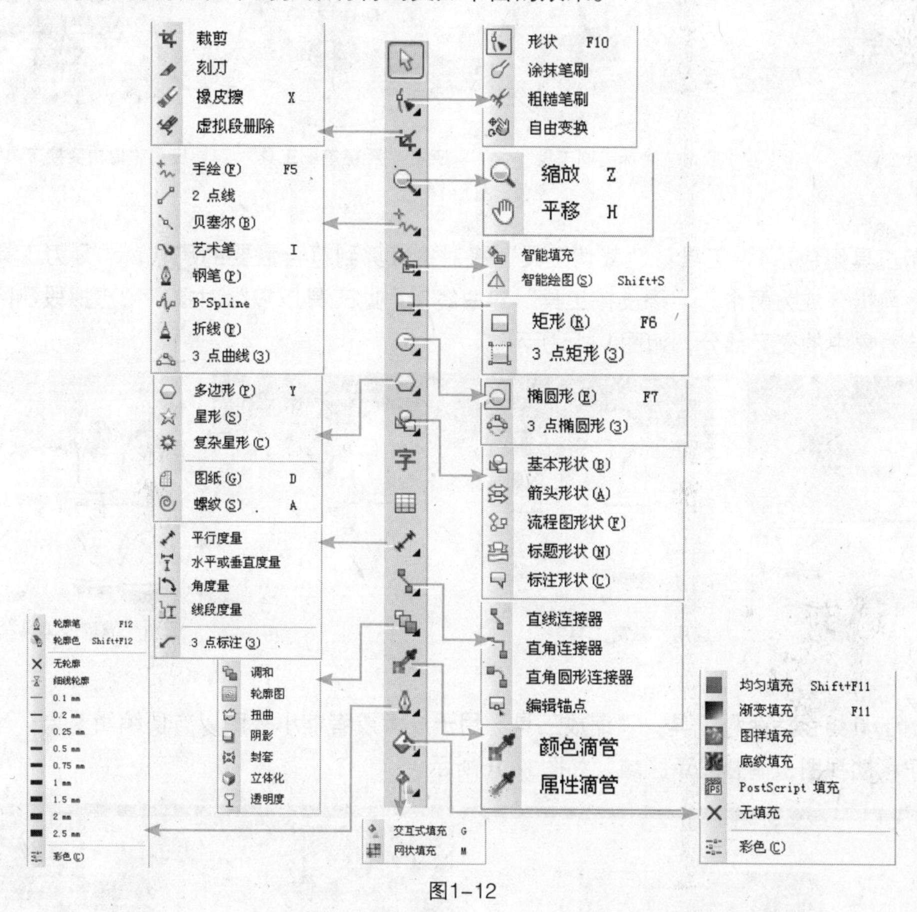

图1-12

“选择工具”用于选择对象。选中后可设置对象的大小，并倾斜或旋转对象，如图1-13所示。

图1-13

形状编辑工具组包括4种工具："形状工具"通过选择修改节点以编辑对象的形状；"涂抹笔刷工具"以涂抹效果编辑对象形状；"粗糙笔刷工具"可使对象粗糙；"自由变换工具"用于对象的扭曲、镜像等编辑，如图1-14所示。

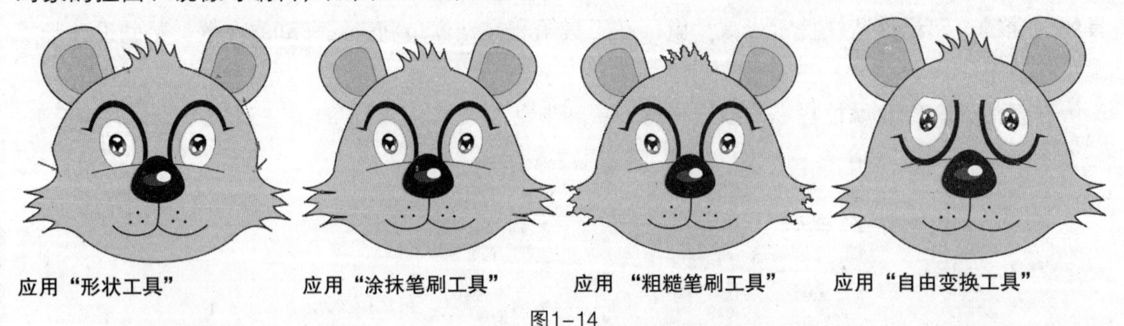

应用"形状工具"　应用"涂抹笔刷工具"　应用 "粗糙笔刷工具"　应用"自由变换工具"

图1-14

裁剪工具组包括4种工具："裁切工具"将对象裁剪到符合需要的尺寸；"刻刀工具"可以将对象裁剪拆分成为两个；"橡皮擦工具"对曲线使用此工具以擦除对象；"虚拟段删除工具"可以删除对象中的交叉部分，如图1-15所示。

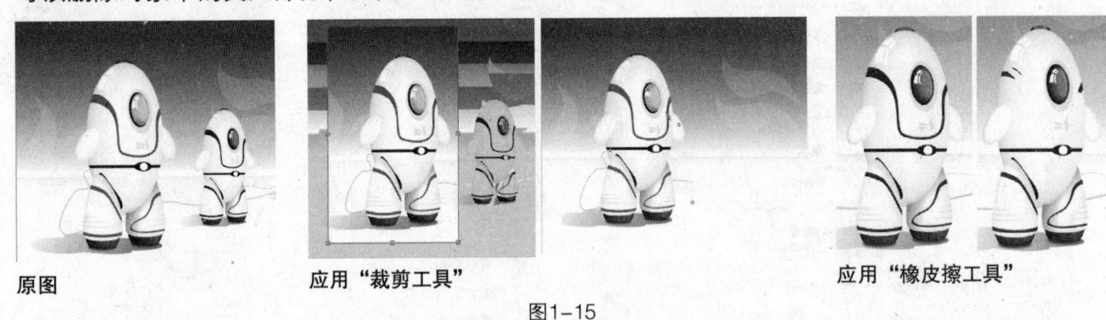

原图　应用"裁剪工具"　应用"橡皮擦工具"

图1-15

缩放工具组包括两种工具："缩放工具"用于放大或者缩小视图以方便编辑对象；"平移工具"用于移动视图，调整显示区域，如图1-16所示。

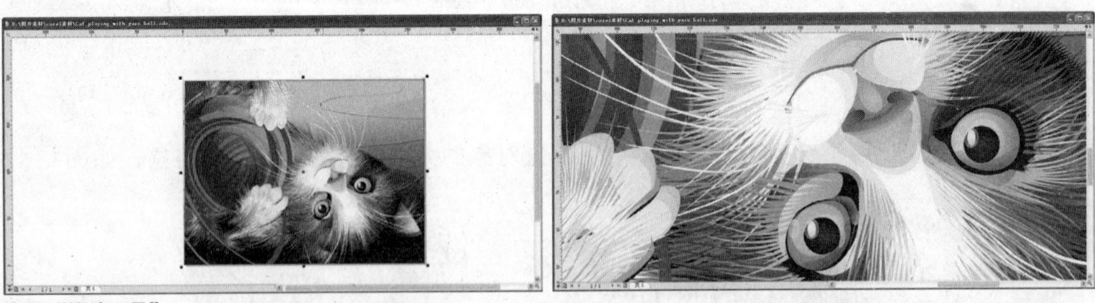

应用"缩放工具"

图1-16

手绘工具组包括8种工具："手绘工具"、"贝塞尔工具"、"艺术笔工具"、"钢笔工具"、"折线工具"、"3点曲线工具"、"2点线工具"和"B-Spline工具"，这些工具分别以不同的笔触和绘制方式来绘制曲线和线段，如图1-17所示。

智能工具组包括两种工具："智能填充工具"可以对闭合的区域进行单独填充；使用"智能绘图工具"绘制的曲线可自动转换为基本形状和平滑曲线，如图1-18所示。

应用“手绘工具”

应用“2点线工具”

应用“贝塞尔工具”

应用“艺术笔工具”

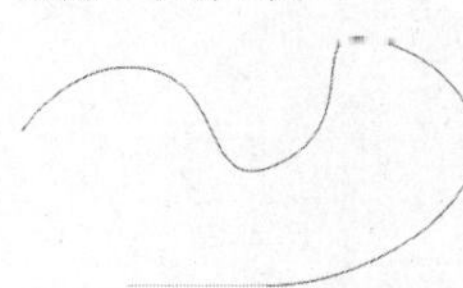
应用“钢笔工具”

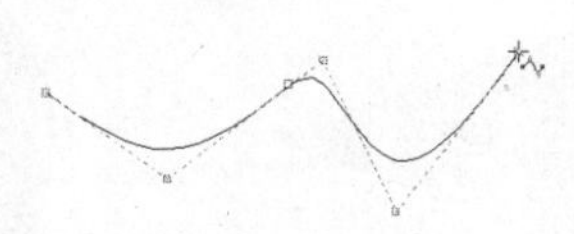
应用“B-Spline工具”

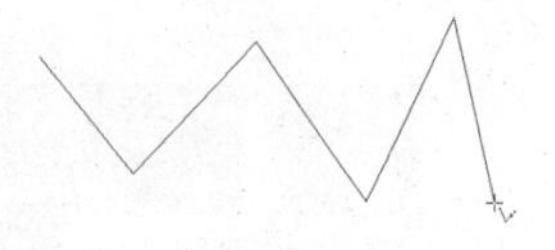
应用“折线工具”

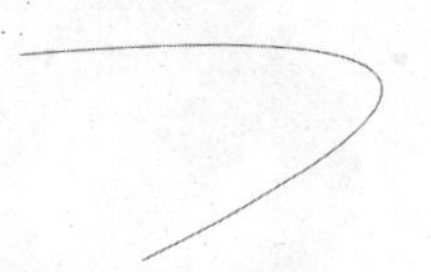
应用“3点曲线工具”

图1-17

应用“智能填充工具”

应用“智能绘图工具”

图1-18

矩形工具组包括两种工具：“矩形工具”用于绘制矩形和方形；“3点矩形工具”可以绘制任意角度的矩形，如图1-19所示。

椭圆工具组包括两种工具：“椭圆工具”用于绘制正圆和椭圆；“3点椭圆工具”可以绘制任意角度的正圆和椭圆，如图1-20所示。

应用“矩形工具”

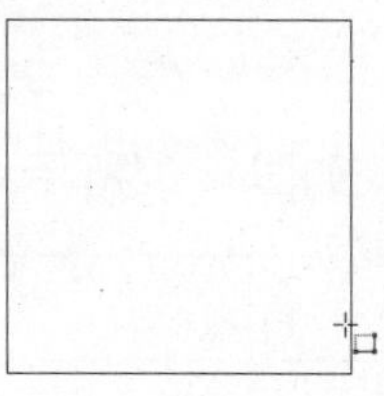
应用“3点矩形工具”

图1-19

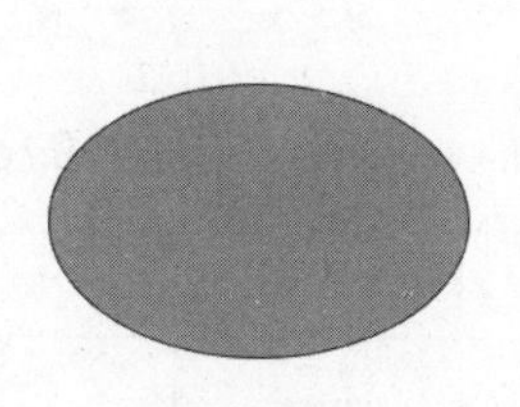
应用“椭圆工具”

应用“3点椭圆工具”

图1-20

多边形工具组包括5种工具：“多边形工具”、“星形工具”、“复杂星形工具”、“图纸工具”和“螺纹工具”，使用这些工具绘制一些基本的形状，如图1-21所示。

应用“多边形工具”

应用“星形工具”

应用“复杂星形工具”

应用“图纸工具”

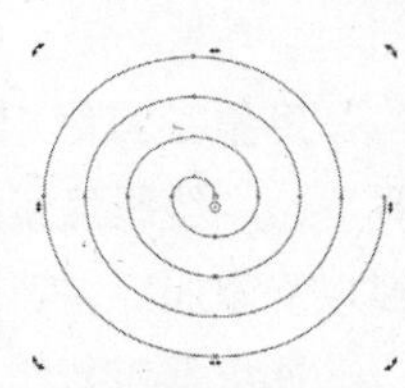
应用“螺纹工具”

图1-21

基本形状工具组包括5种工具："基本形状工具"、"箭头形状工具"、"流程图形状工具"、"标题形状工具"和"标注形状工具"，使用这些工具绘制排版中常用的一些提示图形，如图1-22所示。

应用"基本形状工具"　应用"箭头形状工具"　应用"流程图形状工具"

应用"标题形状工具"　应用"标注形状工具"

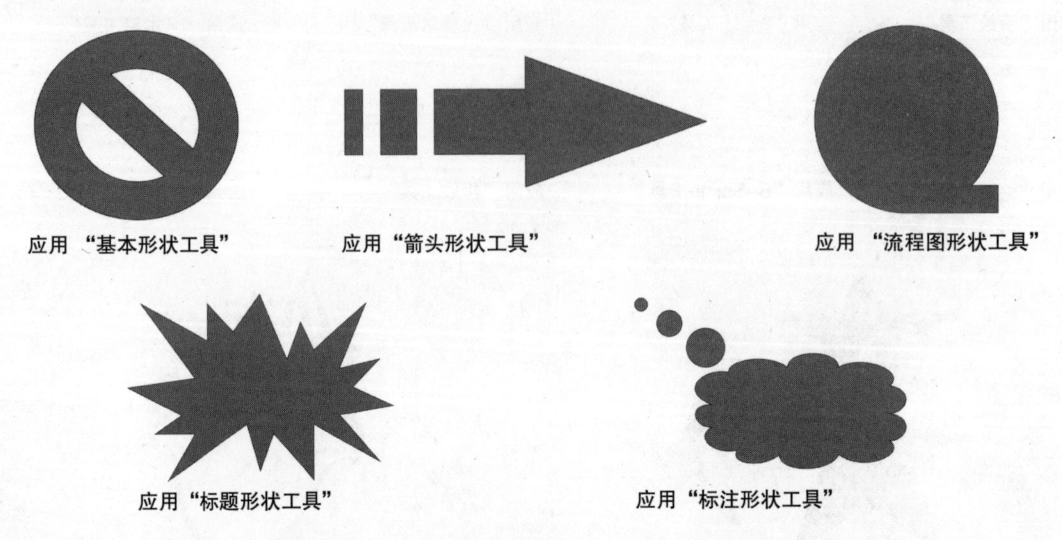

图1-22

"文本工具"用于创建美术字文本和段落文本，如图1-23所示。

corel

都符合符合加咖啡和空间大空间和减肥快打开和恐惧和反对卡今年放大镜看方可将担负空间的

图1-23

"表格工具"用于在CorelDRAW中创建表格，如图1-24所示。

图1-24

度量工具组中包括5种工具："平行度量工具"、"水平或垂直度量工具"、"角度量工具"、"线段度量工具"、"3点标注工具",可以使用这些工具精确测量图形的长度和角度、距离以及添加标注等，如图1-25 所示。

连接器工具组包括4种工具："直线连接器工具"，"直角连接器工具"，"直角圆形连接器工具"，可以使用这些工具来连接直线、创建直角线段、直角圆形线段等，如图1-26所示。

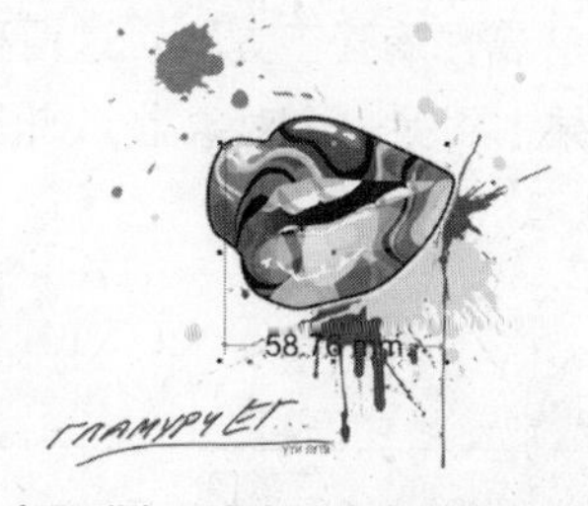
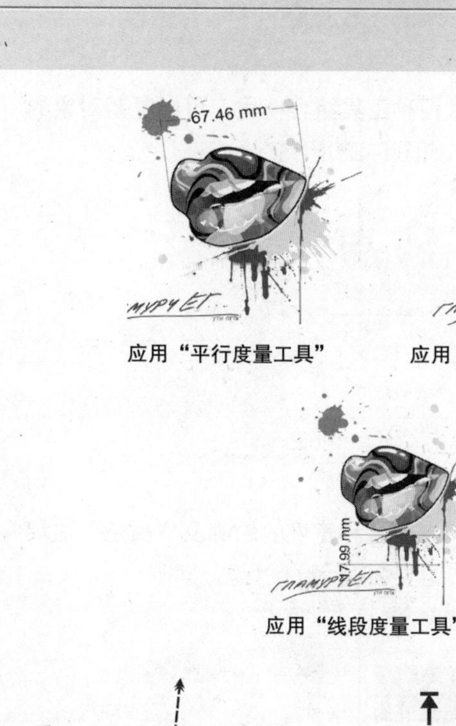
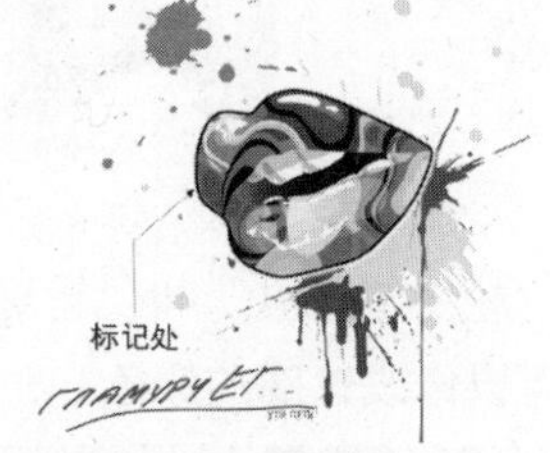

应用“平行度量工具”　应用“水平或者垂直度量工具”　应用“角度量工具”

应用“线段度量工具”　应用“3点标注工具”

图1-25

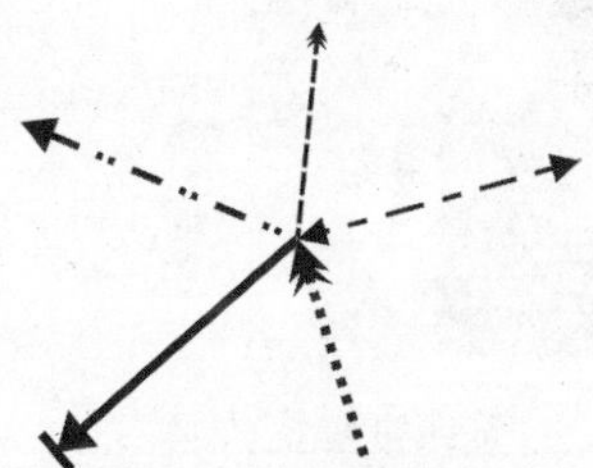

应用“直线连接器工具”　应用“直角连接器工具”　应用“直角圆形连接器工具”

图1-26

交互式工具组包括7种工具：“调和工具”、“轮廓图工具”、“扭曲工具”、“阴影工具”、“封套工具”、“立体化工具”和“透明度工具”，使用这些工具可以使图形产生各种效果，如图1-27所示。

应用“调和工具”　应用“轮廓图工具”　应用“扭曲工具”　应用“阴影工具”

应用“封套工具”　应用“立体化工具”　应用“透明度工具”

图1-27

滴管工具组包括“滴管工具”和“属性滴管工具”：这两种工具组合使用，可以复制对象的属性（如填充、线条粗细、大小和效果）到另一个对象上，如图1-28所示。

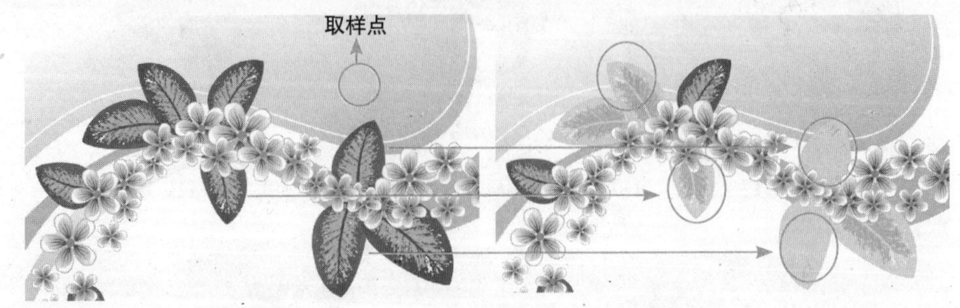

图1-28

轮廓工具组包括“轮廓笔工具”和“轮廓颜色工具”，以及各种宽度的轮廓及“颜色”泊坞窗等：使用这些工具可以修改轮廓的颜色、粗细等属性，如图1-29所示。

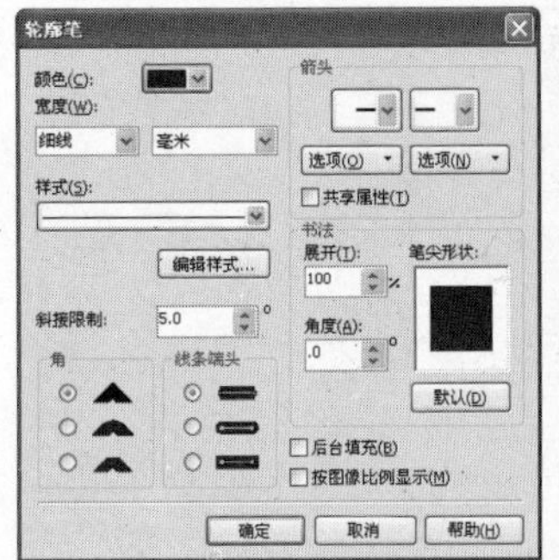

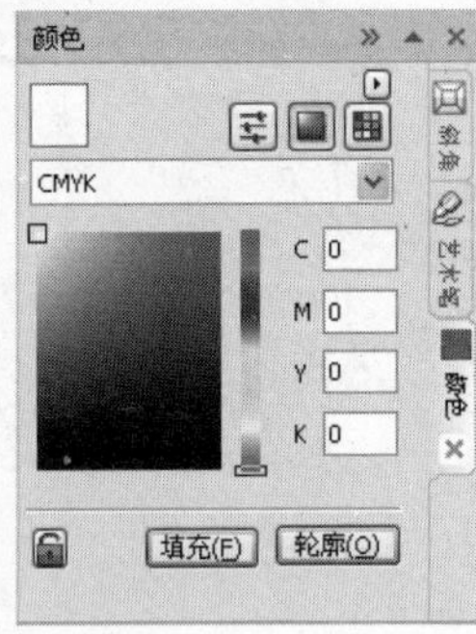

图1-29

填充工具组包括“均匀填充工具”、“渐变填充工具”、“图样填充工具”、“底纹填充工具”和“PostScript 填充工具”，以及“颜色”泊坞窗等：使用这些工具可以设置对象的填充效果，如图1-30所示。

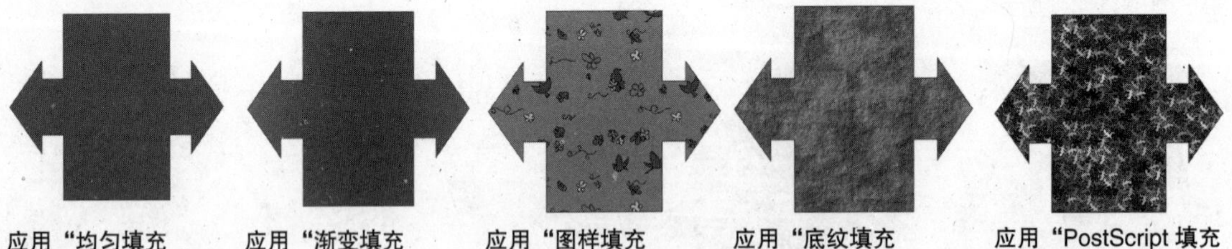

应用“均匀填充工具”　应用“渐变填充工具”　应用“图样填充工具”　应用“底纹填充工具”　应用“PostScript 填充工具”

图1-30

交互式填充工具组包括两种工具：“交互式填充工具”提供了多种填充方式以及灵活的编辑手段；“网状填充工具”可以对填充的对象应用网格进行编辑，如图1-31所示。

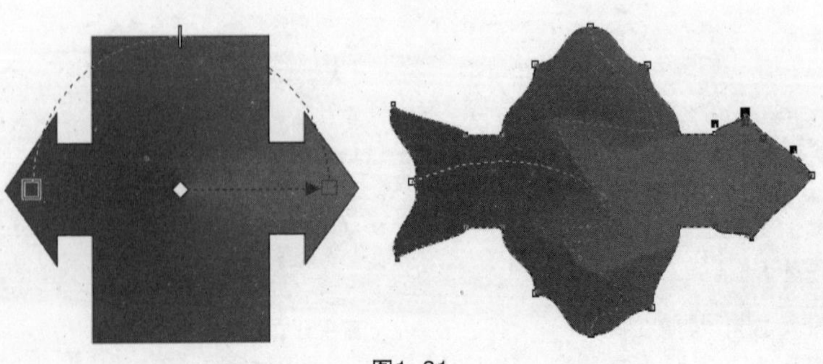

图1-31

1.4.2 文件基本操作

1. 新建和打开

在使用CorelDRAW绘制图形之前，首先要创建或打开一个新的文件。下面介绍新建文件或打开文件的几种方法。

（1）初次打开CorelDRAW X5时，会显示欢迎界面，根据欢迎屏幕中的提示可以创建一个新的文件，如图1-32所示。单击“新建空白文档”按钮，可以创建一个新的文件；选择“打开最近用过的文档”按钮，可以方便地打开最近编辑的文件；单击“打开其他文档”按钮，可以选择打开一个已存储的图形文件；选择“从模板新建”按钮，可以打开模板向导，利用模板迅速地建立一个图形文件。

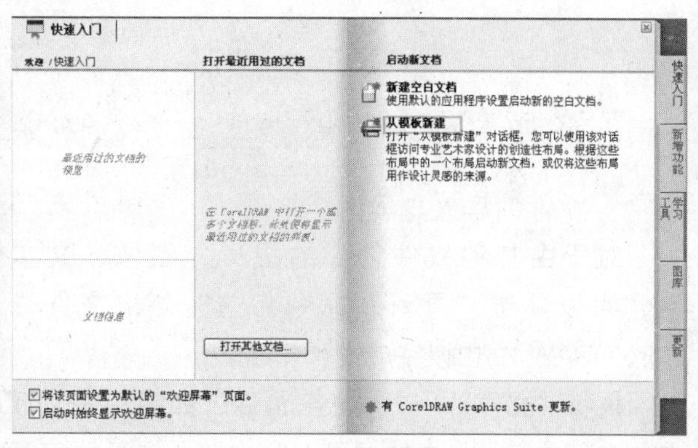

图1-32

（2）执行“文件”→“新建”命令，如图1-33所示，可以创建一个新的文件；同理，选择“从模板新建”和“打开”命令也可以新建或打开一个新的图形文件。

（3）通过标准工具栏中的“新建”按钮或“打开”按钮，可以新建或打开一个文件，如图1-34所示。

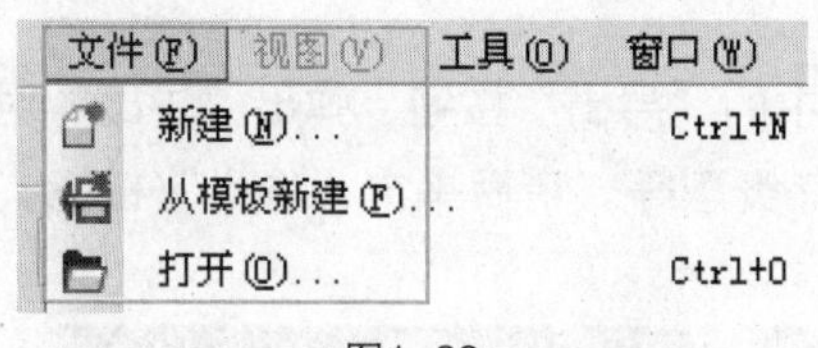

图1-33

图1-34

2. 文件的存储

当设计师设计完成一个作品时，需要将作品文件保存起来。方法如下。

保存文件可以执行“文件”→“保存”命令，如图1-35所示。如果是第一次保存文件，会弹出“保存绘图”对话框，如图1-36所示，在相应的文本框中设置文件名、保存类型等，最后单击“保存”按钮。

单击标准工具栏中的“保存”按钮也可以保存文件，如图1-37所示。

提示

为了更好地保存文件，可以将图形另外存一个副本，方法是执行“文件”→“另存为”命令，通过设置“保存绘图”对话框来保存文件。

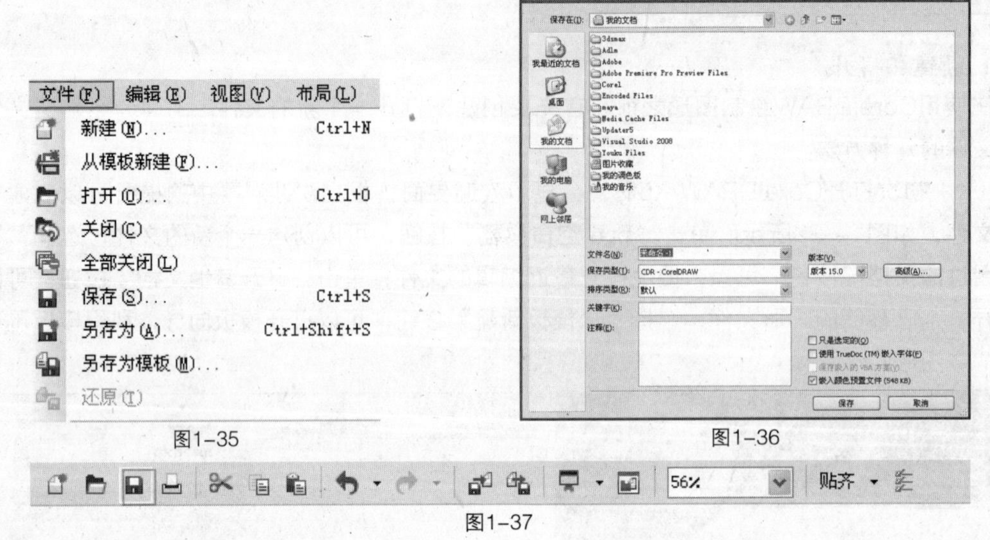

图1-35

图1-36

图1-37

3. 文件的导入与导出

对于由其他软件创建的图形、图像、文本等文件，可以通过“导入”命令将这些外部文件导入到CorelDRAW X5中以完成设计作品。

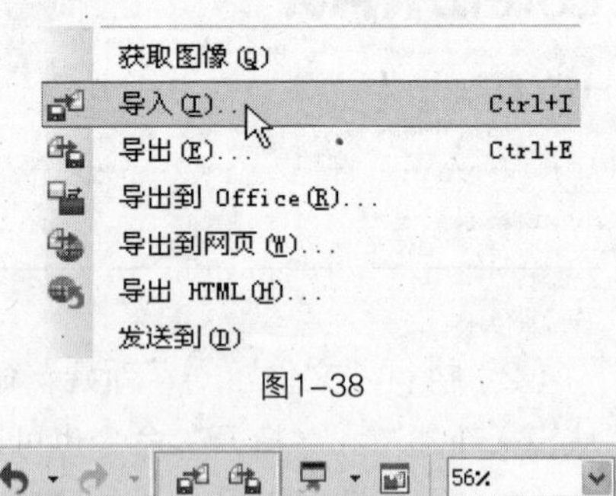

图1-38

图1-39

执行“文件”→“导入”命令，如图1-38所示，或者单击标准工具栏中的“导入”按钮，如图1-39所示，弹出“导入”对话框，如图1-40所示，选择需要导入的图形的文件名、文件类型等，最后单击“导入”按钮，就可将其他格式的图形文件导入至绘图页面中。

CorelDRAW X5的文件也可以通过“导出”命令，将文件输出成为其他软件可以读取的格式。

执行“文件”→“导出”命令，或者单击标准工具栏中的“导出”按钮，弹出“导出”对话框，如图1-41所示。设置需要导出的图形的文件名、保存类型等，最后单击“导出”按钮，即可将文件导出到指定的文件夹内。

图1-40

图1-41

1.5 页面设置

在使用CorelDRAW X5设计制作图形之前，首先要设置好页面的尺寸。执行“布局”→“页面设置”命令，如图1-42所示，弹出“选项”对话框，如图1-43所示。在左侧的【选项】列表中展开“文档”→“页面尺寸”选项，可以进行纸张大小、宽度、高度、出血的设置。

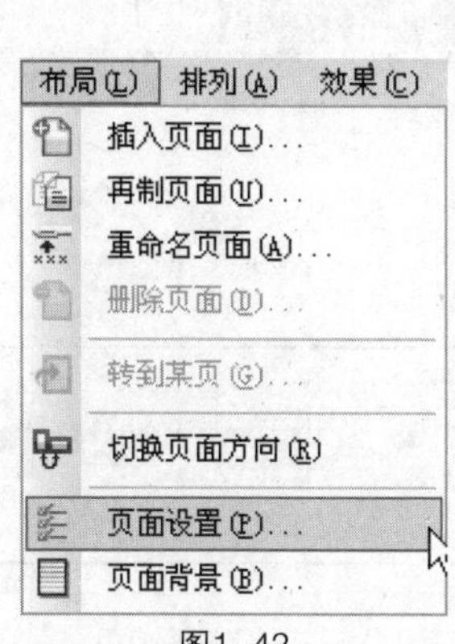

图1-42

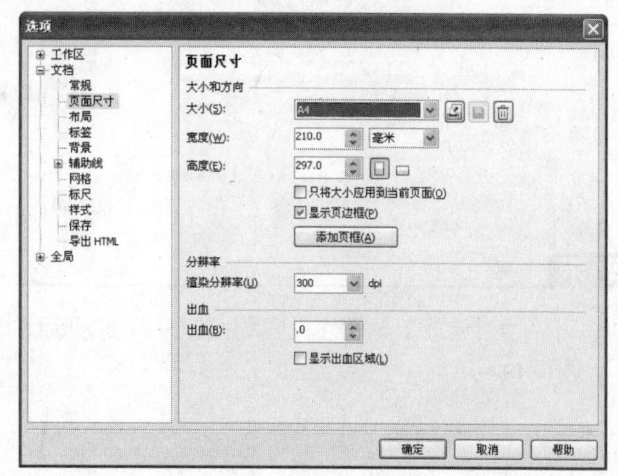

图1-43

选择“布局”选项，可以设置版面的样式，如图1-44所示；选择“标签”选项，可以从软件提供的近百种标签样式中选择所需的样式，如图1-45所示；选择“背景”选项，可以选择纯色或位图作为页面的背景，如图1-46所示。

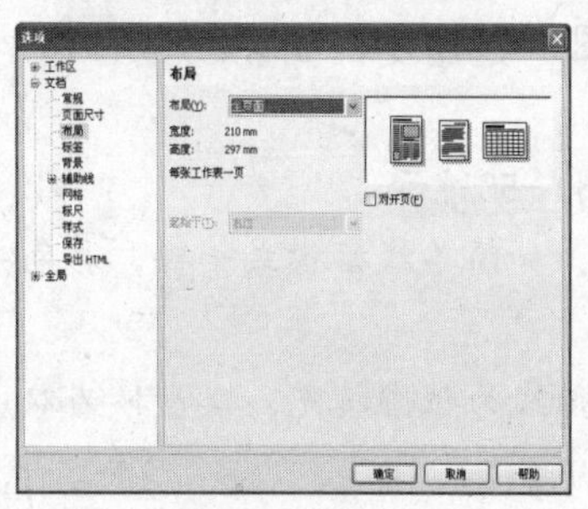

图1-44

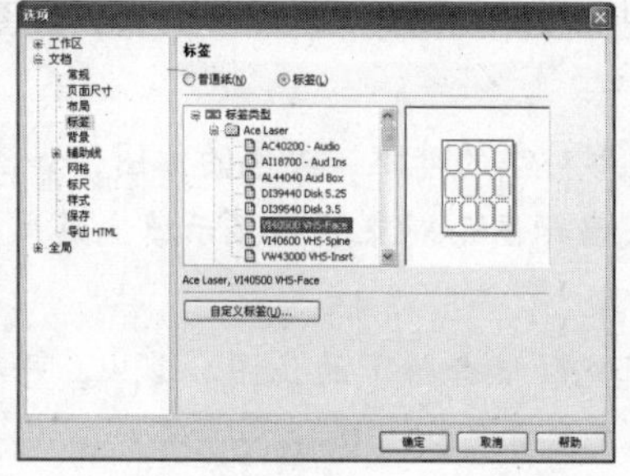

图1-45

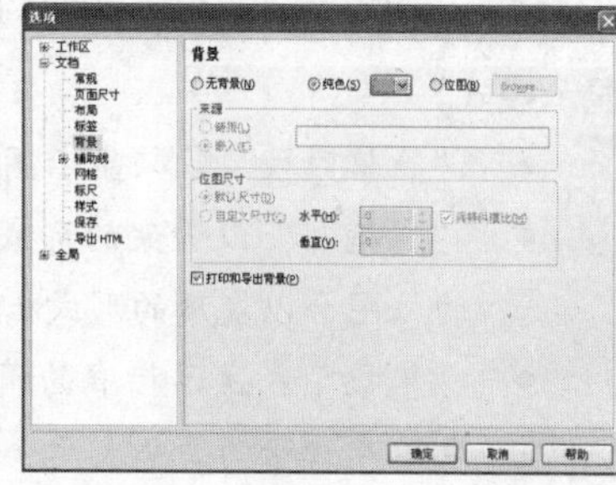

图1-46

1.6 视图控制

在进行创作的过程中，经常要对视图进行放大以观察局部细节，缩小以查看整体版面，或者改变页面的显示模式。下面介绍视图控制的方法。

1.6.1 改变显示比例

选择工具箱中的“缩放工具”，将鼠标移动到需要放大的区域，单击鼠标左键，则该区域就会放大两倍显示；按住Shift键单击鼠标左键或者单击鼠标右键，图形会缩小至原来的1/2显示。

还可以用鼠标拖曳框选出一个区域，使该区域放大显示，如图1-47所示；按住Shift键单击鼠标左键或按住鼠标右键框选，使该区域缩小显示。

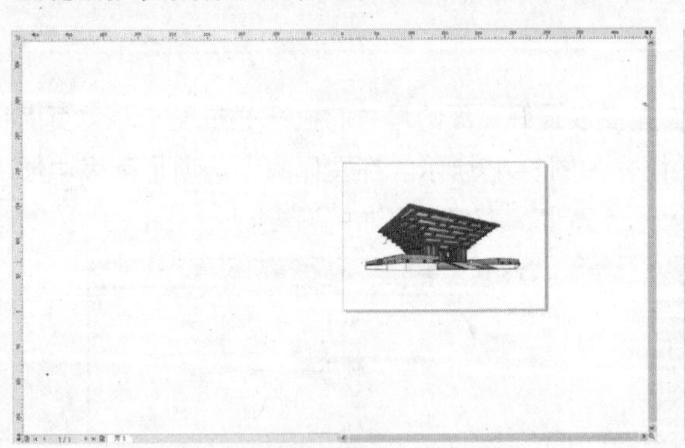

图1-47

也可以通过缩放工具属性栏内的按钮来改变显示比例，如图1-48所示。

图1-48

162 改变显示模式

在图形绘制的过程中，需要以适当的方式查看绘制的效果。CorelDRAW X5提供了8种图形的显示模式："简单线框"、"线框"、"草稿"、"正常"、"增强"、"像素"、"模拟叠印"、"光栅化复合效果"。选择菜单栏中的"视图"命令，如图1-49所示，可以选择所需的显示模式。

- "简单线框"：只显示图形对象的外框、单色的位图，如图1-50所示。
- "线框"：以骨架的形式显示图形对象，不显示填充效果，和简单线框模式一样，彩色的位图会以灰度的形式出现。
- "草稿"：显示标准的填充和低分辨率的位图。其中，平行线为位图填充，棋盘格为双色填充，双向箭头表示全色填充，PS为PostScript填充。
- "正常"：最常用的显示模式，显示除PostScript填充外的所有填充及高分辨率位图，如图1-51所示。
- "增强"：使用两倍的过度取样，确保最佳的显示效果。
- "模拟叠印"：对于使用了叠印设置的图形，这里可以预览效果。

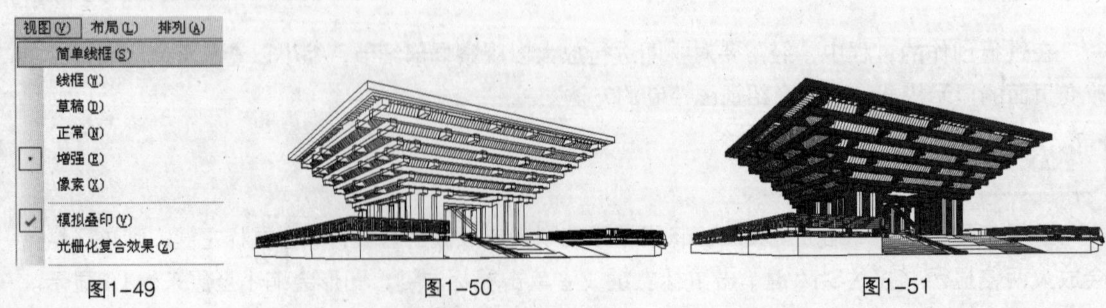

图1-49　图1-50　图1-51

1.7 CorelDRAW X5的优化设置

在CorelDRAW X5中，设计师可以根据个人的工作习惯对CorelDRAW X5进行优化设置，以提高工作效率。

1.7.1 认识“选项”对话框

CorelDRAW X5通过设置“选项”对话框中的属性来完成优化。执行“工具”→“选项”命令，如图1-52所示，弹出“选项”对话框，如图1-53所示。

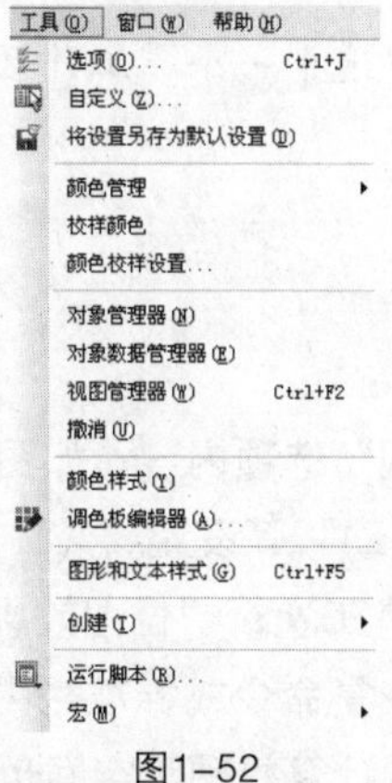

图1-52

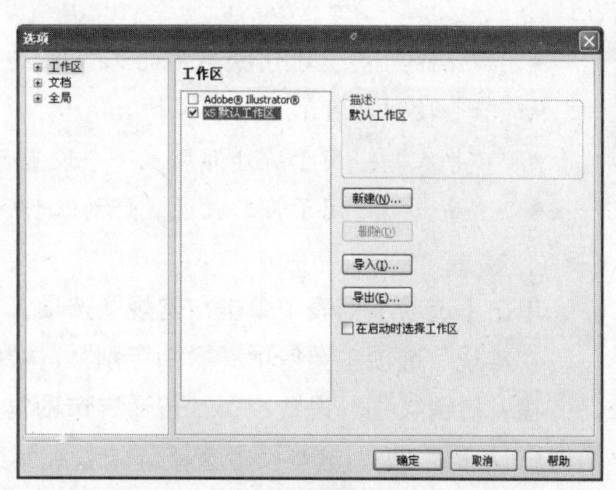

图1-53

左侧的【选项】列表中有3大类设置项目，分别是“工作区”、“文档”、“全局”，设置选项在列表中以树状结构呈现。在设置选项上单击鼠标左键可以调出相应的设置选项，设置选项被放置在对话框的右侧，右侧区域称为设置区，如图1-54所示。

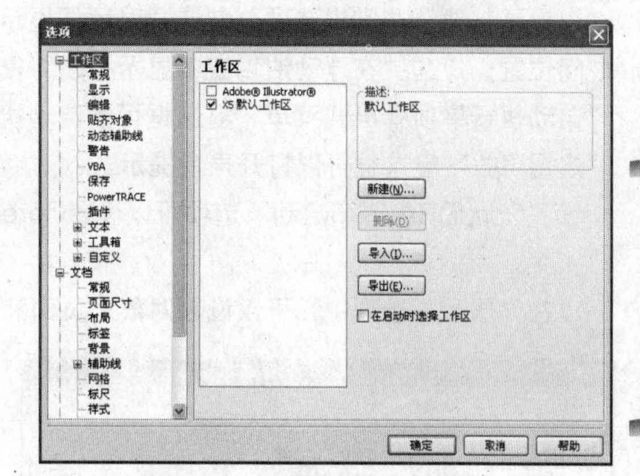

图1-54

1.7.2 设置“工作区”选项

在列表中单击“工作区”，设置区出现“工作区”的内容，在设置区内有三个复选框，分别是启用Illustrator、“X5默认工作区”，以及在启动时选择工作区，如图1-55所示。

“新建”按钮用于创建新的工作界面。单击“新建”按钮，在弹出的“新工作区”对话框中可以为新的工作界面命名，并可以对新的工作界面进行文字描述，设置完成后，单击“确定”按钮，如图1-56所示。

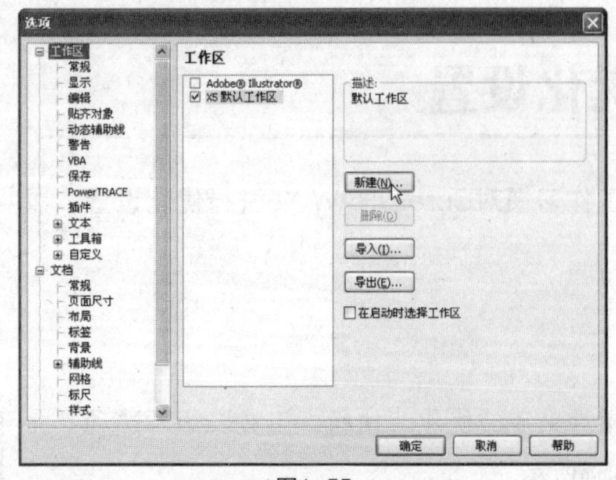

图1-55

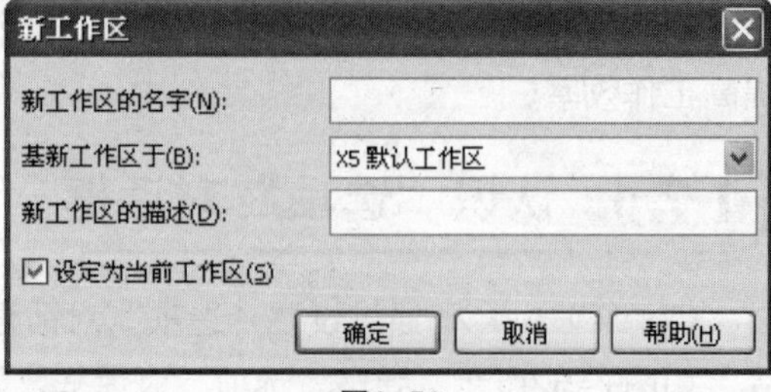

图1-56

- “删除”：用于删除不用的工作区域，在工作区列表中选中一个“工作区”，单击“删除”按钮即可。
- “导入”：用于从外部调入一个设置好的工作区。
- “导出”：用于将本机设置好的工作区导出为文件。

1. 设置“常规”选项

单击【选项】列表中单击“常规”选项，设置区显示“常规”选项内容，如图1-57所示。

“常规”选项主要包括“撤销级别”、“CorelDRAW X5启动”等设置。

在“撤销级别”设置中，“普通”选项常规操作时默认撤消20次；“位图效果”选项处理位图时默认撤消2次。这些设置直接影响着编辑菜单中的撤消和恢复命令或标准栏中撤消和恢复按钮所能操作的次数，数值越高，所能操作的次数越多，但所需的计算机硬盘空间也越大。

设置其他一些常规选项，勾选“对话框显示时居中”复选框可以使对话框显示时位于屏幕的中间位置；勾选“在浮动泊坞窗中显示标题”复选框可以使浮动的泊坞窗显示标题的名称；勾选“自动执行单项弹出式菜单”复选框可以自动执行单项弹出式菜单命令，而不必打开菜单；勾选“启用声效”复选框可以打开声音提示。

“CorelDRAW X5启动”选项可以设置CorelDRAW X5启动时的自动显示窗口。

2. 设置“显示”选项

在“显示”选项中，可以设置对象、页面和渐变的显示方式，如图1-58所示。

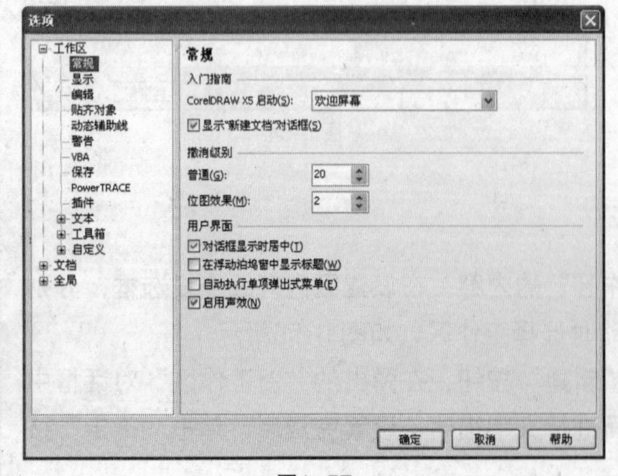

图1-57

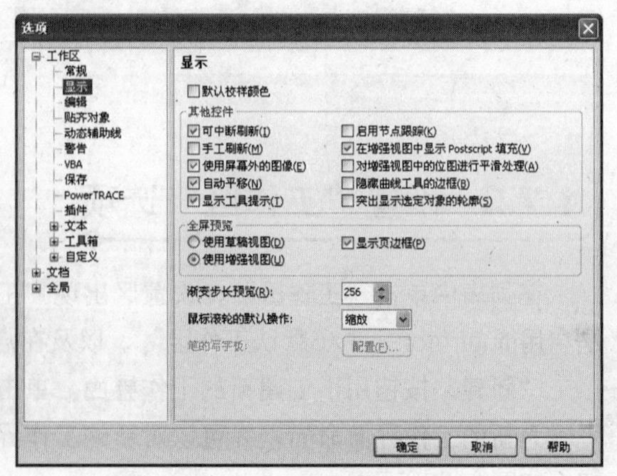

图1-58

3. 设置“编辑”选项

“编辑”选项用于进行图形对象角度、精度等的编辑设置，如图1-59所示。

4. 设置“贴齐对象”选项

“贴齐对象”选项用于设置当对象移动贴近到勾选的捕捉点时，捕捉点自动捕获对象，如图1-60所示。

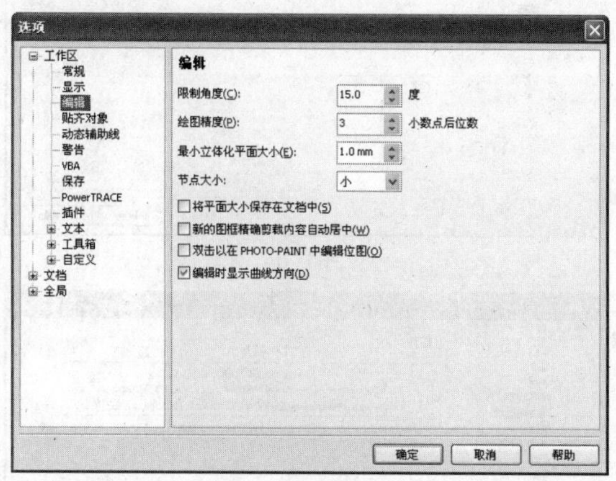

图1-59

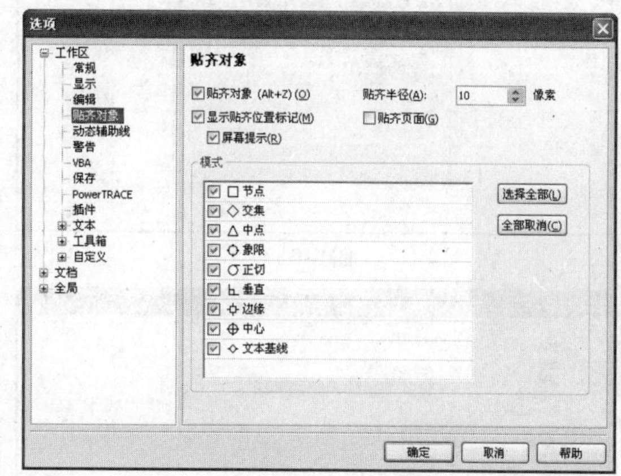

图1-60

5. 设置“动态辅助线”选项

“动态辅助线”选项用于设置动态导线的显示方式，如图1-61所示。

6. 设置“警告”选项

“警告”选项中被勾选的内容在操作中出现时将弹出警告窗口，如图1-62所示。

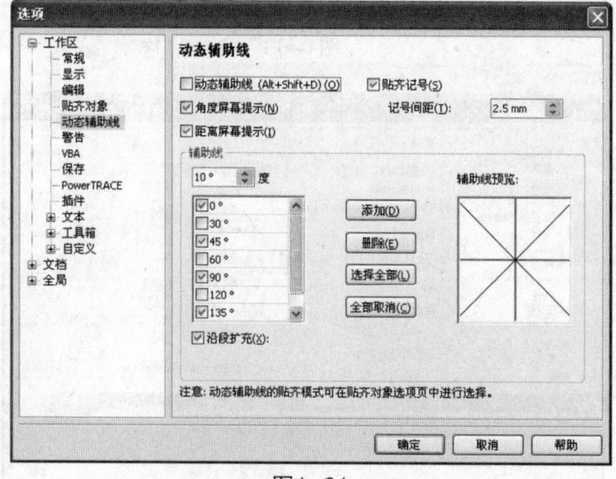

图1-61

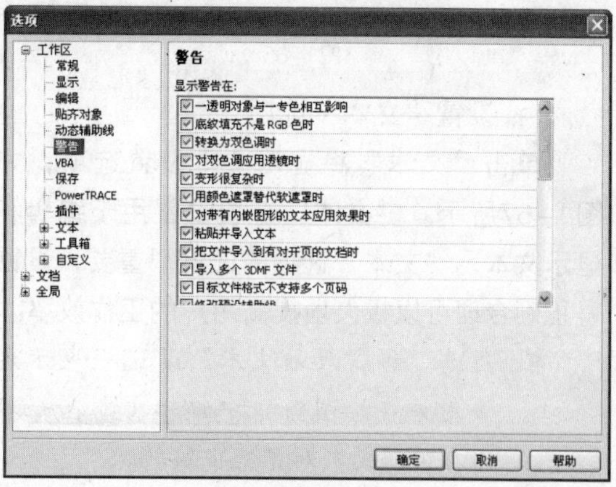

图1-62

7. 设置“VBA”选项

“VBA”选项用于设置检查调用VBA开发的插件，如图1-63所示。

8. 设置“保存”选项

“保存”选项用于设置临时文件，如图1-64所示。

9. 设置“PowerTRACE”选项

“PowerTRACE”选项用于设置快速描摹方法和性能，如图1-65所示。

10. 设置“插件”选项

“插件”选项用于添加、删除外挂插件，如图1-66所示。

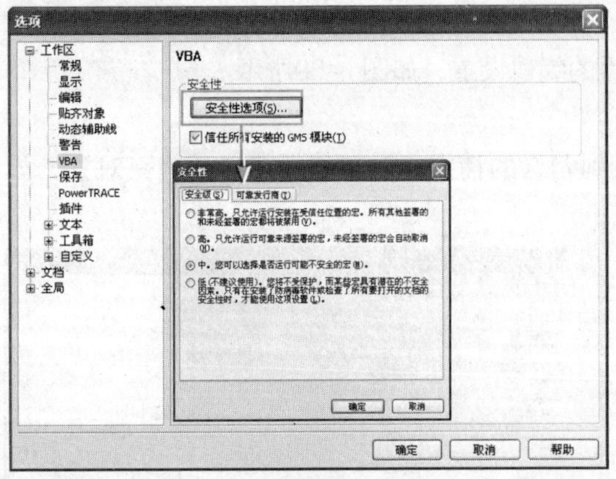

图1-63

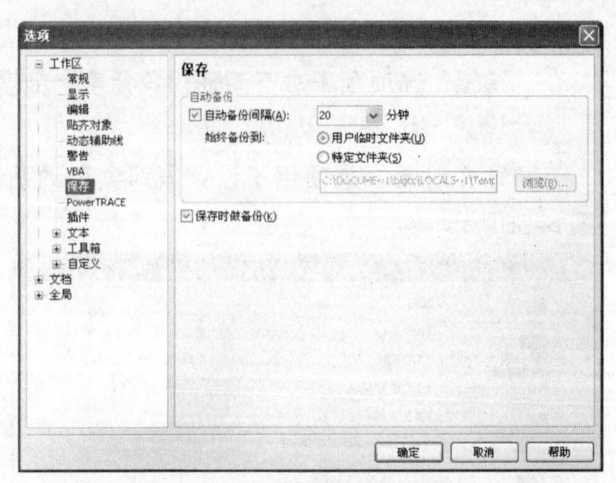

图1-64

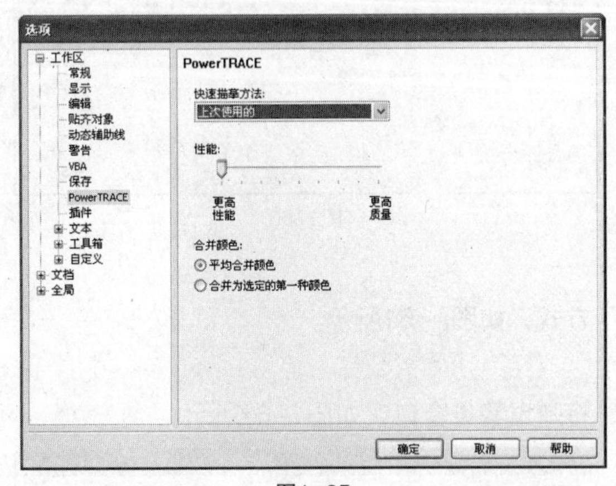

图1-65

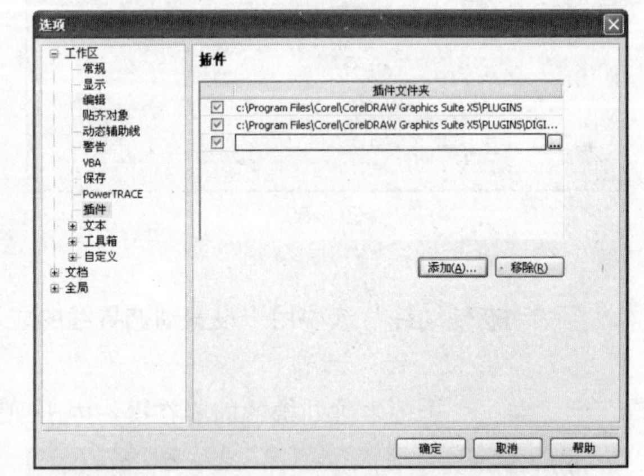

图1-66

11. 设置“文本”选项

单击“文本”将显示文本设置选项，如图1-67所示。“文本”选项设置用于编辑和显示文本，“文本”选项的设置很重要，设置得正确合理可以极大地提高用户的工作效率。

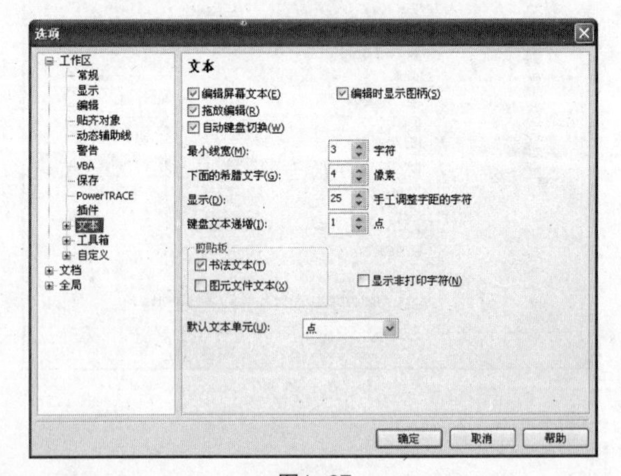

图1-67

- 勾选“编辑屏幕文本”复选框表示允许用户在绘图窗口中编辑文本，而不用在编辑文本对话框中编辑。
- 勾选“拖放编辑”复选框表示允许用户直接在绘图窗口中拖放文本。
- 勾选“编辑时显示图柄”复选框表示可以在编辑文本时显示选择框的控制柄。
- 勾选“自动键盘切换”复选框表示文字可在中英文字符间自动切换。
- “最小线宽”：用于设置文本行的最少字符数。
- “下面的希腊文字”：根据数值栏中设置的像素值，以黑条显示低于此设置值的文字字号，以提高计算机的运行速度。
- “显示”：根据数值栏中设置的数值来判定在调整字距时是否显示字体轮廓。

- “键盘文本递增”：根据数值栏中设置的数值来指定用小键盘调整文本大小时的增量。
- 勾选“书法文本”复选框可将书法轮廓复制到剪贴板中。
- 勾选“图元文件文本”复选框可将图元文件的文本复制到剪贴板中。
- 勾选“显示非打印字符”复选框可以显示隐藏的字符。
- “默认文本单元”：用于设置文本的度量单位。

在“文本”列表中包含4个子项目：“段落”、“字体”、“拼写”、“快速更正”，可分别对其进行设置。

单击“段落”项目，出现与段落相关的设置选项，如图1-68所示。

- 勾选“显示文本框的链接”复选框可以显示文本框之间的文本流关系。
- 勾选“显示文本框”复选框可以显示段落文本框。
- 勾选“按文本缩放段落文本框”复选框可以使段落文本框的大小随文本内容的多少而自动变化。
- “应用段落文本框格式化”选项用于设置文本格式的应用范围，包括“所有链接的文本框”、“选定文本框”、“选定及后续的文本框”3个单选项。

单击“字体”项目，出现与字体相关的设置选项，如图1-69所示。

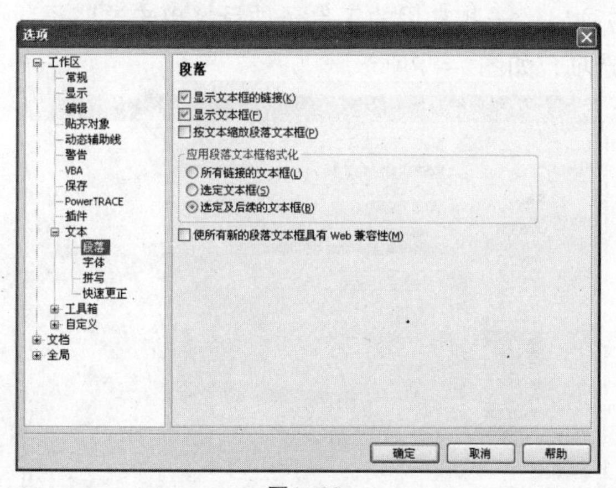

图1-68

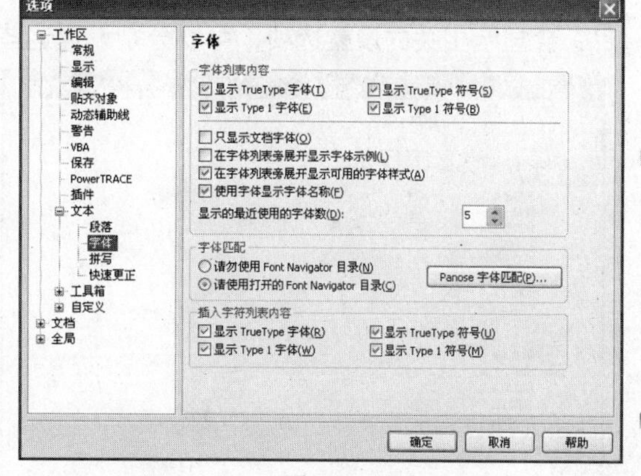

图1-69

- “字体列表内容”选区中的复选框，可以显示相应的字体或符号类型。
- 勾选“只显示文档字体”复选框，可以只显示当前选择文档的字体。
- 勾选“在字体列表旁展开显示字体示例”复选框后，当光标移动到字体列表中的字体名称时，字体旁边出现示例文字。
- 勾选“使用字体显示字体名称”可以将字体的名称以本字体显示。
- 勾选“在字体列表旁展开显示可用的字体样式”复选框可以使字体列表中的字体显示出粗体、斜体等样式。
- “显示的最近使用的字体数”根据参数栏中输入的数值，设置字体列表的最上端显示的字体数量。
- “字体匹配”选区中的单选框用于设置编辑文字时是否匹配没有安装的字体。

单击“拼写”项目，出现与拼写相关的设置选项，可以设置拼写检查以及对错误文本的提示方式，如图1-70所示。

单击“快速更正”项目，出现与快速更正相关的设置选项，设置选项中列出了一些常见的更正项目和替换项目，选择这些内容后，当文本中出现此类问题时，将自动进行更正，如图1-71所示。

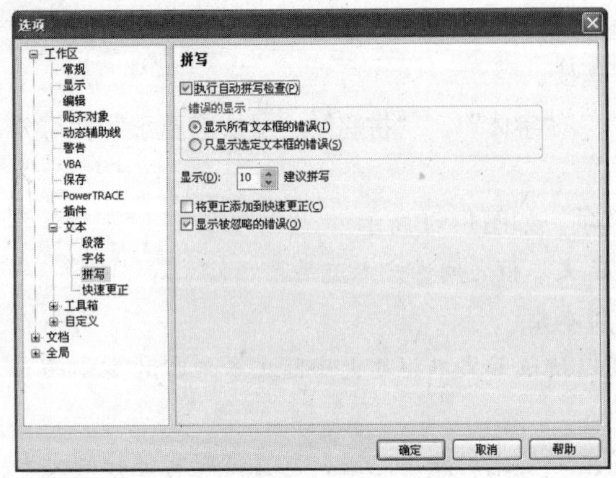

图1-70

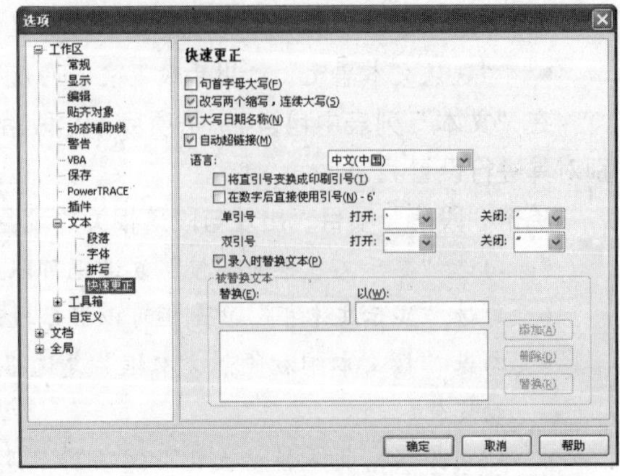

图1-71

12. 设置“工具箱”选项

单击“工具箱”选项，在展开的下级列表中列出了一些常用的工具子项目，单击这些子项目，会显示相关的设置选项，可以分别设置这些选项，如图1-72所示。

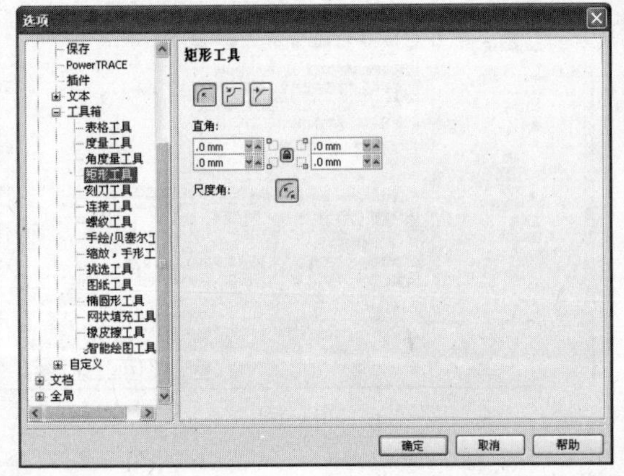

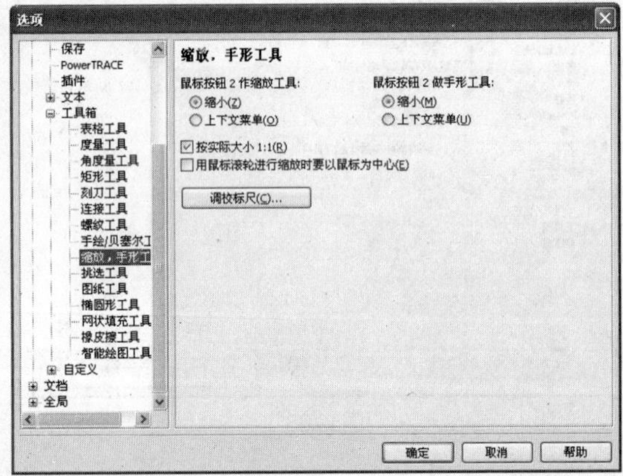

图1-72

13. 设置“自定义”选项

单击“自定义”选项，在展开的下级列表中有“命令栏”、“命令”、“调色板”和“应用程序”4个子项目。

单击“命令栏”项目，出现与命令栏相关的设置选项，如图1-73所示。

- “大小”选项用来设置按钮图标的大小。
- “边框”用来设置按钮图标的边框尺寸。
- “默认按钮外观”为用户提供了多种默认的按钮样式。
- “新建”按钮用于为中间的工具栏列表新增选项。
- “重置”按钮用于恢复CorelDRAW X5中原有的设置。

单击“命令”项目，出现与命令相关的设置选项，可以自定义其快捷键和外观等，如图1-74所示。

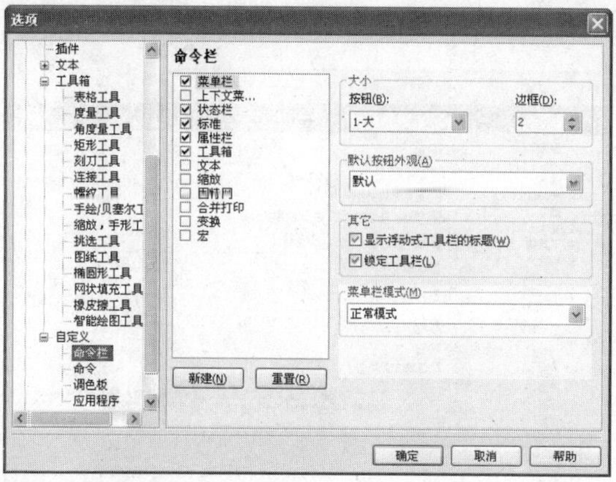

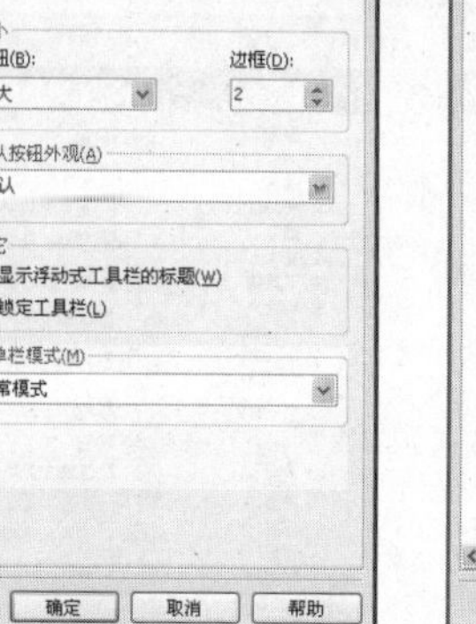

图1-73

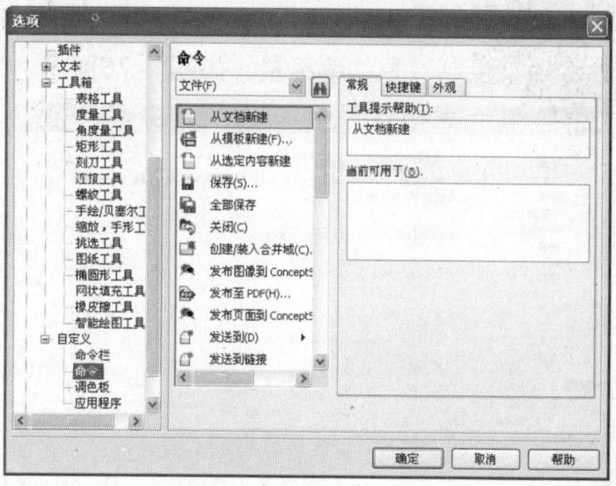

图1-74

在“命令”设置列表中选择一个命令组，命令组所包含的所有命令都会陈列在列表框中，单击列表框中的命令，在“常规”、“快捷键”和“外观”3个选项卡中会出现相应的设置选项。

- “常规”选项卡中可以自定义提示文字，当光标移动到该命令时，会显示用户自定义的文字。
- “快捷键”选项卡中可以自定义快捷键。
- “外观”选项卡中可以生成、编辑、导入图标来替换原图标。

选择“调色板”项目，出现与调色板相关的设置选项，如图1-75所示。

- “停放后的调色板最大行数”用来设置固定在桌面右侧的调色板呈几列排列。
- “宽边框”可使调色板中色彩样本的边界变宽。
- “鼠标右键”设置单击鼠标右键所执行的命令。

选择“应用程序”项目，出现与应用程序相关的设置选项，在选项中可以设置勾选内容的透明度，如图1-76所示。

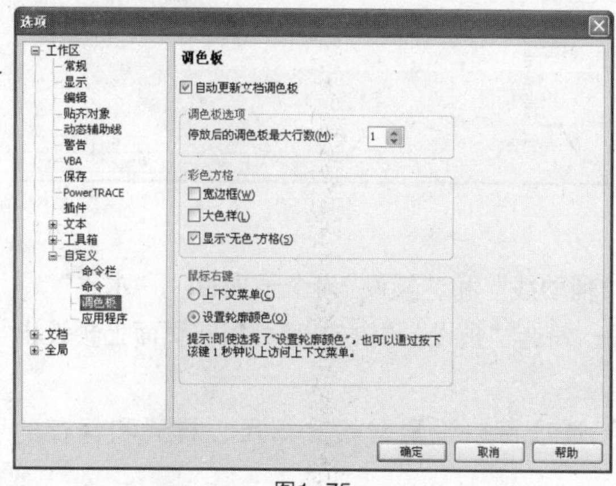

图1-75

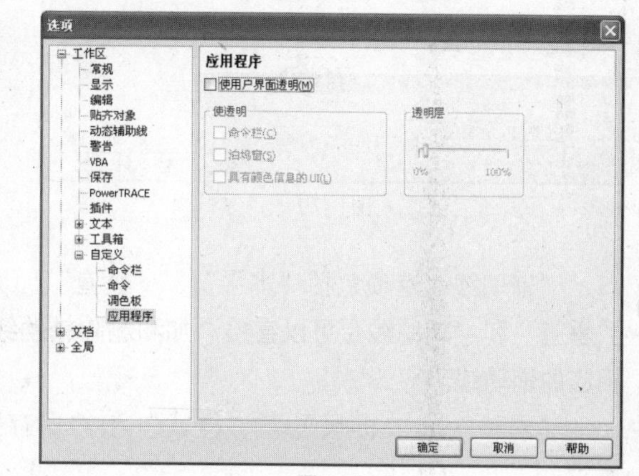

图1-76

1.7.3 设置“文档”选项

在【选项】列表中单击“文档”，设置区出现“文档”的相关内容，如图1-77所示。

单击“常规”选项，设置区中出现一些常规的设置选项，可以修改默认的文档显示视图类型，填充未封闭的路径，填充位图边框；“再制偏移”可以设置当执行“编辑”→“再制”菜单命令时，复制对象的偏移量，如图1–78所示。

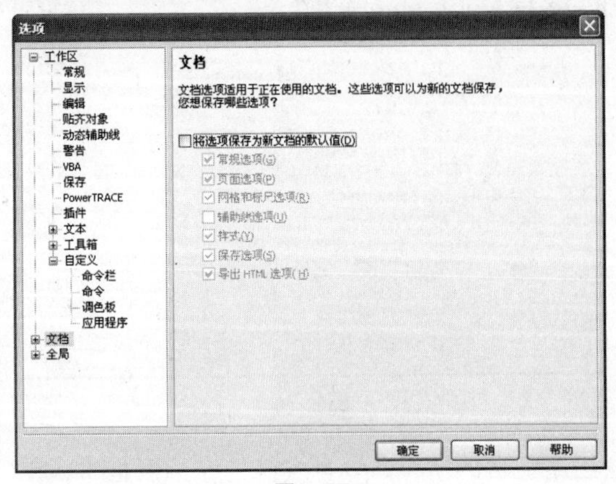

图1–77

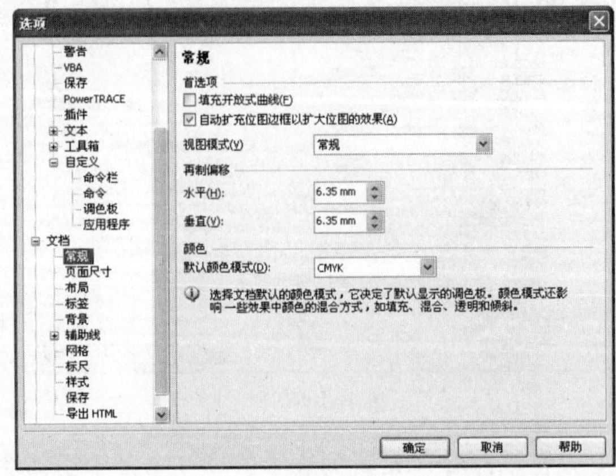

图1–78

单击“页面尺寸”选项，设置区中出现与页面相关的设置选项，勾选其中的选项可以设置页面的显示区域，如图1–79所示。

单击“辅助线”选项，设置区中出现与辅助线相关的设置选项，勾选其中的选项可以显示和对齐辅助线，还可以设置辅助线的颜色，如图1–80所示。

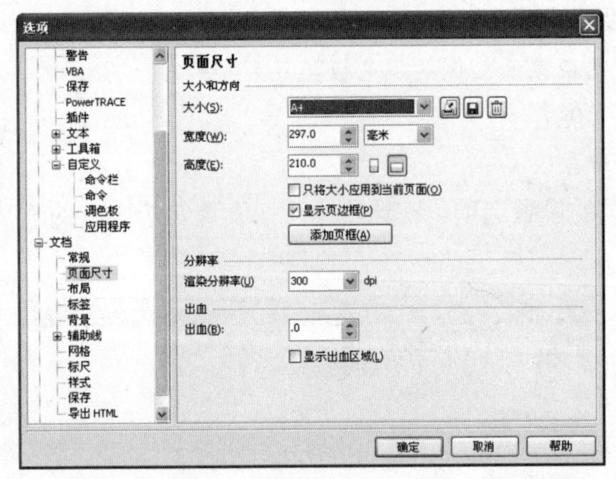

图1–79

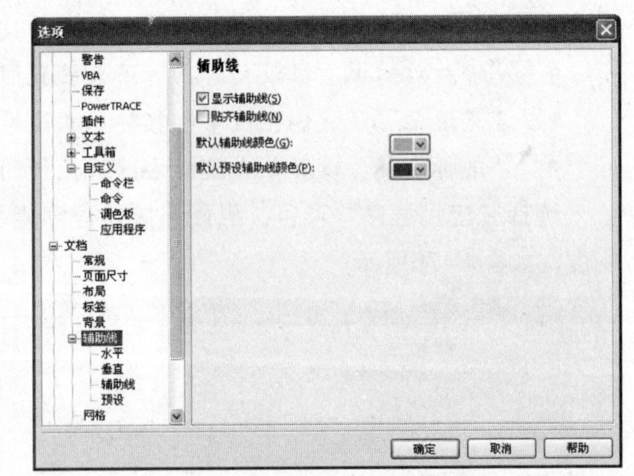

图1–80

“辅助线”选项包括“水平”、“垂直”、“辅助线”和“预设”4个子项目。“水平”、“垂直”和“辅助线”可以直接添加和删除辅助线；勾选“预设”中的内容可以在页面上预设出相应的辅助线。

“网格”、“标尺”、“样式”和“保存”选项可以设置网格、标尺、样式和保存的属性。

1.7.4 设置“全局”选项

在“全局”选项中可以设置打印信息和创建关联选项。关联选项可以设置CorelDRAW X5与其他软件关联，以打开使用这些软件创建的文件，如图1–81所示。

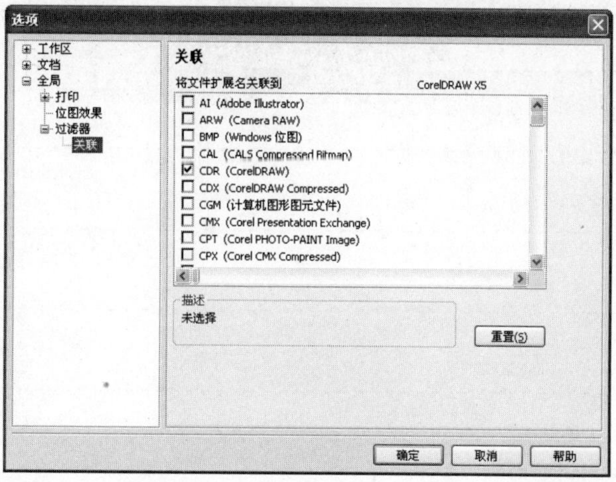

图1-81

1.8 小结

过本章的学习可以对绘图排版基础知识有所了解，掌握CorelDRAW X5面板和工具的使用方法；并通过优化设置来提高工作效率。

1.9 习题

1. 填空题

（1）CorelDraw X5是一款（　　　）、（　　　）软件。

（2）计算机中的图片通常分为（　　　）、（　　　）。

2. 问答题

（1）显示模式分为几种，分别是什么?

（2）位图图像和矢量图形的特点是什么?

3. 操作题

（1）练习缩放视图显示比例。

（2）练习修改显示常用字体数为“8”的优化设置。

读书笔记

2

第2章

设计前准备工作

设计师在使用CorelDRAW X5进行设计工作以前需要做好充分的准备工作，只有做足准备工作才能在设计过程中事半功倍。

本章主要讲解正确获取原稿的方法和分类管理文件，以及如何创建符合印刷要求的文件，使设计工作更加规范。

设计要点

- 文字、图片、制作文件的管理
- 书刊封面的创建
- 从Word文件中获取较清晰的图片

2.1 原稿的获取与筛选

好的开始是成功的一半。在用CorelDRAW X5进行平面设计之前，首先要准备好文字和图片素材。通过不同方式获得的原稿品质各有不同，会在很大程度上影响后面的设计制作环节，本节主要介绍目前平面设计工作中常见的原稿来源。

2.1.1 文字的获取

文字排版是设计的重要环节之一。对文字的前期处理要规范，随便排入文字会引起很多问题。设计师在开始设计制作之前，应该对获取的文字素材进行筛选、整理。文字的来源如图2-1所示。

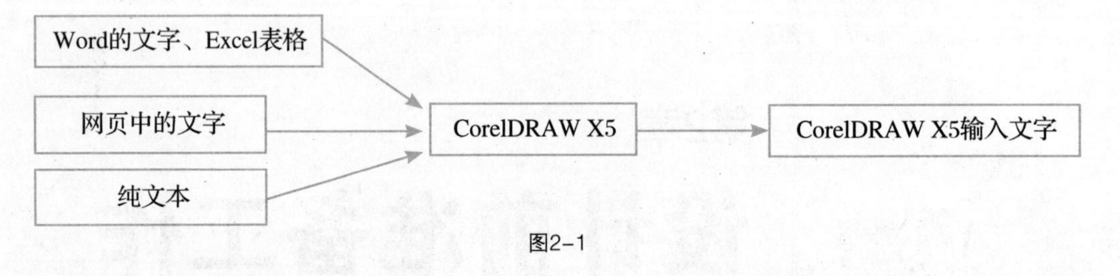

图2-1

1. Word的文字

Word文字素材可通过导入、复制粘贴和拖曳等多种方法进入到CorelDRAW X5中，也可以将Word文件存成纯文本文件，然后导入到CorelDRAW X5中，最终在CorelDRAW X5中对图文进行排版设计。

为了后期的设计排版能够顺利地完成，应规范前期的Word文件，如标点符号应该统一使用半角或全角，数字应使用半角。如果不需要Word的文字样式，最好将Word文件转成纯文本文件。

1）Word文件转成纯文本文件

在Word中，打开文件或者录入完文字，执行“文件”→“另存为”命令，如图2-2所示。在弹出的“另存为”对话框中选择保存的路径，输入文件名，单击“保存类型”右侧的下三角，在下拉菜单中选择“纯文本”，单击“保存”按钮，完成文件的保存，如图2-3所示。

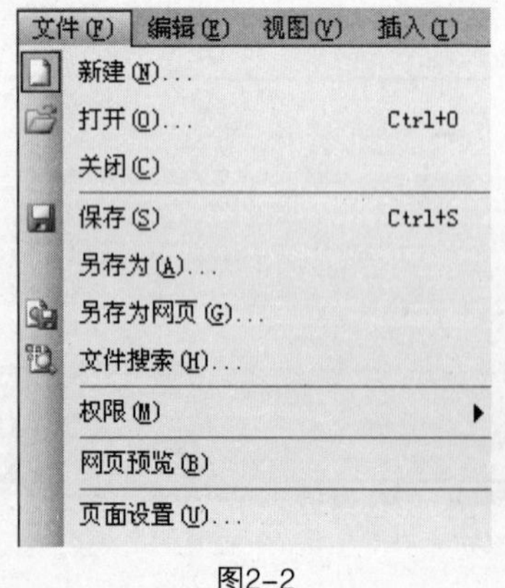

图2-2

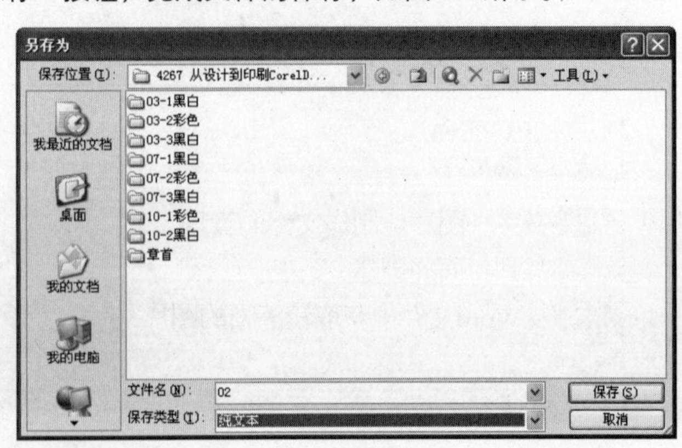

图2-3

2）批量转换Word文件

如果需要转成纯文本的Word文件比较多，使用Word自带的功能也可实现批量转换。

在Word中打开一个需要转换的文件，执行“文件”→“新建”命令，如图2-4所示，在弹出的“新建文档”对话框中单击“本机上的模板”，如图2-5所示。

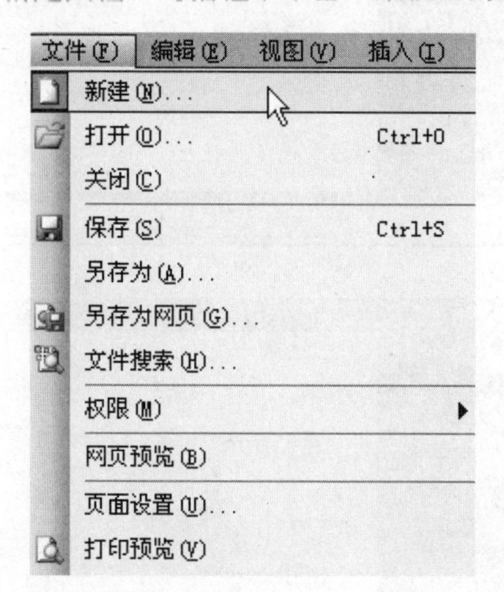

图2-4

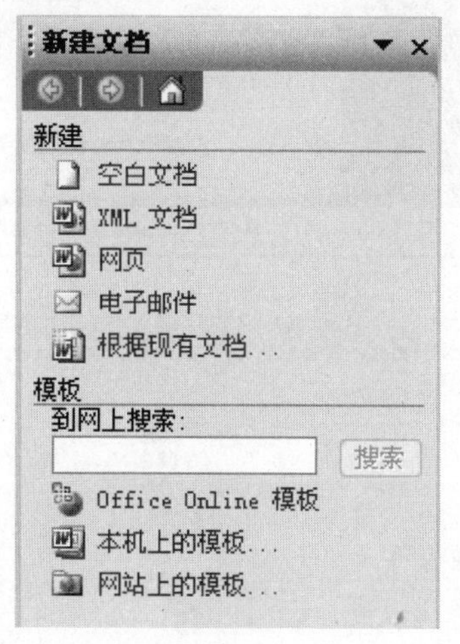

图2-5

如果没有完全安装Word软件，此时会弹出对话框提示安装。

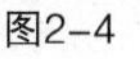

弹出“模板”对话框，在“其他文档”选项卡中单击“转换向导”图标，然后单击“确定”按钮，如图2-6所示。弹出“转换向导”对话框，单击“下一步”按钮，如图2-7所示。

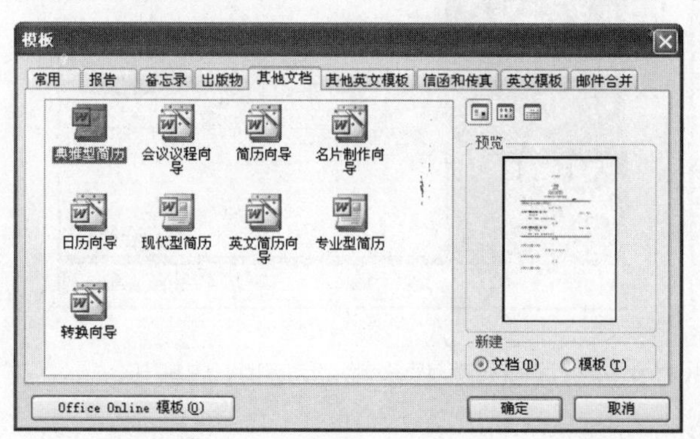

图2-6

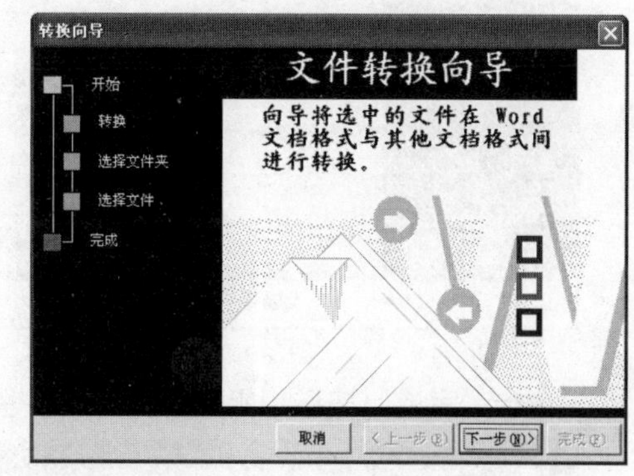

图2-7

在对话框中选中“从Word文档格式转换为其他文档格式”单选钮，单击它的下拉菜单，在展开的下拉菜单中选择“纯文本”，单击“下一步”按钮，如图2-8所示。单击“源文件夹”右侧的“浏览”按钮，如图2-9所示。

在弹出的“浏览文件夹”对话框中选择存放Word源文件的文件夹，单击“确定”按钮，如图2-10所示，同样设置“目标文件夹”，单击“下一步”按钮，如图2-11所示。

“可用文件”选项栏中分列出了所有的Word文件，单击“全选”按钮，所有的Word文件被转移到“转换文件”选项栏中，如图2-12所示，单击“下一步”按钮，如图2-13所示。

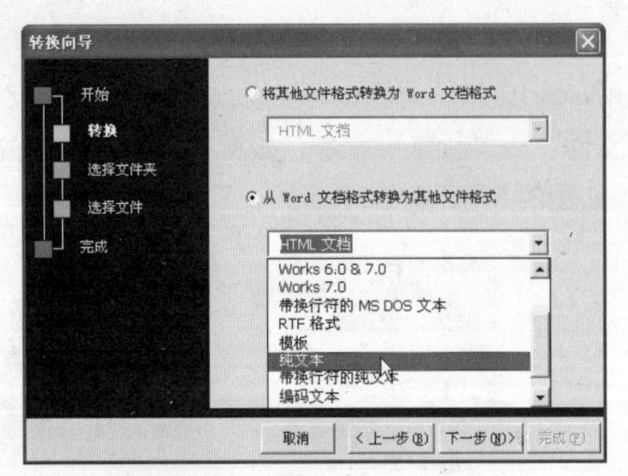

图2-8

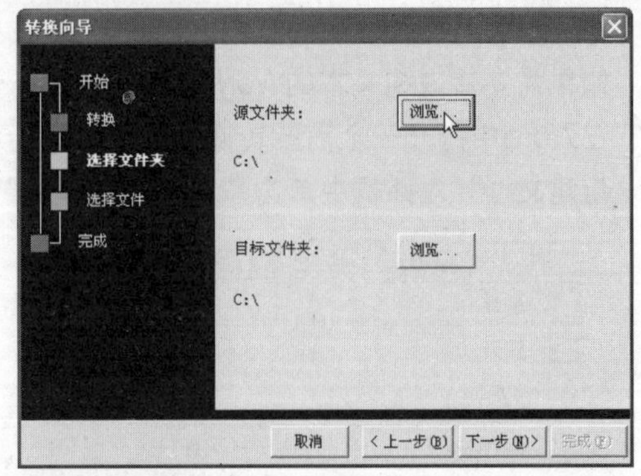

图2-9

图2-10

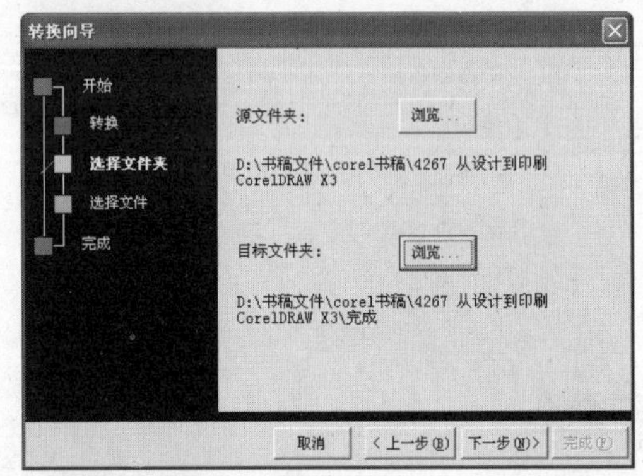

图2-11

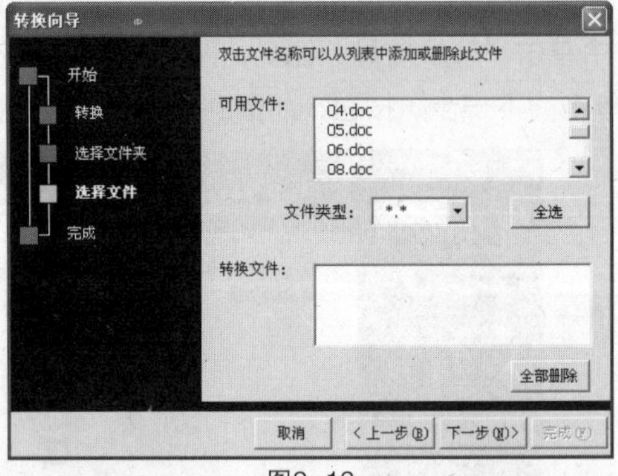

图2-12

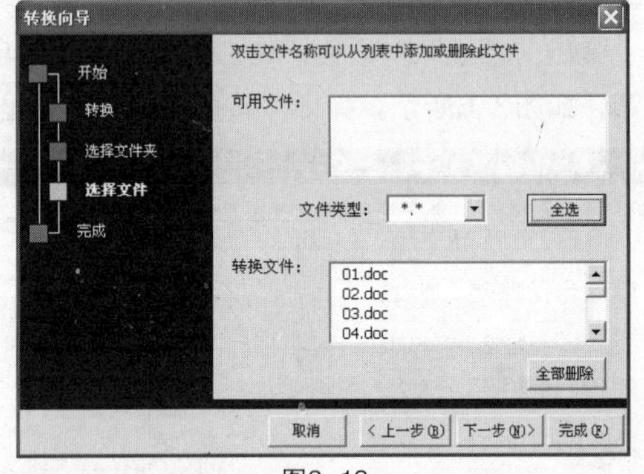

图2-13

单击“完成”按钮，如图2-14所示，弹出“文件转换过程”提示框，如图2-15所示。

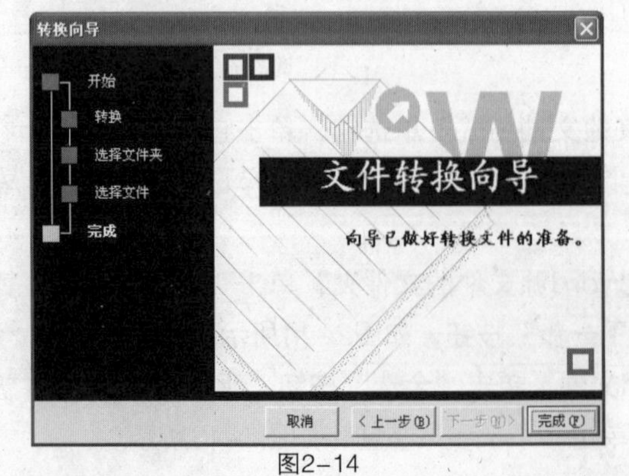

图2-14

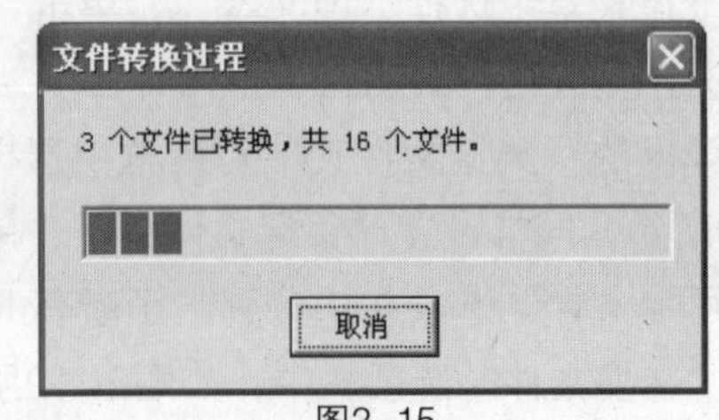

图2-15

转换结束后，在“转换向导”提示框中单击“否”按钮，如图2-16所示，Word文件全部被转换成纯文本文件，如图2-17所示。

图2-16

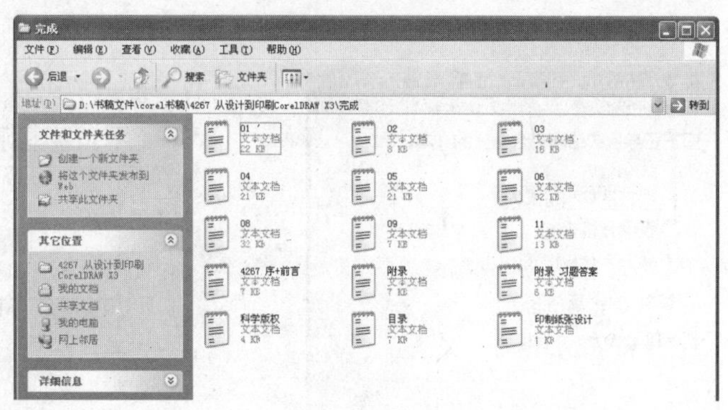

图2-17

2. Excel表格

在Excel中做好的表格可以直接导入到CorelDRAW X5中，并且可以在CorelDRAW X5中进行编辑修改。

导入方法是框选Excel中表格所需要的区域，在表格上单击鼠标右键，在弹出的菜单中选择“复制”命令，如图2-18所示。

整体预算调整审批权限表		
预算调整类别		审批权限
费用预算变更	总额不变—同一类别内调整（比如会议费）	1、单个项目变更金额不超过2万元且不超过原预算金额的10%的，由软件中心预算执行委员会审批、并报备软件中心总经理。
		2、单个项目变更金额超过2万元、但不超过10万元的；或超过原预算金额的10%但不下过原预算金额的30%的，经软件中心预算执行委员会审议通过后、报软件中心总经理审批。
		3、单个项目变更金额超过10万元，且超过该项目原预算金额30%的，经软件中心预算执行委员会审议通过、软件中心总经理审
	总额不变—不同类别内调整（比如会议费与差旅费之间）	1、单个预算指标累计变更额（累计变更额 额，下同）不超过10万元的，由预算执行委员会审批，并报 财务管理部。
		2、单个预算指标累计变更额超过10万元、 件中心预算执行委员会审议通过后、由软件中心总经理审批
		3、单个预算指标累计变更额超过20万元但 总行财务管理部审批。
		4、单个预算指标累计变更额超过100万元 报部门主管行领导及财务主管行领导审批。
		5、涉及业务招待费变更的，还应遵循实施 规定。
		6、预算年度内，执行预算指标变更程序
	费用总额发生变化	1、各部门需追加预算额度时，应编制预算追加申请书，经软件中心预算执行委员会审议通过、软件中心总经理审批后，会签总行财务管理部后，报部门主管行领导及财务主管行领导审批。
		2、预算年度内，执行预算追加程序不得超过两次。

剪切(T)
复制(C)
粘贴(P)
选择性粘贴(S)...
插入(I)...
删除(D)...
清除内容(N)
插入批注(M)
设置单元格格式(F)...
从下拉列表中选择(K)...
创建列表(C)...
超链接(H)...
查阅(L)...

图2-18

在CorelDRAW X5中新建一个文件，然后执行“编辑”→“选择性粘贴”命令，如图2-19所示，弹出“选择性粘贴”对话框，在对话框中选中“粘贴”单选钮，并选择“Rich Text Format”选项，单击“确定”按钮，如图2-20所示。

编辑(E)　视图(V)　布局(L)　排列(A)
撤消(U)　Ctrl+Z
重做(E)　Ctrl+Shift+Z
重复(R)　Ctrl+R
剪切(T)　Ctrl+X
复制(C)　Ctrl+C
粘贴(P)　Ctrl+V
选择性粘贴(S)...
删除(L)　删除
符号(Y)

图2-19

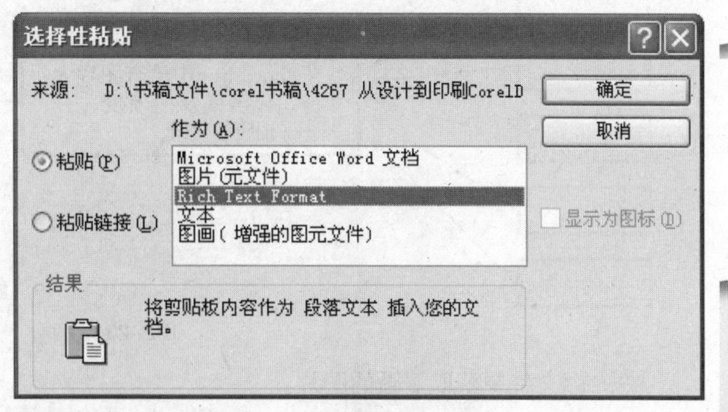

图2-20

弹出“导入/粘贴文本”对话框，选择“保持字体和格式”单选钮，单击“确定”按钮，如图2-21所示，然后按住鼠标左键拖曳复制进来的表格，此时就可以对表格进行编辑修改了，如图2-22所示。

导入/粘贴文本

您正在导入或粘贴包含格式的文本。

◉保持字体和格式(M)
○仅保持格式(F)
○摒弃字体和格式(D)
☑强制 CMYK 黑色(B)
将表格导入为：表格
使用以下分隔符：
○逗号(A)
◉制表位(T)：
○段落(P)
○用户定义(U)：
☐不再显示该警告(S)
确定(O) 取消(C) 帮助(H)

图2-21

整体预算调整审批		
预算调整类别		审批权限
费用预	总额不变一同一类	1、单个项目变更金额不超过2万元且不超过原预算金
		2、单个项目变更金额超过2万元、但不超过10万元的；或超过原预算金额的10%但不下过原预算金额的
		3、单个项目变更金额超过10万元，且超过该项目原预
	总额不变一不同类	1、单个预算指标累计变更额（累计变更额＝累计调
		2、单个预算指标累计变更额超过10万元、但不超过
		3、单个预算指标累计变更额超过20万元但不超过
		4、单个预算指标累计变更额超过100万元的，会签总
		5、涉及业务招待费变更的，还应遵循实施细则中有
		6、预算年度内，执行预算指标变更程序原则上不得
	费用总额发生变化	1、各部门需追加预算额度时，应编制预算追加申请书，经软件中心预算执行委员会审议通过、软件中心
		2、预算年度内，执行预算追加程序不得超过两次。

图2-22

3. 网页中的文字

设计师经常会在网上搜索设计所需要的资料，然后把收集到的资料直接复制到Word文件中。通常，复制的速度非常慢，出现这种情况是因为从网页复制到Word的过程中会带有超链接、图片和文字样式。建议设计师把复制的网页文字粘贴到文本文件中，文本文件可以将超链接、图片和文字样式过滤掉。

212 图片的获取与筛选

图片的来源如图2-23所示。

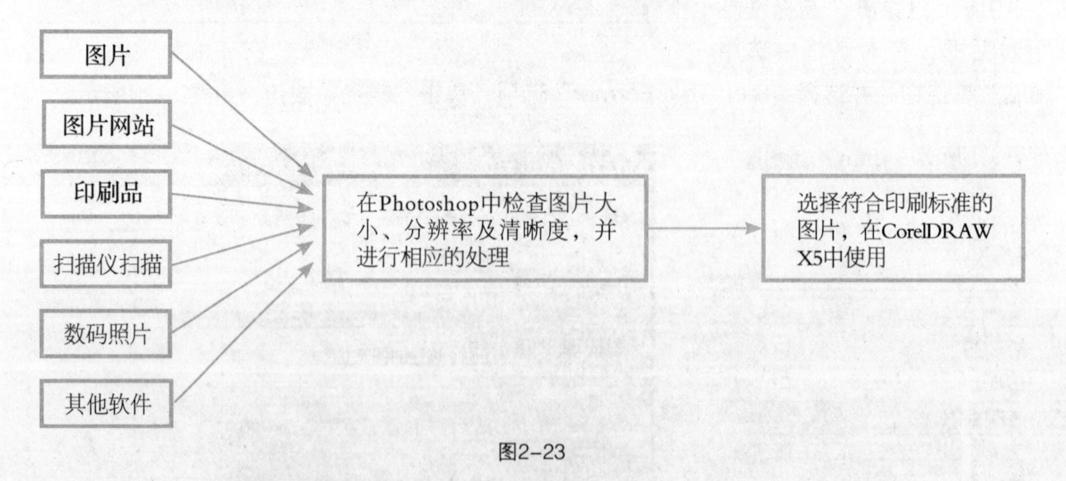

图2-23

从Word文件中获取清晰的图片。

Word会对放入文件中的图片进行压缩，以减小文件大小。设计师可以把Word文件另存为网页格式，再从保存的文件夹中选择清晰的图片。下面以实例介绍操作过程。

1 打开光盘中的“素材\第2章\人物摄影.doc”文件，如图2-24所示。

2 执行“文件”→“另存为”命令，弹出“另存为”对话框，在“保存类型”下拉文本框中选择“网页”选项，如图2-25所示。

图2-24

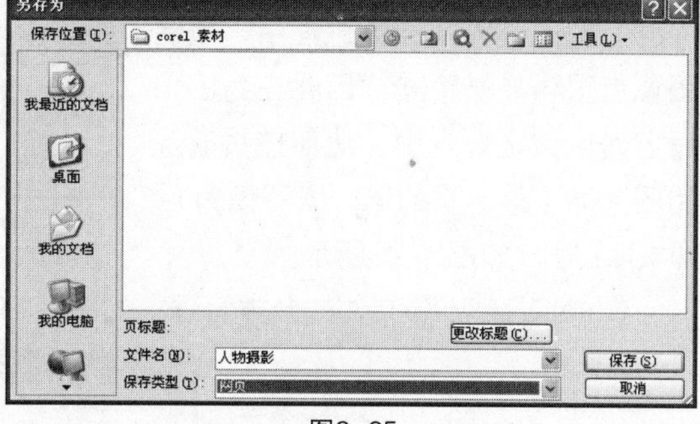

图2-25

3 单击“保存”按钮，完成保存网页格式的操作。打开保存路径，可看到“人物摄影.files”文件夹，双击打开文件夹，然后单击“查看”按钮，在弹出的下拉菜单中选择“详细信息”，如图2-26所示。

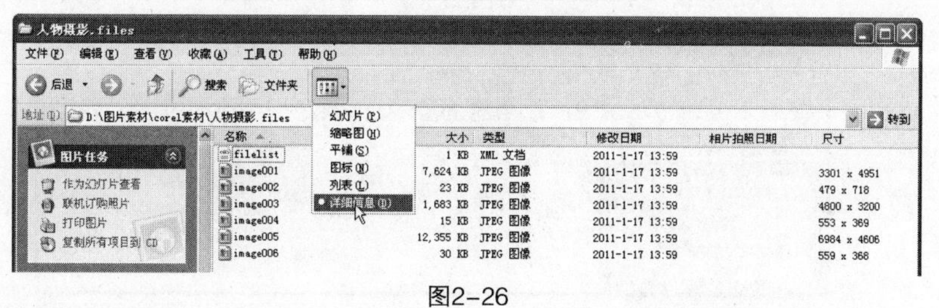

图2-26

4 比较详细的信息列表中有图像容量的大小，每张图片会存为两个不同大小的文件，较大的为较清晰的图片，如图2-27所示。

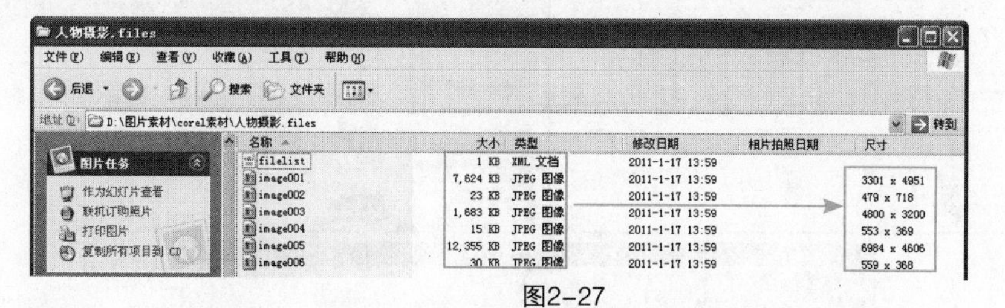

图2-27

2.2 原稿与制作文件的管理

在进行一项设计工作之前，对收集的素材分类管理，能让设计师在工作中快速找到需要的素材，以提高工作效率。CorelDRAW X5中的图像有链接和嵌入两种形式。使用链接图像的CorelDRAW X5文件可以防止文件过大，但在修改图像时需要回到图像处理软件中修改，链接的图像不可进行滤镜和效果的操作。使用嵌入图像的CorelDRAW X5文件较大，修改完图像后还需重新嵌入图像，这种图像可进行滤镜和效果的操作。

如果一个出版物需要几个设计师进行分工协作，对于图像的命名就显得很重要。将多个文件合并为一个文件时，整理链接图像的过程中，重名图像就很容易被覆盖，因此在为图像命名时应该定好规则，比如按页码及用图顺序（第一页的第一张图像为1-（1））等，如图2-28所示。

图2-28

CorelDRAW X5文件的分类管理，如图2-29所示。

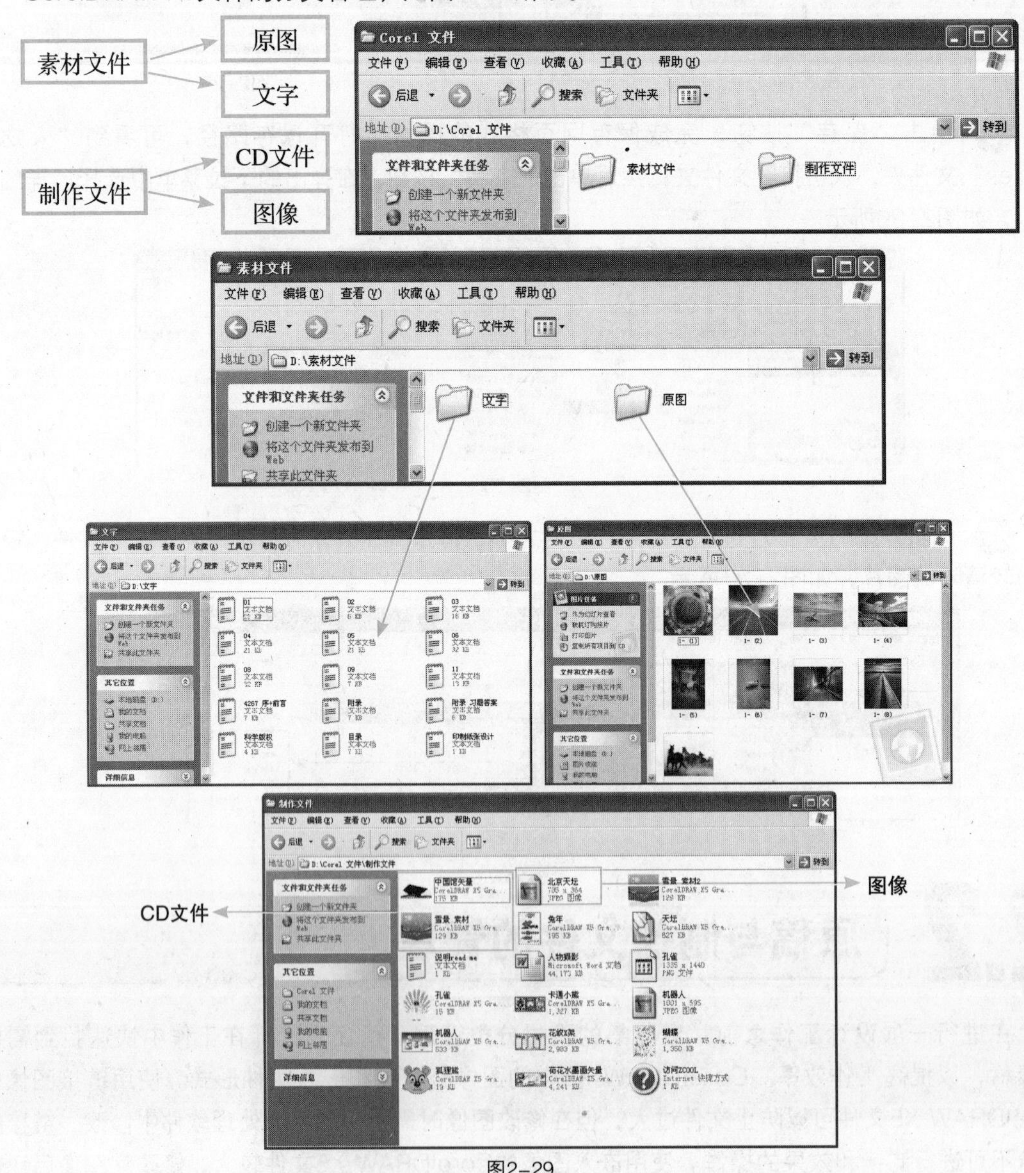

图2-29

2.3 创建合格的文件

创建一个符合印刷要求的CorelDRAW X5文件需要设计师注意成品尺寸、出血和裁切线的设置。本节将以实例操作的形式为设计师讲解在实际运用中如何对书刊封面文件进行正确的设置。

在创建书刊封面文档时，设计师应注意以下问题：

1. 书脊的尺寸要计算准确

制作书刊封面时，一定要对书的厚度计算准确，这关系到书脊尺寸的正确性。如果书脊尺寸计算不准确，当书脊与封面颜色不同时，会造成封面上出现书脊的颜色或书脊上出现封面的颜色，如图2-30所示。为避免此类情况，建议设计师在设计封面和书脊时，尽量使用相同的颜色。

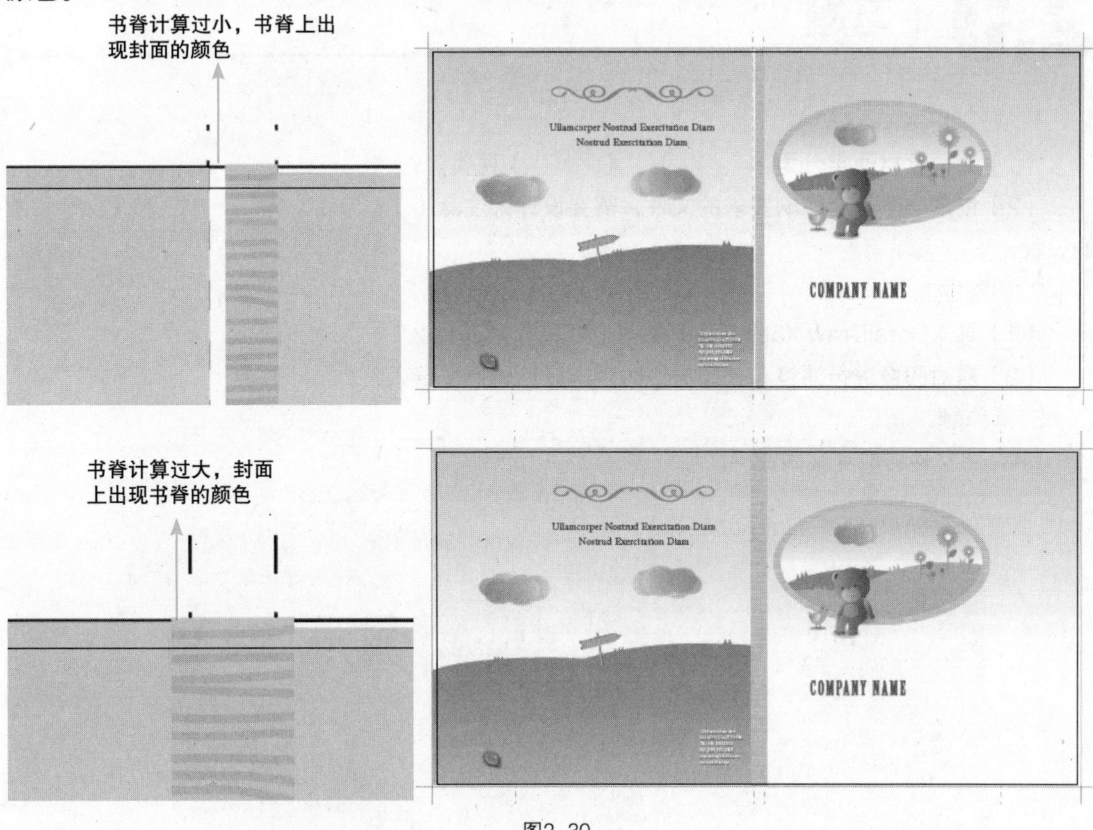

图2-30

2. 勒口的尺寸设计要合理

封面勒口的尺寸过大会引起印刷成本的提高，过小会使勒口失去保护书籍的作用。

3. 制作书刊封面的方法

1）组合

在Photoshop中处理图像，然后将封面、书脊和勒口组合成一张图，再将其置入到CorelDRAW X5中与文字组合排版。

2）拆分

在Photoshop中处理图像，然后将封面、书脊和勒口分别拆分成独立的部分，再将其分别置入到CorelDRAW X5中拼合成一张图，最后再与文字组合排版。

2.4 小结

原稿是设计师用来设计的原材料，判断原稿的质量好坏和正确处理原稿是创造合格设计品的良好开端；正确设置页面尺寸则是最重要的操作。

2.5 习题

1. 填空题

（1）原稿素材通常分为（　　　）、（　　　）两类。

（2）创建一个符合印刷要求的文件，需要设计师注意（　　　）、（　　　）和（　　　）的设置。

2. 问答题

（1）导入CorelDraw X5的图像有哪些形式，分别是什么?

（2）需对图像进行滤镜和效果操作时，应以何种形式导入?

3. 操作题

将Word文件转成纯文本文件。

3

第3章

图形的绘制和编辑

本章主要讲解如何应用CorelDRAW X5绘制曲线和图形，通过本章的学习，让设计师了解并掌握选取和编辑图形对象的方法和技巧。

设计要点

- 对象的选取
- 图形的绘制
- 曲线的编辑
- 曲线的绘制

3.1 曲线的绘制和编辑

在CorelDRAW X5中是用曲线路径来完成矢量绘图的。矢量图的创作过程，也就是创建曲线、编辑曲线的过程，因此，曲线是学习矢量绘图的基础。下面就从基础开始，循序渐进地学习曲线的知识。

3.1.1 认识曲线

路径是利用各种绘图工具创建的曲线，它分为两种。

1. 开放路径

起点和终点不相重合的路径叫开放路径，可以是一条直线，也可以是一条曲线，如图3-1所示（红色的路径）。

图3-1

2. 闭合路径

没有起点和终点的连续的曲线叫闭合路径，如图3-2所示。

图3-2

“节点”是用来控制曲线的小正方形，选中状态下是实心的，未被选中状态下是空心的，如图3-3所示。

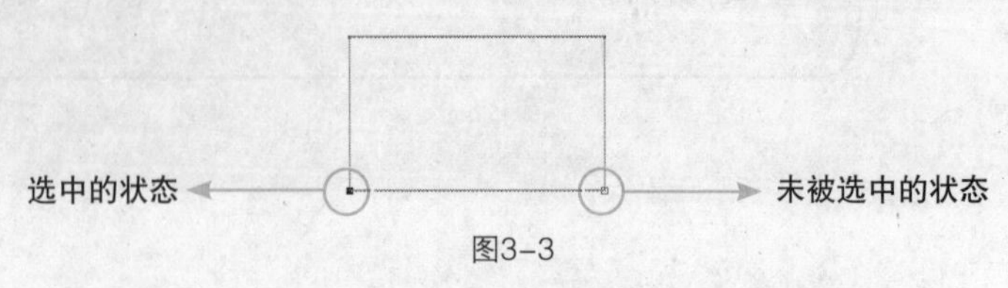

图3-3

3.1.2 曲线的绘制

本节通过介绍工具箱中的“手绘工具” 和“贝塞尔工具” ，来学习和掌握曲线绘制的基本操作。

1. 直线的绘制

直线的绘制方法是分别在起点和终点位置单击鼠标即可。操作步骤如下所示。

1. 选择工具箱中的“手绘工具” ，如图3-4所示。
2. 将指针放到绘图区域内，可以看到鼠标指针变为形，如图3-5所示。
3. 按住Ctrl键，按鼠标左键向右拖曳，至适当长度后松开鼠标，直线就绘制完成了，如图3-6所示。

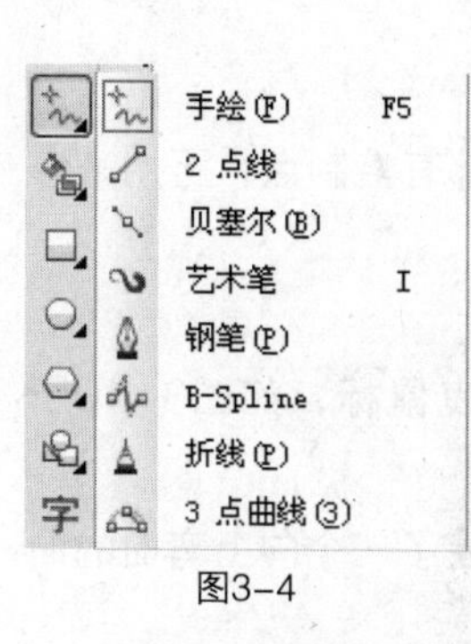

图3-4

图3-5

图3-6

2. 自由曲线的绘制

绘制自由曲线同样使用“手绘工具” 。操作步骤如下所示。

1. 选择工具箱中的“手绘工具” 。
2. 将指针放到绘图区域内，按鼠标左键，移动鼠标绘制所需的曲线，再松开鼠标，如图3-7所示为绘制的自由曲线。

图3-7

3. 多连接点路径的绘制

操作步骤如下所示。

1. 选择“贝塞尔工具” ，移动指针到绘图区域。
2. 单击鼠标左键，移动指针后再在终点单击鼠标，如图3-8所示，两个节点间自动生成了直线。

3 重复以上的步骤，将生成多个直线段，如图3-9所示。

图3-8

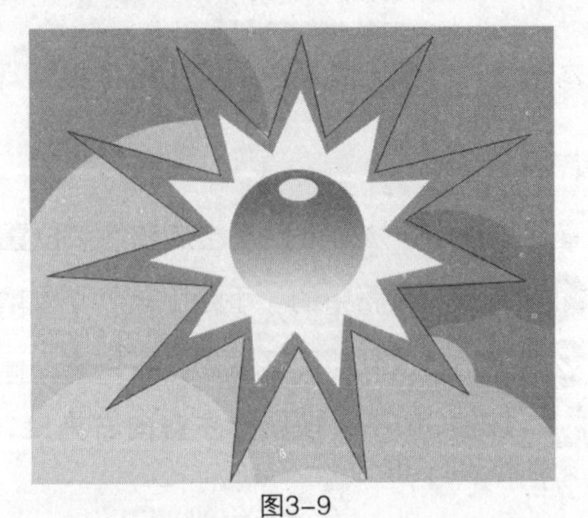
图3-9

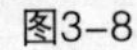

4. 曲线的绘制

贝塞尔曲线是由节点连接而成的线段所组成的直线或曲线。每个节点都有控制点，可用来修改线条的形状。绘制贝塞尔曲线的操作步骤如下所示。

1 选择工具箱中的“贝塞尔工具”。

2 在页面内单击鼠标左键，按住鼠标不要松开，向该点的上方拖曳鼠标，如图3-10所示，即创建了曲线的第一个节点。

3 松开鼠标，再在右侧的水平位置单击并向下拖曳鼠标，这样就创建了一个向上弯曲的曲线，如图3-11所示。

提示

与节点相连的线段末尾是控制点，如图3-12所示。

图3-10

图3-11

图3-12

节点、控制点都是绘制图形的辅助工具，在打印时它们不会显示出来。在后面的内容中将介绍通过对节点、控制点的调整来改变图形的形状。

3.1.3 曲线的编辑

节点和与节点相连的控制点可以改变直线或曲线的形状，节点包括“平滑节点”、“对称节点”、“尖锐节点”，下面进行详细讲解。

1. 选取节点

要想修改路径上的节点或者线段，首先应该选中它们，然后才可以对它们进行编辑。操作步骤如下所示。

1 选择工具箱中的“形状工具”，如图3-13所示。

2 在要选择的节点上（如图3-14所示）单击鼠标左键，可以看到图形左侧的节点变成实心的，表示已经选中。

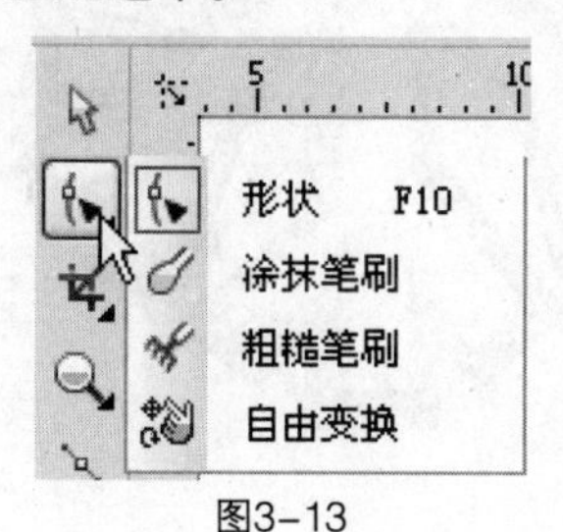

图3-13

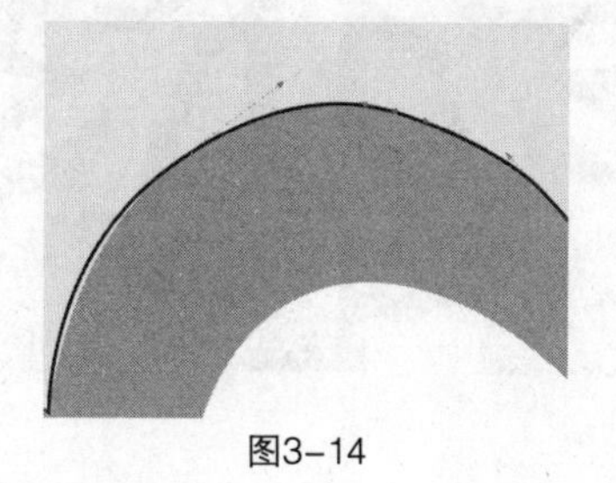
图3-14

要想选取多个节点，在选取的时候按住Shift键，依次单击要选取的节点即可，如图3-15所示。

图3-15

提 示

按Ctrl + Shift快捷键，单击对象上的任何一个节点，可以把对象上的所有节点选中，如图3-16所示。

图3-16

选取节点时，按住Home键，可以直接选取对象的起始节点；按住End键，可以直接选取对象的最后一个节点，如图3-17所示。

图3-17

2. 取消选取

要想取消对节点的选取，按住Shift键，单击需要取消选取的节点即可，如图3-18所示；用鼠标单击页面中的空白处，可以取消对象中所有节点的选取。

图3-18

3. 修改曲线的形状

通过移动曲线上节点的位置来改变曲线的形状。操作步骤如下所示。

1. 选择工具箱中的“形状工具”。
2. 单击曲线上的节点，当节点变成实心，如图3-19所示。
3. 按住鼠标拖曳选中的节点，如图3-20所示。

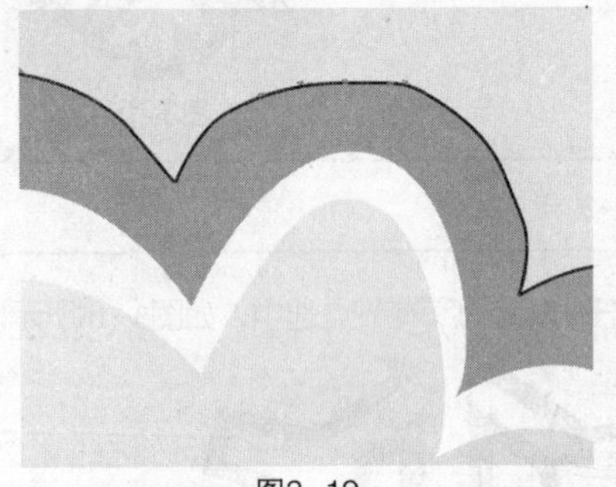

图3-19

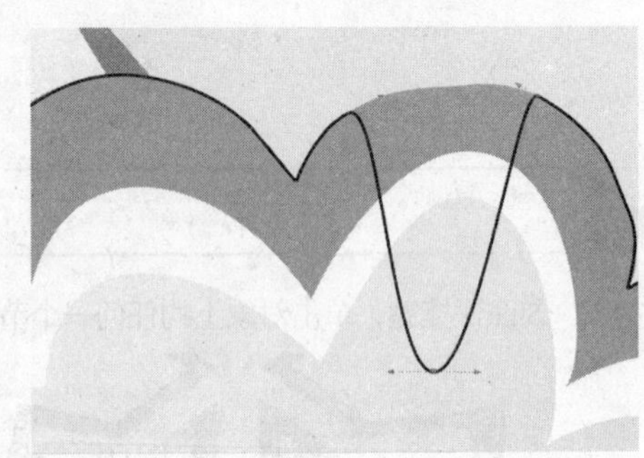

图3-20

4. 松开鼠标，可以看到曲线因为节点的位置发生变化而改变，如图3-21、图3-22所示。

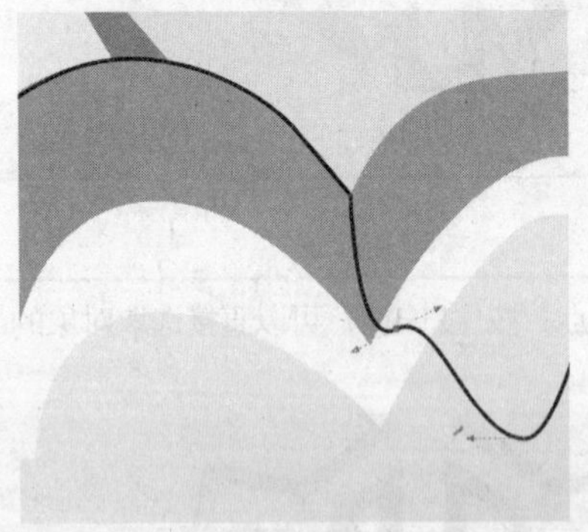

图3-21

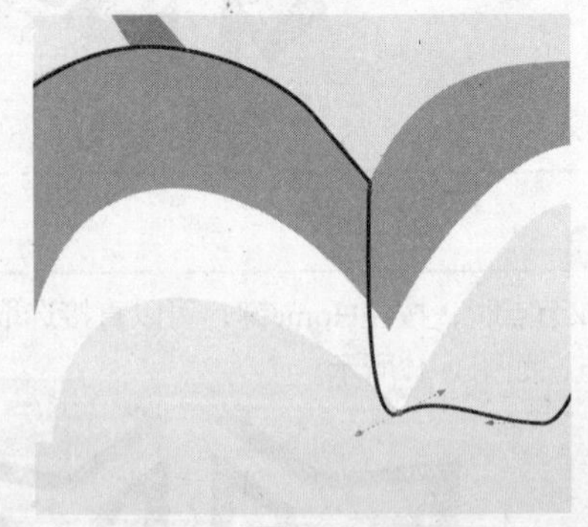

图3-22

通过移动节点间的线段来改变曲线的形状。操作步骤如下所示。

1. 选择工具箱中的“形状工具”，将鼠标放在曲线上，如图3-23所示。
2. 在节点之间的线段上按住鼠标不要松开，拖曳选中的曲线，如图3-24所示。若节点是空心的，表示选中了曲线本身，并没有选中节点。

❸ 松开鼠标左键，可以看到节点还保持原来的位置，但是曲线的形状已经发生了变化，如图3-25所示。

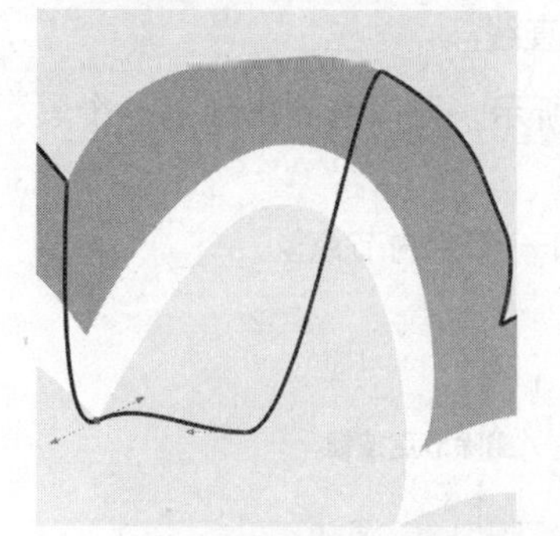
图3-23

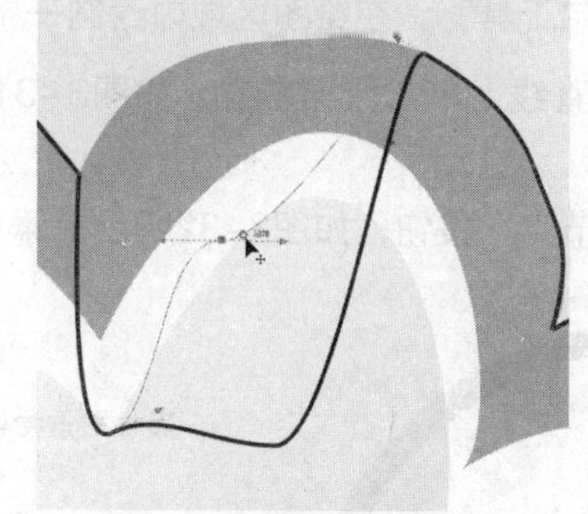
图3-24

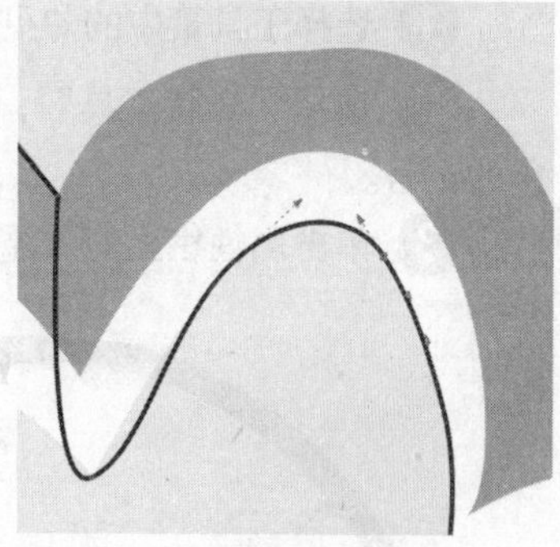
图3-25

通过移动控制点来改变曲线的形状。操作步骤如下所示。

❶ 选择工具箱中的“形状工具”，选中节点后可以看到出现了控制点，如图3-26所示。

❷ 在控制点上按住鼠标，拖曳控制点，可以看到曲线的变化，如图3-27所示。

❸ 松开鼠标，曲线的形状已经随控制点的位置变化发生了变化，如图3-28所示。

图3-26

图3-27

图3-28

闭合曲线就是使曲线的起始点和结束点重合。其操作步骤如下所示。

❶ 选中一个开放路径，如图3-29所示。

❷ 单击属性栏上的“闭合曲线”按钮，可以将曲线的起始点和结束点连接起来，如图3-30所示。

图3-29

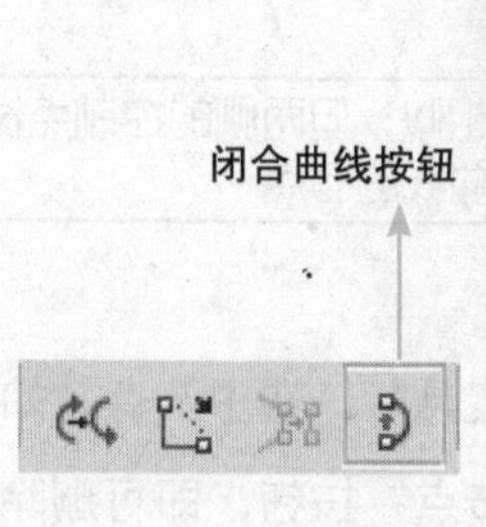

图3-30

4. 添加、删除、转换节点

添加节点

在路径上添加节点，可以不打断路径，来修改曲线的形状。其操作步骤如下所示。

1 选择工具箱中的“贝塞尔工具”，在绘图区域内绘制一条直线。

2 选择“形状工具”，在直线上单击鼠标左键，如图3-31所示，可以看到出现了一个黑色的记号。

3 单击属性栏上的“添加节点”按钮，如图3-32所示，添加一个新的节点。

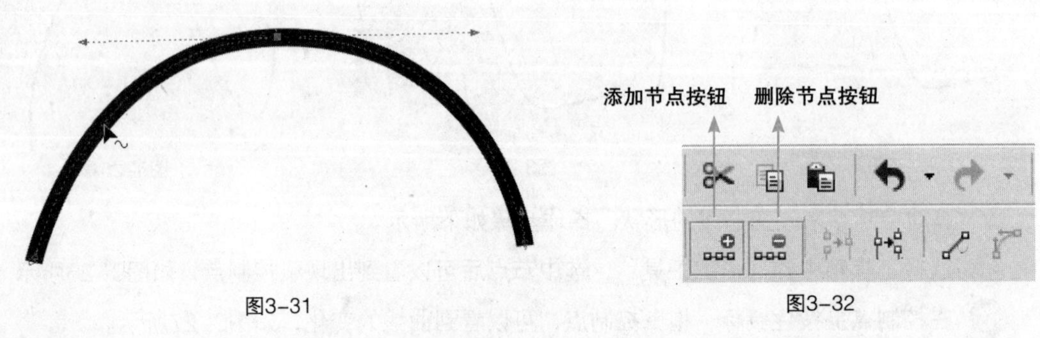

图3-31　　图3-32

提 示

选择“形状工具”后，在需要添加节点的路径上双击鼠标左键，也可以添加节点。如图3-33所示。

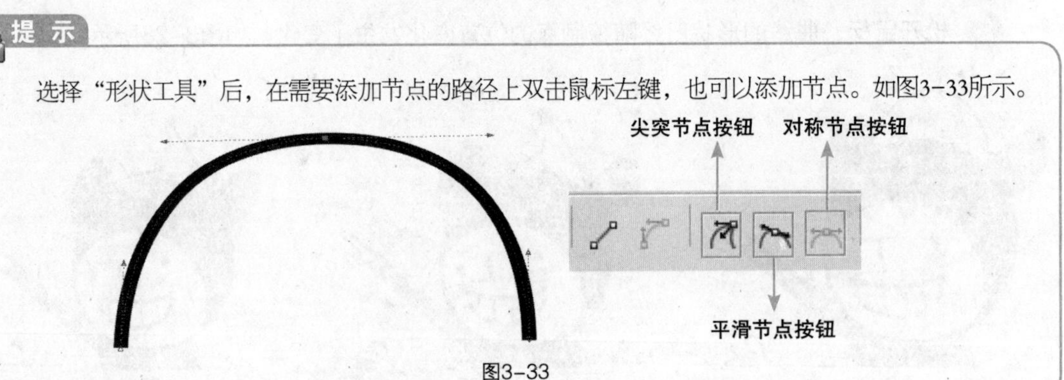

图3-33

在前面提到过，节点分为“尖突节点”、“平滑节点”、“对称节点”3种类型。设计师可以为节点指定类型，见表3-1所示。

表3-1　节点类型

类型	特点	图示
尖突节点	可以单独移动两侧的控制点，移动一侧的控制点时，另外一侧不会一起移动	图3-34
平滑节点	移动一侧的控制点时，另外一侧也将一起移动，使曲线的弧度平滑	图3-35
对称节点	与平滑节点相似，但两侧的控制点长度相等。如由【贝塞尔】工具绘制的曲线的节点	图3-36

删除节点的操作步骤如下所示。

1 选择工具箱中的“形状工具”，选中节点，如图3-37所示。

2 单击属性栏上的“删除节点”按钮，即可删除节点，如图3-38所示。

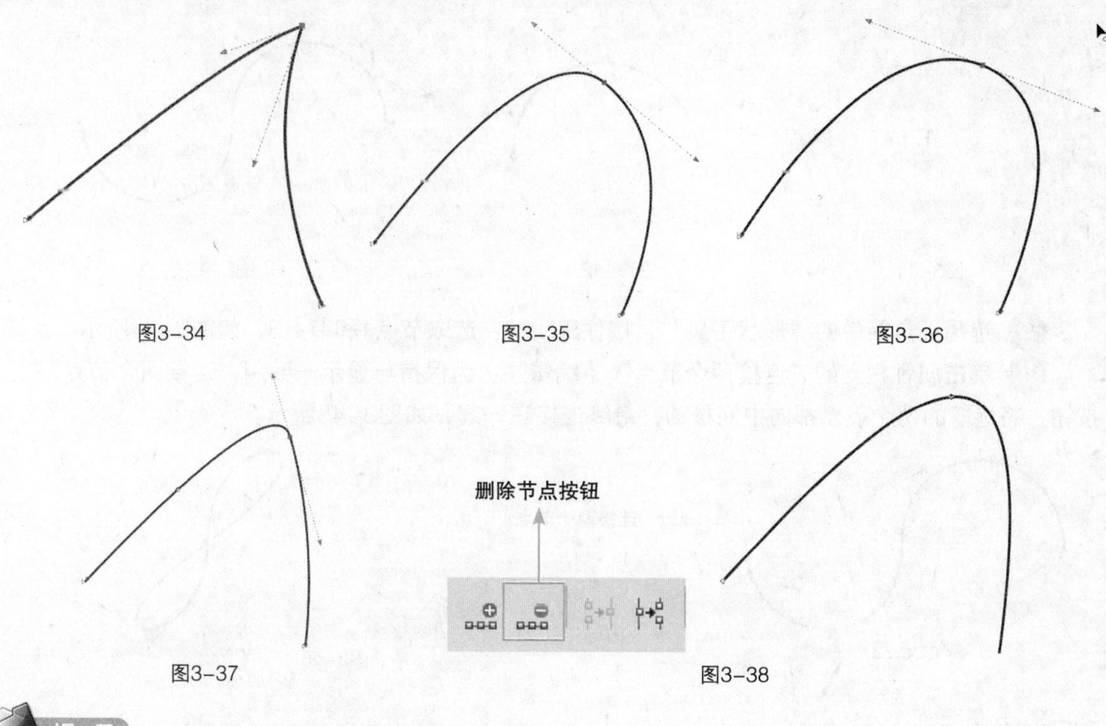

图3-34　图3-35　图3-36
图3-37　图3-38

提示

选择“形状工具”后，在需要删除的节点上双击鼠标左键，也可以将节点删除。

修改线段的属性，其操作步骤如下所示。

1 选择工具箱中的“形状工具”，在节点间的线段上（如图3-39所示）单击鼠标左键，出现一个黑色的记号。

2 单击属性栏上的“转换为线条”按钮，将曲线转换为直线，如图3-40所示。

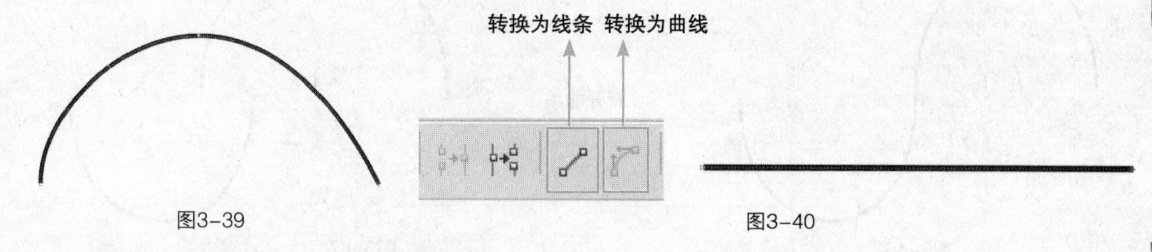

图3-39　图3-40

3.1.4 节点的连接、分割和对齐

1. 连接节点

节点的连接可以使曲线闭合。其操作步骤如下所示。

1 用“贝塞尔工具”绘制曲线。在页面内向上拖曳鼠标，创建第1个节点，如图3-41所示。

2 向下拖曳鼠标，创建第2个节点，如图3-42所示。

3 向上拖曳鼠标，创建第3个节点，如图3-43所示。

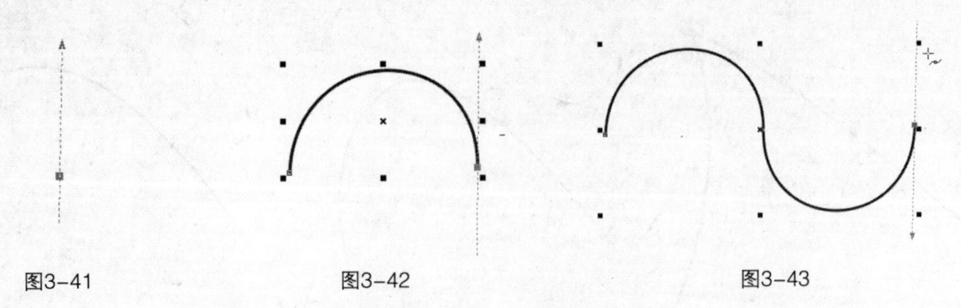

图3-41　　图3-42　　图3-43

4 选择工具箱中的“形状工具”，按住Shift键，选取节点1和节点3，如图3-44所示。

5 单击属性栏上的“连接两个节点”（编辑注：为保持与显示一致用“连接两个节点”）按钮，将选取的两个节点都向中间移动，最终连接在一起，如图3-45所示。

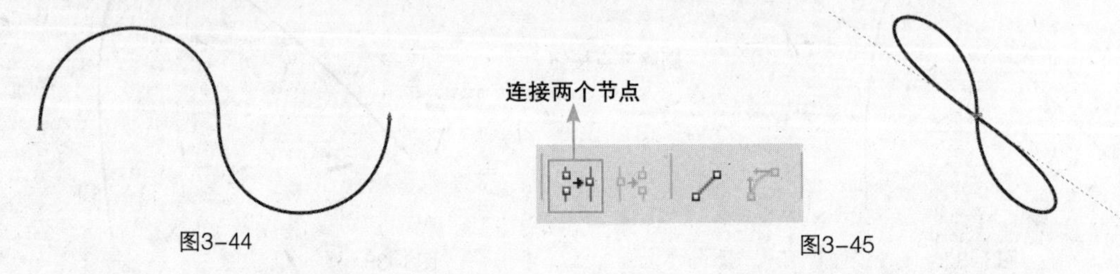

图3-44　　图3-45

2. 分割节点

分割节点可以使闭合路径变为开放路径，还可以将开放路径分割为多个子路径，但仍然为一个曲线对象。其操作步骤如下所示。

1 选择工具箱中的“形状工具”，选取要分割的节点，如图3-46所示。

2 单击属性栏上的“断开曲线”按钮，节点处就被断开了，如果用“形状工具”将断开的两个子路径移动一下，看得就更清楚了，如图3-47所示。

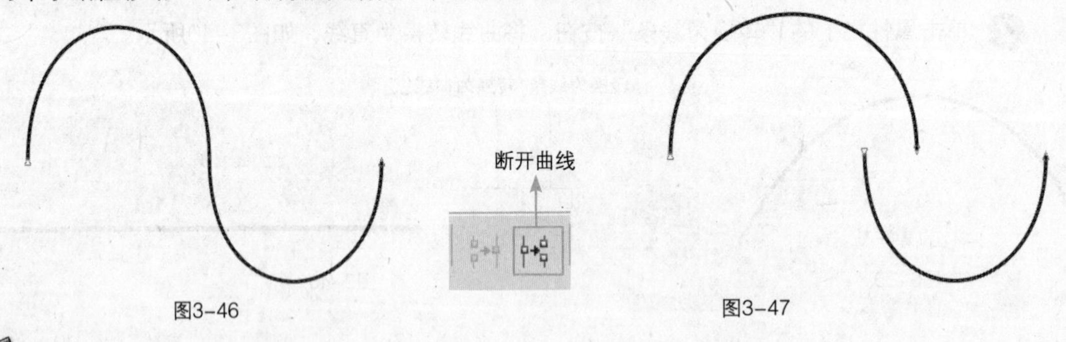

图3-46　　图3-47

提 示

分割后的路径仍然为一个曲线对象，所以选中节点后，使用属性栏上的“连接两个节点”按钮，还可以将节点连接起来。

3. 对齐节点

可以在同一曲线上将两个或两个以上的节点对齐，或者将它们的控制点对齐。其操作步骤如下所示。

1 选择工具箱中的“形状工具”，按Shift+Ctrl快捷键并单击任意一个节点，即可选取所有的节点，如图3-48所示。

2 单击属性栏上的“对齐节点”按钮，弹出“节点对齐”对话框，如图3-49所示。

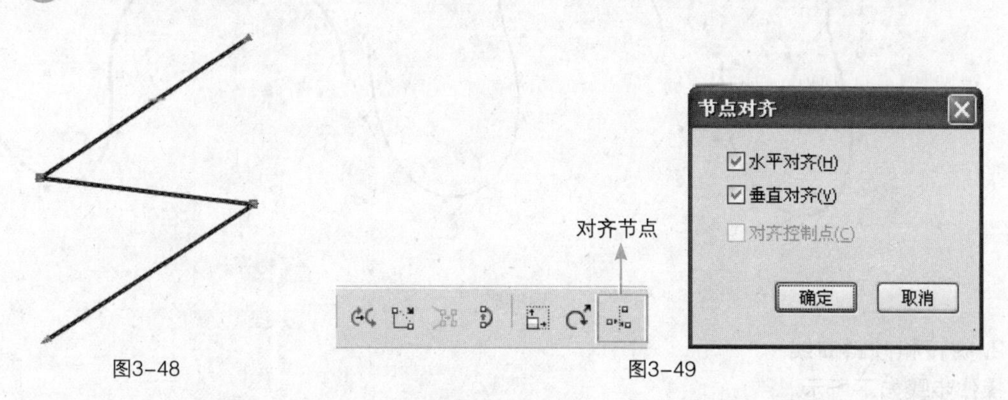

图3-48　　图3-49

分别选择“水平垂直”方式和“垂直对齐”方式，然后单击【确定】按钮，得到水平对齐和垂直对齐的效果，如图3-50所示。

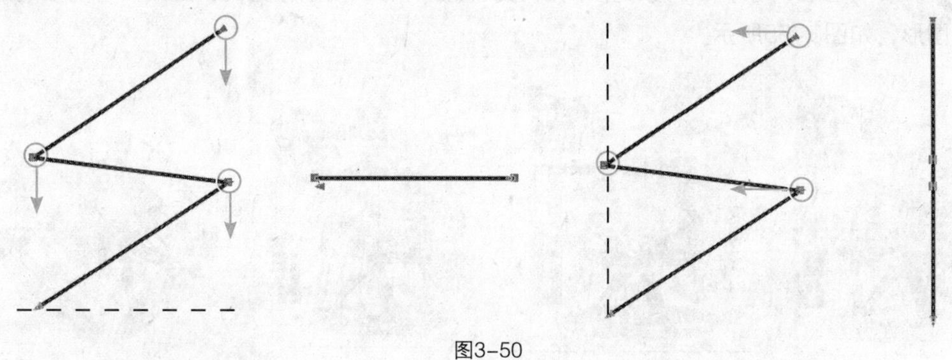

图3-50

3.1.5 曲线的变形

1. 缩放曲线的一部分

操作步骤如下所示。

1 使用工具箱中的“形状工具”，选中对象中需要缩放的节点，如图3-51所示。

2 单击属性栏上的“缩放节点”按钮，在节点的四周出现控制点，如图3-52所示。

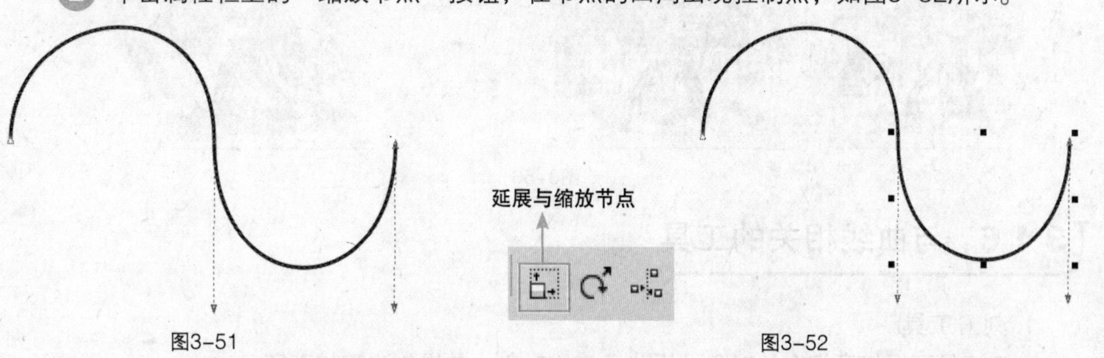

图3-51　　图3-52

3 用鼠标拖曳斜上或斜下的控制点，可以等比例地放大或缩小节点；拖动上下两侧的控制点可以横向或纵向缩放节点，如图3-53所示。

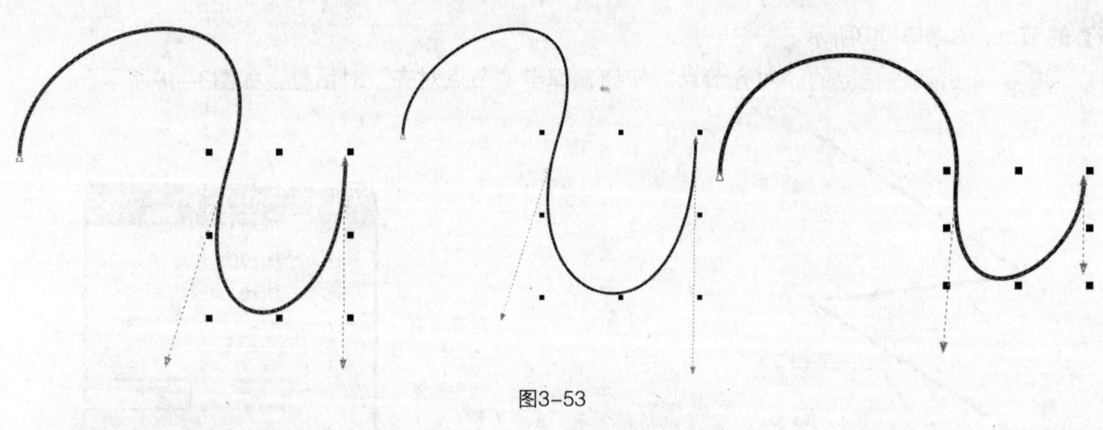

图3-53

2. 旋转和倾斜曲线

操作步骤如下所示。

1 用工具箱中的“选择工具”，选中对象，如图3-54所示。

2 用鼠标单击对象，在对象的四周出现旋转控制点，用鼠标拖曳斜上或斜下的控制点，可以旋转图形，如图3-55所示。

图3-54

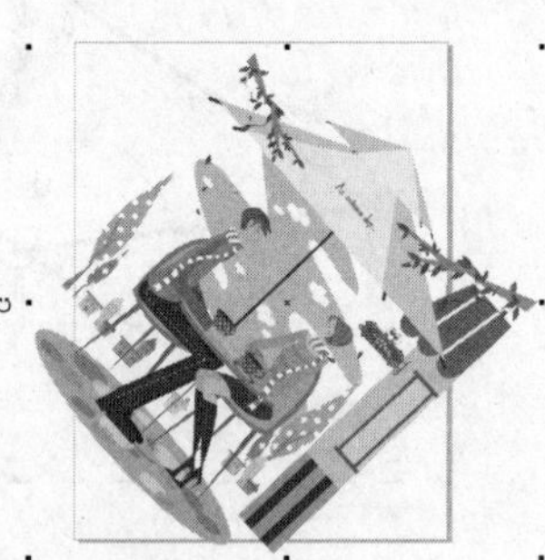

图3-55

3 拖曳上下两侧的控制点可以倾斜对象，如图3-56所示。

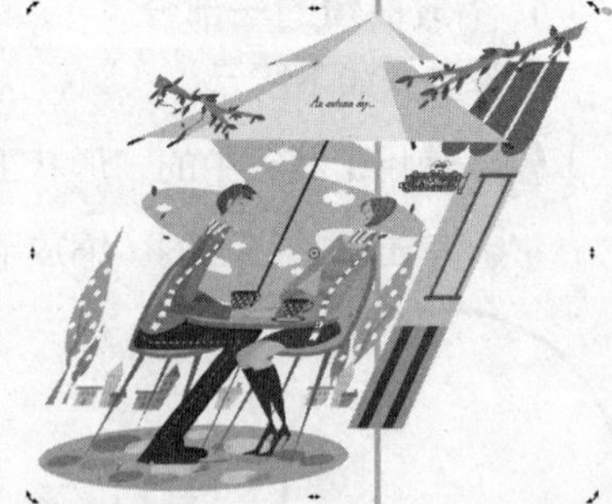

图3-56

3.1.6 与曲线相关的工具

1. 刻刀工具

刻刀工具可以打开闭合的对象，拆分开放的对象。其操作步骤如下所示。

1 选择工具箱中的“刻刀工具”，如图3-57所示。

❷ 单击属性面板左侧的“剪切时自动闭合”按钮，如图3-58所示。路径剪切的时候会自动形成闭合路径。

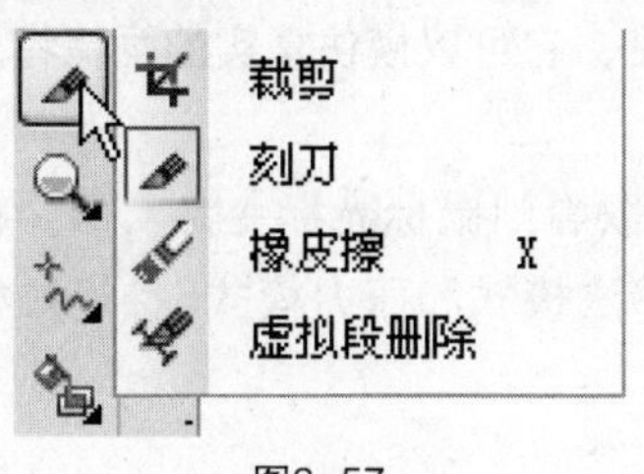

图3-57

图3-58

❸ 鼠标指针变为时，单击鼠标左键并拖曳，如图3-59所示，闭合路径被拆分为两部分了。

❹ 用“选择工具” 移动一下拆分开的路径，可以看得更清楚，如图3-60所示。

图3-59

图3-60

2. 橡皮擦工具

橡皮擦工具可以擦除图形的部分区域，或将对象分为两个封闭的路径。其操作步骤如下所示。

❶ 选择工具箱中的“选择工具”，单击选中对象，如图3-61所示。

❷ 选择工具箱中的“橡皮擦工具”，如图3-62所示，在图像中的裤子区域涂抹，部分颜色会被擦除。

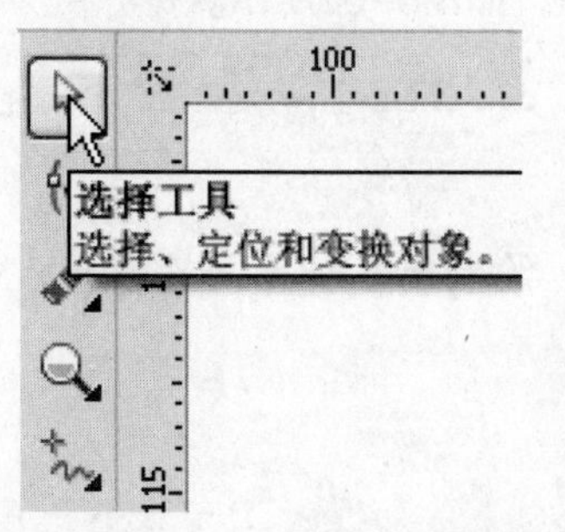

图3-61

图3-62

只有选择了对象后才可以使用“橡皮擦”工具。

3.17 艺术笔工具

艺术笔工具是具有固定或可变宽度及形状的特殊画笔工具，它可以模仿真实的画笔特点，创作具有特殊艺术效果的线段或图案。

选择工具箱中的“艺术笔工具”，如图3-63所示，可以看到鼠标光标变为↘形。在属性栏中的艺术笔工具包括预设模式、画笔模式、喷添模式、书法模式和压力模式5种笔触模式，如图3-64所示，下面来一一进行讲解。

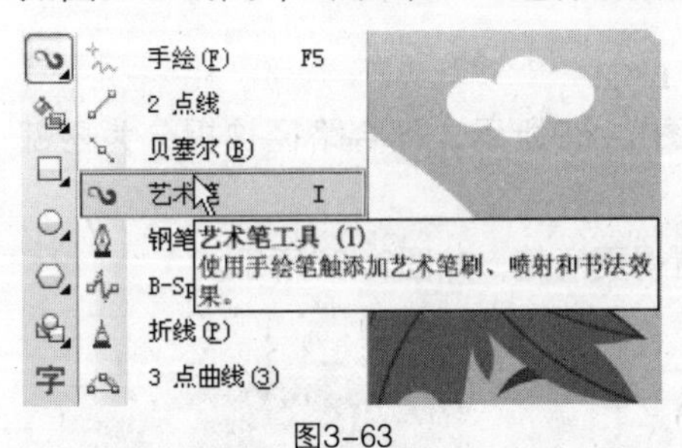

图3-63

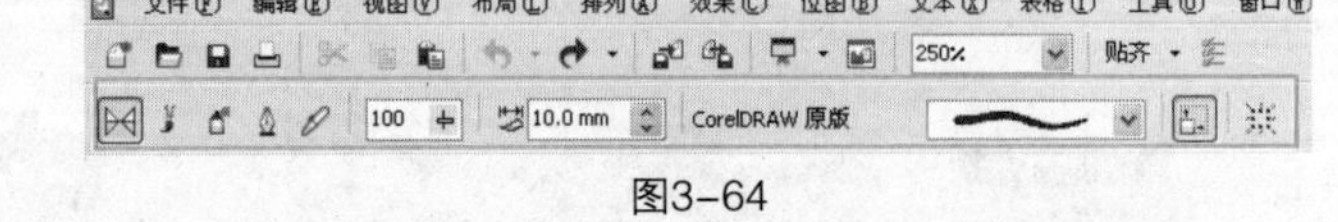

图3-64

1. 预设模式

单击属性栏上的“预设”按钮，选择预设模式，属性栏中的⊞滑块可以设置笔触的手绘平滑程度；选项栏中可以设置艺术笔工具的最大宽度；下拉列表可以设置笔触的类型，如图3-65所示。

在页面中单击并拖曳鼠标，绘制如图3-66所示的线条，松开鼠标后就可以看到绘制的封闭线条图形，如图3-67所示。

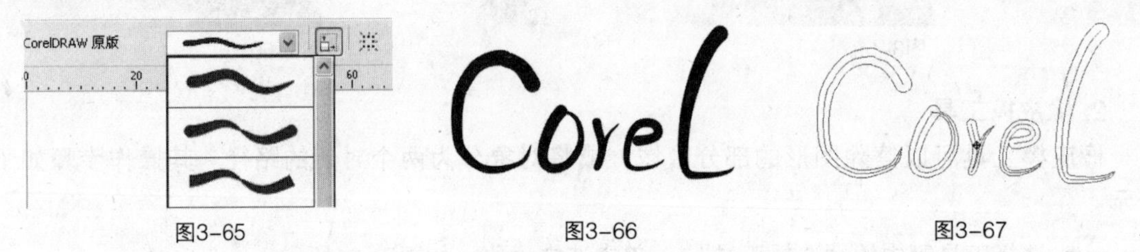

图3-65　图3-66　图3-67

2. 画笔模式

单击属性栏上的“笔刷”按钮，属性栏中的⊞滑块可以设置笔触的手绘平滑程度；选项栏中可以设置艺术笔工具的最大宽度；下拉列表可以设置笔触的类型，如图3-68所示。

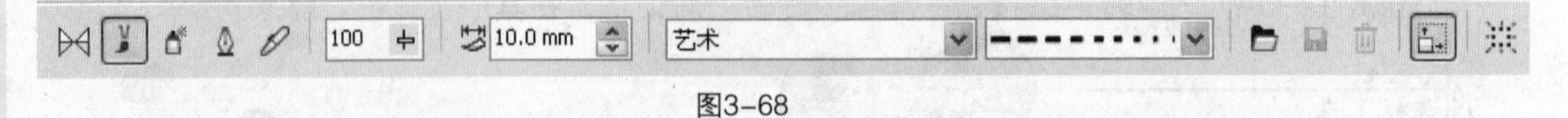

图3-68

通过在笔触列表中选择不同的笔触类型，如图3-69所示，绘制出各种不同的效果，如图3-70所示。

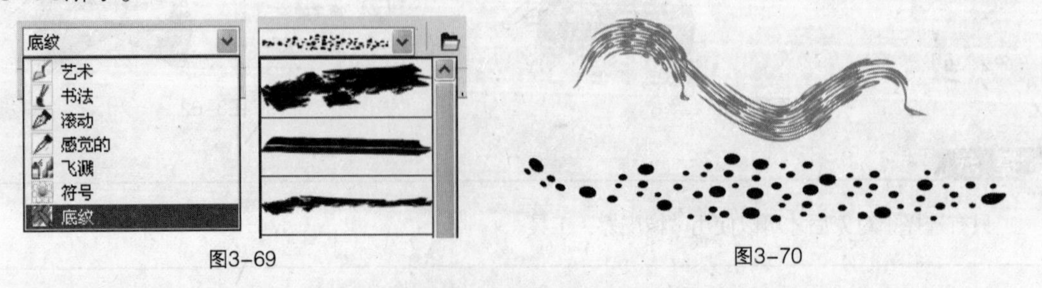

图3-69　图3-70

3. 喷涂模式

单击属性栏上的“喷涂”按钮，选择喷涂模式，如图3-71所示。从属性栏上的喷涂文件列表中选择适当的图案，拖曳鼠标绘制线条，如图3-72所示。

图3-71

图3-72

在属性栏“要喷涂的对象的大小”的顶框中输入数值，调整喷涂对象的大小，如图3-73所示，在底框中输入数值，调整当喷涂对象沿着线条渐进时大小的变化。

在属性栏的“选择喷涂顺序”列表框中可以选择喷绘方式，包括“随机”、“顺序”和“按方向”3种，如图3-74所示。

图3-73　　图3-74

在“要喷涂的对象的小块颜料/间距”的顶框中输入数值，调整每个间距点处喷涂的对象；在底框中输入数值，调整小块颜料之间的间距。

单击属性栏上的“旋转”按钮，弹出“旋转”对话框，在其中设置喷绘对象的旋转角度，设置好后按Enter键确定，如图3-75所示。

小知识：选中“相对于路径”单选钮，图形将相对于鼠标拖动路径旋转；选中“相对于页面”单选钮，图形将以绘图页面为基准旋转。

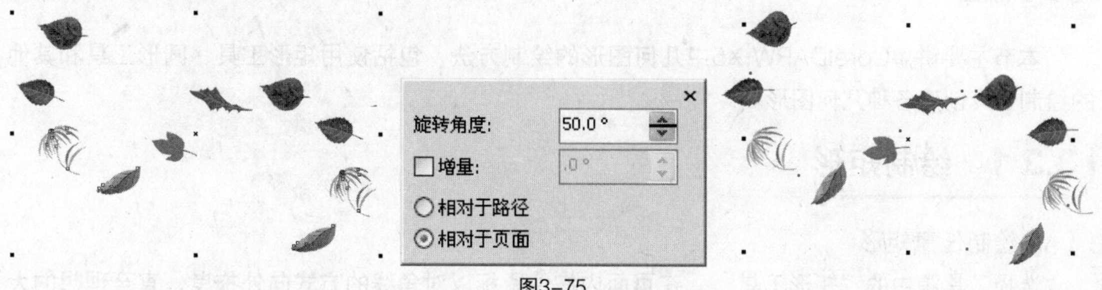

图3-75

保持图形的选中状态，单击属性栏上的“偏移”按钮，弹出“偏移”对话框，在对话框中设置对象的偏移量及偏移方向，如图3-76所示。

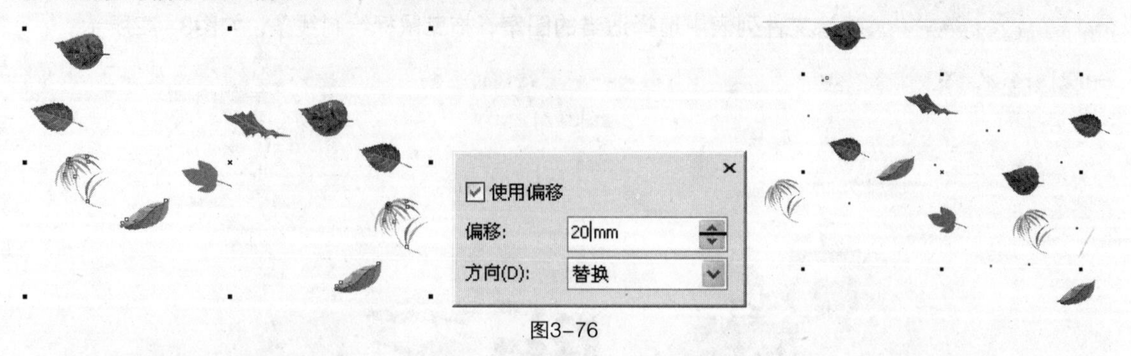

图3-76

4. 书法模式

单击属性栏上的“书法”按钮，选择书法模式，绘制类似书法的效果如图3-77所示。

在书法模式属性栏上的手绘平滑框 中输入适当的数值，可以使线条的边缘平滑； 选项栏中可以设置艺术笔工具的最大宽度；在书法角度选项栏中设置笔触的角度。图3-78所示为书法角度设置为0和90的效果。

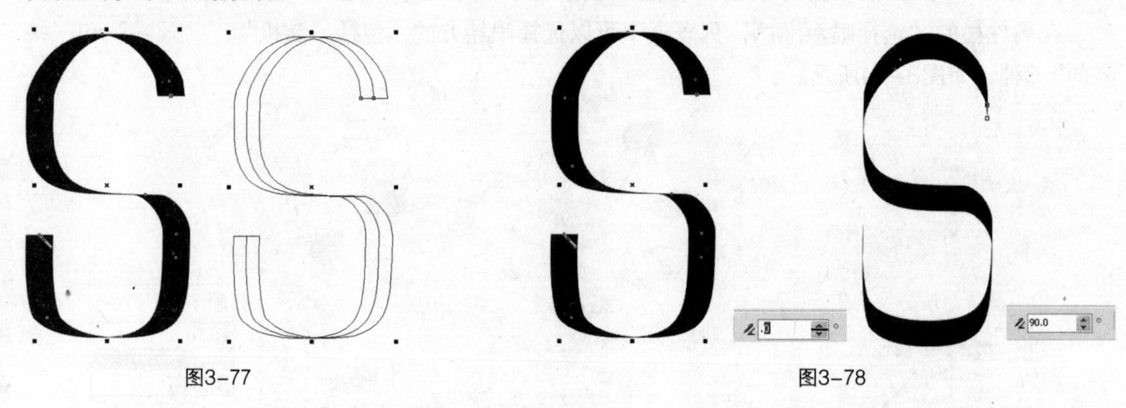

图3-77　　图3-78

5. 压力模式

单击属性栏上的“压力”按钮，选择压力模式，用压力感应笔或键盘来改变线条的粗细。

在压力模式属性栏上的手绘平滑框 36 中输入适当的数值，可以使线条的边缘平滑；在选项栏 10.0 mm 中设置艺术笔工具的最大宽度。

3.2 几何图形的绘制

本节主要讲解CorelDARW X5中几何图形的绘制方法，包括使用矩形工具、圆形工具和其他的绘制工具创建各种几何图形。

3.2.1 绘制矩形

1. 绘制任意矩形

选择工具箱中的“矩形工具”，在页面内按住鼠标以对角线的方式向外拖曳，直至理想的大小后松开鼠标。拖曳鼠标的距离、方向不同，所绘制的矩形也各不相同，如图3-79所示。

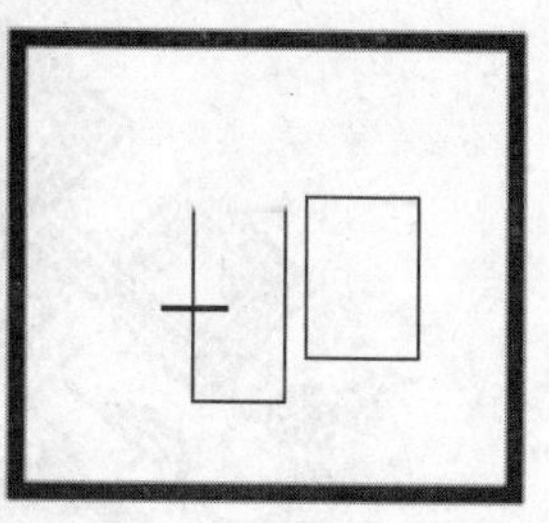

图3-79

提示

矩形工具的快捷键为F6。在绘图页面内按Ctrl+F6快捷键得到一个正方形，如图3-80所示。

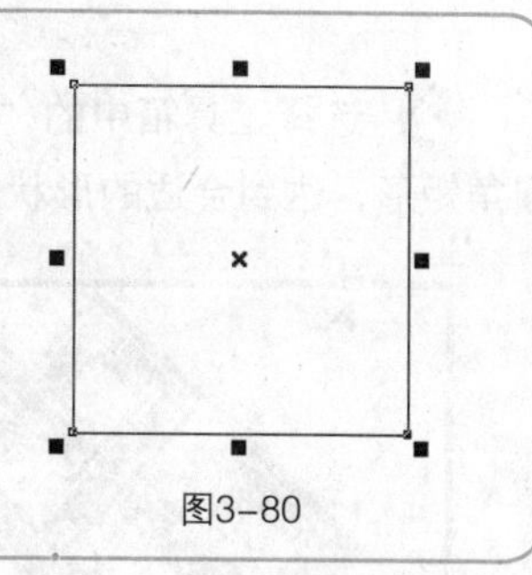

图3-80

2. 绘制精确尺寸的矩形

操作步骤如下所示。

1. 选择工具箱中的“矩形工具”。
2. 在页面内按住鼠标以对角线的方式向外拖曳。
3. 在对象大小的“宽度”、“高度”选项框中输入所需的数值，如图3-81所示。

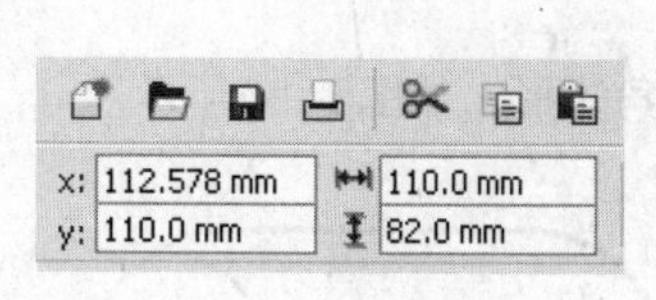

图3-81

3.2.2 绘制圆角矩形

1. 绘制任意圆角矩形

操作步骤如下所示。

1. 选择工具箱中的“矩形工具”，在页面内按住鼠标以对角线的方式向外拖曳，直至理想的大小后松开鼠标，如图3-82所示。

图3-82

② 选择工具箱中的"形状工具"，选中边角的节点。按下鼠标左键并拖曳节点。创建一个圆角矩形，达到合适的形状后松开鼠标左键，如图3-83所示。

图3-83

拖曳鼠标的距离、方向不同，所绘制的矩形也各不相同。

2. 绘制精确尺寸的圆角矩形

① 选择工具箱中的"矩形工具"，在页面内按住鼠标以对角线的方式向外拖曳，直至理想的大小后松开鼠标，如图3-84所示。

② 在矩形属性栏中，分别设定圆角的度数，即可将矩形变为圆角矩形，如图3-85所示。

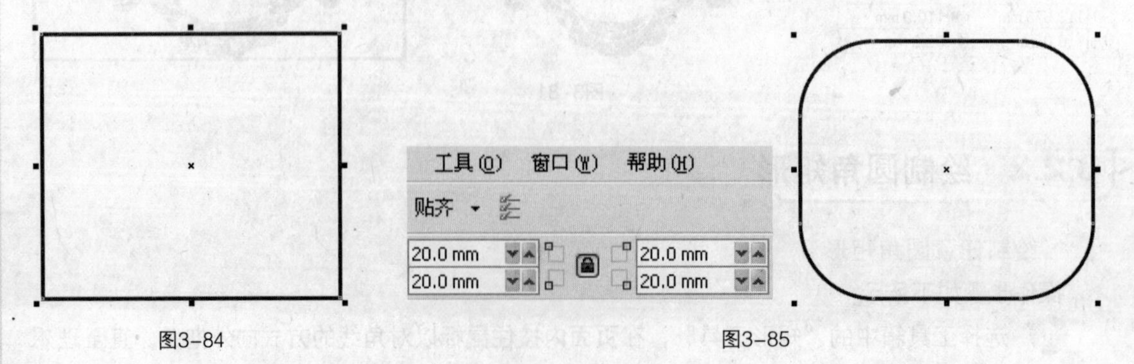

图3-84　图3-85

提 示

按下圆角度数后的锁定图标，可以使四个角度数改变相同，如图3-86所示。弹起锁定图标，可以分别设定每个角的度数，如图3-87所示。

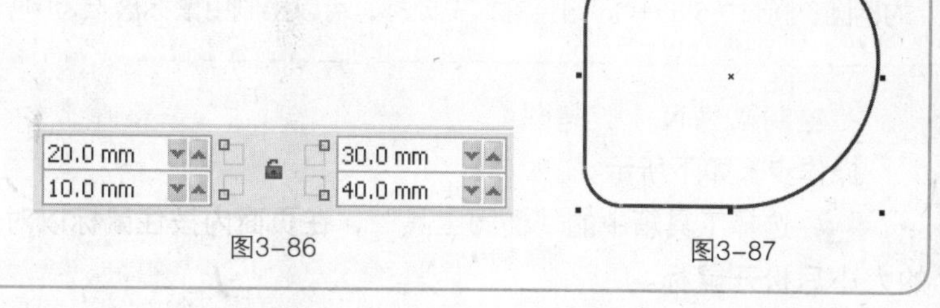

图3-86 图3-87

3. 绘制任意角度的矩形

操作步骤如下所示。

1 选择工具箱中的“3点矩形工具”，如图3-88所示。

2 在绘图页面内按下鼠标左键，向左上方拖曳鼠标到合适的位置，绘制矩形的第1个边，松开鼠标；向右上方拖动鼠标到合适位置，单击鼠标完成绘制，如图3-89所示。

图3-88 图3-89

3.2.3 绘制椭圆

1. 绘制任意椭圆

椭圆工具用来绘制椭圆形和圆形，其方法与绘制矩形与圆角矩形相同。在工具箱中选择“椭圆工具”，在页面内按住鼠标以对角线的方式向外拖曳，直至适当的大小后松开鼠标。拖曳鼠标的距离、方向不同，所绘制的椭圆也各不相同，如图3-90所示。

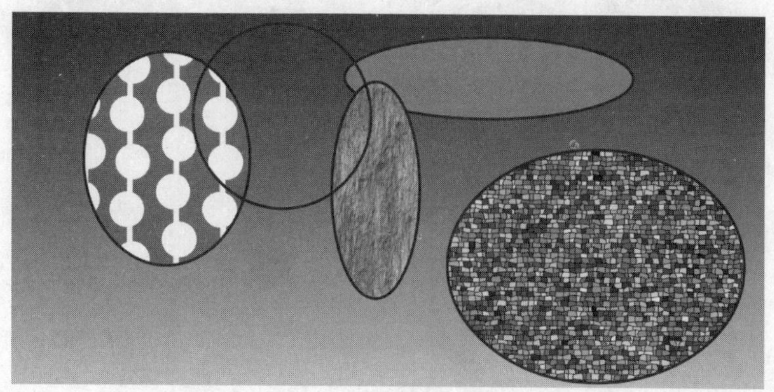

图3-90

按住Ctrl键拖曳鼠标，可以绘制圆形；按住Shift键拖曳鼠标可以绘制由鼠标落点为中心点向四周延伸的椭圆；同时按Shift+Ctrl组合键拖曳鼠标，可以绘制由鼠标落点为中心点向四周延伸的圆。

2. 绘制精确尺寸的椭圆

操作步骤如下所示。

1. 选择工具箱中的“椭圆工具”，在页面内按住鼠标以对角线的方式向外拖曳，直至理想的大小后松开鼠标。

2. 在属性栏中设置对象的大小，在“宽度”、“高度”选项中输入所需的数值，如图3-91所示。

图3-91

3. 绘制饼形和弧形

操作步骤如下所示。

1. 选择工具箱中的“椭圆工具”，在页面内按住鼠标以对角线的方式向外拖曳，直至理想的大小后松开鼠标。

2. 单击图3-92所示的属性栏中的“饼形”按钮，可以将椭圆转换为饼形，如图3-93所示。

图3-92

3. 单击属性栏中的“弧形”按钮，可以将椭圆转换为弧形，如图3-94所示。

图3-93

图3-94

4. 绘制任意角度的椭圆

操作步骤如下所示。

❶ 选择工具箱中的“3点椭圆形”工具，如图3-95所示。

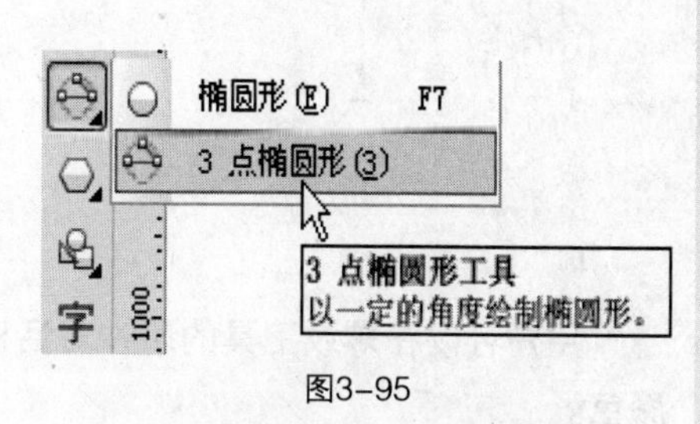

图3-95

❷ 在绘图页面内按下鼠标左键，向左下方拖动鼠标到合适的位置，绘制椭圆的一个轴，松开鼠标；向右上方拖动鼠标到合适的位置，单击鼠标完成绘制，选择“填充工具”，为绘制的椭圆添加一个填充色，如图3-96所示。

图3-96

3.2.4　绘制多边形

多边形工具是用来绘制任意边数的多边形。

选择工具箱中的“多边形工具”，在页面内按住鼠标左键向外拖曳，直至理想的大小后松开鼠标。

在属性栏中（如图3-97所示）设置不同的边数，可以得到不同的多边形，如图3-98所示为使用多边形工具绘制的三角形、正方形、五边形……

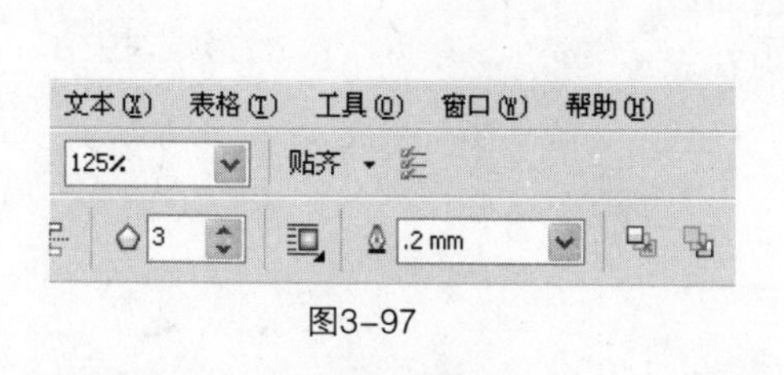

图3-97

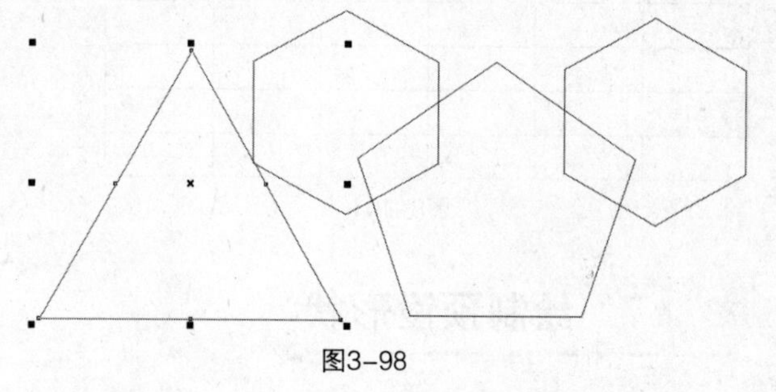
图3-98

3.2.5　绘制螺纹

1. 绘制对称式螺纹

选择工具箱中的“螺旋形工具”，在页面上按住鼠标拖曳，松开后即可看到绘制的对称式螺旋形。用同样的方法可以绘制出不同样式的对称式螺纹，如图3-99所示。

图3-99

用户可以在螺纹工具的属性对话框中设定螺纹的数量，绘制完成后还可自定义螺纹的宽度和颜色。

2. 绘制对数式螺纹

操作步骤如下所示。

1 选择工具箱中的“螺纹工具”，在螺纹工具的属性对话框中单击“对数式螺纹”按钮。

2 在页面上按住鼠标拖曳，松开后即可看到绘制的对数式螺纹。用同样的方法可以绘制出不同样式的螺纹，如图3-100所示。

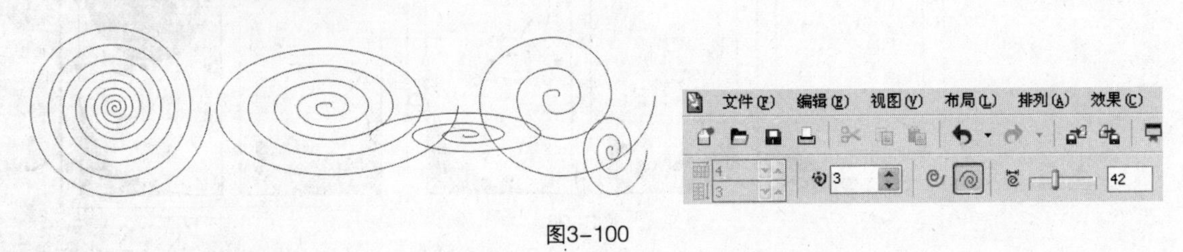

图3-100

3.2.6 绘制图纸

选择工具箱中的“图纸工具”，在绘图区域内按下鼠标左键，沿对角线方向拖曳鼠标到合适的位置，松开鼠标左键即可绘制出图纸，如图3-101所示。在属性栏中，用户可以更改图纸行和列的数量，如图3-102所示。

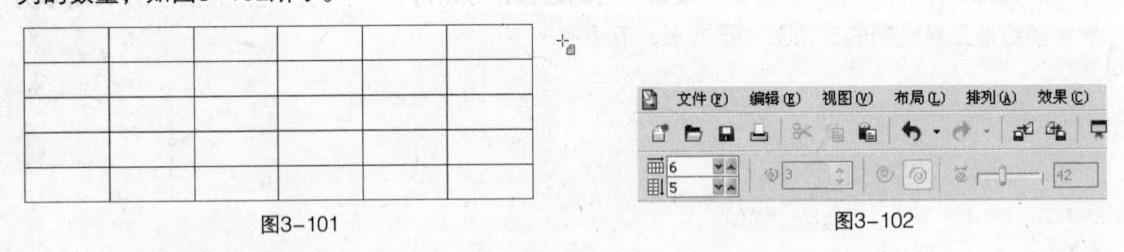

图3-101

图3-102

3.2.7 绘制预设形状

CorelDRAW提供了多种预设形状，使设计师的创意更加容易实现。

1. 绘制基本形状

选择工具箱中的“基本形状工具”，在绘图区域内按下鼠标左键，沿对角线方向拖曳鼠标到合适的位置，松开鼠标左键即可绘制一个基本形状，如图3-103所示。用户还可以在属性栏中选择其他的基本形状进行绘制，如图3-104所示。

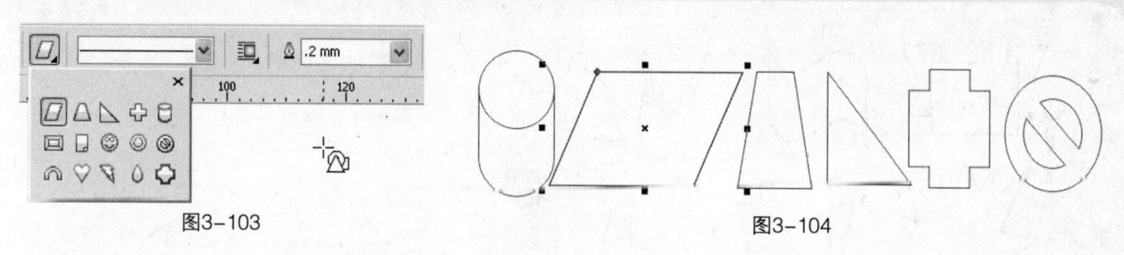

图3-103　　图3-104

2. 绘制箭头形状

选择工具箱中的“箭头形状工具”，在绘图区域内按下鼠标左键，沿所需方向拖曳鼠标到合适的位置，松开鼠标左键即可绘制一个箭头形状，如图3-105所示。用户也可以在属性栏中选择其他的箭头形状进行绘制，如图3-106所示。

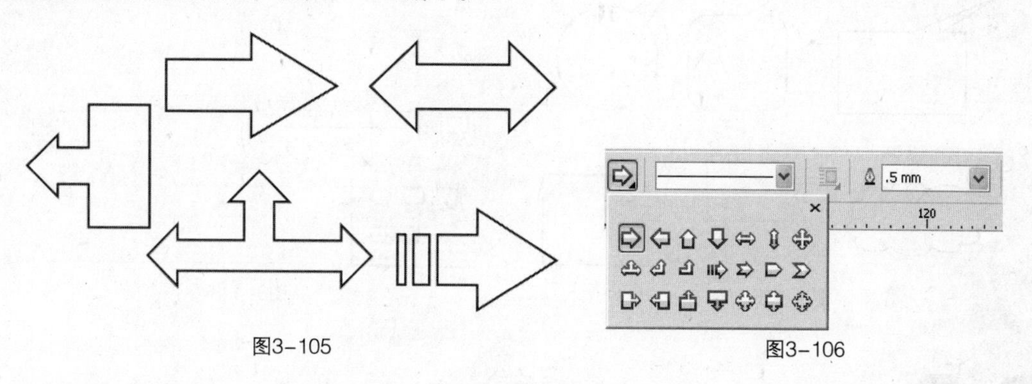

图3-105　　图3-106

3. 绘制流程图形状

选择工具箱中的“流程图形状工具”，在绘图区域内按下鼠标左键，沿对角线方向拖动鼠标到合适的位置，松开鼠标左键即可绘制一个流程图形状，如图3-107所示。用户也可以在属性栏中选择其他的流程图形状进行绘制，如图3-108所示。

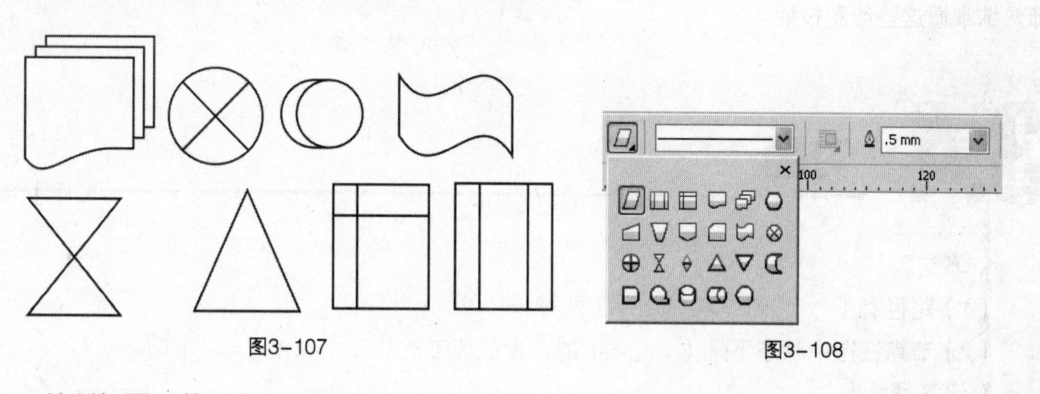

图3-107　　图3-108

4. 绘制标题形状

选择工具箱中选择“标题形状工具”，在绘图区域内按下鼠标左键，沿着任意方向拖曳鼠标到合适的位置，松开鼠标左键即可绘制一个标题形状，如图3-109所示。

5. 绘制标注形状

选择工具箱中的“标注形状工具”，在绘图区域内按下鼠标左键，沿对角线方向拖曳鼠标到合适的位置，松开鼠标左键即可绘制一个标注形状，如图3-110所示。用户也可以在属性栏中选择其他的标注形状进行绘制，如图3-111所示。

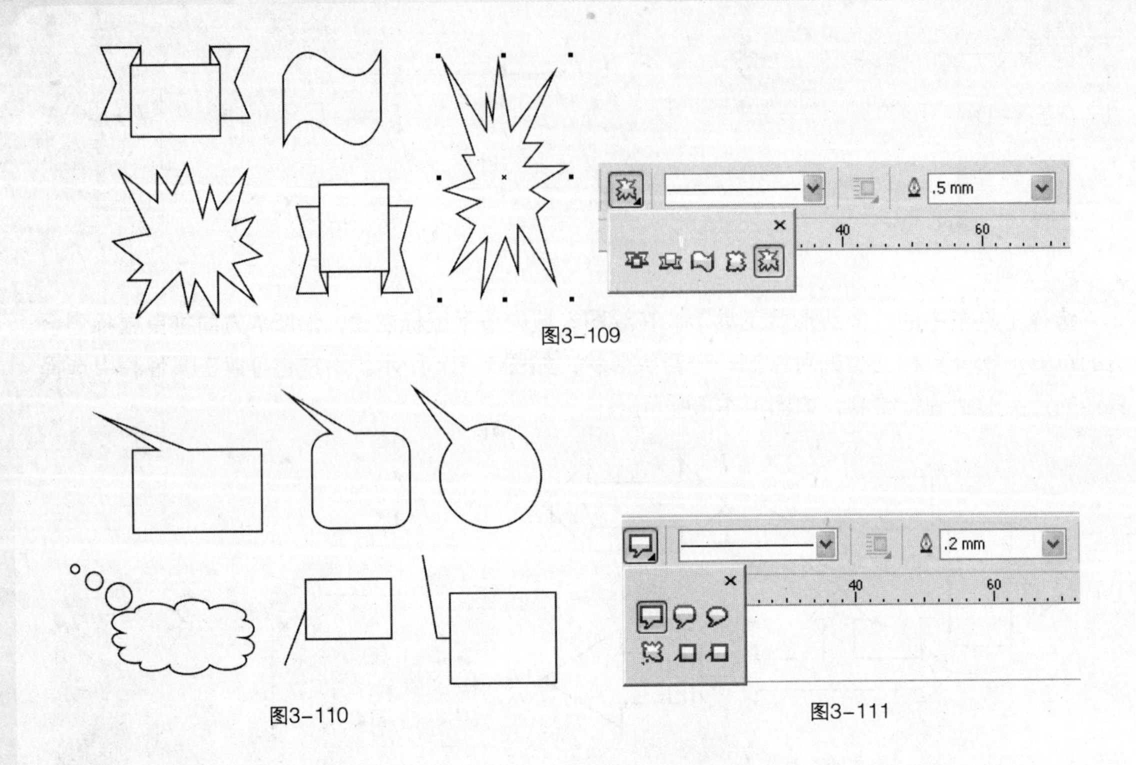

图3-109

图3-110

图3-111

3.3 小结

图形的绘制和编辑是CorelDRAW X5一项非常重要的功能，日常的平面设计工作也需要设计师熟练掌握这些绘图技能。

3.4 习题

1. 填空题

（1）路径有（　　　）、（　　　）两种。

（2）节点在选中状态下是（　　　）的，未被选中的状态下是（　　　）的。

2. 问答题

（1）贝塞尔曲线是什么?

（2）使用“贝塞尔工具”绘制出的是图形还是图像?

3. 操作题

（1）练习绘制一个正方形。

（2）练习选取正方形的节点。

第4章 对象的排列与组合

本章将介绍如何应用CorelDRAW X5强大的排列和组合功能，通过本章的学习，使设计师了解并掌握编辑和控制复杂图形的方法和技巧，进一步领会利用CorelDRAW X5绘制图形的要领。

设计要点

- 图层的顺序
- 对象的造型
- 对象的锁定
- 对象的群组和结合
- 对象的对齐和分布

4.1 对象的叠放次序

在CorelDRAW X5中绘制的图形对象都是处于不同的层次中。在页面中的同一区域，先绘制的图形对象位于后绘制的图形对象的下层。也就是说，后绘制的图形对象会覆盖住先绘制的图形，使其部分或全部不可见，所以在工作的过程中，需要通过对图层的管理来安排多个图形对象的前后顺序。

4.1.1 图层对象的顺序

执行“文件”→“打开”命令，打开光盘目录下的“素材\第4章\练习1.cdr”文件，如图4-1所示。

图4-1

操作步骤如下所示。

1 选择工具箱中的“选择工具”，选中树木2，执行“排列”→“顺序”→“到页面前面”命令，如图4-2所示。将选中的树木2移动到页面中所有对象的最前面，如图4-3所示。使用“Ctrl+主页”快捷键也可以将选中对象移至最前面。

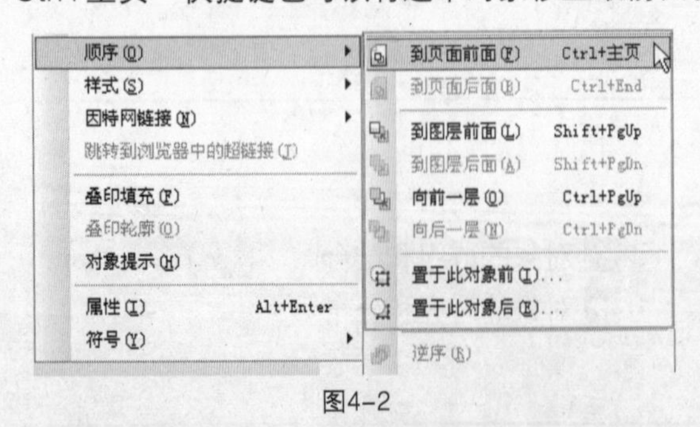

图4-2

图4-3

2 使用“选择工具” 选中树木2，执行“排列”→“顺序”→“到页面后面”命令，将选中的树木2移动到页面中所有对象的最后面，树木2被背景隐藏，如图4-4所示。按Ctrl+End快捷键也可以将选中对象移至最后面。

3 保持树木2的选中状态，执行“排列”→“顺序”→“向前一层”命令，将树木2从当前的位置向前移动一层，如图4-5所示。按Ctrl+PageUp快捷键也可将选中对象向前移动一层。

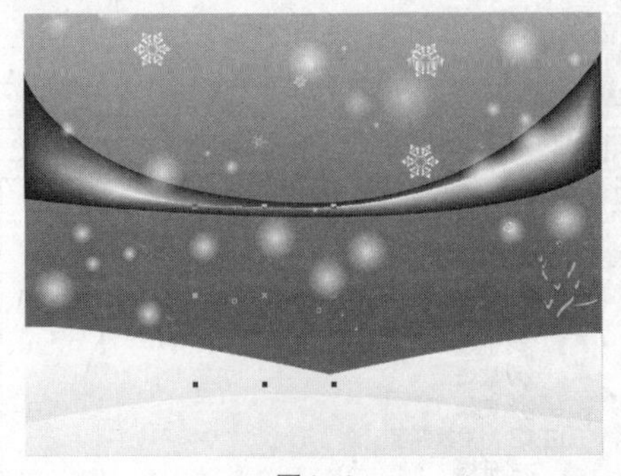
图4-4

图4-5

4 保持飘带的选中状态，执行“排列”→“顺序”→“向后一层”命令，将图形飘带从当前的位置向后移动一层，如图4-6所示。按Ctrl+PageDown快捷键也可将选中对象向后移动一层。

5 选中飘带，执行“排列”→“顺序”→“置于此对象前”命令，光标变为黑色的箭头，将箭头指向树木2，如图4-7所示，单击鼠标左键，可以看到飘带移到刚才指定的树木2的前面，如图4-8所示。

图4-6

图4-7

图4-8

6 保持飘带的选中状态，执行“排列”→“顺序”→“置于此对象后”命令。光标变为黑色的箭头后指向树木1，如图4-9所示，单击鼠标左键，可以看到飘带移到刚才指定的图像的后面，如图4-10所示。

图4-9

图4-10

4.1.2 图层对象管理器

对象管理器可以控制和管理对象图层。执行“窗口”→“泊坞窗”→“对象管理器”命令，如图4-11所示，打开对象管理器泊坞窗，如图4-12所示。

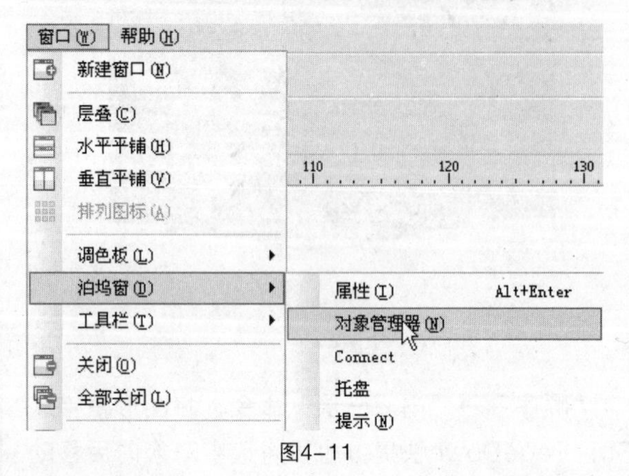

图4-11

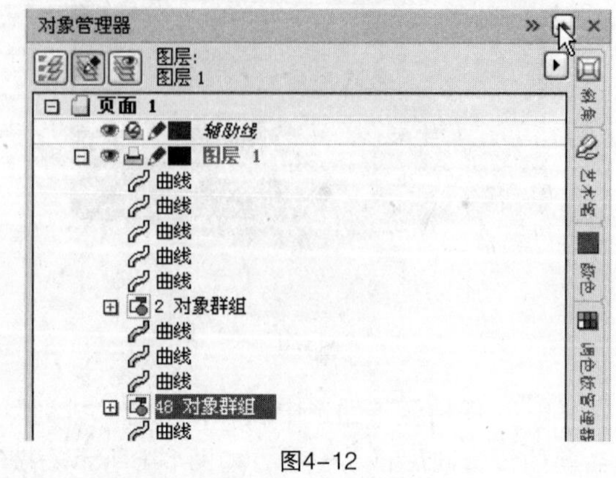

图4-12

提 示

执行“工具”→“对象管理器”命令也可以打开对象管理器。

默认状态下，对象管理器内的所有图形都在“图层1”内，排序与页面中的图形对象的叠放次序也相互对应，如图4-13所示。

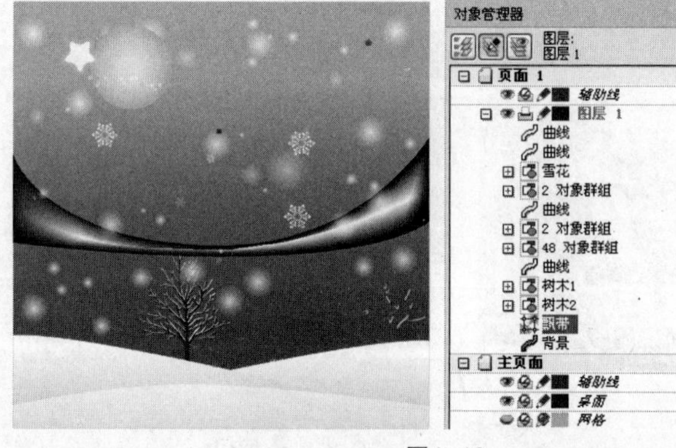

图4-13

在对象管理器内选择飘带所在的图层，按住鼠标向下拖曳此图层至最顶层，如图4-14所示，松开鼠标后可以看到，在页面内的飘带图层被移动至所有图形的最顶层。

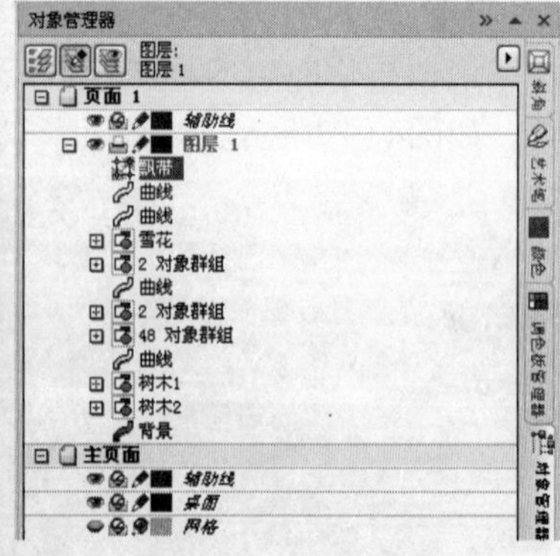

图4-14

在对象管理器内，“图层1”前面的图标相当于图层的功能控制开关，使用这些图标更便于图形的管理和绘制。

在创作过程中，为了防止对象被无意间改动，可以将已经完成的部分锁定，即将对象锁住，使之无法进行移动、变形等操作。

选中需要锁定的图形雪花，执行“排列”→“锁定对象”命令，如图4-15所示，可以看到选定的对象四周的控制点变成了锁形，如图4-16所示。

图4-15

图4-16

提 示

添加到路径的文字、立体化对象、有阴影的对象等是不能被锁定的。

选中图形雪花之后，在图形雪花上单击鼠标右键，选择弹出菜单内的“解除对象锁定”命令，如图4-17所示，可以解除对象的锁定。

在对象管理器内，在已锁定的图形雪花的图层上单击鼠标右键，选择弹出菜单内的“解除锁定对象”命令，如图4-18所示，也可以解除对象的锁定。

图4-17

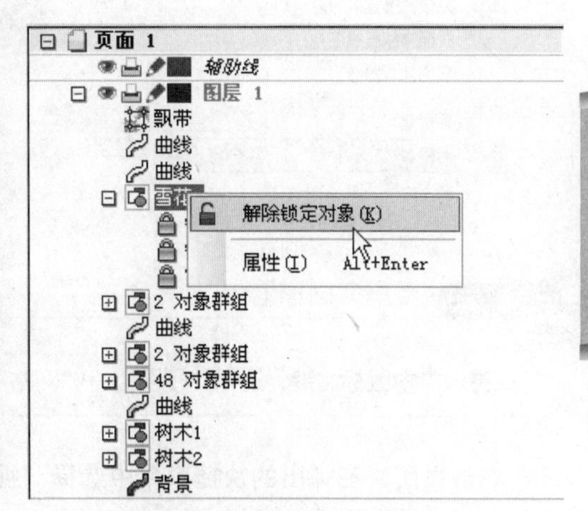

图4-18

提 示

当选中对象后，在对象上单击鼠标右键，会弹出一个快捷菜单，该菜单中的命令就是当前可以使用的所有命令，适当地使用快捷菜单可提高工作效率。

4.2 对象的对齐和分布

在创作过程中，经常要设置对象的对齐和分布方式。对于一个对象，可以将其对齐到网格、辅助线等；对于多个对象，可以将其以左/右侧、顶端/底端等各种方式对齐和分布，下面具体讲解这些方法和技巧。

4.2.1 网格和辅助线

1. 网格

网格就是一系列交叉的虚线或点，它可以直观地帮助用户测量对象的位置、对齐对象，辅助用户设计和绘制图形。其操作步骤如下所示。

1 执行“视图”→“网格”命令，如图4-19所示，可以看到页面中生成了网格，如图4-20所示。

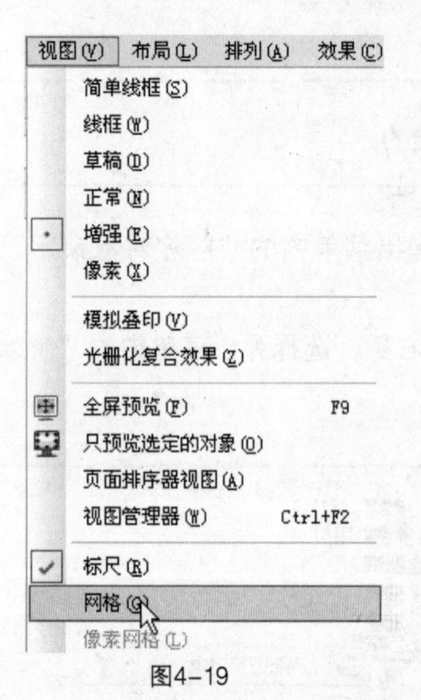

图4-19

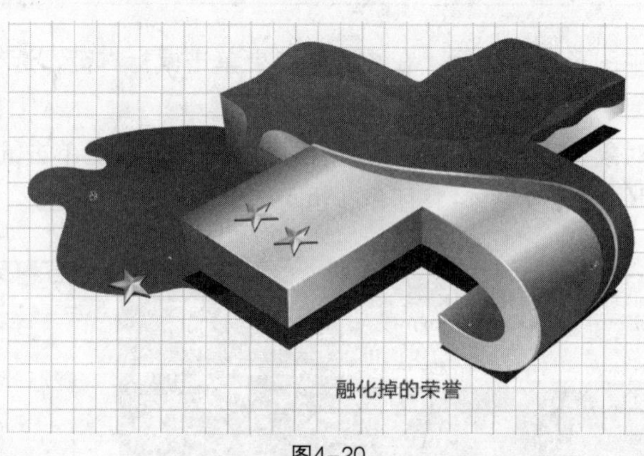

图4-20

再次单击鼠标右键，选择“视图”→“网格”命令，就可以把网格去掉。

右击页面，在弹出的快捷菜单中选择“视图”→“网格”命令，同样可以在页面中生成网格。

2 执行“视图”→“设置”→“网格和标尺设置”命令，如图4-21所示，弹出【选项】对话框，展开【工作区】项，在文档下的辅助线中，选择【网格】项，如图4-22所示。

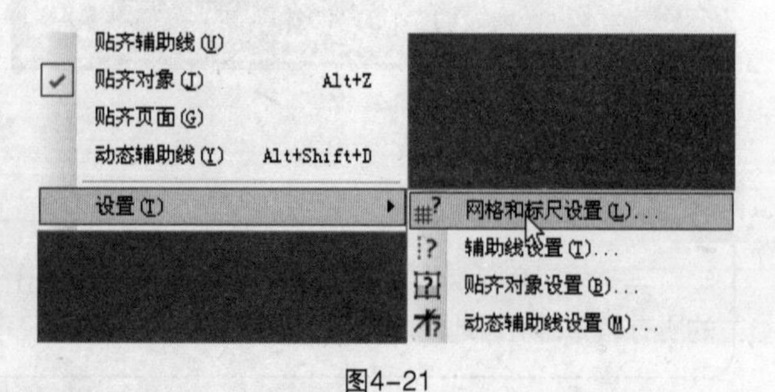

图4-21

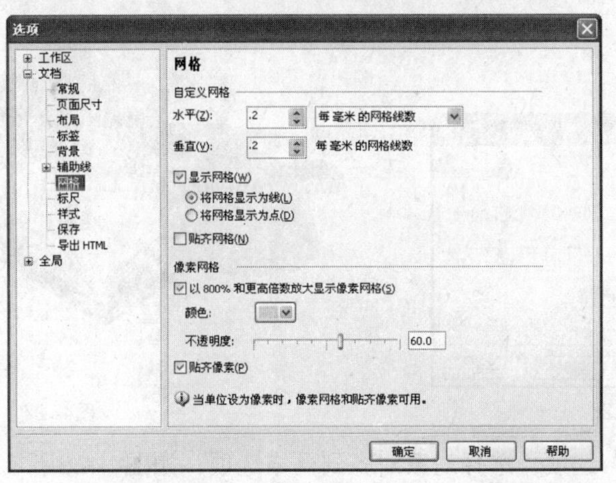

图4-22

在“网格”设置区内，可以通过频率或间距的设定来设置网格的属性。“频率”用来设置网格的密度；“间距”用来设置网格点的间距。

也可以执行“工具”→“选项”命令，在弹出的对话框左侧的树形目录中选择网格选项；或者在页面的标尺上单击鼠标右键，如图4-23所示，也可以弹出网格设置框。

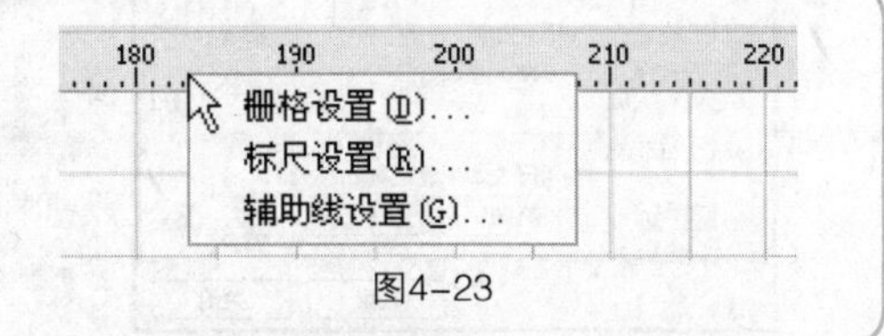

图4-23

2. 对齐到网格

用工具箱中的“选择工具” 选中图形，设置好网格后，在页面上侧的属性栏内单击“贴齐网格”按钮，或者执行“视图”→“贴齐网格”命令，在移动对象的时候，对象边缘会自动地吸附、对齐网格。也可以通过对齐与分步对话框使对象对齐到网格上。其操作步骤如下所示。

1 用工具箱中的“选择”工具选中对象，如图4-24所示，执行“排列”→“对齐和分步”→“对齐和分布”命令，如图4-25所示。

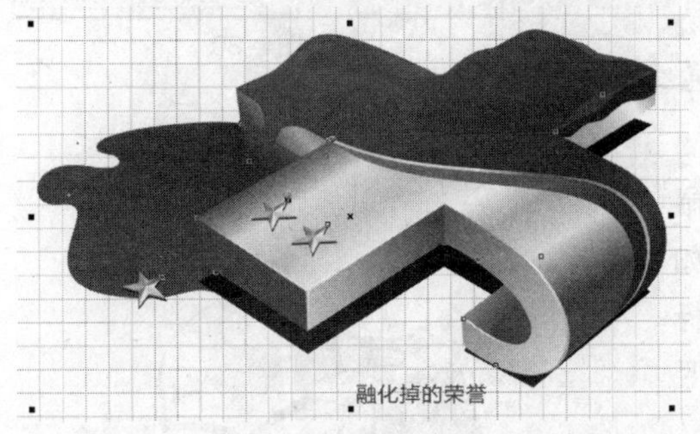

图4-24

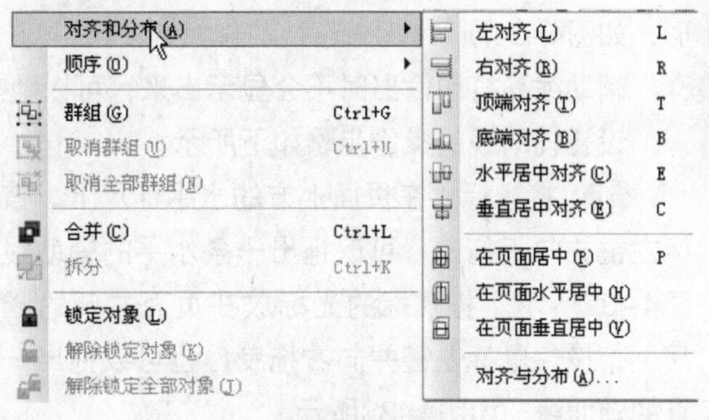

图4-25

2 在弹出的如图4-26所示的“对齐与分步”对话框内，勾选“上”选项，选择对象对齐到网格选项，单击“应用”按钮，可以看到矩形的上边对齐到了距离最近的网格线上，如图4-27所示。

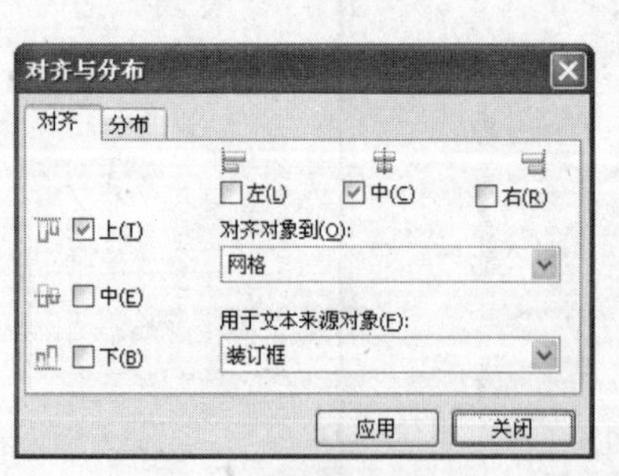

图4-26

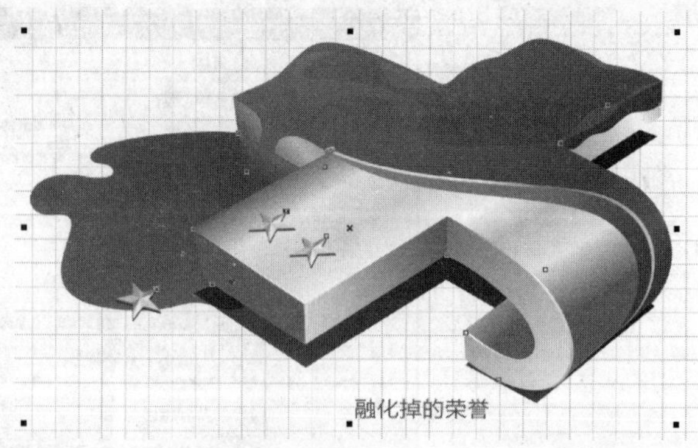

图4-27

3 再勾选“下”选项，选择对象对齐到网格选项，如图4-28所示，单击“应用”按钮，可以看到矩形的底部对齐到了距离最近的网格线上，如图4-29所示。

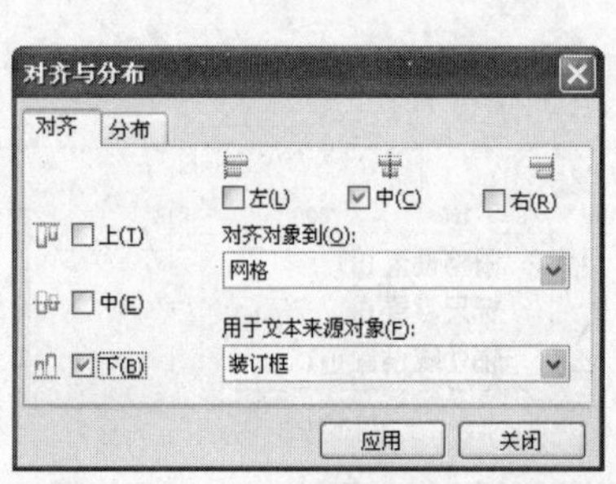

图4-28

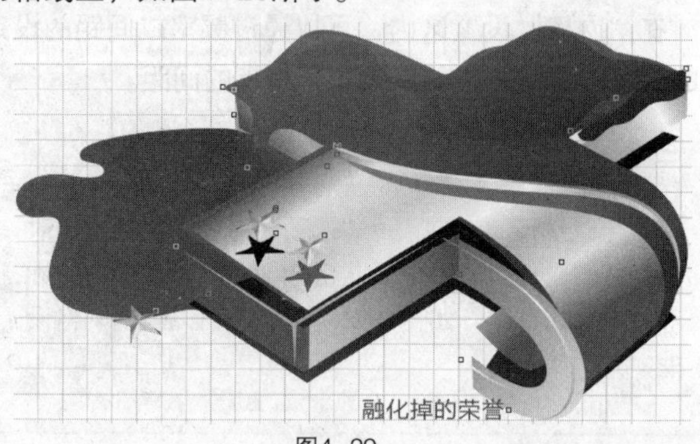

图4-29

4 同理，分别勾选“左”、“中”、“右”选项，如图4-30所示，可以将矩形的左部、中心、右部对齐到距离最近的网格线上。

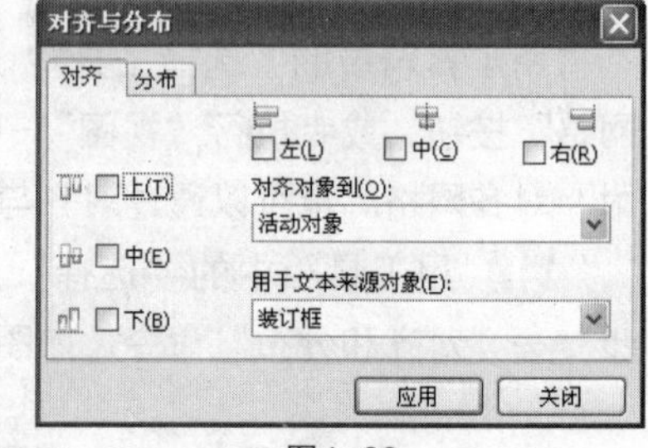

图4-30

3. 辅助线

辅助线是非常实用的对齐工具，在绘图窗口中，可以任意地放置水平、垂直和倾斜的辅助线，来辅助设计和绘制图形，如图4-31所示。

辅助线在打印输出时不会显示出来，可以随文件一起保存。

设置辅助线的操作步骤如下所示。

1 将光标放在页面上方的水平标尺上，按住鼠标左键并向下拖曳，可以拖出一条水平的辅助线，如图4-32所示。将鼠标的光标放在页面左侧的竖直标尺上，按住鼠标左键并向右拖曳，也可以拖出一条竖直的辅助线，如图4-33所示。

图4-31

2 要想移动辅助线的位置，首先要在辅助线上单击鼠标左键，辅助线变成红色，表示已经被选中了，如图4-34所示，用鼠标单击并按住左键拖曳至适当的位置，松开鼠标即可；在拖曳鼠标的时候，按住左键的同时再单击鼠标右键，就可以再复制出一条辅助线，如图4-35所示。选中辅助线后，单击Delete键可以删除辅助线。

图4-32

图4-33

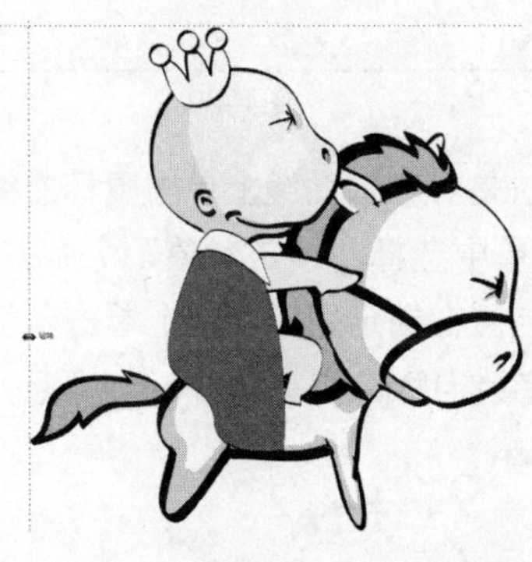

图4-34

图4-35

3 辅助线变成红色后，在辅助线上单击鼠标左键，可以看到辅助线的两端出现旋转控制点，如图4-36所示。拖曳辅助线两端的旋转控制点可以旋转辅助线，旋转到合适的角度后，松开鼠标，可以看到倾斜的辅助线，如图4-37所示。

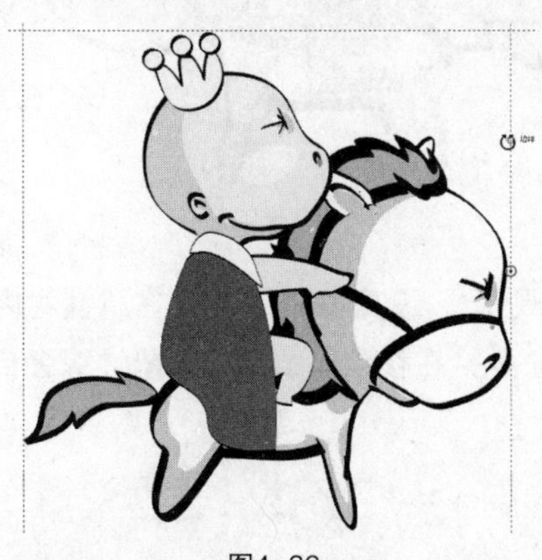

图4-36

图4-37

4 执行“视图”→“辅助线设置”命令，弹出“选项”对话框，展开“工作区”→“文档”→“辅助线”选项，如图4-38所示。在“辅助线”设置区中，可以选择辅助线的显示/隐藏、颜色等。选择“辅助线”下的“水平”选项，在“水平”设置区内显示了当前页面内水平辅助线的“位置坐标”选项，如图4-39所示，选中其中一条辅助线后单击右侧的“删除”按钮，可以将选中的辅助线删除；单击“清除”按钮则是删除所有的水平辅助线。若在设置区内输入新的水平辅助线的坐标后，单击“添加”按钮，即可在新坐标的位置添加一条新的辅助线；单击“移动”按钮，可将选中的辅助线移动到新坐标的位置。

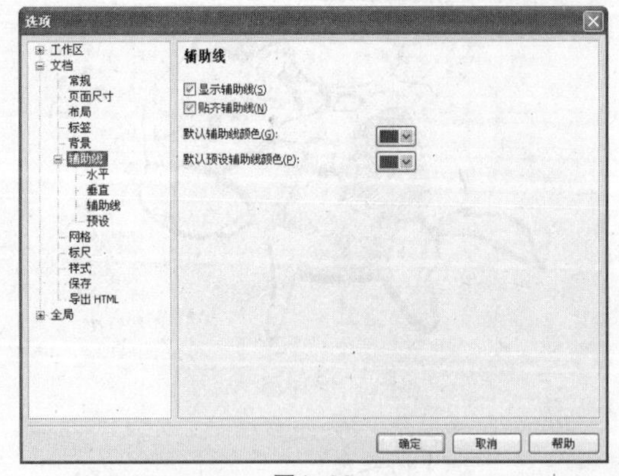

图4-38

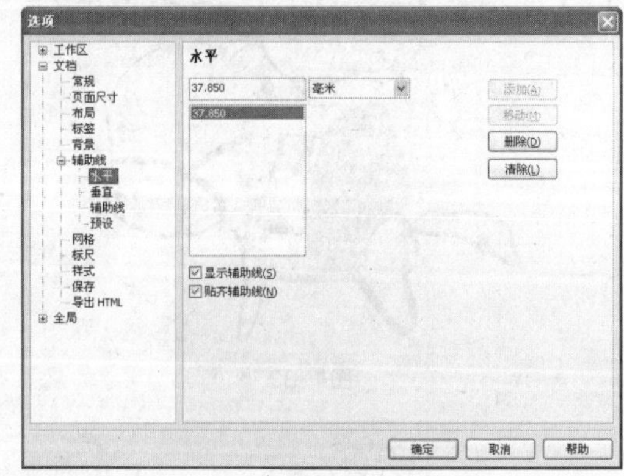

图4-39

5 要使辅助线不被移动，可以将辅助线锁定，方法是：在辅助线上单击鼠标左键，辅助线被选中后，在辅助线上单击鼠标右键，在弹出的快捷菜单中选择“锁定对象”命令，如图4-40所示，选中的辅助线就被锁定了。要想解除辅助线的锁定，在锁定的辅助线上单击鼠标右键，在弹出的快捷菜单中选择“解除锁定对象”命令，就可以将锁定解除了，如图4-41所示。

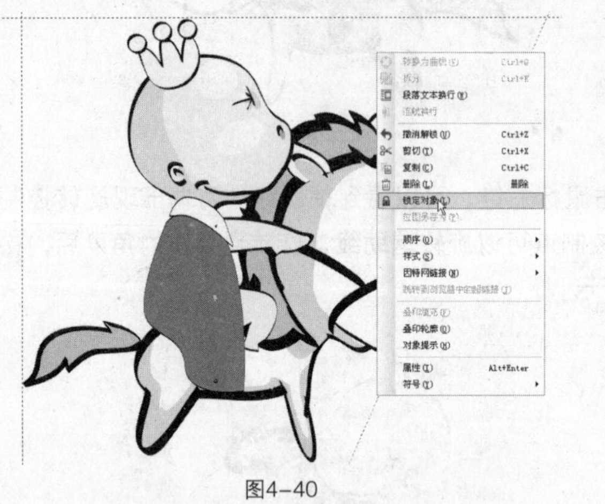

图4-40

图4-41

将对象对齐到辅助线。在工具箱中选中“选择工具” ，设置好辅助线，在属性栏内单击对齐辅助线按钮，或者勾选“视图”→“贴齐辅助线”命令，在移动对象时，对象边缘会自动地吸附、对齐辅助线。

4.2.2 排列多个对象

1. 对齐对象

在创作过程中，多个图形对象可通过菜单栏的“排列”→“对齐和分布”中的对齐方式来排列，如图4-42所示。

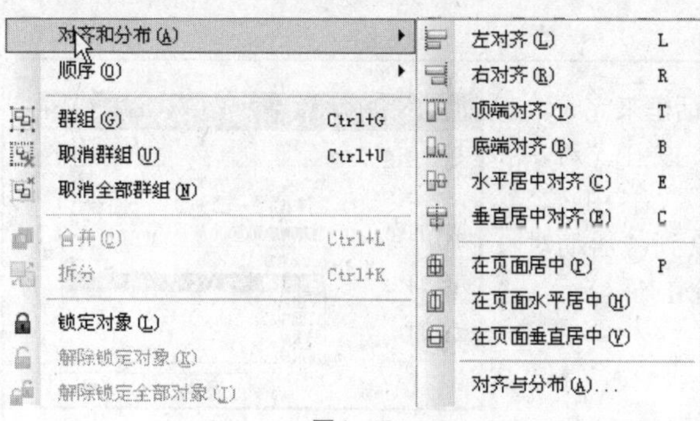

图4-42

提 示

选择工具箱中的“选择工具”，按住Shift键依次单击对象进行选择，最后选中的图形作为对齐的目标对象；如果通过“选择工具”拖曳矩形框选的方式进行选择，则最下面的图层对象为目标对象。

1. 选择工具箱中的“选择工具”，选中图中人头像，如图4-43所示。执行“排列”→“对齐和分步”→“左对齐”命令，可以看到所有的头像左部都对齐排列了，如图4-44所示；同理，选择“右对齐”命令，图形则全部右部对齐排列。
2. 按Ctrl+Z快捷键，向前撤销两步，使图形返回至如图4-43所示的位置。
3. 选中左下的头像，执行“排列”→“对齐和分布”→“顶端对齐”命令，可以看到所有的图形以左下头像为基准进行了上部对齐排列，如图4-45所示。

图4-43

图4-44

图4-45

4. 再按Ctrl+Z快捷键，向前撤销两步，使图形返回至如图4-43所示的位置。
5. 选中三个图形，选择菜单栏中的“排列”→“对齐和分布”→“在页面居中”命令，三个图形于页面的中心位置居中对齐，如图4-46所示；再返回至图4-45所示的位置，分别选择菜单栏中的“排列”→“对齐和分布”→“在页面垂直居中”命令和“在页面水平居中”命令，可以看到三个图形在页面的中心位置，水平和垂直方向上呈居中对齐排列，如图4-47、图4-48所示。

图4-46

图4-47

图4-48

提 示

以上对齐方式还可以通过“对齐与分布”对话框来完成。选中图形，执行“排列”→“对齐和分布”命令，弹出“对齐与分布”对话框，如图4-49所示，可以勾选“上”、“中”、“下”或“左”、“中”、“右”来对齐对象到“活动对象”、“页边”、“页面中心”、“网格”或“指定点”。

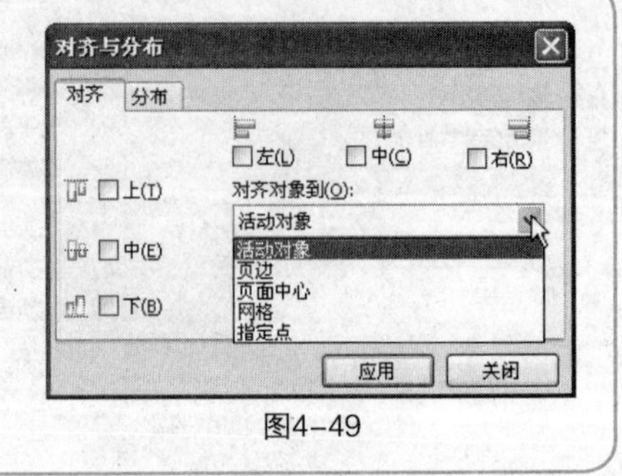

图4-49

2. 分布对象

分布是另外一种排列对象的功能，主要用来控制多个图形对象之间距离。对象可以按照特定的基准线向对象的边缘或中心做等距离的排列，对象可以分布在页面或选定的区域范围内。

首先选择对象，如图4-50所示。执行“排列”→“对齐和分布”命令，弹出“对齐与分布”对话框，单击“分布”选项卡，如图4-51所示，勾选“中”和“选定的范围”，单击“应用”按钮，可以看到对象在垂直方向以选定页面为范围顶部对齐分布，如图4-52所示。

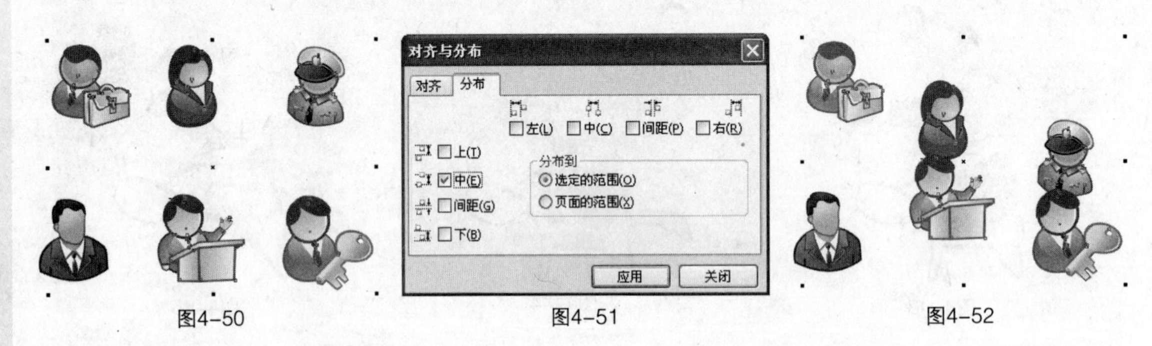

图4-50　　图4-51　　图4-52

同理，也可以勾选其他垂直方向的分布方式，如“中”、“间距”和“下”，或水平方向的分布方式，如“左”、“中”、“间距”和“右”，来分布对象到“选定的范围”或“页面的范围”。

4.2.3 标尺

在绘图窗口中显示标尺，可以帮助用户准确地绘制、缩放和对齐对象。也可以隐藏标尺或将其移动到绘图窗口中的其他位置。还可以根据需要来自定义标尺的设置，如设置标尺原点，选择测量单位以及指定每个完整单位标记之间显示多少标记或刻度等。

在页面中单击鼠标右键，从弹出的菜单中选择“视图”→“标尺”命令，可以看到页面中生成了标尺，如图4-53所示。

图4-53

提示

在页面中再次单击鼠标右键，选择“视图”→“标尺”命令，就可以将标尺去掉。

选择菜单栏中的“视图”→“标尺”命令也可以在页面中显示标尺。

设置标尺原点。默认标尺的原点位置如图4-54所示。

将光标放在标尺的左上角图标上，按住鼠标左键拖曳，拖出十字形的标尺定位虚线，如图4-55所示，松开鼠标后，就会在新的位置设置了新的标尺原点，如图4-56所示。

图4-54

图4-55

图4-56

提示

双击图标可以将标尺还原到初始位置。

移动标尺位置。将光标放在标尺的左上角图标上，按住Shift键，单击鼠标左键并拖曳，如图4-57所示，将标尺移至适当的位置，如图4-58所示。

图4-57

图4-58

通过标尺设置对话框设置标尺的属性。执行“视图”→“设置”→“网格和标尺设置”命令，弹出“选项”对话框，展开“工作区”→“文档”→“辅助线”→“标尺”选项，打开“标尺”设置区，如图4-59所示。

在标尺设置区内，可通过对单位、原始、刻度记号等选项的设置确定标尺的属性。

标尺还可充当图形对象（页面距离）和实际距离之间的比例尺。

在标尺设置区内单击“编辑缩放比例”按钮，弹出“绘图比例”对话框，可以选择绘图与实际的比例，如图4-60所示。

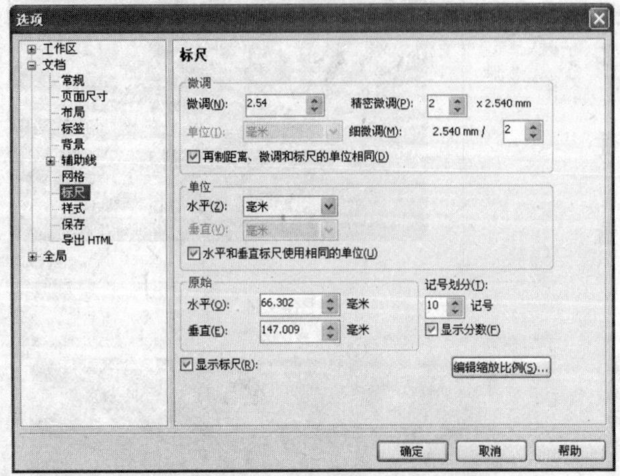

图4-59

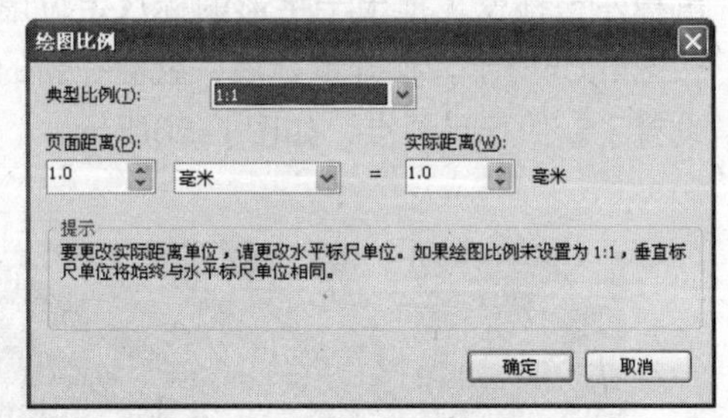

图4-60

4.3 群组与结合

使用“群组”功能可以将多个不同的对象结合在一起，作为一个整体统一控制及操作。使用“组合”功能可以把不同的对象合并在一起，成为一个新的对象。

4.3.1 群组

群组两个或多个对象后，这些对象就被视为一个单位。这样就可以对群组内的所有对象同时应用格式、属性或进行其他更改。还可以将新的对象添加到群组中，从群组中移除对象以及删除群组中的对象。CorelDRAW X5还允许在群组与群组之间创建嵌套群组。

1. 群组对象

如图4-61所示的图案，其中每个图形都是独立的，下面以这个图形对象为例学习有关群组的知识。其操作步骤如下。

1 按住Shift键单击鼠标，加选所有的图形对象，执行“排列”→“群组”命令（快捷键为Ctrl+G），如图4-62所示，或者单击页面上侧属性栏中的“群组”按钮，即可将选中的图形对象群组，如图4-63所示。

提 示

在图形上单击鼠标右键，选择下拉菜单中的“群组”命令，如图4-64所示，也可将所选图形组成一个群组。

图4-61

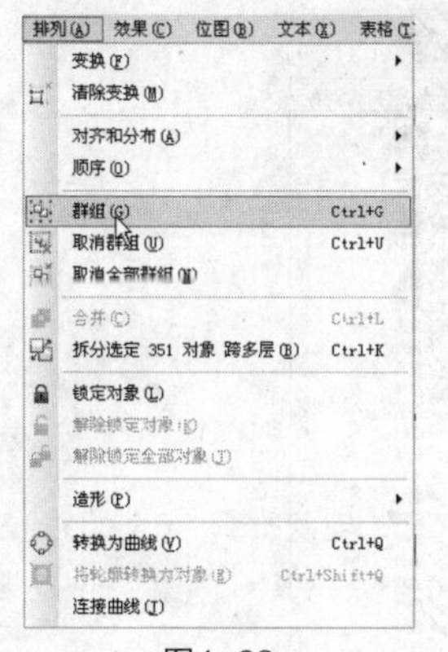

图4-62

图4-63

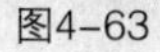

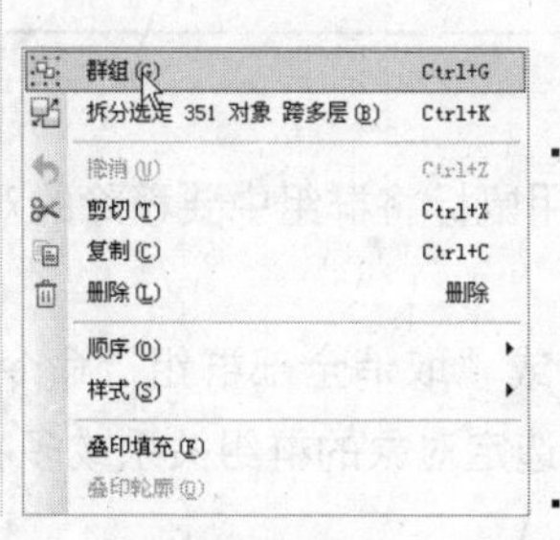

图4-64

2 群组后的对象作为一个整体，当移动或缩放某个对象的位置时，群组中的其他对象也将被同时移动或缩放。

提 示

可以单独选中群组对象中的子对象，方法是按住Ctrl键，用“选择工具”单击需要选取的子对象。

2. 添加对象到群组

绘制一个椭圆图案，在椭圆上单击鼠标右键，从弹出的菜单中选择“顺序”→“到页面后面”命令，效果如图4-65所示。

添加对象到群组操作步骤如下。

1 执行“窗口”→“泊坞窗”→“对象管理器”命令，打开“对象管理器”泊坞窗。

2 用鼠标单击并拖曳椭圆至群组图层内，如图4-66所示。

3 可以看到椭圆形对象包含在群组内，成为一个整体，如图4-67所示。

图4-65

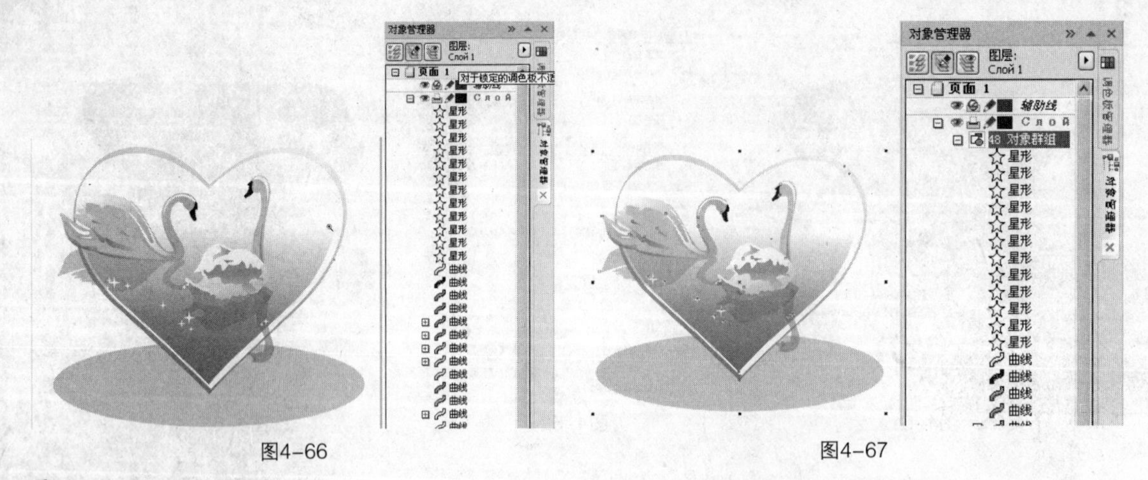

图4-66　　图4-67

提 示

群组后的对象作为一个整体，还可以与其他的对象或群组再次群组，即群组的嵌套。

3. 在群组中移除对象

在“对象管理器”泊坞窗中，用鼠标将群组中要移除的对象图层拖到群组外即可。

4. 取消群组对象

执行“排列”→“取消群组”或“取消全部群组”命令，或单击属性栏中的“取消群组”或“取消全部群组”按钮，可取消选定对象的群组关系或多次群组关系。

4.3.2 结合

使用“结合”功能可以把不同的对象合并在一起，成为一个新的对象。

1. 结合对象

下面以如图4-68所示的图形对象为例介绍有关的知识。

图4-68

操作步骤如下。

1 按住Shift键单击鼠标，加选所有的图形对象，执行“排列”→“结合”命令（快捷键为Ctrl+L），或者单击页面上侧属性栏中的“结合”按钮，将所选的图形对象结合在一起。

提 示

在图形上单击鼠标右键，选择下拉菜单中的“结合”命令，也可将它们结合在一起。

2 使用工具箱中的“选择工具”，按住Shift键依次单击对象进行选择，则结合后的对象将显示最后选中图形的颜色，如图4-69、图4-70所示；如果使用“选择工具”拖曳矩形框选的方式进行选择，那么结合后的对象将显示最下面的图层对象的颜色。

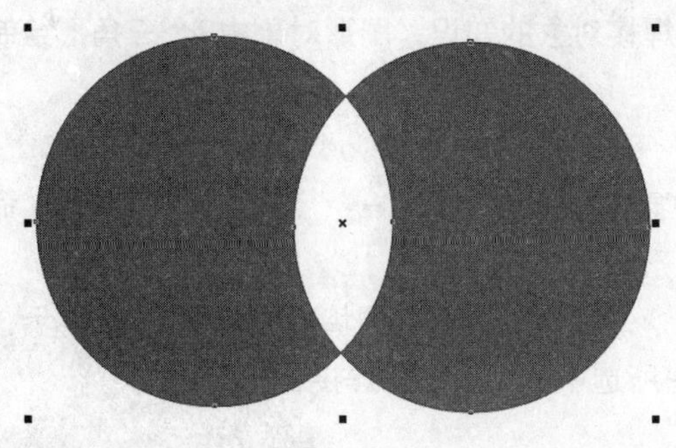

图4-69

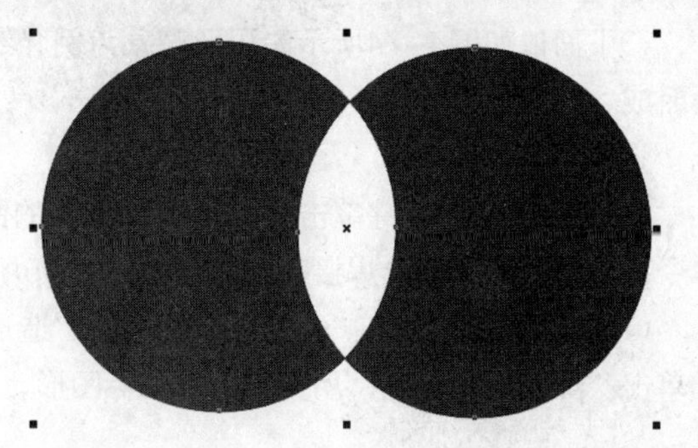

图4-70

3 保持图形的选中状态，选择工具箱中的“形状工具”，如图4-71所示。在要选择的节点上单击鼠标左键，可以拖曳节点来调整图形的形状，如图4-72所示。

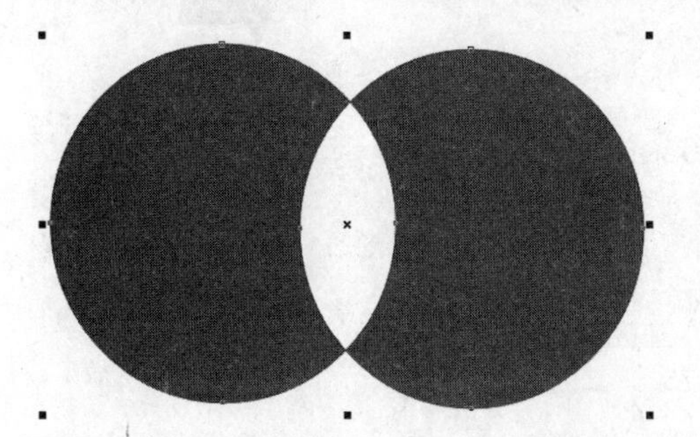

图4-71

图4-72

2. 拆分结合对象

保持图形的选中状态，执行“排列”→“拆分”命令，就可以取消对象的结合状态，如图4-73所示。

提 示

如果拆分的组合对象中含有美术字，首先将美术字拆分为行，然后拆分为字，最后拆分成独立的段落。

图4-73

4.4 造型对象

利用CorelDRAW X5造型中的“焊接”、“修剪”、“相交”、“简化”、“前减后”和“后减前”功能，可以在重叠和交叉的对象中快速创建出不同的新图形。

4.4.1 焊接

焊接是指用单一轮廓将两个对象组合成单一曲线对象。源对象被焊接到目标对象上，以创建具备目标对象的填充属性和轮廓属性的新对象。

下面以如图4-74所示的图形对象为例介绍有关焊接对象的知识，图形对象由3个三角形绘制而成。

操作步骤如下。

1 按住Shift键单击鼠标，加选所有的图形对象，执行“排列”→“造形”→“焊接”命令，将所选图形对象焊接在一起，如图4-75所示。

2 执行“窗口”→“泊坞窗”→“造形”命令，打开“造形”泊坞窗，如图4-76所示，单击“焊接到”按钮，用鼠标单击目标图形，也可将所选中的图形对象焊接在一起。

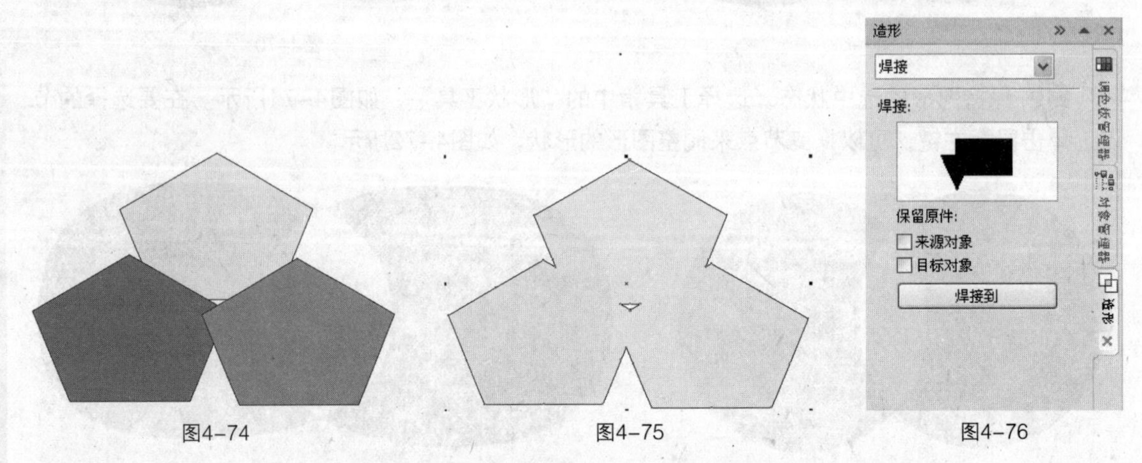

图4-74 图4-75 图4-76

如果在“造形”泊坞窗的保留原件选区中勾选“目标对象”，如图4-77所示，单击“焊接到”按钮后，可以看到光标变为形，用鼠标单击中间的三角形，可以看到图形如图4-78所示，即中间的三角形为目标对象，将在焊接后保留目标对象，用“选择工具” 移动图形，可以更清楚地看到中间的三角形被保留着，如图4-79所示。

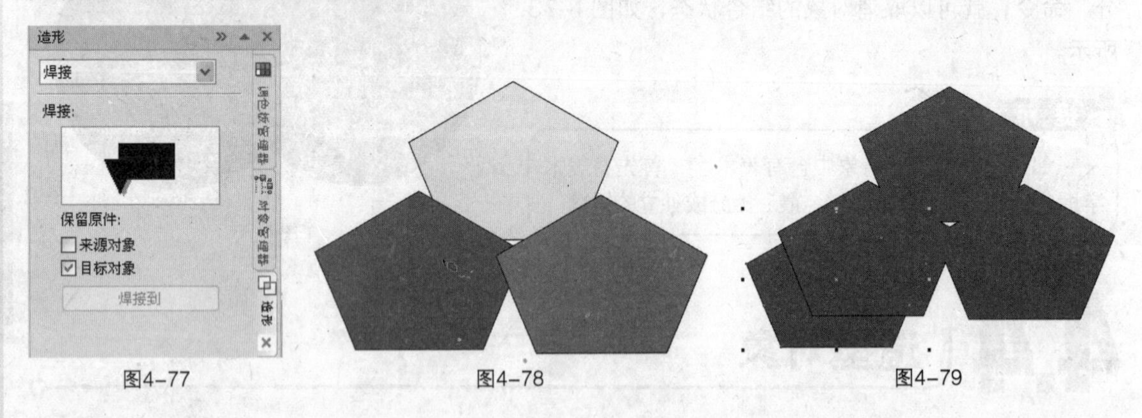

图4-77 图4-78 图4-79

4.4.2 修剪

修剪是通过移除重叠的对象区域来创建形状不规则的对象，即将对象的相交部分从被修剪的对象中除去。

操作步骤如下。

1 在工具箱中选择“椭圆形工具”，按住Ctrl键，按下鼠标拖曳，绘制一个圆形，如图4-80所示。

2 在工具箱中选择“选择工具”，单击绘制的圆形，将其选中，按下Shift键拖曳右上角的控制点，放大圆形，然后单击鼠标右键，复制一个圆形，这样就绘制了两个同心圆，如图4-81所示。

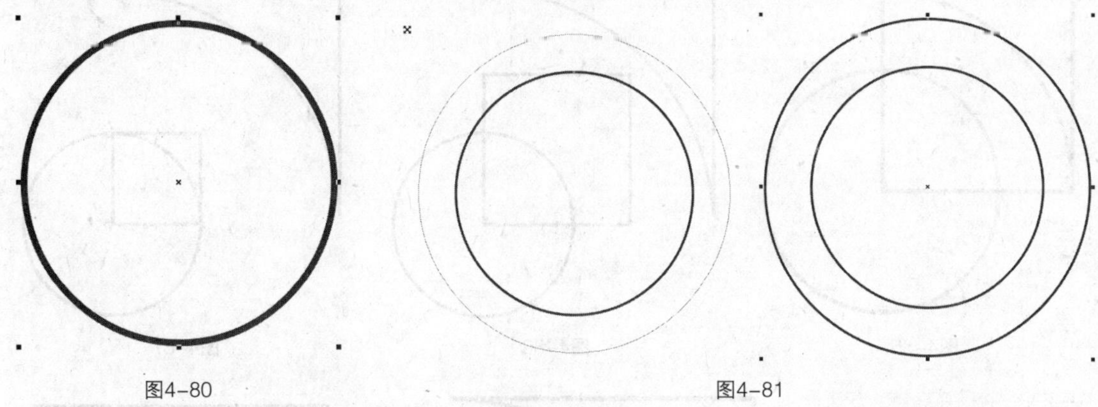

图4-80　　　　　　　　　　图4-81

3 在工具箱中选择“选择工具”，选择两个同心圆，执行“排列”→“锁定对象”命令，将两个同心圆锁定，如图4-82所示。

4 在工具箱中选择“矩形工具”，从圆心处画一个与外圆相切的正方形，如图4-83所示。

5 在工具箱中选择“选择工具”，选择外圆。单击鼠标右键，在弹出的菜单中选择“解除锁定对象”命令。

6 保持外圆的选中状态，执行“窗口”→“泊坞窗”→“造形”命令，在“造形”泊坞窗中选择“修剪”，勾选“目标对象”，单击“修剪”按钮，如图4-84所示。

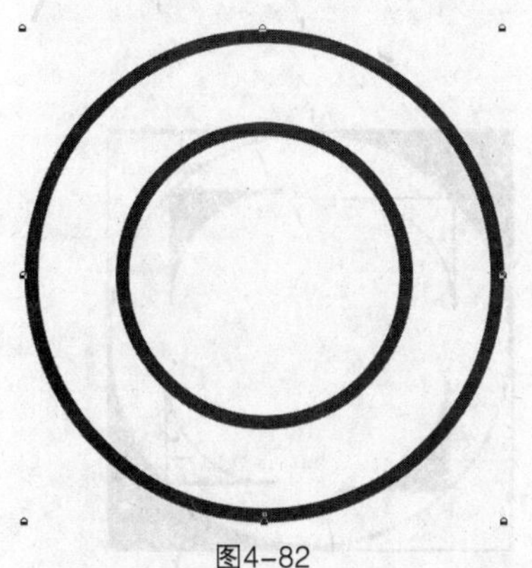

图4-82

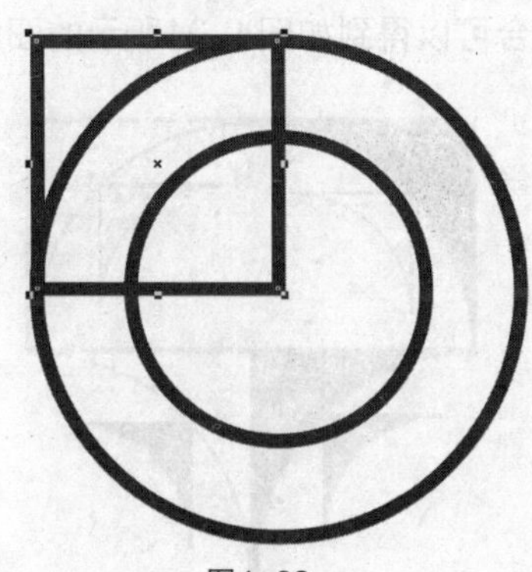

图4-83

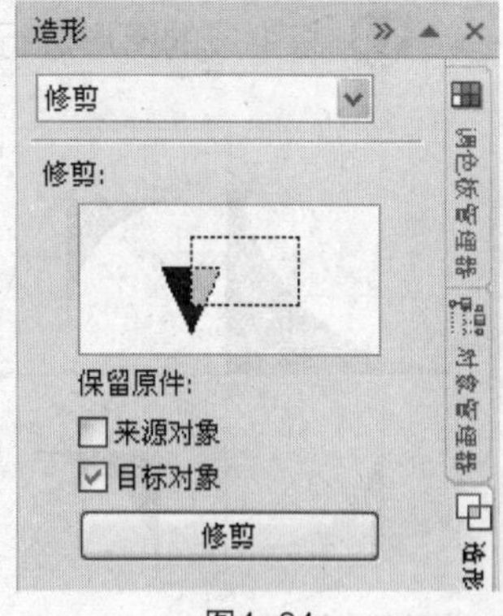

图4-84

7 当指针变为时，单击正方形，效果如图4-85所示。

8 单击左上角的图形并拖曳，效果如图4-86所示。

9 删除正方形，并从内圆的圆心开始绘制一个与内圆相切的正方形，如图4-87所示。

10 在工具箱中选择“选择工具”，选择内圆。单击鼠标右键，在弹出的菜单中选择“解除锁定对象”命令。

11 保持内圆的选中状态，执行“窗口”→“泊坞窗”→“造形”命令，在“造形”泊坞窗中选择“修剪”，勾选“目标对象”，单击“修剪”按钮，如图4-88所示。

12 当指针变为时，单击正方形，效果如图4-89所示。

13 删除正方形，并移动生成的图形，效果如图4-90所示。

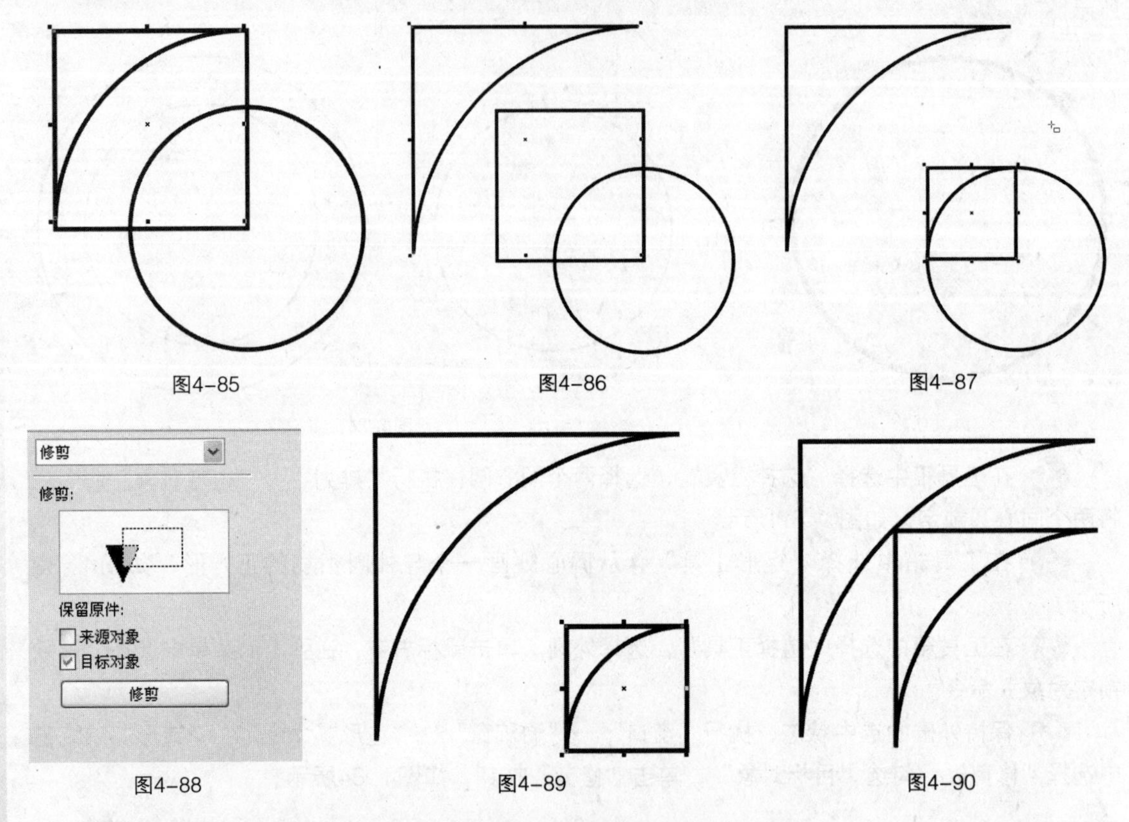

图4-85　图4-86　图4-87

图4-88　图4-89　图4-90

14 将生成的图形进行组合可以得到如图4-91所示的图案。

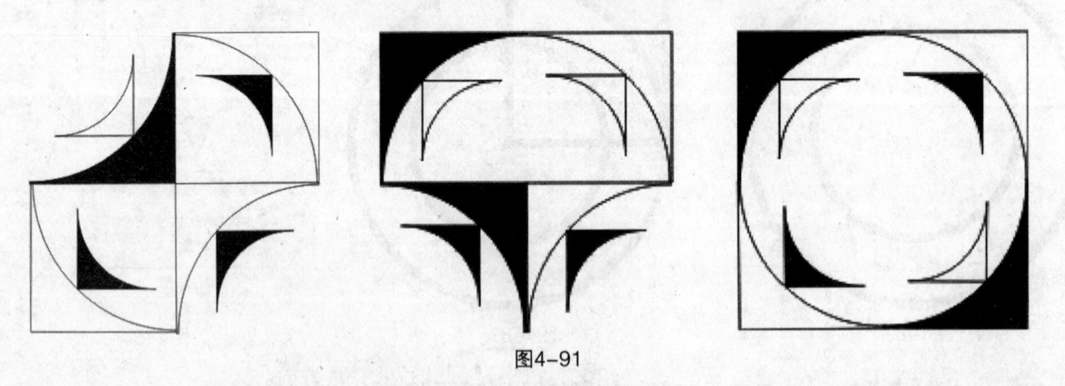

图4-91

4.4.3 相交

相交是通过两个或多个对象重叠的区域创建对象，即把一个对象当做一个“工具”，然后对另一个对象进行修改，以产生一个新的交集对象。

下面以实例来介绍有关相交的知识。如图4-92所示的两个图形，将它们重叠放在一起，效果如图4-93所示。

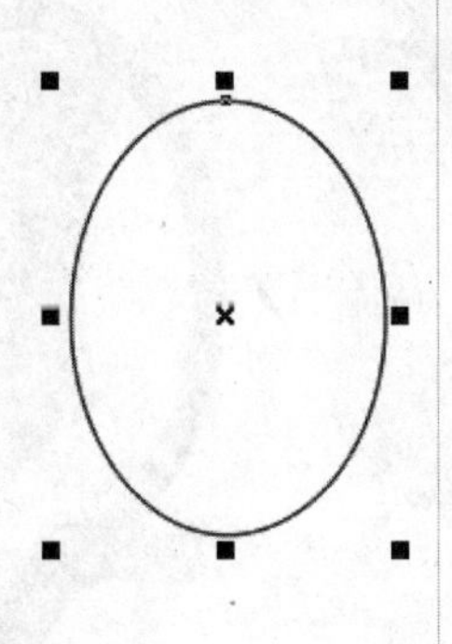

图4-92

操作步骤如下。

按住Shift键单击鼠标，加选所有的图形对象，执行“排列”→“造形”→“相交”命令，或单击属性栏中的“相交”按钮，对所选的图形对象使用相交的造型方式；用“选择工具”移动图形，可以更清楚地看到选中图形的相交部分，如图4-94所示。

图4-93

图4-94

4.4.4 简化

简化就是将后面对象与前面对象的重叠部分减去，并保留前面对象和后面对象。下面以如图4-95所示的两个图形对象为例介绍有关简化的知识。

图4-95

选择工具箱中的“选择工具”，将图形移动，如图4-96所示。

按住Shift键单击鼠标，加选所有的图形对象，执行“排列”→“造形”→“简化”命令，或者单击属性栏中的“简化”按钮，对所选图形对象使用简化的造型方式，用“选择工具” 移动图形，可以更清楚地看到选中的图形进行了简化，如图4-97所示。

图4-96

图4-97

4.4.5 移除后面图像

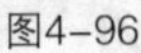

前减后的造型方式就是减去后面对象，并减去前后对象的重叠部分，保留前面对象。

同样以如图4-98所示的两个图形对象为例，将圆形移动到上层，然后按住Shift键单击鼠标，加选所有的图形对象，执行“排列”→“造形”→“移除后面图像”命令，或者单击属性栏中的“移除后面图像”按钮，对选中的图形对象使用前减后的造型方式，如图4-99所示。

图4-98

图4-99

4.4.6 移除前面图像

后减前的造型方式就是减去前面对象，并减去前后对象的重叠部分，保留后面对象。

以如图4-100所示的两个图形对象为例，移动图形位置，然后按住Shift键单击鼠标，加选所有的图形对象，执行“排列”→“造形”→“移除前面图像”命令，或者单击属性栏中的“移除前面图像”按钮，对选中的图形对象使用后前减的造型方式，如图4-101所示。

图4-100

图4-101

4.5 小结

通过本章的学习，让设计师掌握对象的排列与组合的一些基本功能，使用好这些常用工具和命令可以使设计师更好地完成设计工作。

4.6 习题

1. 填空题

（1）先绘制的图形对象位于后绘制的图形对象的（　　　　）。

（2）在绘图窗口中显示（　　　　），以帮助准确地绘制、缩放和对齐对象。

2. 问答题

（1）网格是什么，用来做什么?

（2）分布是什么，用来做什么?

（3）辅助线是什么，用来做什么?

3. 操作题

（1）练习生成网格。

（2）练习设置标尺原点。

读书笔记

5

第5章

编辑轮廓线和填充颜色

图形绘制完成后，为了使设计的作品更具表现力，还需要编辑图形的轮廓并为图形填充颜色。

设计要点

- 颜色的相关知识
- 颜色泊坞窗
- 标准填充、渐变填充、图案填充、底纹填充等

5.1 认识和设置颜色

正确认识并使用颜色是平面设计师必备的知识，合理的颜色配比可以加强印刷品（如书刊、包装）和非印刷品（如喷绘、写真）等作品的视觉效果。在使用平面设计软件进行设计时，首先需要根据用途设定一个色彩模式，然后才能为作品设置颜色的数值。

5.1.1 认识色彩模式

用数据来表述颜色的方法叫颜色模型或者色彩模式，颜色模式是认识颜色、正确设置颜色的基础，每种颜色模式描述颜色的方式不同，其用途也不一样。CorelDRAW X5提供了多种色彩模式，如RGB、CMYK、Lab、HSB、灰度等。

1. RGB模式

RGB色彩模式是最常用的颜色模式之一，RGB中的R（Red）表示红色、G（Green）表示绿色、B（Blue）表示蓝色，RGB模式产生颜色的方法叫色光加色法，R、G、B这3种光叫色光三原色。科学家们发现，当R、G、B这3种色光按不同的强度叠加混合时，可以产生人眼能够识别的绝大多数颜色，于是RGB颜色模式作为一种行业标准迅速普及。

三色光的每一种都被指定了一个从0～255的强度值，共256个。当R、G、B这3个色光强度值都为0时，依照生活常识可以理解为三色光处于关闭状态，什么也看不见，也就是黑色；当R、G、B这3个色光强度值都为255时，可以理解为色光强度最大，其结果为白色。当三色光的强度（1~254）相同时，其结果是灰色，这也叫中性灰，如图5-1所示。

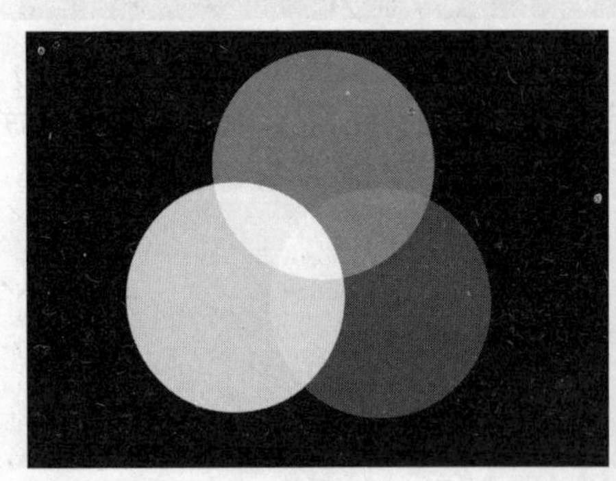
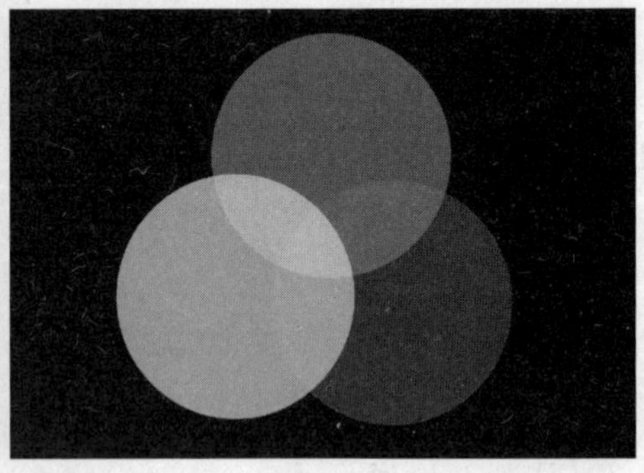

图5-1

2. CMYK模式

CMYK颜色模式是印刷专用的颜色模式，C、M、Y、K分别表示青、品（洋红）、黄、黑4种油墨，印刷油墨是通过吸收反射可见光来实现颜色显现的。人们发现，将青、品（洋红）、黄3种油墨按不同比例进行叠加，可以印刷出大部分可见的颜色。由于油墨纯度的因素，这3种油墨不能叠加出深黑色，于是又引入了黑色油墨，这样，需要通过4种油墨按比例叠加就可以产生大部分的颜色，这就使高效低成本的印刷工业得以发展。这种形成颜色的方法也叫色料减色法，青、品（洋红）、黄3种油墨称为色料三原色。

C、M、Y、K的每个颜色都被指定了一个0～100的比例值，当4种油墨的数值为0时，表示白纸上没有印刷油墨，此时颜色显示为白色，当4种油墨都为100时，显示为黑色。理论上讲，当C、M、Y三色等量叠加时可以得到灰色，但是由于油墨纯度的因素，实际上并不能得到灰色，只有适当调整油墨比例才能得到灰色，这就是灰平衡，如图5-2所示。

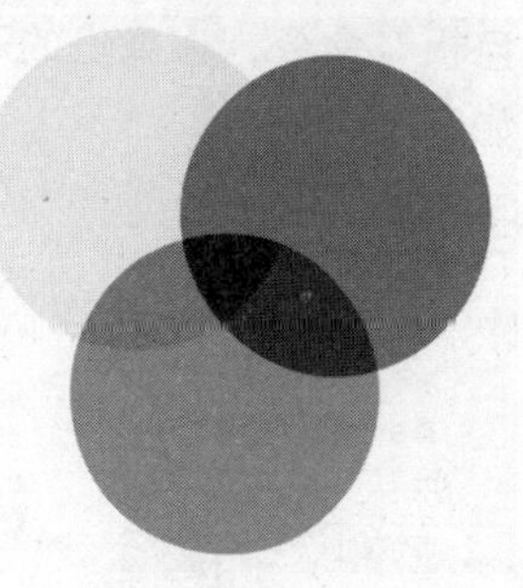

图5-2

3. Lab模式

CIE L*a*b* 颜色模型（Lab）是基于人对颜色的感觉，它是Commission Internationale d'Eclairage（CIE）创建的数种颜色模型中的一种，CIE是致力于在光线的各个方面创建标准的组织。

Lab中的数值描述正常视力的人能够看到的所有颜色。因为Lab描述的是颜色的显示方式，而不是设备（如显示器、打印机或数码相机）生成颜色所需的特定色料的数量，所以 Lab 被视为与设备无关的颜色模型。色彩管理系统使用Lab作为色标，将颜色从一个色彩空间转换到另一个色彩空间。

4. HSB模式

HSB颜色模式，在色彩汲取窗口中才会出现。

在HSB模式中，H表示色相，S表示饱和度，B表示亮度。

- 色相：是纯色，即组成可见光谱的单色。红色（R）在0度，绿色（G）在120度，蓝色（B）在240度。它基本上是RGB模式全色度的饼状图。
- 饱和度：表示色彩的纯度，0时为灰色。白、黑和灰色都没有饱和度。在最大饱和度时，每一色相具有最纯的色光。
- 亮度：是色彩的明亮度。0时即为黑色。最大亮度是色彩最鲜明的状态。

5. 灰度模式

该模式使用多达256级的灰度。灰度图像中的每个像素都有一个0（黑色）到255（白色）之间的亮度值。灰度值也可以用黑色油墨覆盖的百分比来度量（0等于白色，100%等于黑色）。使用黑白或灰度扫描仪生成的图像通常以灰度模式显示。

尽管灰度模式是标准颜色模型，但是其所表示的实际灰色范围仍因打印条件而异。在CorelDRAW X5中，灰度模式使用“颜色设置”对话框中指定的定义的范围。

下列原则适用于将图像转换为灰度模式或从灰度模式中转出。

位图模式和彩色图像都可转换为灰度模式。

为了将彩色图像转换为高品质的灰度图像，CorelDRAW X5放弃原图像中的所有颜色信息。转换后的像素的灰阶（色度）表示原像素的亮度。

从灰度模式向RGB转换时，像素的颜色值取决于其原来的灰色值。灰度图像也可转换为CMYK图像（用于创建印刷色四色调，不必转换为双色调模式）或Lab彩色图像。

5.1.2 设置调色板

CorelDRAW X5的颜色设置选项为设计师在选择、设置颜色时提供了保障。设计师最常用到的是“调色板”，使用调色板可以对图形或其轮廓进行上色。

1. 认识调色板

① 运行CorelDRAW X5时，“默认CMYK调色板”在页面的右侧。执行“窗口”→“调

色板”命令，在弹出的下拉菜单中可以勾选多个调色板，这些调色板都将分列在页面的右侧，如图5-3所示。

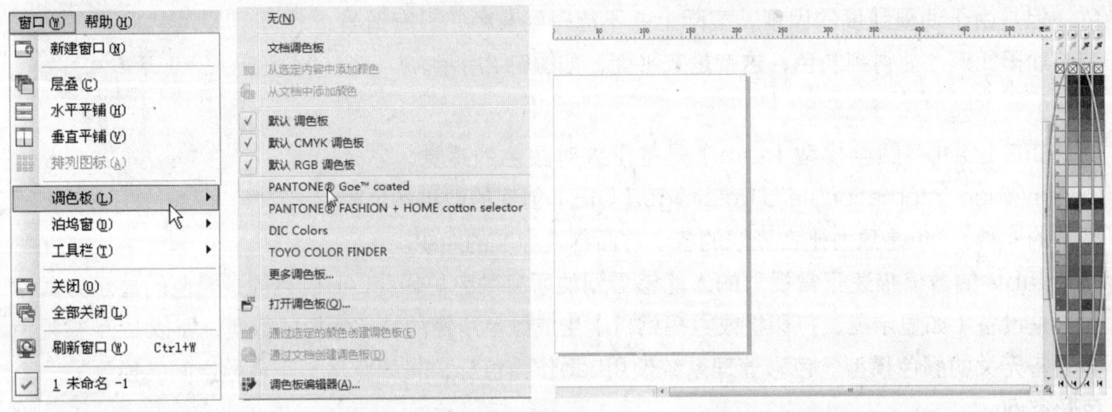

图5-3

2 使用“选择工具”选中图形后，在颜色色块上单击鼠标左键或鼠标右键，可以分别设置图形填充或者轮廓色；如果没有选中图形而单击颜色色块，将会弹出“均匀填充”或者“轮廓颜色”对话框，在对话框中勾选所需的选项，以后新建对象将被相应地上色，如图5-4所示。

3 在调色板设置图标上单击鼠标左键，弹出“设置选项”菜单，在菜单中可以设置轮廓和填充的颜色；新建、打开、保存和关闭调色板；调用“调色板编辑器”和改变、查找颜色；设置和使用调色板；自定义调色板，如图5-5所示。

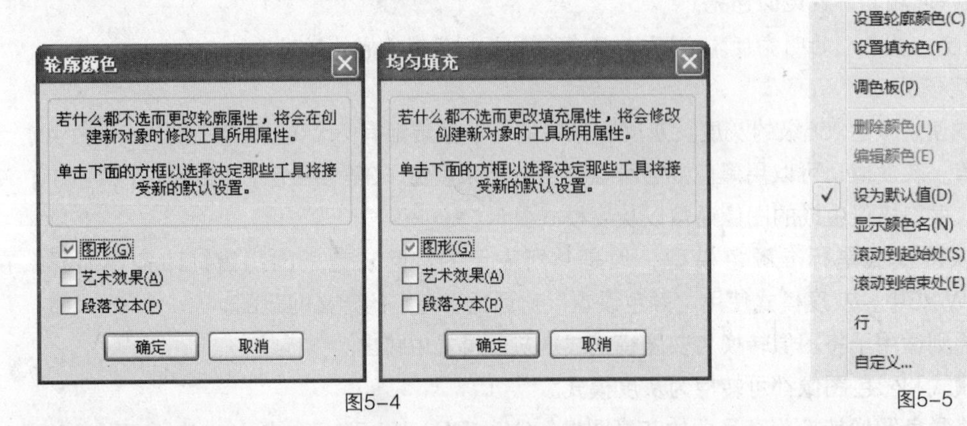

图5-4

图5-5

4 选择“排列图标”选项，在下拉菜单中选择“调色板编辑器”，弹出“调色板编辑器”对话框，在调色板下拉菜单 默认 调色板 中可以选择需要编辑的调色板；对话框右上方的4个图标分别表示：新建调色板、打开调色板、保存调色板、另存调色板。在色盘中的任意色块上单击鼠标左键，对话框下方的“所选颜色”中将列出颜色名称和色值，如图5-6所示。

5 单击“编辑颜色”或者“添加颜色”按钮，在弹出的“选择颜色”对话框中列出了3种选色方式：“模型”、“混和器”、“调色板”。

6 在“模型”选项卡下可以直接在“拾色器”中选择新的颜色，也可以在“组件”中输入数值，或者拨动色值滑标来设置新的颜色，如图5-7所示，然后在“名称”文本框中输入新颜色的名称，单击“确定”按钮，完成编辑，如图5-8所示。

如果未在“名称”中输入颜色名称，颜色将以色值为名称。

7 选择“混和器”选项卡，可以使用混合器来编辑选择颜色，通过单击“模型”的下拉菜单可以选择色彩模式；单击“色度”下拉菜单可以设置几种方式的取色点，取色点将在色相环中出现；“变化”可以设置取色点向其他颜色过渡的方式，通过拖曳“大小”滑块可以设置过渡的色块数量。转动色相环中的主控点可以选色，每个取色点的颜色在下方的色盘中列出，在色盘中选好颜色，单击“确定”按钮，如图5-9所示。

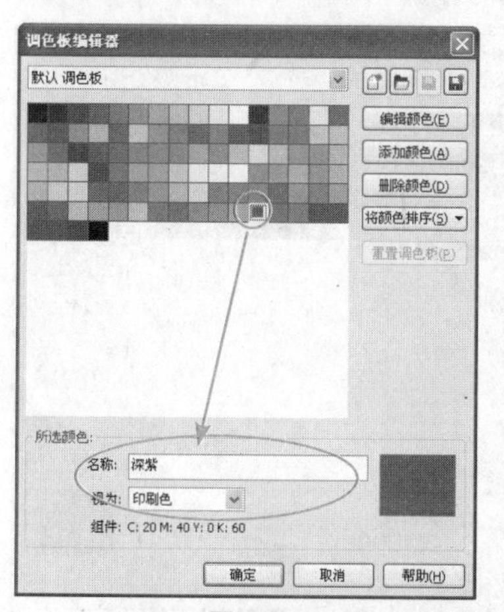

图5-6

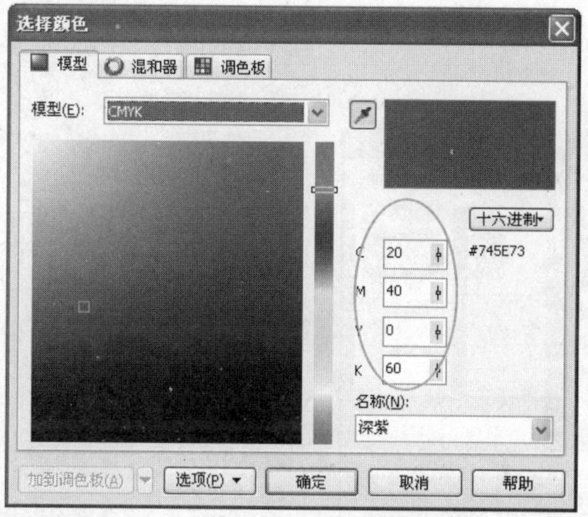

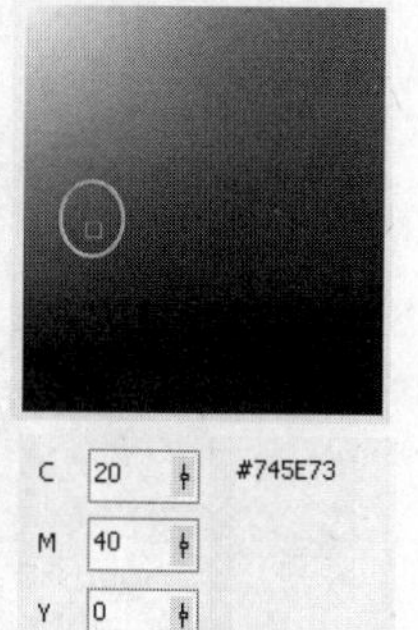

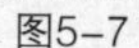
图5-7

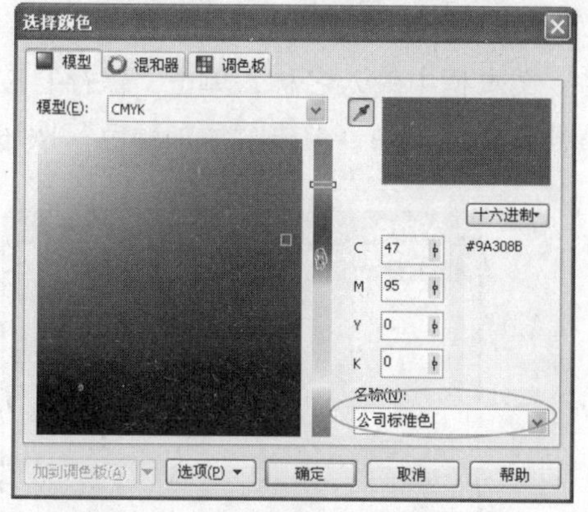

图5-8

图5-9

色相环中的黑色取色点表示主控点，白色取色点是被控点。旋转主控点时，被控点也随之转动；旋转被控点则可以改变取色框的形状，如图5-10所示。

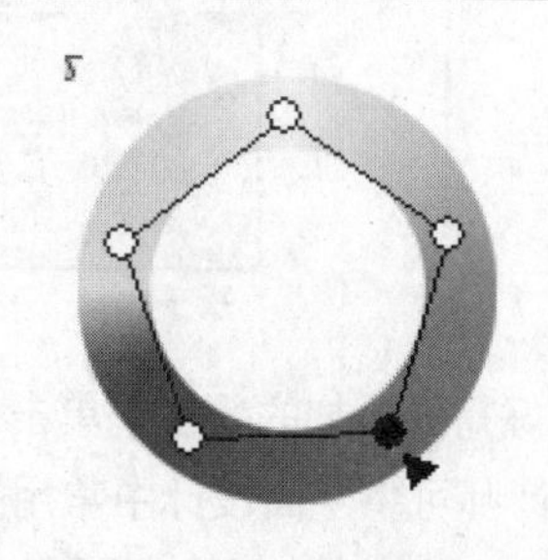

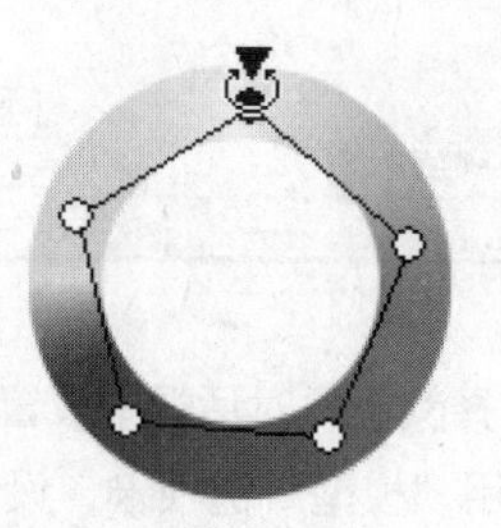

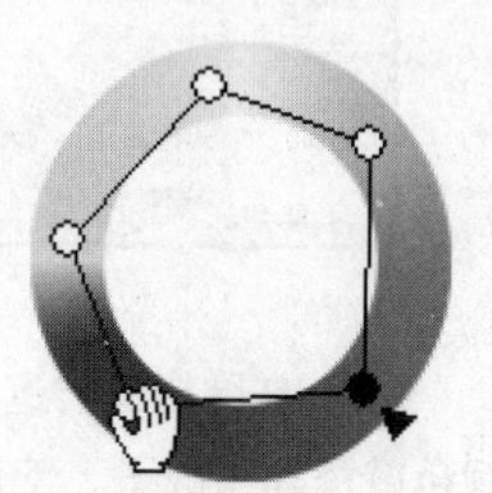

图5-10

8 选择“调色板”选项卡，通过选择其他调色板上的颜色替换当前选择的颜色，单击“调色板”右边的小三角，从弹出的下拉菜单中选择其他的调色板，然后在色盘中选择颜色，单击“确定”按钮，如图5-11所示。

2. 打造用户调色板

CorelDRAW X5默认的调色板也许并不符合设计师的工作习惯，或者没有设计师常用的一些特殊颜色，建造一个属于自己专用的调色板可以让它更好地为设计师服务。

1 执行“工具”→“调色板编辑器”命令，弹出“调色板编辑器”对话框，在新建调色板图标上单击鼠标左键，如图5-12所示。

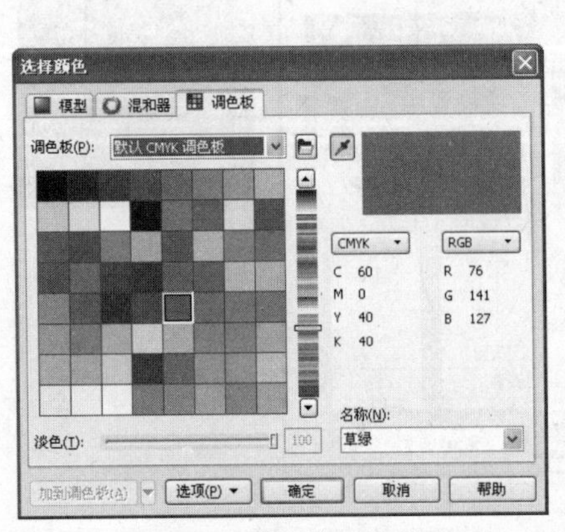

图5-11

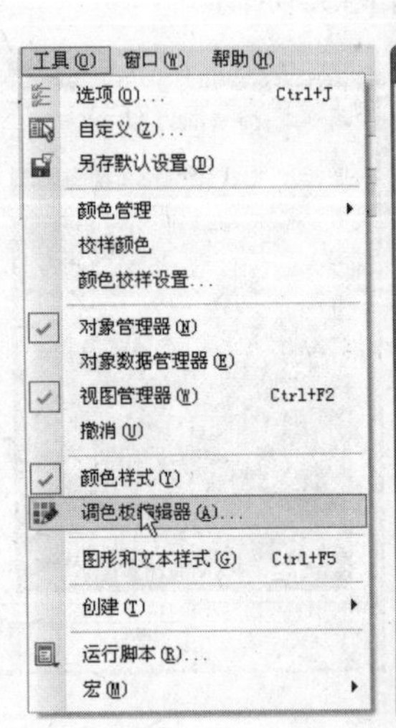

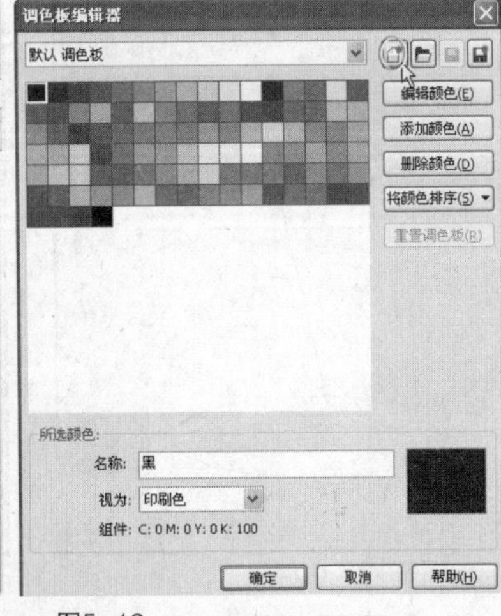

图5-12

2 弹出“新建调色板”对话框，在“文件名”文本框中输入名称，单击“保存”按钮，如图5-13所示。新建的调色板出现在“调色板编辑器”对话框中，单击“添加颜色”按钮，如图5-14所示。

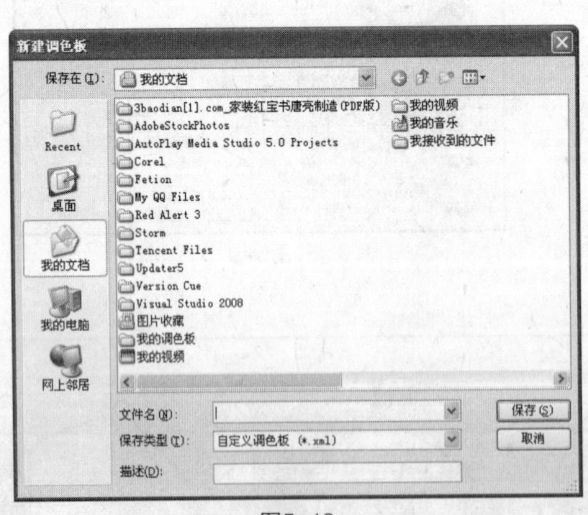

图5-13

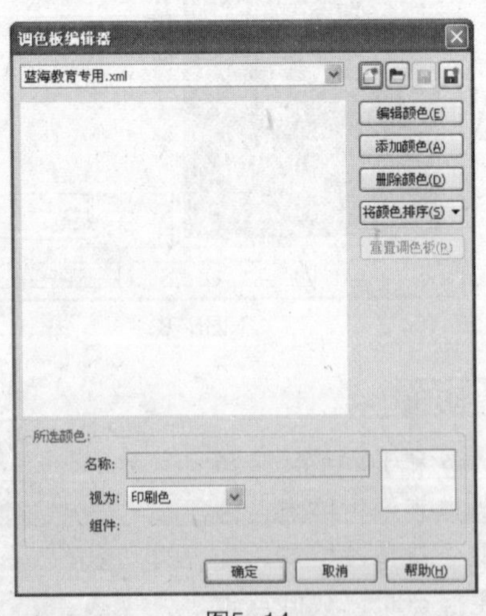

图5-14

3 在弹出的“选择颜色”对话框中设置好需要添加的颜色，单击“加到调色板”按钮，一个颜色就添加完成了。使用“模型”选项卡，设计师可将平面设计中常用的颜色添加进来，如白色，色值都为100的黄、品、青、黑色和注册色，也可以通过其他调色板添加专色，如图5-15所示。

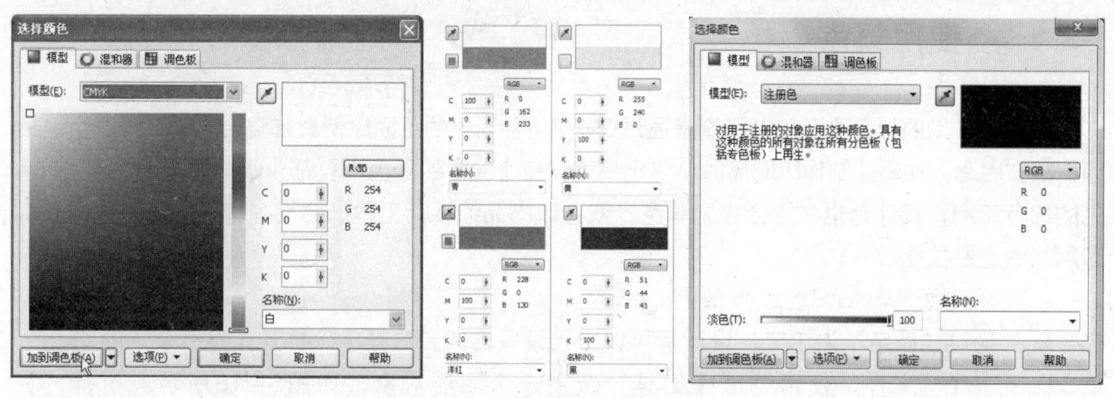

图5-15

4 添加的颜色都排列在色盘中，单击“确定”按钮，完成用户调色板的设置，如图5-16所示。

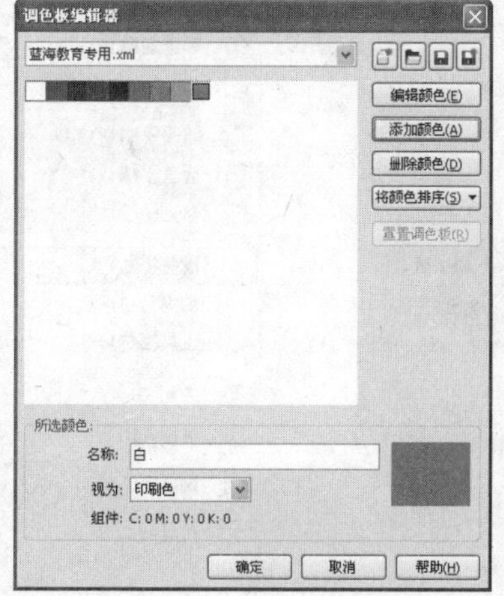

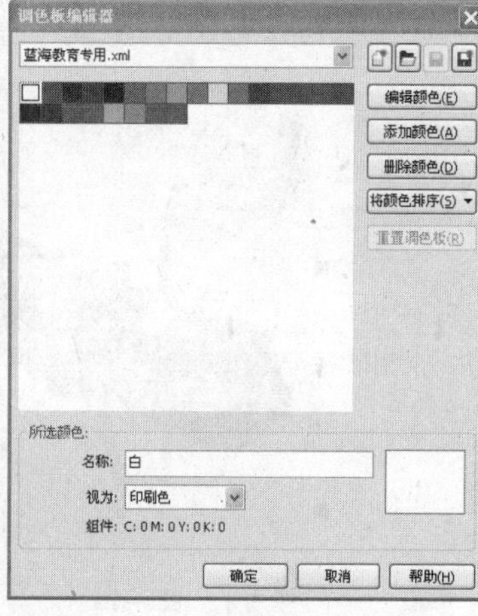

图5-16

3. 调用用户调色板

执行“窗口”→“泊坞窗”→“调色板管理器”命令，在弹出的“调色板管理器”对话框中展开“我的调色板”树型图，勾选刚才设置的调色板，弹出调色板，如图5-17所示。

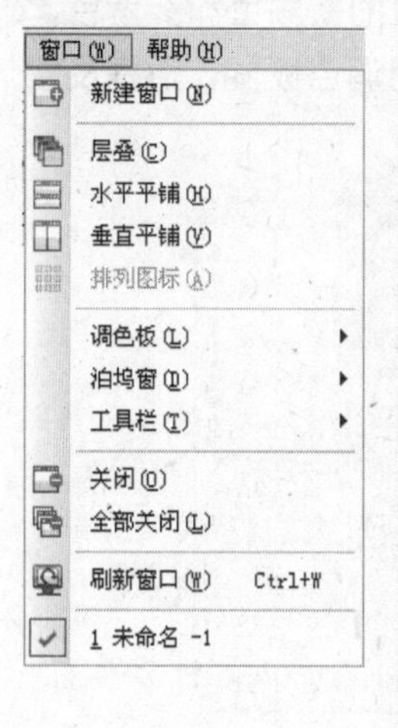

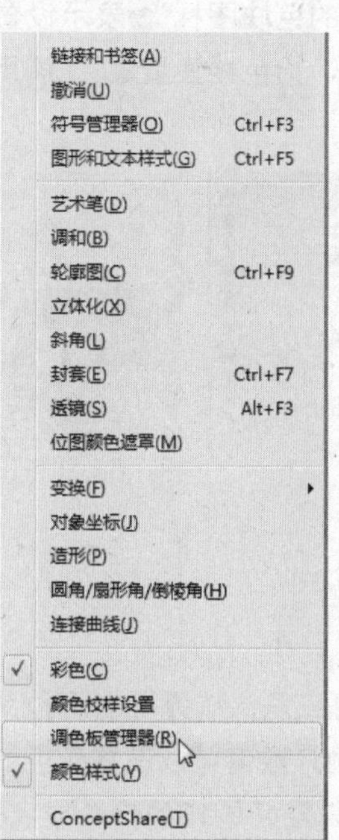

图5-17

5 1 3 使用颜色

印刷中常见的彩色（四色）印刷是通过CMYK 4种油墨的不同比例叠加混合，形成五颜六色的印刷品，因此，在设计制作印刷品时，一定要确保每个对象的颜色设置都为CMYK模式。除了最常见的四色印刷，设计师也许还会碰到单色、双色印刷品的设计工作。会用、善用颜色是得到正确印刷品的重要技能。

1. 使用“颜色”泊坞窗设置四色

① 通过“颜色”泊坞窗，设计师可以自己设置出需要的颜色，打开光盘目录下的“素材\第5章\荷花1”文件，使用“选择工具”选中一个图形对象，如图5-18所示。执行“窗口”→“调色板”→“彩色”命令，如图5-19所示。

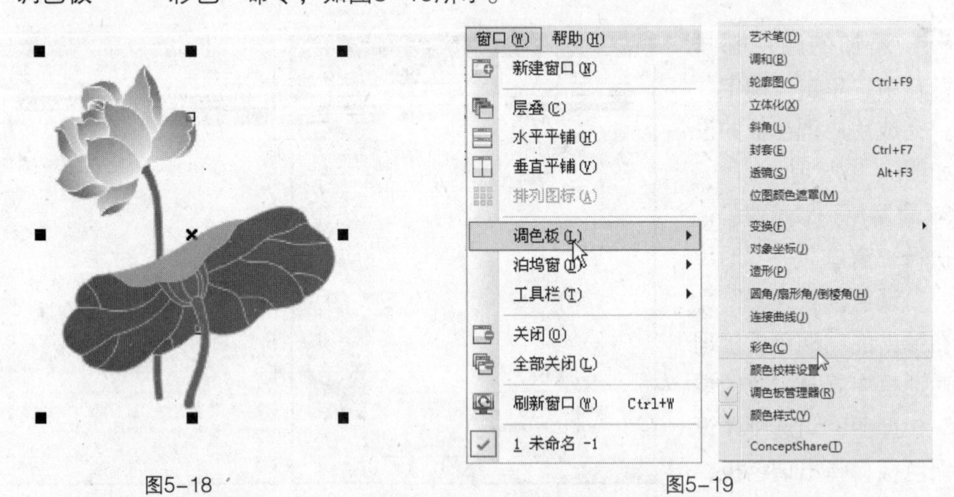

图5-18　　　　图5-19

② 弹出“颜色”对话框，该对话框的左上方的色块图标 ■表示设置的新颜色和参考色，右上方列出了3种颜色设置方式，分别为滑杆设置、拾色器设置、调用调色板，滑杆设置是最常用的方式，如图5-20所示。

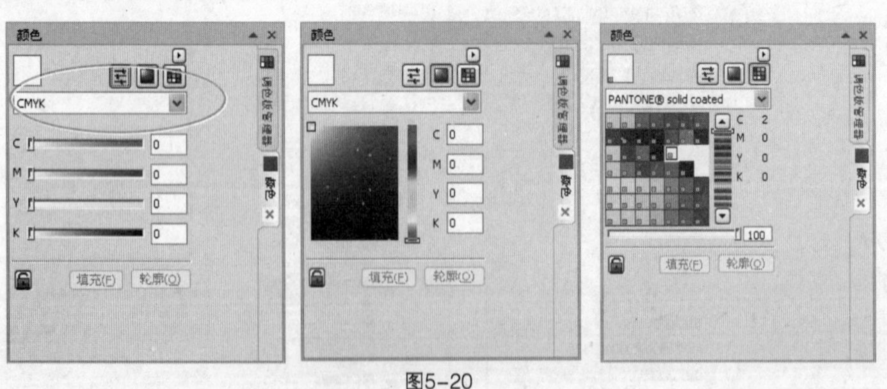

图5-20

③ 单击“色彩模式” CMYK 右侧的三角，从弹出的下拉菜单中选择CMYK。对话框中出现CMYK 4色的滑杆，通过拖动滑块或者输入数值可以设置颜色的色值，色值取值范围都是0~100。在平面设计中，对四色的取值应取整，最好是10的倍数或者是5的倍数，这样做的好处是设计师可以对比色谱查看颜色的实际印刷效果，如图5-21所示。

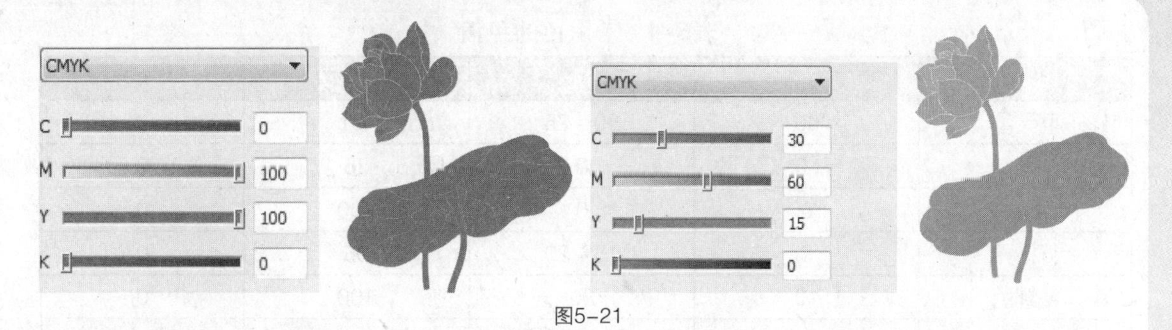

图5-21

④ 设置好颜色之后，单击“颜色”调板下方的“填充”、“轮廓”按钮，可以分别对填充上色或轮廓上色；单击“自动应用颜色”图标，可以直接修改对象的填充或轮廓颜色，如图5-22所示。

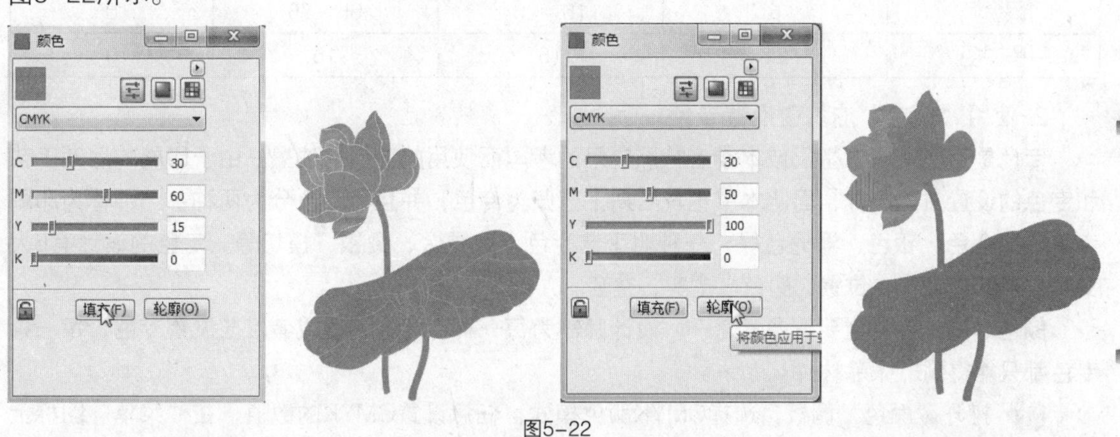

图5-22

⑤ 设置好颜色后，如果为了以后使用方便，可以把它储存到设计师专用的调色板中。单击“新颜色和参考色”图标，将其拖曳到调色板的色盘中，当光标变成时，松开鼠标，颜色就被储存到调色板中了，如图5-23所示。

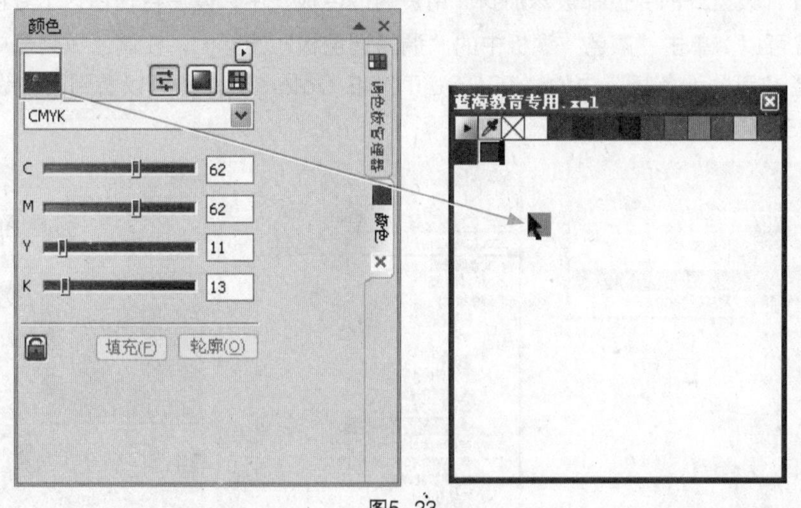

图5-23

在日常生活中，人们会形成视觉记忆色，如蓝色的天空、绿色的草等。记住一些记忆色的数值，能够为设计师设置数值提供一些参考，如表5-1所示。

表5-1 常用色的色值

	C	M	Y	K
蓝天色	60	20～25	0	0
碧绿	60	0	25	0
草绿	100	0	100	0
柠檬黄	5	15～20	95	0
橘红色	10	90	100	0
橘色	5	50	100	0
粉红色	5	40	5	0
米色	5	5	15	0
假金色	5	15～20	65～75	0
假银色	20	15	15	0

2. 使用“颜色”泊坞窗设置专色

专色是指在印刷中基于成本或者特殊效果的考虑而使用的专门的油墨。由于印刷的后期工艺和专色的设置方法一样，因此本书也将后期工艺归为专色，并且将专色分为两种：一种称为印刷专色，如金色、银色、潘通色等；一种叫工艺专色，如烫金、烫银、模切等。专色的设计有6大要素：形状、大小、位置、颜色、虚实、叠套。

颜色是设计专色重要的要素之一，设计师需为每一种专门的油墨或者工艺设置专色，每一种专色都只能得到一张菲林片。

1 打开“颜色”调板，选择CMYK颜色模式，任意设置CMYK的数值，在“菜单”图标上单击鼠标左键，在弹出的菜单中选择“添加到自定义专色”，新颜色和参考色由色块图标四色变成了专色，单击“填充”或“轮廓”按钮就可以用专色对对象上色了，如图5-24所示。只有这样设置才能保证后期的输出和印刷不会将专色错误地印刷成四色。

2 设计师设置好的专色都被添加到“用户的调色板”中，以后再使用这个专色，直接到调色板中调用就可以。单击“颜色”调板中的“调用调色板”图标，在调色板列表中单击展开下拉菜单，选择“我的调色板”中的“FOCOL TONE Colors”，就可以看到刚才设置好的专色了，如图5-25所示。

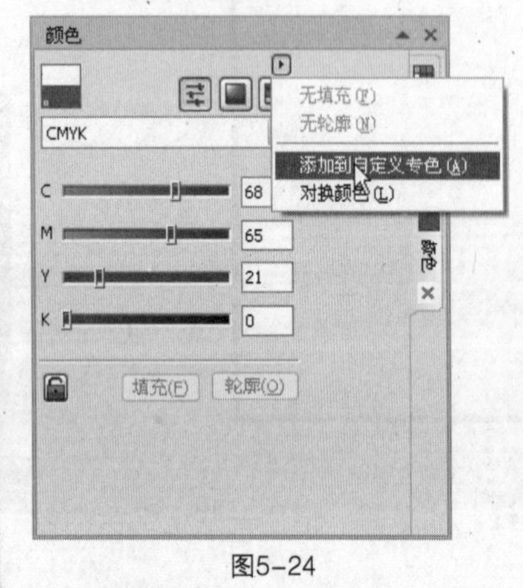

图5-24

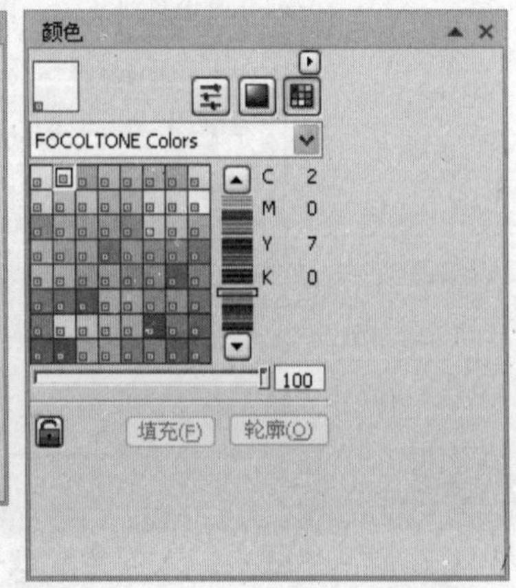

图5-25

5.2 轮廓线的编辑

轮廓线是指路径或者图形的边线，CorelDRAW X5在轮廓线编辑功能上为用户提供了非常丰富的设置，轮廓线设置地合理，可以使作品更加绚丽，如图5-26所示。

“轮廓工具”可以用来对所选路径或图形的边缘进行编辑。在工具栏中选择“轮廓工具”，即可展开“轮廓工具”，如图5-27所示。

图5-26

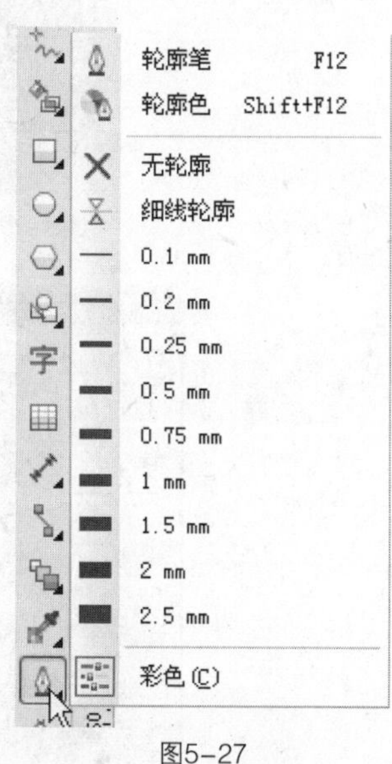

图5-27

轮廓工具中包括轮廓笔、轮廓色、轮廓宽度、颜色泊坞窗，如图5-28所示。

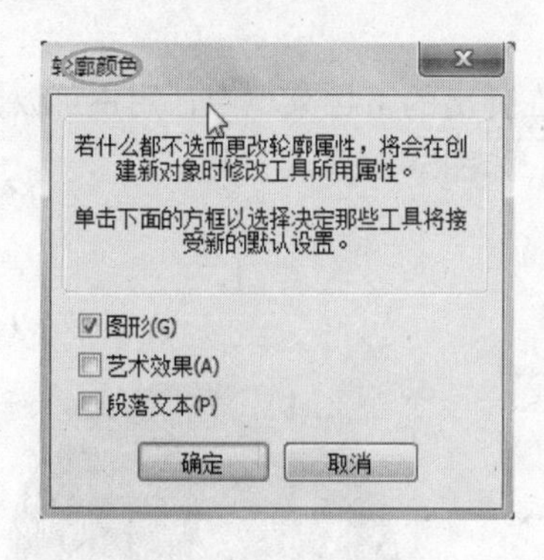

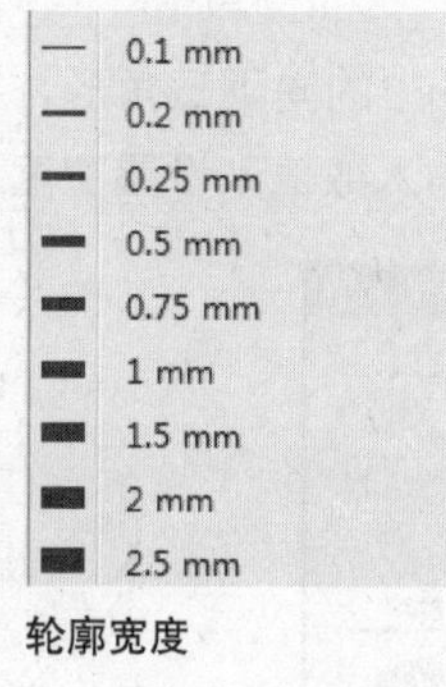

轮廓宽度

图5-28

5.2.1 轮廓画笔对话框

打开光盘中的“素材\第5章\蜂蜜”文件，选择工具箱中的“贝塞尔工具”绘制一条线段，如图5-29所示，然后单击“轮廓画笔工具”，弹出“轮廓笔”对话框，如图5-30所示。

单击“颜色”选项中的向下三角形，在弹出的下拉菜单中，用户可以为所选对象的轮廓设置不同的颜色，如图5-31所示。

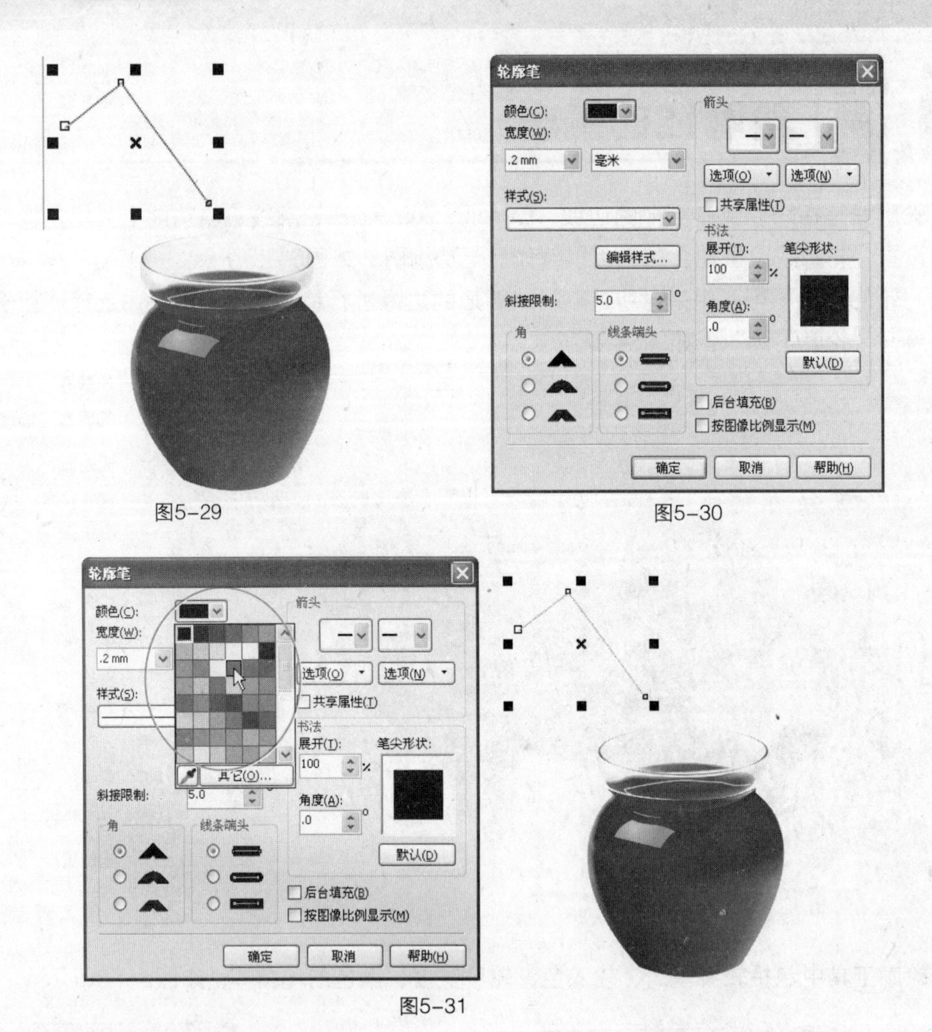

图5-29　　图5-30

图5-31

单击宽度选项 .2mm 毫米 中的向下三角形，在弹出的下拉菜单中，用户可以为所选对象轮廓设置不同的宽度，也可直接输入数值来设置宽度，如图5-32所示。

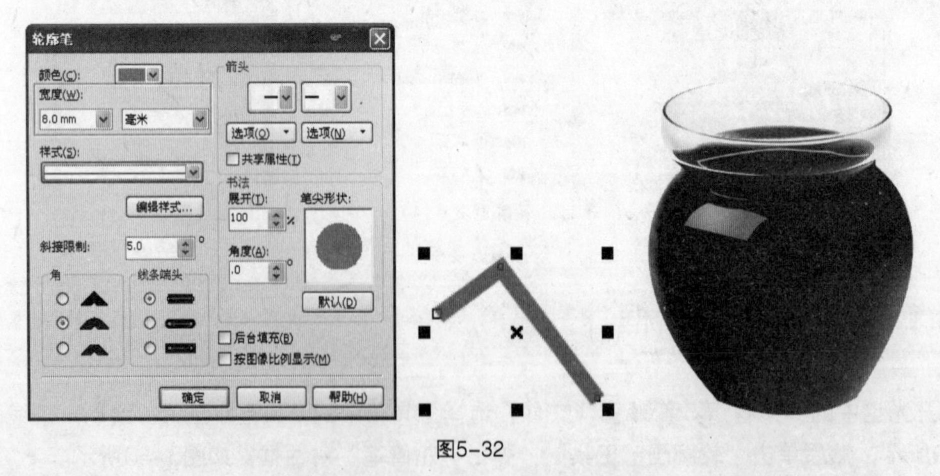

图5-32

单击“样式”选项中的向下三角形，在弹出的下拉菜单中，用户可以为所选对象轮廓设置不同的样式，在这里使用默认设置，如图5-33所示。

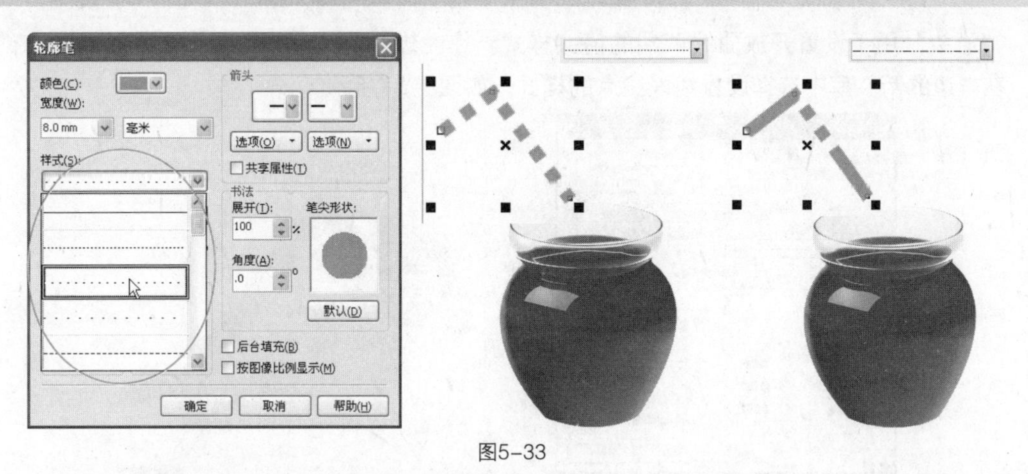

图5-33

“角”用于设置对象轮廓线的拐角外形，共有3种不同的角样式可供选择，分别是尖角、圆角、平角。在“圆角”样式单选钮上单击鼠标左键，可选择圆角，如图5-34所示。

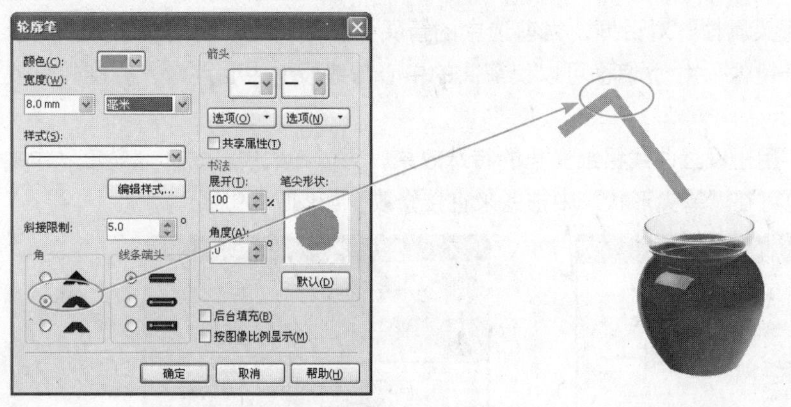

图5-34

“线条端头”用于设置对象轮廓线的线条端头样式，共有3种不同的线条端头可供选择，分别是平削端头、圆端头、平展端头，如图5-35所示，单击“圆端头”单选钮，选择圆端头，如图5-36所示。

线条端头　线条端头　线条端头

图5-35

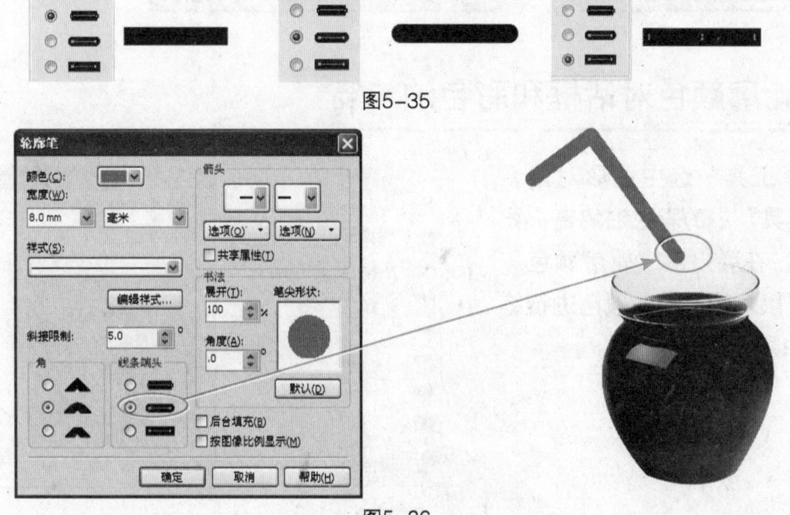

图5-36

“箭头”用于设置开放曲线两端的箭头样式。在左边的箭头库中选择设置线段起始点的样式，在右边的箭头库中选择设置线段终点的样式，如图5-37所示。

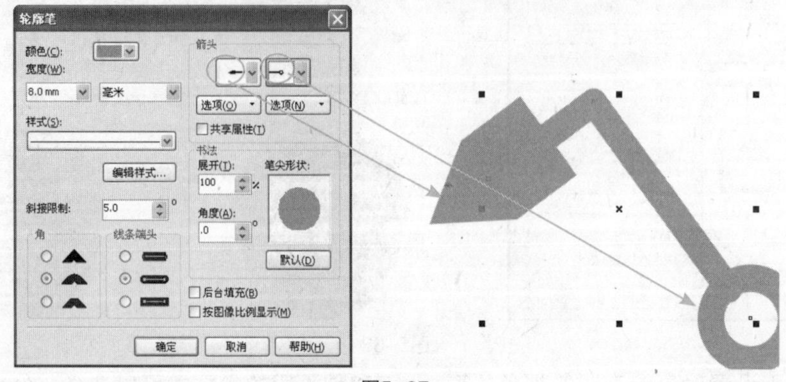

图5-37

如果对当前选择的箭头样式不太满意，也可以对其重新编辑，单击“选项”→“编辑”按钮，弹出“箭头属性”对话框，当前选中的箭头会在编辑框中出现，镜像：表示对箭头进行水平镜像或垂直镜像；X、Y偏移可以使箭头的中心与线段的中心点对齐；旋转可使箭头转动方向如图5-38所示。

“书法”用于设置曲线粗细变化的特殊效果，可以在“展开”、“角度”中输入数值来设置笔尖效果，也可在“笔尖形状”中拖曳来直接修改，如图5-39所示。

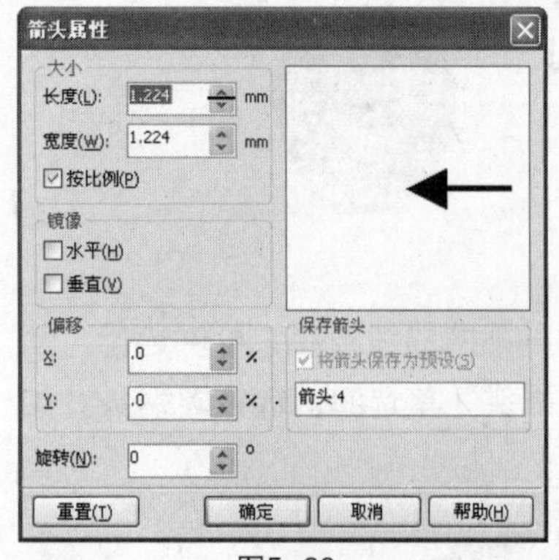

图5-38

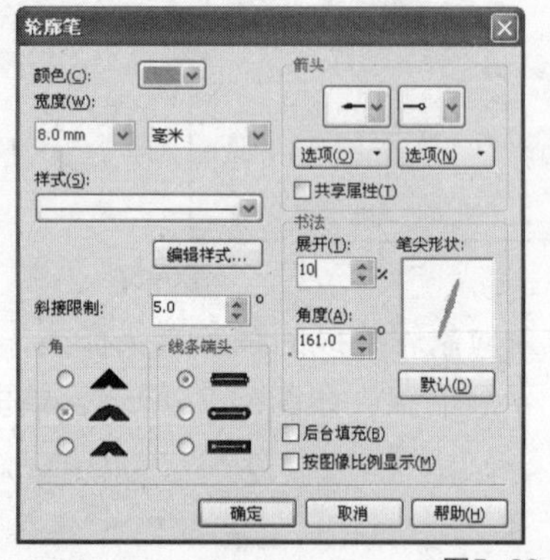

图5-39

5.2.2 轮廓颜色对话框和彩色泊坞窗

用“选择工具”选中图形对象，单击“轮廓工具”中的彩色泊坞窗，如图5-40所示，在弹出的“轮廓颜色”对话框中都可以对轮廓线的颜色进行编辑，如图5-41所示。

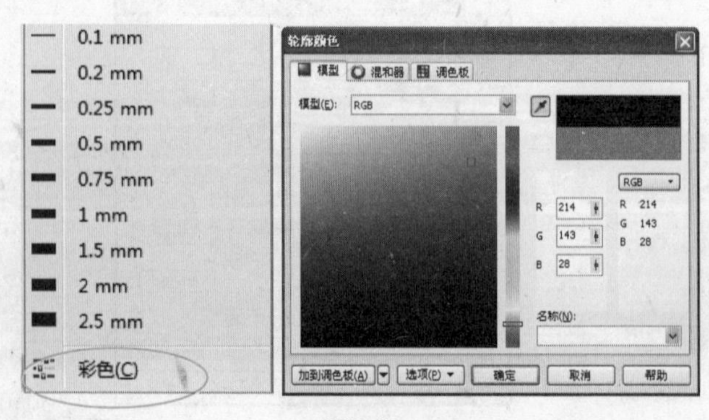

图5-40

图5-41

5.2.3 轮廓宽度

“轮廓宽度”选项中已经设置好了一些线的宽度，分别是：无轮廓、细线轮廓、0.1点轮廓、0.2点轮廓、0.25点轮廓、0.5点轮廓、0.75点轮廓、1、1.5、2、2.5等轮廓。可以用来快速设置所选对象的轮廓宽度，如图5-42所示。

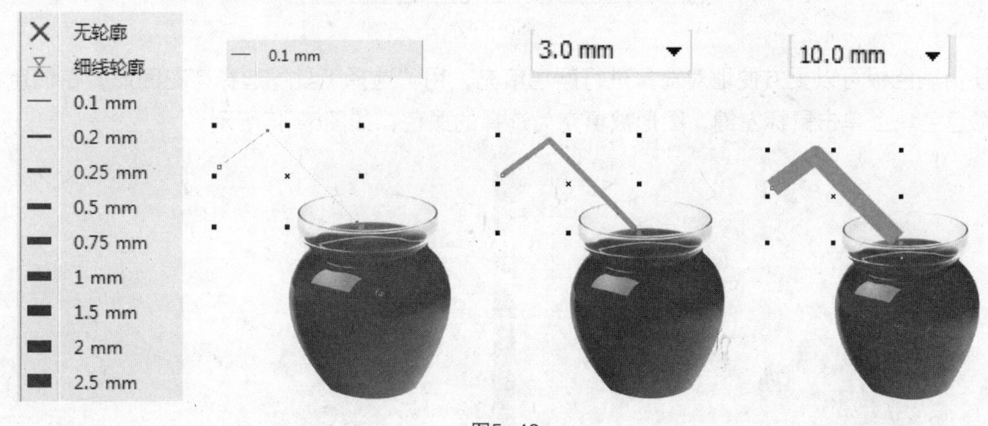

图5-42

5.3 填充色

用户除了可以用CorelDRAW X5方便快速地编辑所选择对象的轮廓外，还可以对所选对象的内部进行各种各样的填充，其中包括：均匀填充、渐变填充、图样填充、底纹填充、PostScript填充和无填充。在工具箱中单击“填充工具”，展开“填充工具”，如图5-43所示。

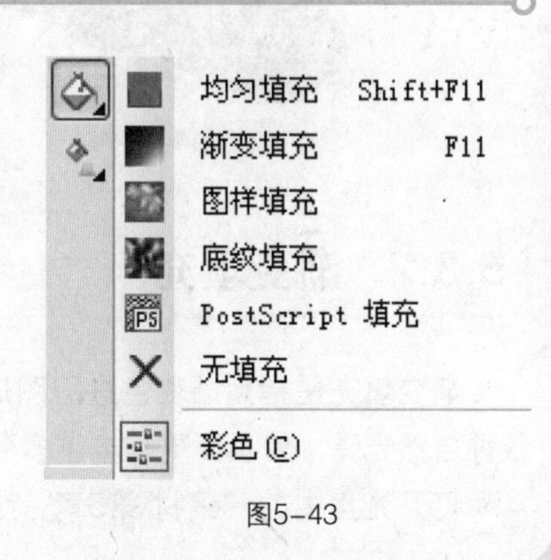

图5-43

5.3.1 颜色填充

颜色填充（即标准填充）是指对封闭的路径进行填充颜色，通常填充的颜色比较单一。它是CorelDRAW常用的一种简便快捷的填充方式。

打开光盘中的“素材\第5章\荷花1”文件，用“选择工具”选择荷花图形，然后单击“均匀填充工具”，在弹出的“均匀填充”对话框中选择一个合适的颜色，单击“确定”按钮，颜色被修改为设置的颜色，如图5-44所示。

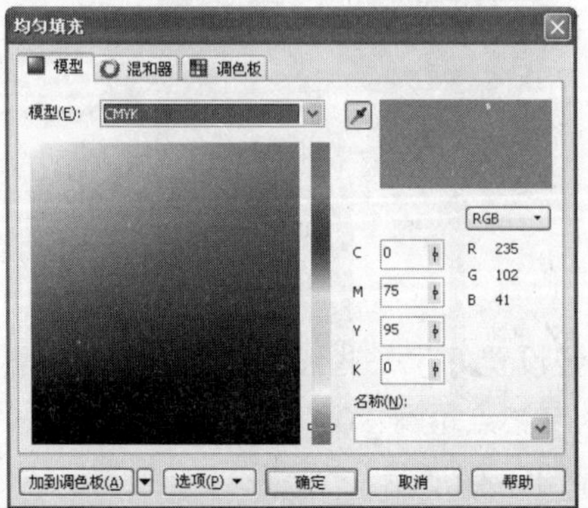

图5-44

使用调色板可以更方便地对对象进行颜色填充，用“选择工具”选择荷花图形，在调色板的任意颜色色块上单击鼠标左键，图形被填充为选择的颜色，如图5-45所示。

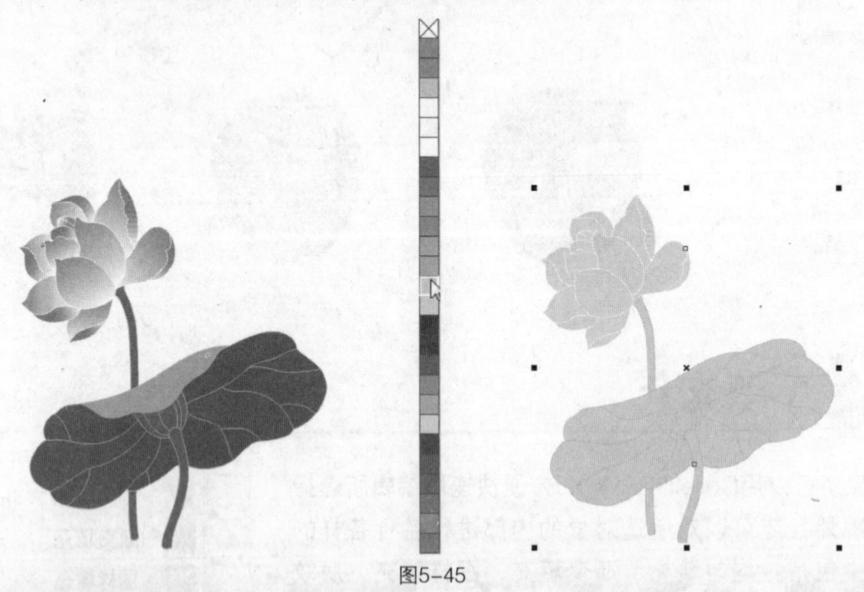

图5-45

5.3.2 渐变填充

渐变填充是指用渐变色进行图形的填充。渐变色可以产生各种色彩的渐变效果，逼真地模拟各种自然光泽，使画面更加丰富多彩。

打开光盘中的“素材\第5章\荷花1”文件，用“选择工具”选择荷花图形，然后单击“渐变填充工具”，在弹出的“渐变填充”对话框中选择一个合适的颜色，单击“确定”按钮，可以看到渐变填充的效果，如图5-46所示。

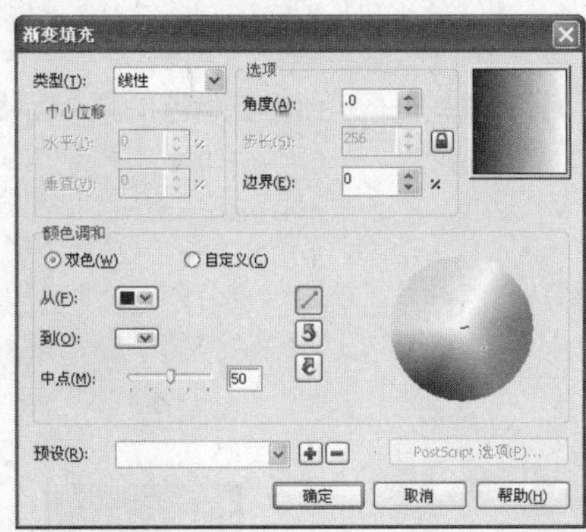

图5-46

下面将详细讲解渐变填充各个选项的具体用法。

“类型”选项包括线性渐变、辐射渐变、圆锥渐变和正方形渐变，其效果如图5-47所示。

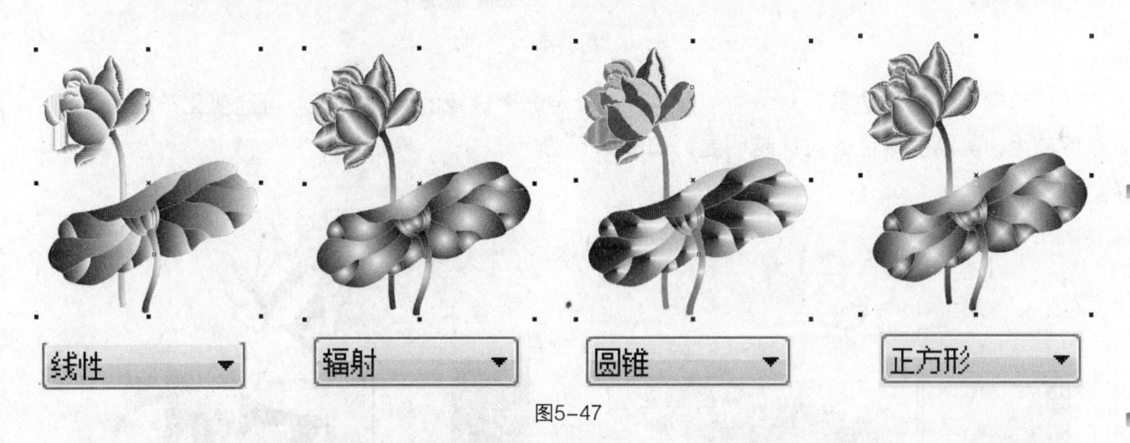

图5-47

“选项”中的“角度” 角度(A): .0 表示渐变分界线的角度，可选范围为-360~360。如图5-48所示是两个不同数值的效果。

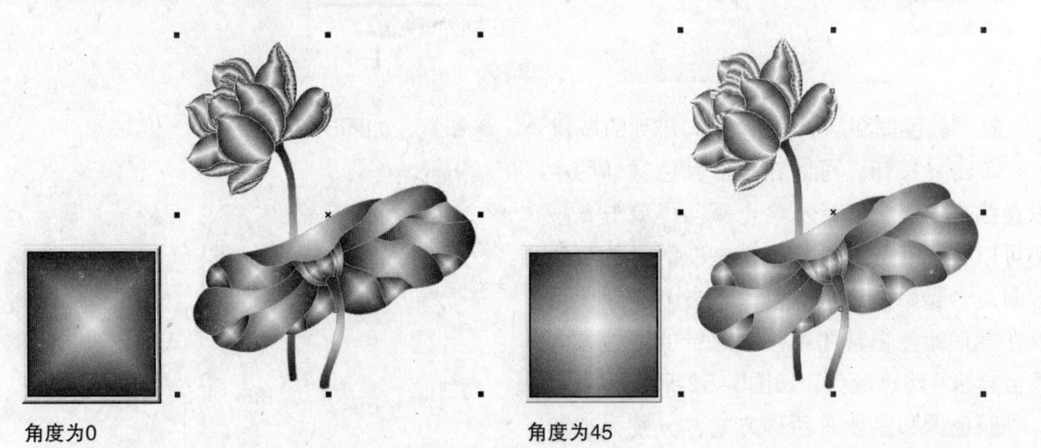

图5-48

提 示

在类型为辐射渐变时，选项为灰色，表示不可用。

“选项”中的“步长值” 步长(S): 256 表示渐变颜色的层次，默认值是256。如图5-49所示是两个不同值的效果。

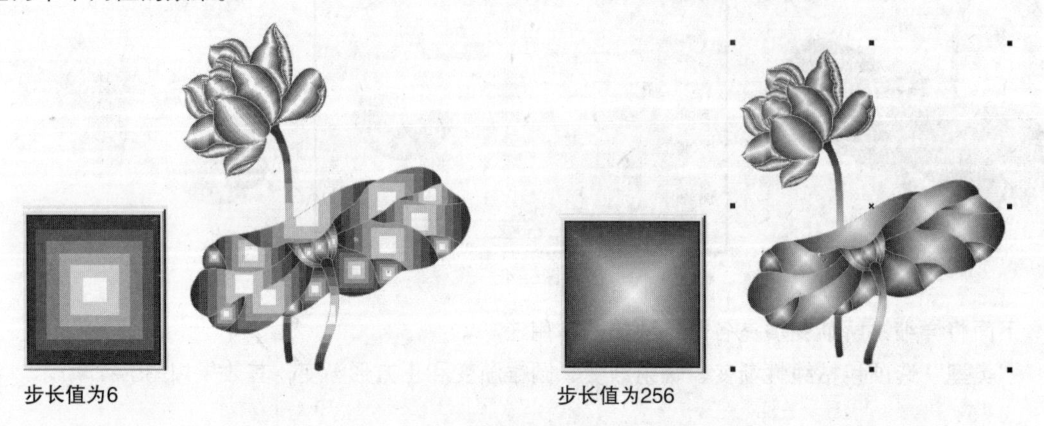

图5-49

“选项”中的“边界” 边界(E): 0 % 表示设定渐变边缘的边界厚度。可选变化范围为0~49。数值越大，其渐变颜色的边缘越明显，如图5-50所示。

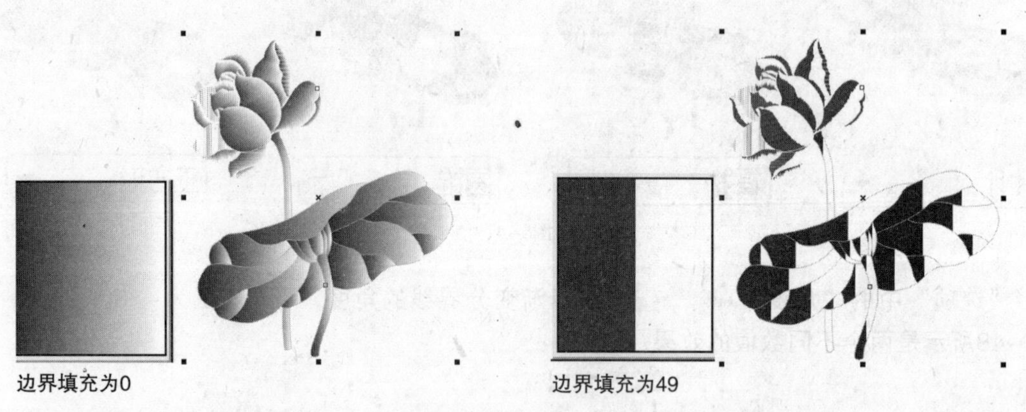

图5-50

在“颜色调和”中有3个纵向排列的按钮、和，如图5-51所示。

单击按钮，可以在圆形颜色循环图中按直线方向混合起始及终止颜色；单击按钮可以在圆形颜色循环图中按逆时针的弧线方向混合起始及终止颜色；单击按钮，可以在圆形颜色循环图中按顺时针的弧线方向混合起始及终止颜色，如图5-52所示。

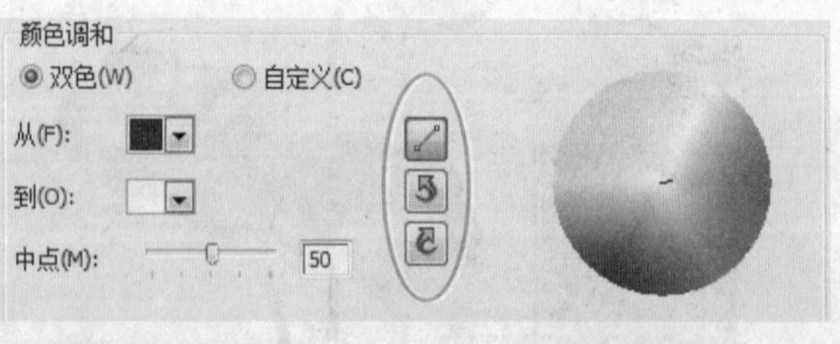

图5-51

颜色调和主要有两种方式，分别为“双色” 双色(W) 和“自定义” 自定义(C)。

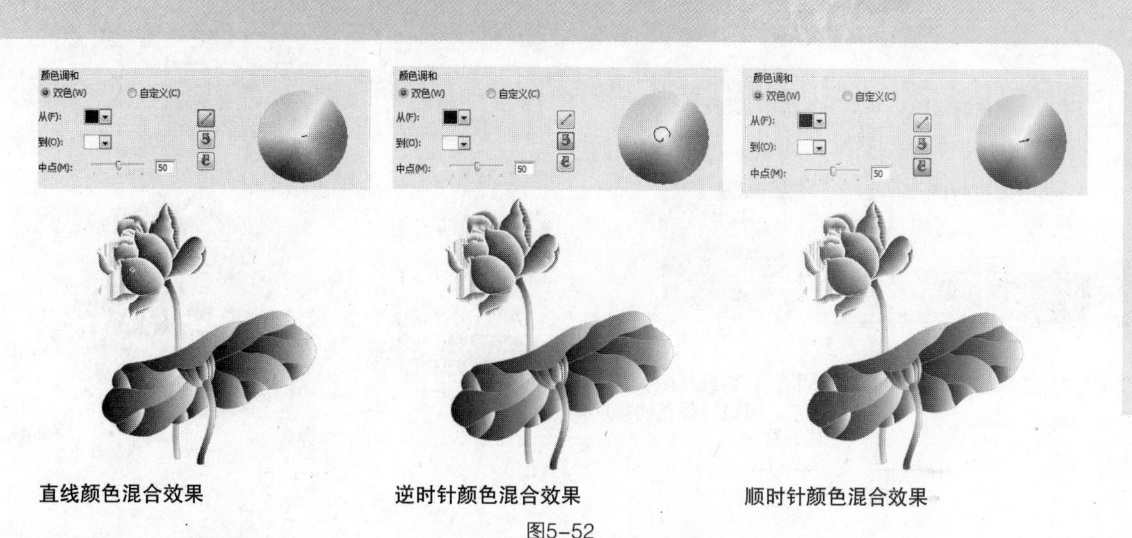

直线颜色混合效果　　逆时针颜色混合效果　　顺时针颜色混合效果

图5-52

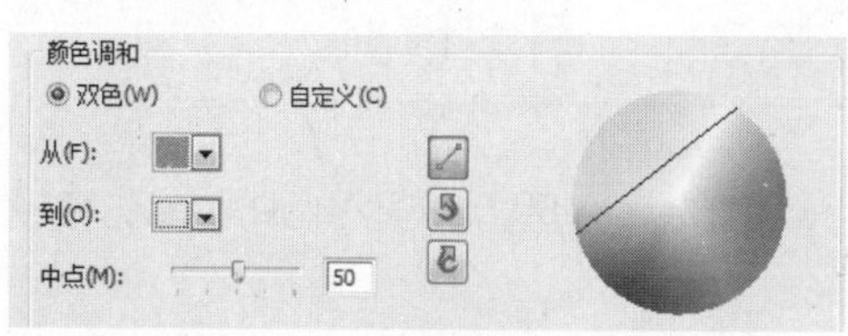

图5-53

“双色”调和方式表示将一种颜色与另一种颜色混合，如图5-53所示。

“中点”表示所选颜色之间的中点位置，其可选范围为1~99，如图5-54所示。

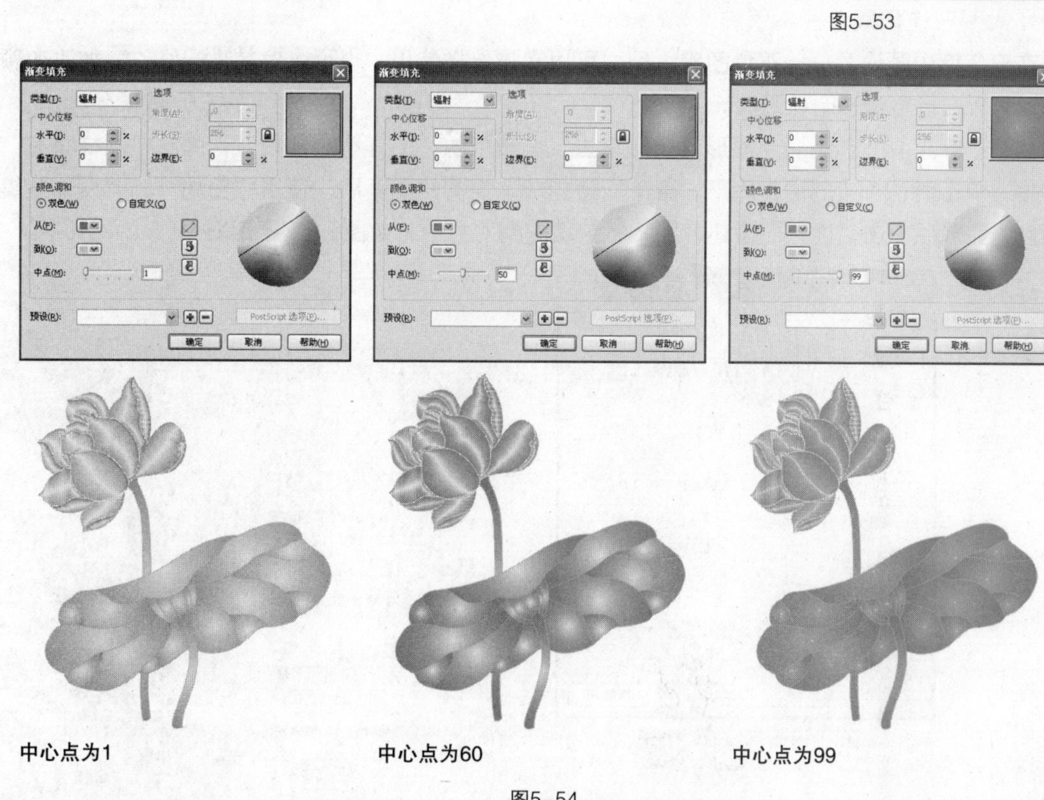

中心点为1　　中心点为60　　中心点为99

图5-54

“自定义”调和方式表示用户可以根据自己的需要设置颜色，如图5-55所示；自定义颜色可以创建出两种颜色以上的颜色层。

双击鼠标可以增加颜色控制点，在颜色控制点上再次双击鼠标删除该控制点，如图5-56所示。

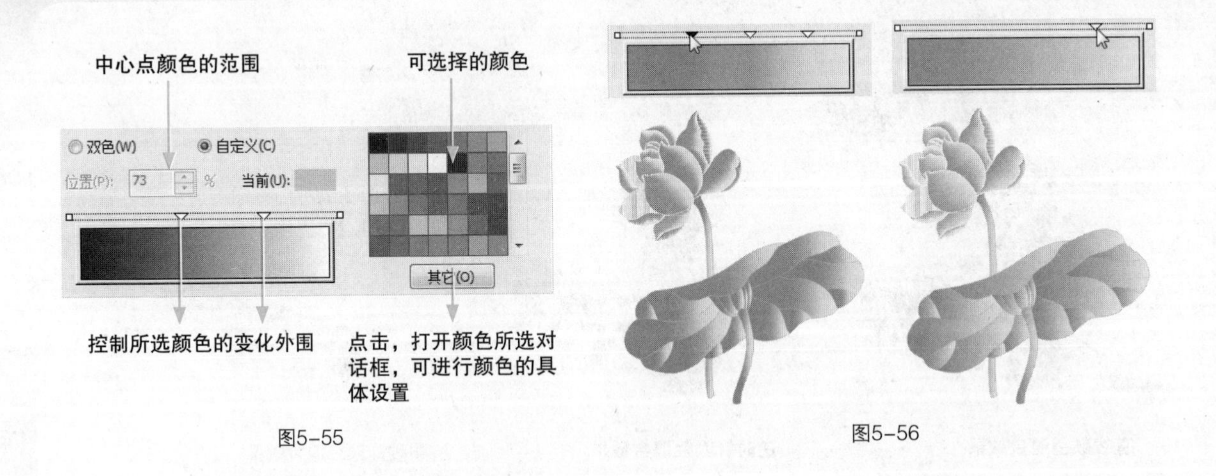

图5-55

图5-56

5.3.3 图案填充

图案填充是指将CorelDRAW X5预设的或者自己绘制的双色图案、全色图案、位图填充到图形对象中。

1. 对图形使用双色图案填充

在双色库中预设了一些双色图案，用户可以直接选择使用，也可以对其进行修改，如改变颜色，还可以自己创造一个新图案。

用“选择工具”选择一个图形对象，单击工具箱中的“图样填充工具”，弹出“图样填充”对话框，单击对话框中的图案库下拉菜单，选择一款需要的图案后，使用“前部”、“后部”编辑颜色，完成后单击“确定”按钮，图案就被填充到对象中，如图5-57所示。

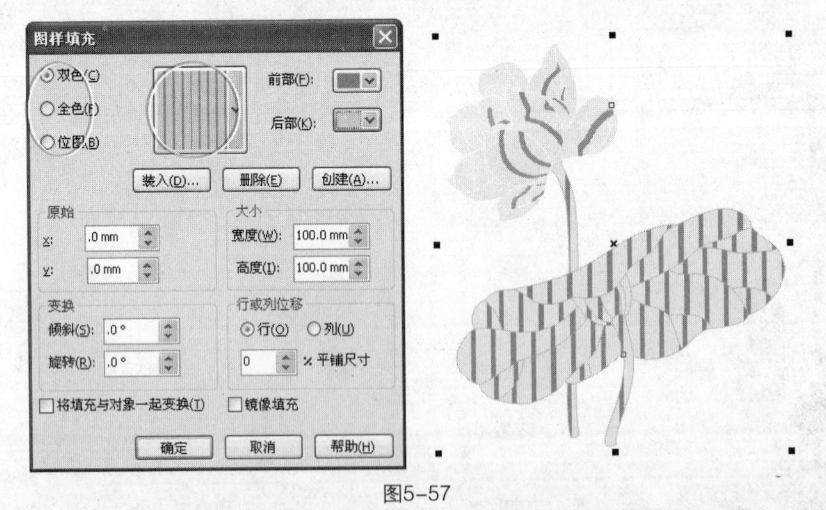

图5-57

2. 对图形使用全色图案填充

在全色库中预设了一些彩色图案，用户可以选择使用其中的全色图案。可以使用“原始”来设置图案的位置，“大小”用来控制填充图案的大小，在“变换”中可以设置倾斜和旋转角度，“行或列位移”选项可以移动行和列，设置完成后单击“确定”按钮，如图5-58所示。

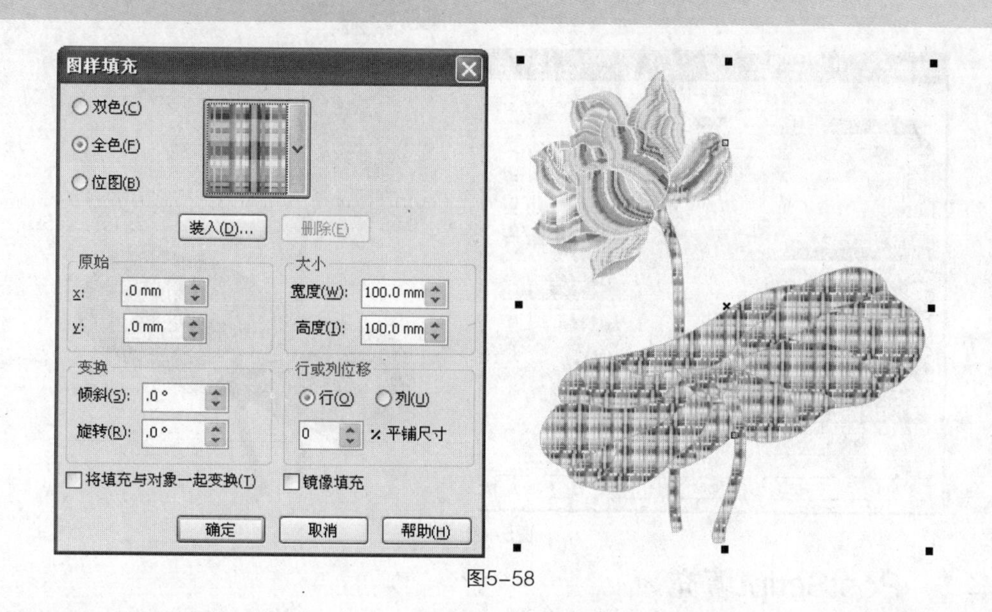

图5-58

3. 对图形使用位图图案填充

在位图库中选择需要的位图时，勾选“将填充与对象一起变换”表示当缩放图形对象时，图案也随之缩放；勾选“镜像填充”表示图案被翻转后用于填充，如图5-59所示。

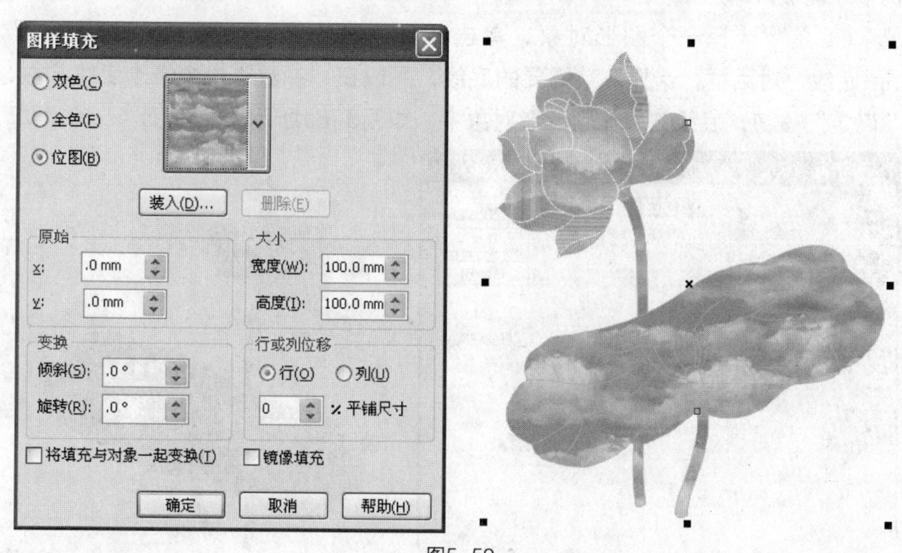

图5-59

5.3.4 纹理填充

纹理填充可以在对象中添加模仿自然界的物体或其他的纹理效果，使填充效果更加自然。纹理填充的图案都是RGB颜色模式。

用“选择工具”选择一个图形对象，单击工具箱中的“底纹填充工具”，弹出“底纹填充”对话框，在“底纹库”、“底纹列表”中选择一款需要的图案，并在“2色水彩”栏中修改图案的参数，设置完成后单击“确定”按钮，图案被填充到图形对象中，如图5-60所示。

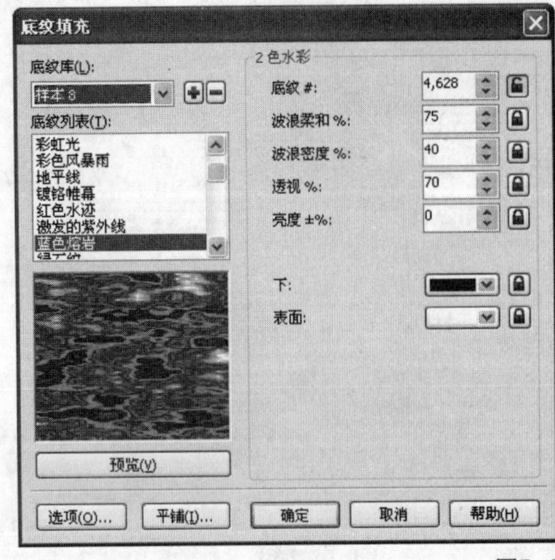

图5-60

5.3.5 PostScript填充

PostScript填充是一种特殊的图案填充方式，它是向对象中添加半色调挂网的效果。使用PostScript填充的图案只有在“增强”视图模式下才能显示出来，且只能在具有PostScript解释能力的打印机中才能被打印出来。

用“选择工具”选择一个图形对象，单击工具箱中的“PostScript填充工具”，弹出“PostScript底纹”对话框，选择一款需要的底纹，可以在“参数”栏中修改底纹参数，设置完成后单击“确定”按钮，底纹被填充到图形对象中，如图5-61所示。

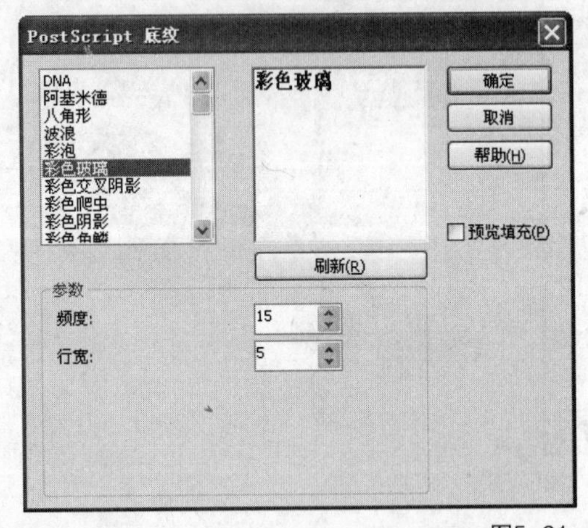

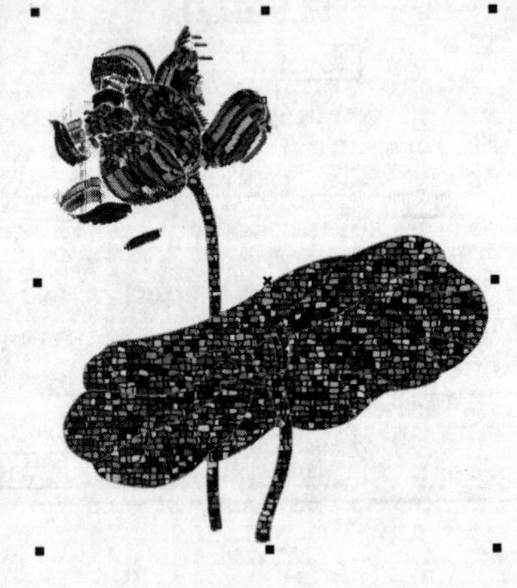

图5-61

5.4 交互式填充

5.4.1 使用“交互式填充工具”进行渐变填充

使用“选择工具”选中图形后，单击工具箱中的“交互式填充工具”，在图形上出现控制点，直接拖动控制点来编辑渐变，如图5-62所示。用此方法可将图像整体填充。

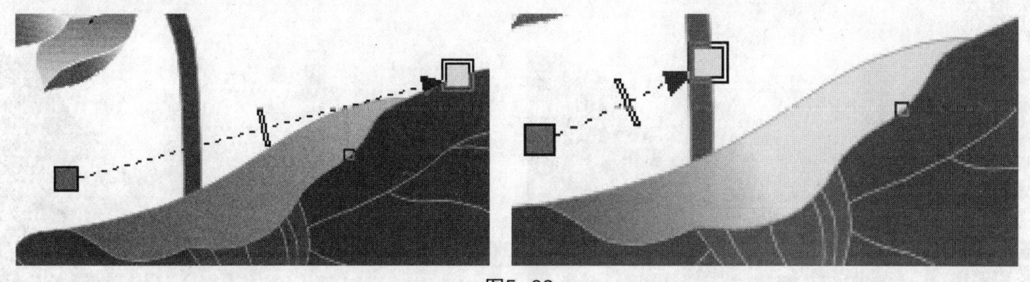

图5-62

选择“交互式填充工具”，属性栏随之改变成“编辑填充”，可以通过属性栏来完成渐变编辑，如图5-63所示。

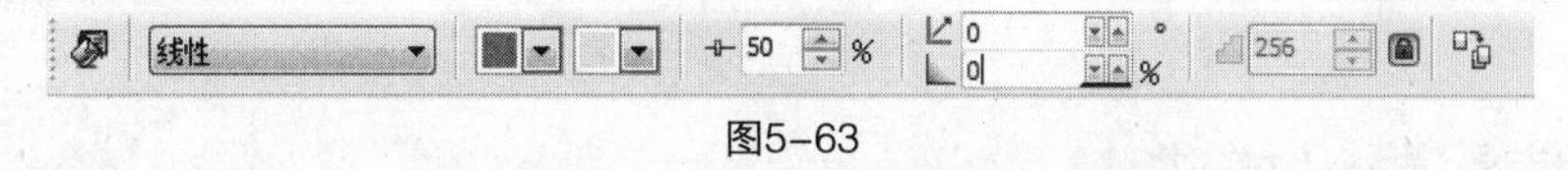

图5-63

属性栏中的线性选项可以用来选择渐变的种类，如射线、圆锥等。

属性栏中的颜色选项分别表示渐变起点的颜色和渐变终点的颜色。通过单击颜色选项下拉菜单可以选择需要的颜色；也可以单击“其它”按钮（编辑注：为保持与屏幕统一使用“它”），在弹出的“选择颜色”对话框中设置色板中没有的颜色，如图5-64所示。

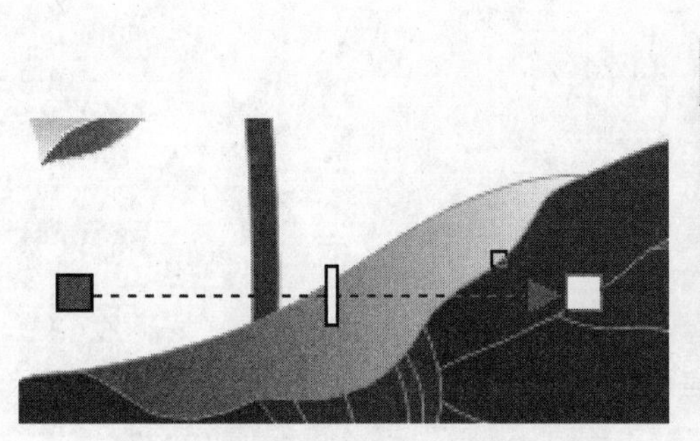

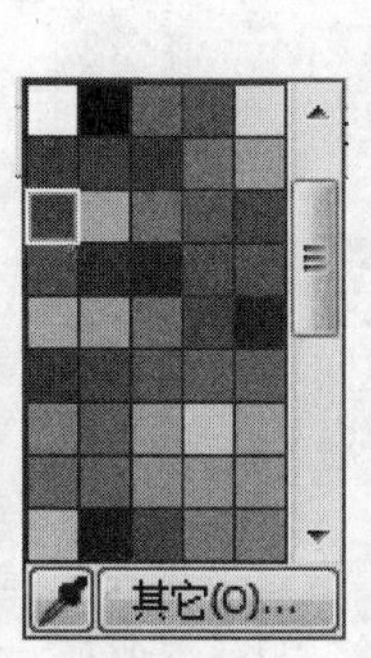

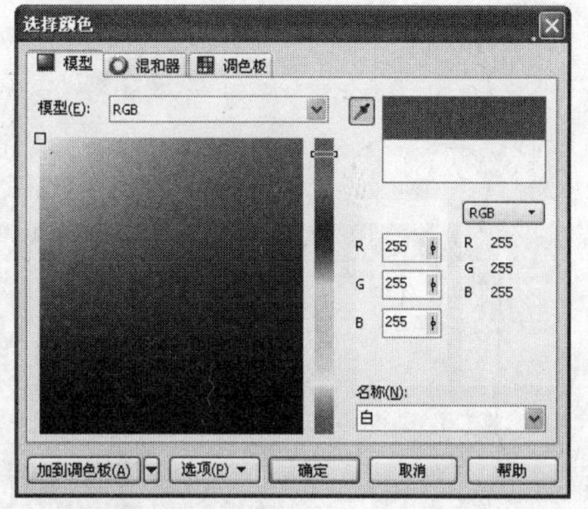

图5-64

属性栏中的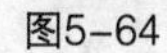用来改变渐变的中心点。中心点不同，渐变的样式也有所不同，如图5-65所示。用此方法可将图像整体填充。

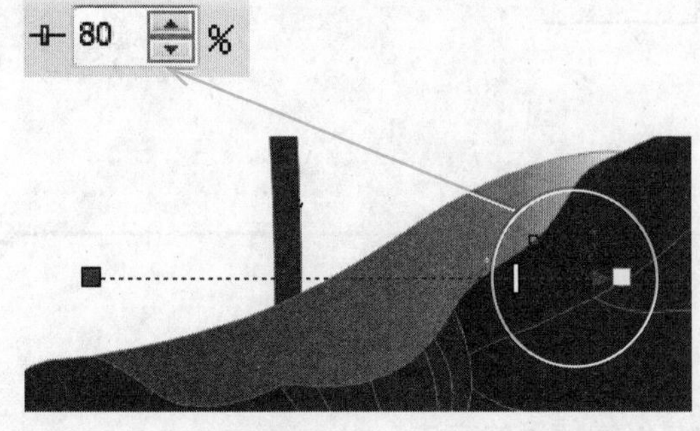

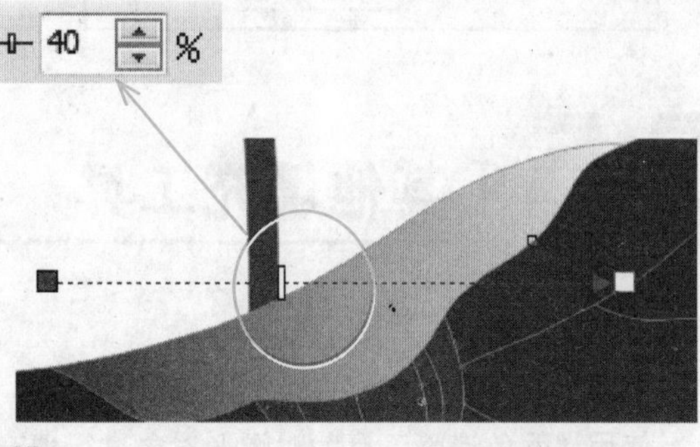

图5-65

属性栏中的 用来设置渐变颜色的角度和边界厚度，如图5-66所示。用此方法可将图像整体填充。

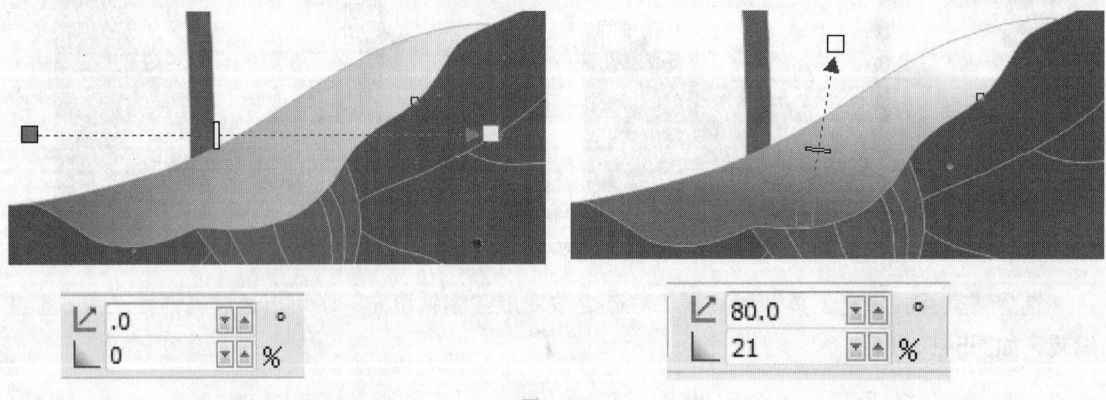

图5-66

5.4.2 使用预设样式

CorelDRAW X5为用户预设了一些渐变填充的样式，以方便使用。

使用“选择工具”选中图形后，单击工具箱中的“渐变填充工具”，弹出“渐变填充”对话框，在“预设”下拉菜单中选择一款需要的渐变填充样式，单击“确定”按钮，如图5-67所示。

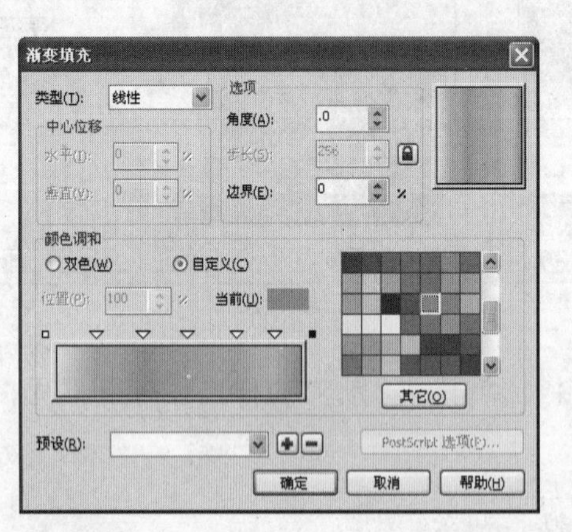

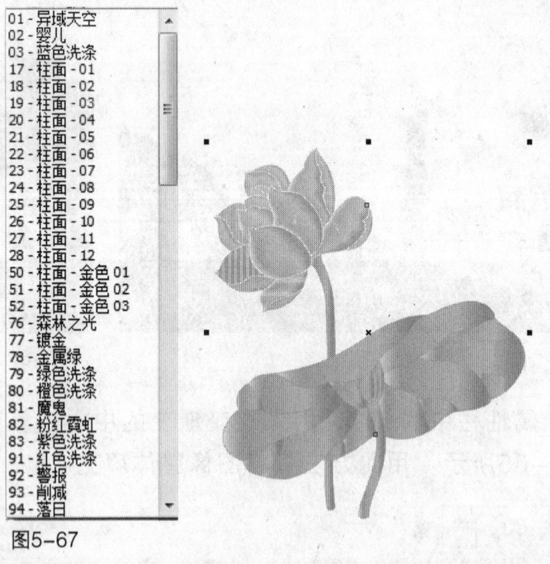

图5-67

5.5 其他填充工具

5.5.1 颜色滴管工具

使用“颜色滴管工具”对图形对象进行填充也是经常使用的方法。

1 选择工具箱中的“颜色滴管工具”，光标变成，在吸取目标对象上单击鼠标左键，如图5-68所示。

2 光标变成，移动光标到填充目标对象上时，光标变成，单击鼠标左键，图形对象被选取的颜色所填充，如图5-69所示。

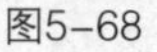

图5-68

图5-69

5.5.2 交互式网状填充

使用“网状填充工具”可以绘制具有丰富网状填充效果的图形。使用这个工具还可以将每个网点填充上不同的颜色，并且可以自定义颜色变形的方向。

1 打开“圣诞”，用“选择工具”选择一个图形对象，如图5-70所示。在工具箱中选择“网状填充工具” 网状填充 M，在属性栏中将网格数值都设置为3，按Enter键，出现网状填充效果，如图5-71所示。

图5-70

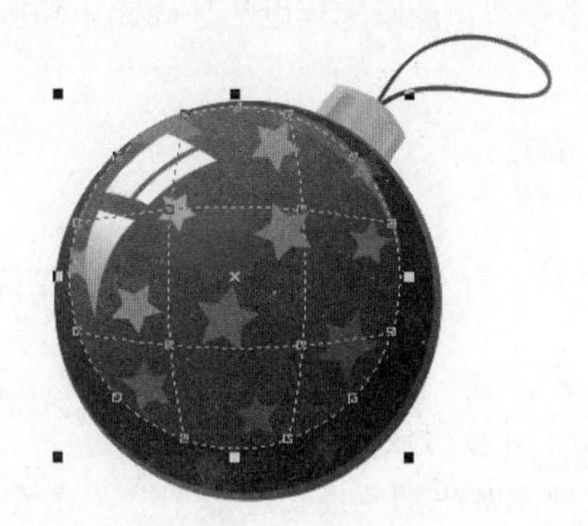

图5-71

2 将光标移动到网格中的节点上，当光标变成时单击鼠标左键，节点被选中，如图5-72所示，在调色板中的任意颜色上单击鼠标，在节点处填充上颜色，如图5-73所示。

3 依次选中节点，并填充上颜色，如图5-74所示，通过拖动选中的节点可调整颜色的分布，如图5-75所示，调整节点分布，填充效果完成，如图5-76所示。

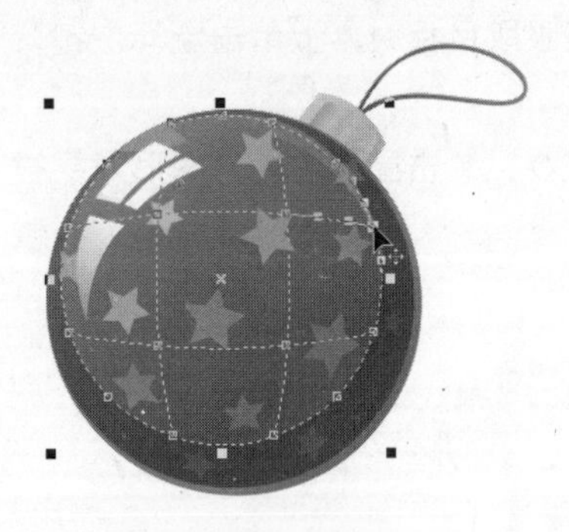

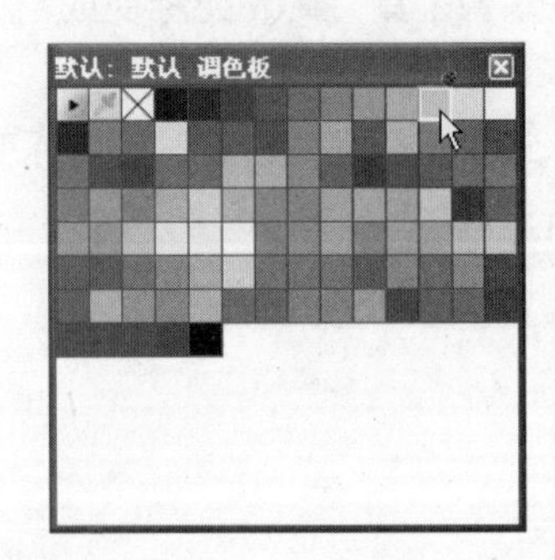

图5-72

图5-73

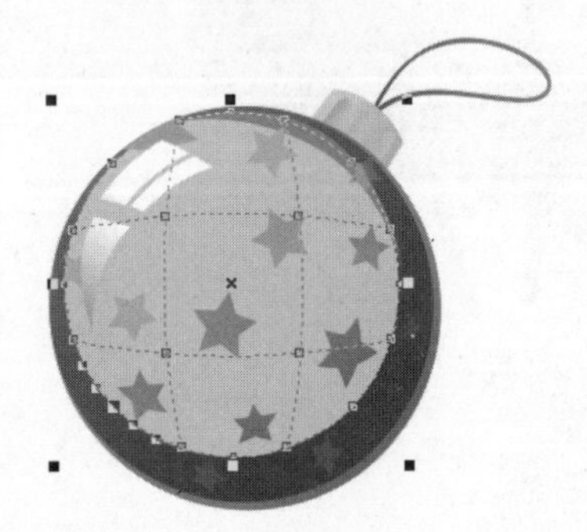

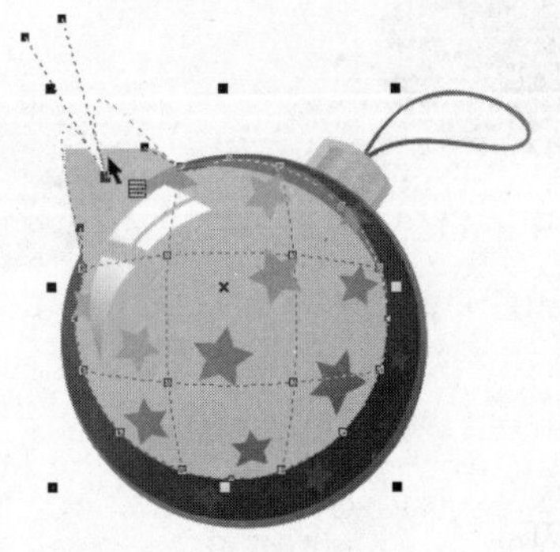

图5-74

图5-75

图5-76

5.6 小结

色彩是设计师必须掌握的一项重要知识，合理、正确使用设置颜色，才能设计出优秀作品，通过本章学习，能够掌握色彩基础知识和操作。

5.7 习题

1. 填空题

（1）计算机显示器使用的是（　　　　）色彩模式。

（2）CMYK颜色模式是（　　　　）专用的颜色模式。

2. 问答题

（1）CMYK分别表示什么颜色的油墨?

（2）中性灰和灰平衡是什么?

3. 操作题

练习为一个圆形对象设置填充色和轮廓色。

6

第6章

文本的编辑

本章将介绍CorelDRAW X5文本功能的应用方法，通过本章学习，掌握编辑和设置美术字文本和段落文本的方法和技巧，领会利用CorelDRAW X5文本的要领。

设计要点

- 文本的基本操作
- 设置文本的格式
- 制作文本的效果
- 创建文字

6.1 认识文本

文本是CorelDRAW X5中具有特殊属性的图形对象，文本不同于其他图形对象，它拥有自己的一些特定属性，如字体、字号等。在CorelDRAW X5中，文本分为两类，一类是为应用图形效果而创建“美术字”，另一类是要进行格式编排而创建“段落文本”，如图6-1所示。

6.1.1 美术字文本和段落文本

美术字文本：是一些可以进行艺术效果处理的文字。这些需要处理成特殊效果的文字一般都是短文本行文字，比如图书封面名字、文章标题等。美术字文本既包含了矢量图形的属性，也拥有一些文字的基本属性，如字体、字号。因此可以使用部分修改图形的工具和命令修改它，同时一些编辑文字的工具和命令对它也起作用。

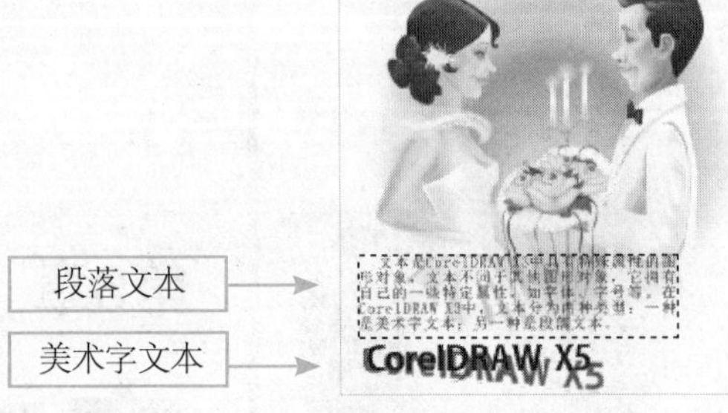

图6-1

段落文本：段落文本是形成段落的大文本块，只拥有文字的所有属性，编辑文字、排版的工具和命令才能对它产生作用。

下面通过一个例子进一步理解美术字文本和段落文本的区别，用同样文字的3种类型来比较一下：转曲的文字、美术字、段落文本。当3种类型的文字都处于选择状态的时候，从外观上已经可以看到段落文本与前两者有着很明显的区别，段落文本是装在文本框中的，如图6-2所示。

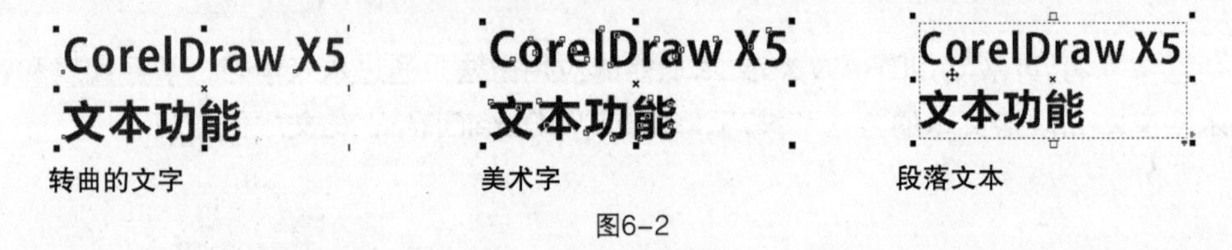

图6-2

首先通过文本编辑工具来查验文字的文本属性。使用工具箱中的“文本工具”将文字“X5”修改成“X3”，可以看到，转曲的文字无法直接修改，美术字和段落文本可以直接修改，如图6-3所示。

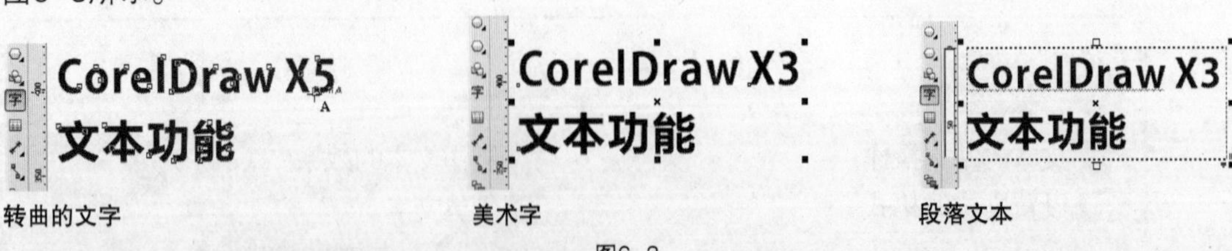

图6-3

接下来使用图形编辑工具查看文字的图形属性。使用工具箱中的“封套工具”将文字变形，可以看到转曲文字和美术字都产生了变形，如图6-4所示，而段落文本只是文本框变形，文字并没有发生变化。

转曲的文字 　　美术字

图6-4

通过上述实例验证了美术字文本和段落文本各自拥有的属性。在排版设计中，可以根据不同的需要来设定文本的类型。那么，美术字文本和段落文本是怎么得到的呢？

6.1.2 添加美术字文本和段落文本

美术字文本和段落文本这两种类型的文本是由不同的方式得到的。下面分别介绍添加两类文本的操作方法。

1. 直接录入文本

在CorelDRAW X5中，可以通过键盘输入的方式录入文本。首先介绍录入美术字文本。

1 选择工具箱中的“文本工具” 字，在页面的任意位置单击鼠标左键，以定位创建一个录入点，如图6-5所示。

2 输入文字“CorelDraw X5”，这样输入的文本是美术字文本，如图6-6所示。

图6-5　　图6-6

接下来介绍录入段落文本。

1 选择工具箱中的“文本工具” 字，在页面任意位置单击鼠标左键并拖曳，随着鼠标的移动会出现一个段落文本框，释放左键可创建一个大小固定的段落文本框，如图6-7所示。

2 默认状态下，文本光标位于文本框的左上角，在段落文本框中输入文字“CorelDraw X5”，这样就得到了一段段落文本，如图6-8所示。

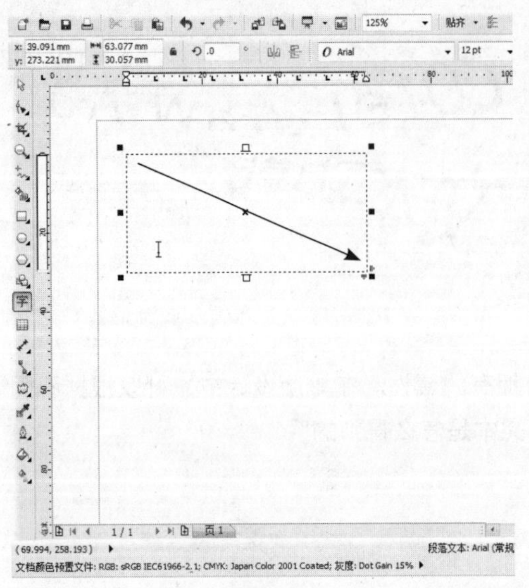
图6-7

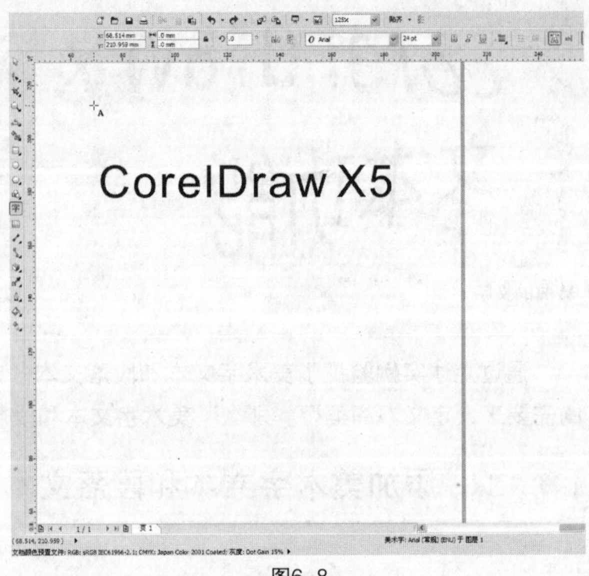

图6-8

2. 外部输入文本

对于外部文字处理软件（如Word、Excel等）和网页已经录入编辑好的文字，可以通过粘贴、导入和拖曳的方式输入到CorelDRAW X5的页面中。

（1）使用粘贴方式输入可以得到两种类型的文本。

1 首先在其他字处理软件中将文字复制下来，如图6-9所示。

2 然后使用工具箱中的“文本工具”字，创建美术字插入点或者段落文本框，如图6-10所示。

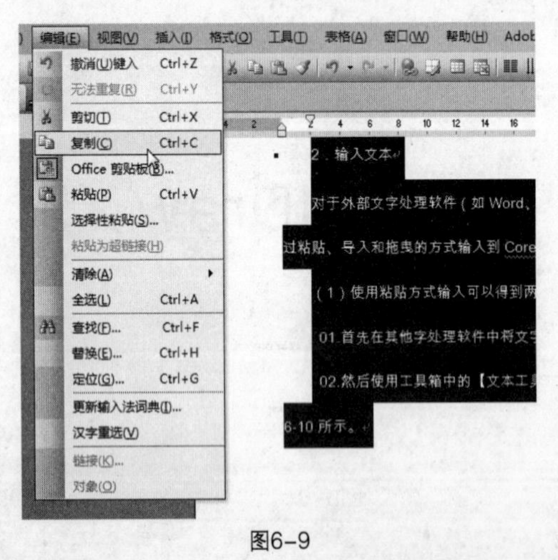

图6-9

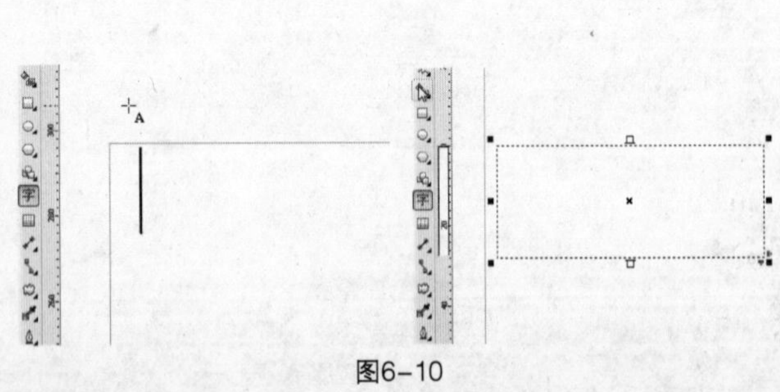
图6-10

3 选择编辑菜单下的“粘贴”命令，如图6-11所示。

4 弹出“导入/粘贴文本”对话框，选择“摒弃字体和格式”单选钮，这样可以将原字处理软件自带的文字颜色、字体等属性删除，然后单击“确定”按钮，如图6-12所示。

5 使用粘贴输入的方式得到的两种类型的文字，如图6-13所示。

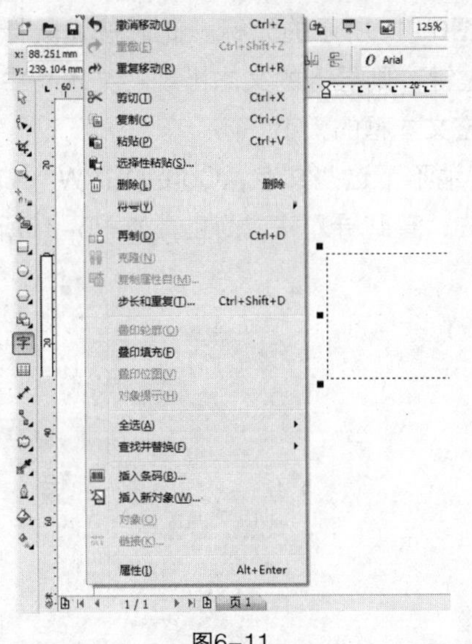

图6-11

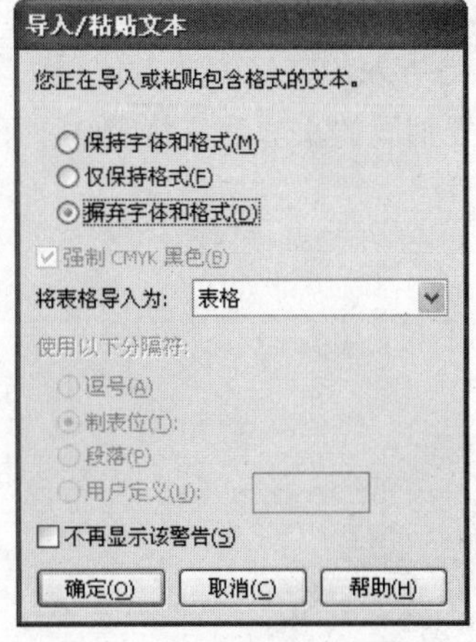

图6-12

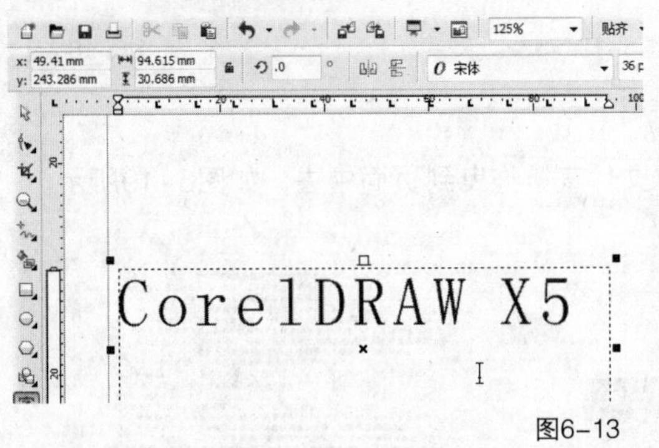

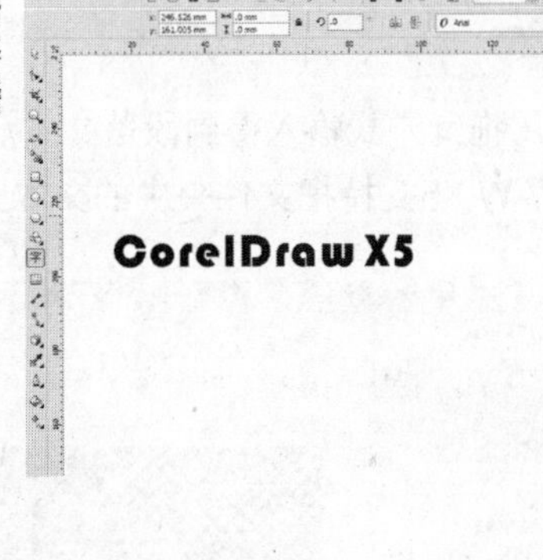

图6-13

（2）使用导入方式输入得到段落文本。

❶ 执行“文件”→“导入”命令，弹出“导入”对话框，选择需要导入的文本后，单击“导入”按钮，如图6-14所示。

❷ 弹出“导入/粘贴文本”对话框，如果需要保留原字处理软件中所带的文本属性，可以选择“保持字体和格式”单选钮，如果设计的作品是用于印刷，别忘了勾选“强制CMYK黑色”，单击“确定”按钮，如图6-15所示。

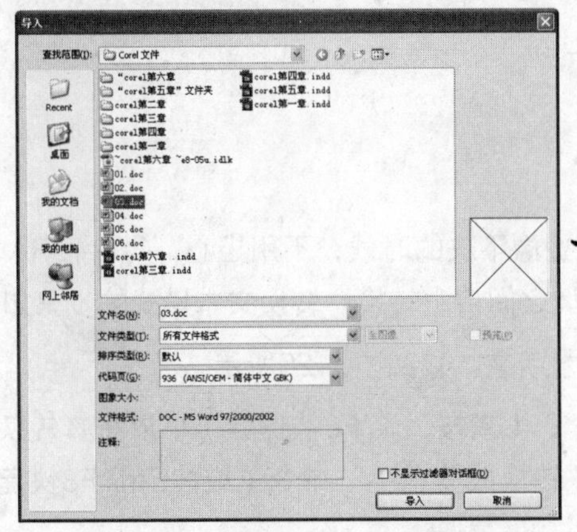

图6-14

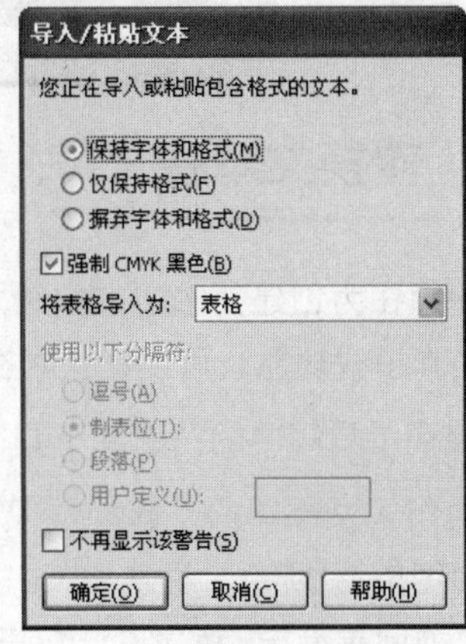

图6-15

3 转换过程完成后，在页面中会出现一个如图6-16所示的光标。此时按住鼠标左键拖动，绘制出文本框，效果如图6-17所示。松开鼠标左键，则导入的文本出现在文本框中。如果文本框的大小不合适，可以拖动文本框的控制点来调整文本框的大小。

4 当导入的文字太多的时候，绘制的文本框容纳不下这些文字，CorelDRAW X5 新建页面，并建立相同的文本框，将容纳不下的文字导入进去，直到导入完成为止，如图6-18所示。

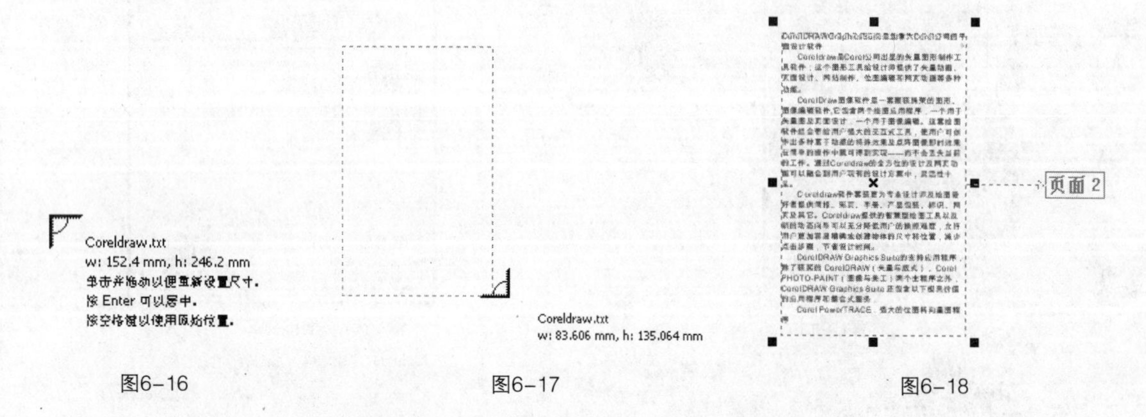

图6-16　　图6-17　　图6-18

（3）使用拖曳方式输入得到段落文本。

CorelDRAW X5支持把文件夹中的文本文件直接拖曳到页面中去，如图6-19所示。

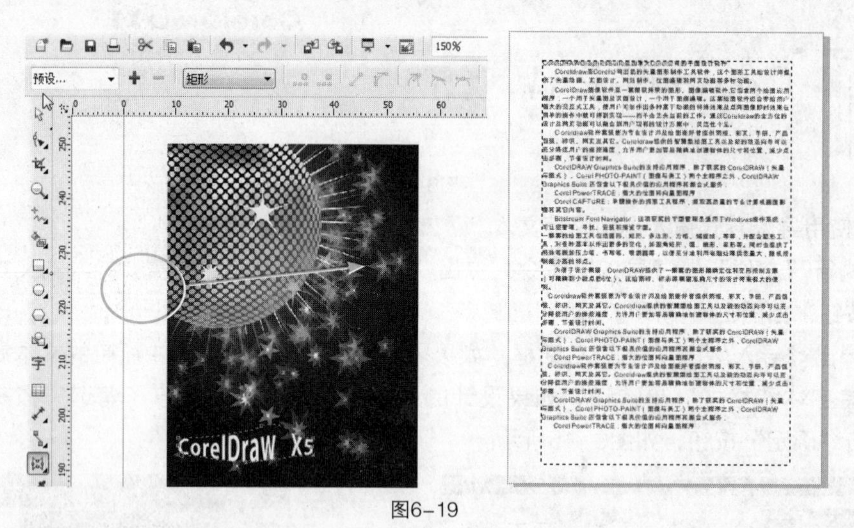

图6-19

6.1.3 转换文本模式

当设计师在为创建美术字文本和段落文本而犹豫不决的时候，不用担心，CorelDRAW X5提供的转换文本模式功能，可以让文本在这两种类型之间自由转换。转换文本模式的步骤如下。

1 使用工具箱中的“选择工具” 选中美术字文本，如图6-20所示。

2 执行“文本”→“转换成段落文本”命令（或按Ctrl+F8快捷键）可以将其转换成为段落文本，如图6-21所示。再次执行“文本”→“转换成美术字”命令（或按Ctrl+F8快捷键），可以将其转换回美术字，如图6-22所示。

图6-20

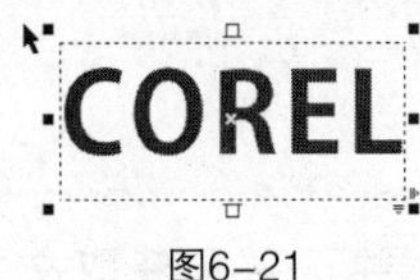

图6-21

COREL

图6-22

当美术字文本被图形工具或者命令编辑过后，将不能再直接转换成段落文本。下面通过实例介绍清除美术字文本中的图形效果，恢复转换的功能。

1 打开光盘目录下的“素材\第6章\第6章练习”文件，如图6-23所示。

2 使用工具箱中的“选择工具” 选中文本，然后选择“效果”菜单下的“清除封套”命令，如图6-24所示。

图6-23

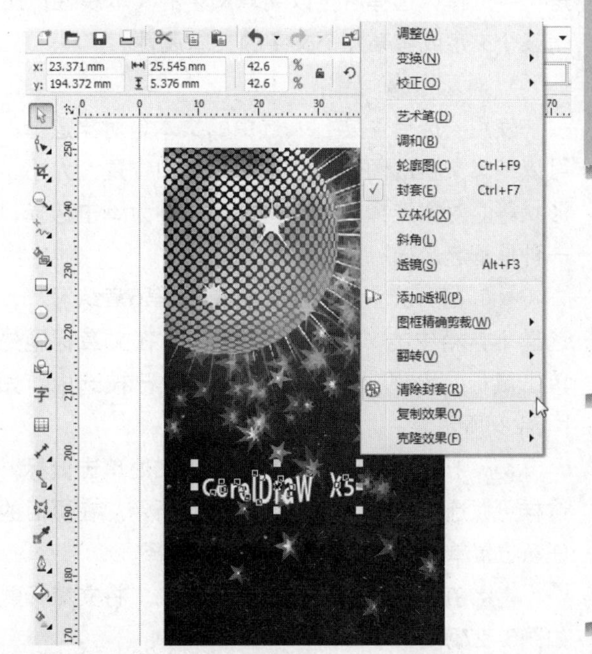

图6-24

3 文本复原为正常，保持文字处于选中状态，执行“排列”→“拆分 轮廓图群组”命令，如图6-25所示。

4 按Ctrl+F8快捷键，美术字文本被转换成段落文本。

图6-25

6.2 文本操作

用户对文本已经有了初步的认识，并了解了获取文本的方式，本节将进入文本的核心知识——操作文本。文本在放入版面之初，也许并不符合设计师的要求，设计师要对它进行修改编辑，如移动位置，改变字体、字号、颜色等，想要编辑文本，首先必须选择它。

6.2.1 选择文本

选择文本的方式有3种，一种为对象选择，选择后可以编辑文本的图形和文本属性；另一种是文字选择，选择后可以编辑文字的文本属性；还有比较特殊的一种是形状选择，选择后可以编辑某个文字或者某几个文字的文本属性。

1. 对象选择

使用“选择工具” 选中的文本是对象选择，可以编辑文字的图形和文本属性，如位置、大小、形状等。对象选择方式有两种，一种为单击选择；一种是框选选择。

1 打开光盘目录下的“素材\第6章练习”，选择工具箱中的“选择工具” ，在文章标题处单击鼠标，出现9控点框，表明对象已被选中，如图6-25所示。

图6-26

2 按下Shift键，在文章的正文处单击鼠标，这样可以选中多个对象，如图6-26所示。在页面的任意位置单击鼠标左键，可以取消选择。

3 在页面外按下鼠标左键拖曳，将文章标题都包含在拖曳框中，松开鼠标，对象被选中，如图6-27所示。

4 如果在页面外按下鼠标左键拖曳，将文章标题和正文都包含在拖曳框中，松开鼠标后，两个对象都被选中，如图6-28所示。

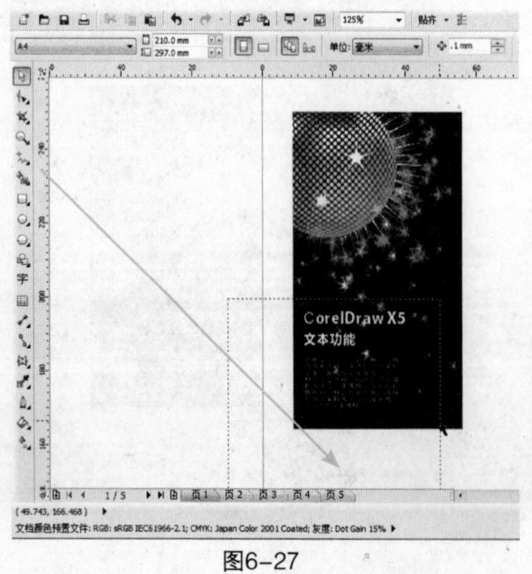
图6-27

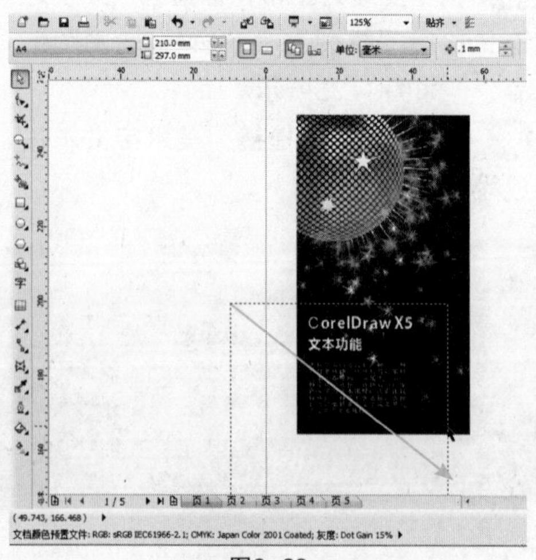
图6-28

2. 文字选择

使用“文本工具”选中的文本可以编辑文字的文本属性，如字体、字号等。

1 打开光盘目录下的“素材\第6章练习”，选择工具箱中的“文本工具” 字，在文章标题处按下鼠标左键拖曳，将需要选择的文字涂黑，松开鼠标，出现对象控制框，表明文字被选中，如图6-29所示。

2 在标题的任意位置单击鼠标左键插入起始点，按下Shift键，在标题的其他任意处单击鼠标左键插入结束点，文本被涂黑选中，如图6-30所示。

图6-29

图6-30

3 选择工具箱中的“文本工具” 字，在文章正文处双击鼠标左键，整行文字被涂黑，表明整行文字被选中，如图6-31所示。连续单击三下则可以将整段文字选中，如图6-32所示。

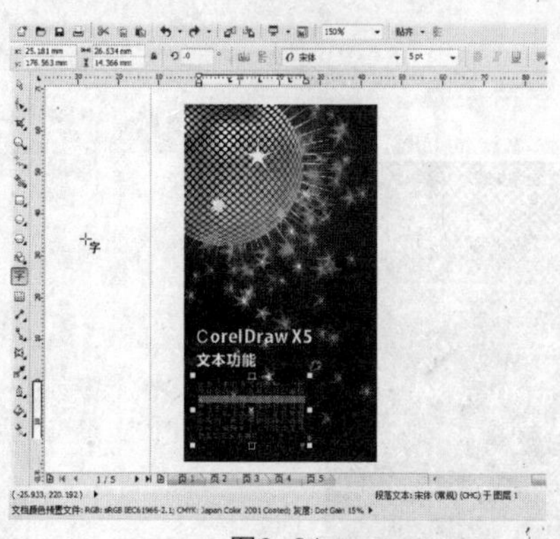

图6-31

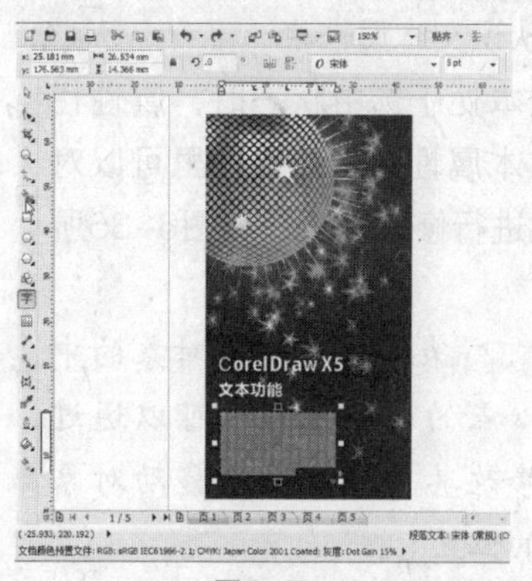

图6-32

3. 形状选择

形状选择是用“形状工具”对节点进行选择，CorelDRAW X5把文本块中的每个文字都视为一个独立的节点，对单个文字或多个文字进行选择可以编辑它们的属性。

1 打开光盘目录下的：“素材\第6章练习”文件，选择工具箱中的“形状工具”，在文章标题处单击鼠标，然后单击需要选择的文字左下方的空心节点□，当空心节点□变为黑色节点■，选择完成，如图6-33所示。

2 选择工具箱中的“形状工具”，在文章标题处单击鼠标，然后在页面的任意位置按下鼠标左键并拖曳，将需要选择的文字都包含在选择框中，松开鼠标，空心节点□变为黑色节点■，选择完成，如图6-34所示。

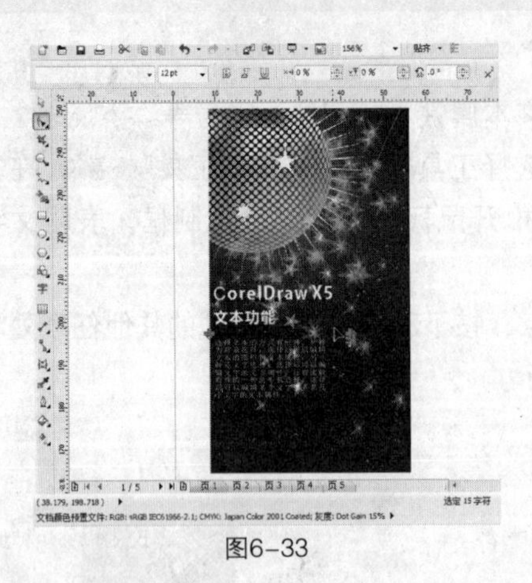

图6-33

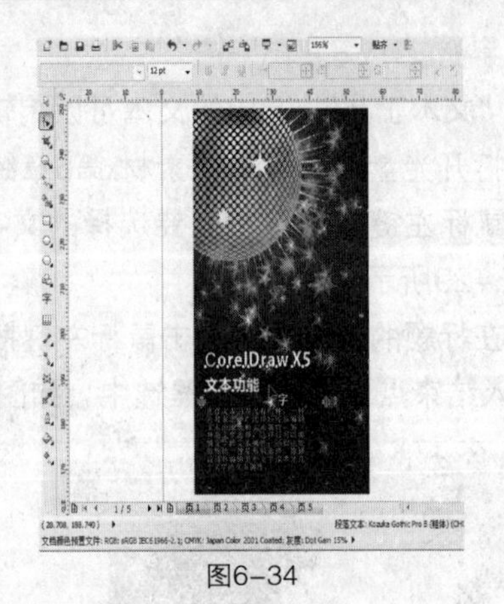

图6-34

6.2.2 编辑文本

选择是为了编辑，编辑文本包括对文本的简单编辑，如设置字体、字号、缩放等，还包括比较复杂的高级操作，如变形艺术化处理、段落设置、上色等。由于美术字文本和段落文本的属性并不一样，因此两种文本的编辑方式并不完全一致。在开始编辑文本之前，先来认识一下控制文本的属性栏和对话框。

1. 控制文本的属性栏和对话框

文字的文本属性都是由一些专门的属性栏和对话框控制的，了解这些属性栏和对话框的设置对控制文本非常重要。

1）认识文本属性栏

当文本处于选中状态时，属性栏显示为文本属性选项，在这里可以对文本属性进行修改编辑，如图6-35所示。

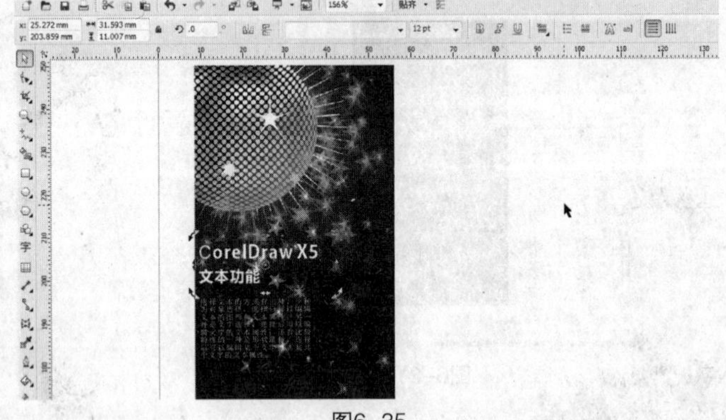

图6-35

- 表示当前选中对象的中心点的坐标位置，可以通过修改其中的参数来移动对象的位置。
- 表示当前选中对象的长、宽数值和是否等比例，可以通过修改其中的参数来改变对象的大小。
- 表示当前选中对象的旋转角度，可以通过修改参数来改变对象的旋转角度。
- 水平、垂直镜像按钮，可以设置对象水平、垂直方向的翻转。
- 设置文本对象的字体、字号。
- 用于设置文本为粗体、斜体、下划线的按钮。
- 对齐方式按钮，可以设置文本块的对齐方式，包括左对齐、居中对齐、右对齐、全部对齐、强制调整。
- 项目符号和首字下沉设置按钮。

- 🄰调用“字符格式化”对话框和“编辑文本”对话框按钮。
- ▤▥用于设置文本水平或垂直排列的按钮。

2）认识“字符格式化”对话框

单击文本属性栏的🄰按钮或者执行“文本”→“字符格式化”命令，可以调出“字符格式化”对话框，如图6-36所示。

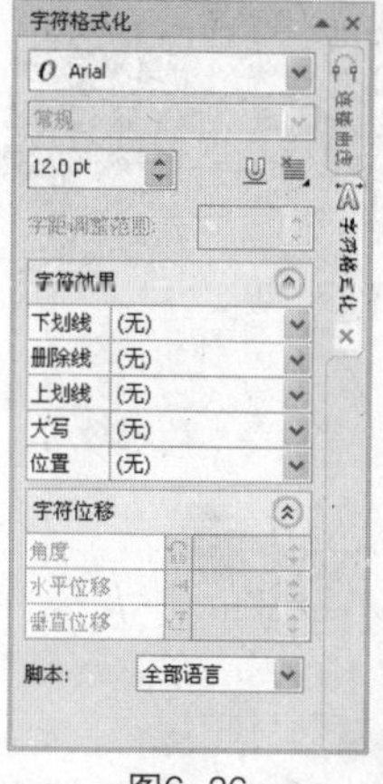

字符格式化
Arial
常规
12.0 pt
字距调整范围:
字符效果
下划线 (无)
删除线 (无)
上划线 (无)
大写 (无)
位置 (无)
字符位移
角度
水平位移
垂直位移
脚本: 全部语言
字符格式化
图6-36

“字符格式化”对话框与文本属性框的功能几乎一致，它提供了更多的字符编辑功能。24.0 pt 用于调整字符之间的间距。增加了更多的字符效果，如上标、下标等，如图6-37所示。增加了字符的位移编辑，如图6-38所示。“脚本”设置是一个非常实用的命令，这个设置类似于某些排版软件的复合字体，中文选择“亚洲”，英文选择“拉丁文”，如图6-39所示。通过以下实例能够加深对“脚本”设置的认识。

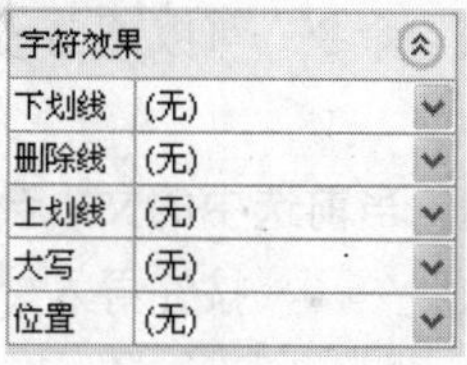

字符效果
下划线 (无)
删除线 (无)
上划线 (无)
大写 (无)
位置 (无)
图6-37

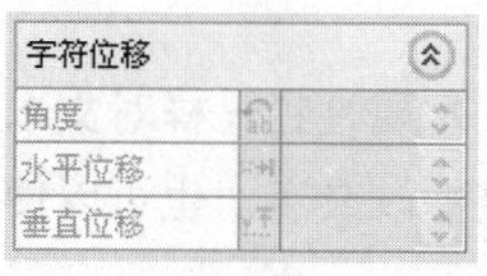

字符位移
角度
水平位移
垂直位移
图6-38

脚本:
全部语言
全部语言
拉丁文
亚洲
中东
图6-39

在页面中输入一段美术字，调出“字符格式化”对话框，可以看到“脚本”为“全部语言”，“字体”设置为“微软雅黑”，现在文本中的所有文字的字体都是雅黑，如图6-40所示。

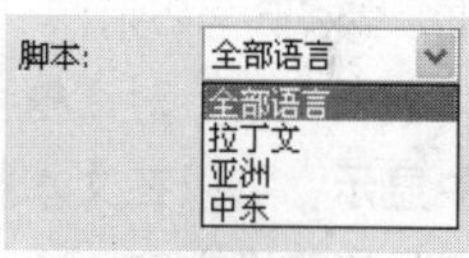

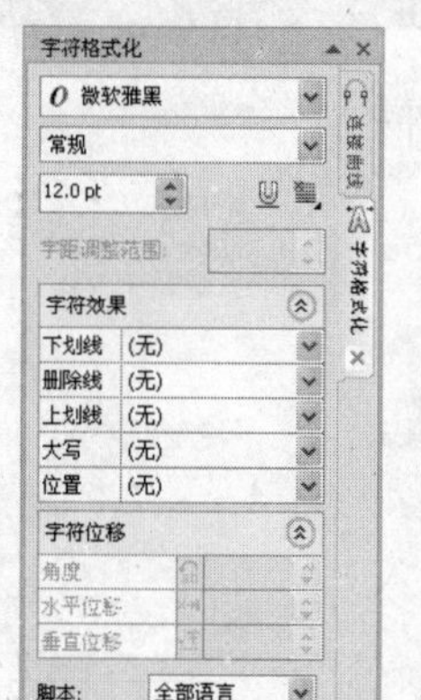

字符格式化
微软雅黑
常规
12.0 pt
字距调整范围:
字符效果
下划线 (无)
删除线 (无)
上划线 (无)
大写 (无)
位置 (无)
字符位移
角度
水平位移
垂直位移
脚本: 全部语言
CorelDRAWGraphicsSuite是加拿大Corel公司的平面设计软件
Coreldraw是Corel公司出品的矢量图形制作工具软件，这个图形工具给设计师提供了矢量动画、页面设计、网站制作、位图编辑和网页动画等多种功能。
CorelDraw图像软件是一套屡获殊荣的图形、图像编辑软件,它包含两个绘图应用程序：一个用于矢量图及页面设计，一个用于图像编辑。这套绘图软件组合带给用户强大的交互式工具，使用户可创作出多种富于动感的特殊效果及点阵图像即时效果在简单的操作中就可得到实现——而不会丢失当前的工作。通过Coreldraw的全方位的设计及网页功能可以融合到用户现有的设计方案中，灵活性十足。
C oreldraw软件套装更为专业设计师及绘图爱好者提供简报、彩页、手册、产品包装、标识、网页及其它。Coreldraw提供的智慧型绘图工具以及新的动态向导可以充分降低用户的操控难度，允许用户更加容易精确地创建物体的尺寸和位置，减少点击步骤，节省设计时间。
图6-40

在“脚本”下拉菜单中选择“亚洲”，在字体设置栏中把字体换成“华文新魏”；再在“脚本”下拉菜单中选择“拉丁文”，在字体栏中任意设置一种英文字体。可以看到，这段美术字文本的中文和英文分别变成了刚才设置的字体，如图6-41所示。

小知识

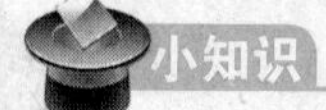

什么是复合字体?

在字体设置栏中可以看到两种字体：中文字体和英文字体，以中文显示的是中文字体，如“宋体”等，以英文显示的是英文字体，如“Impact”。在排版设计中，为中文和英文分别设置各自的字体，可以避免印刷出错，也能让文字显得更漂亮，但是如果手动分别设置，工作量太大，于是出现了复合字体，只需简单几步设定好复合字体，就能将文字的字体全部分别设置好。

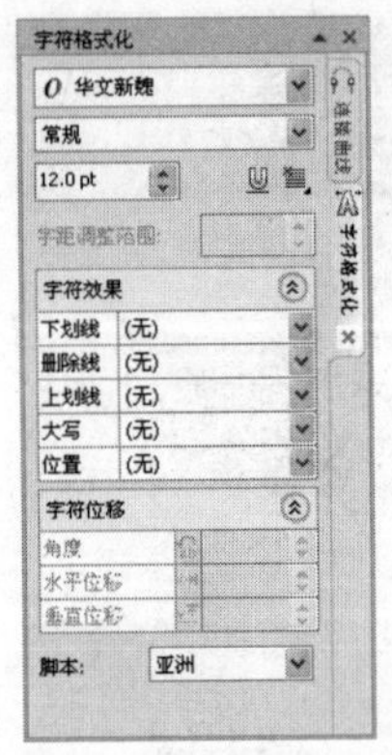

编辑本段CORELDRAW GRAPHICS SUITE 是什么
CORELDRAWGRAPHICSSUITE是加拿大COREL公司的平面设计软件
CORELDRAW是COREL公司出品的矢量图形制作工具软件，这个图形工具给设计师提供了矢量动画、页面设计、网站制作、位图编辑和网页动画等多种功能。
CORELDRAW图像软件是一套屡获殊荣的图形、图像编辑软件,它包含两个绘图应用程序：一个用于矢量图及页面设计，一个用于图像编辑。这套绘图软件组合带给用户强大的交互式工具，使用户可创作出多种富于动感的特殊效果及点阵图像即时效果在简单的操作中就可得到实现——而不会丢失当前的工作。通过CORELDRAW的全方位的设计及网页功能可以融合到用户现有的设计方案中，灵活性十足。
C ORELDRAW软件套装更为专业设计师及绘图爱好者提供简报、彩页、手册、产品包装、标识、网页及其它。CORELDRAW提供的智慧型绘图工具以及新的动态向导可以充分降低用户的操控难度，允许用户更加容易精确地创建物体的尺寸和位置，减少点击步骤，节省设计时间。

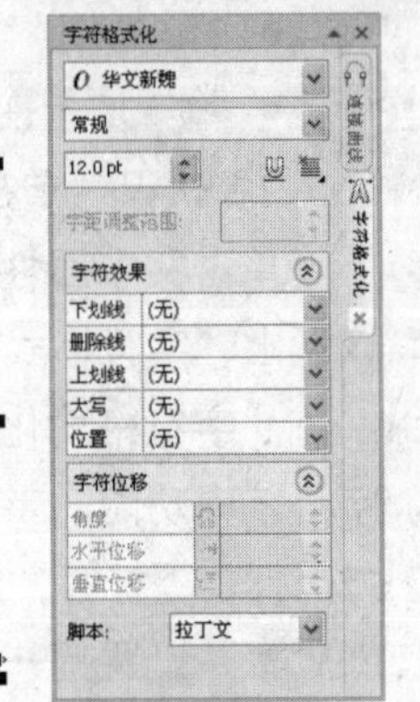

图6-41

3）认识“编辑文本”对话框

单击文本属性栏的 按钮，或者选择菜单“文本”→“编辑文本”命令，可以调出“编辑文本”对话框，如图6-42所示。

使用“编辑文本”对话框可以和文本属性栏一样对文本进行编辑，当前选中的文本会在中间的文本栏中显示，可以在文本栏中直接修改文字，也可以使用“导入” 按钮导入外部文本来增加文字或者替换文字。

单击“选项”按钮 ，可以进行文字的查找替换、拼写检查等，还可以选择“文本选项”命令来调用“文本选项”对话框，如图6-43所示。

图6-42

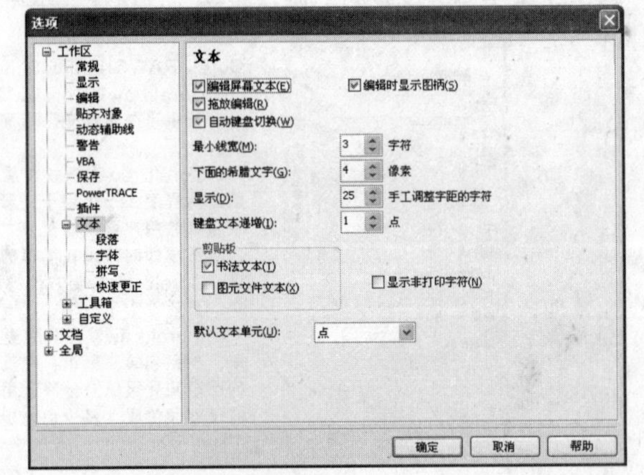

图6-43

2. 编辑美术字文本

由于美术字文本拥有图形和文本的双重属性，因此图形和文本的处理方式都可以对它产生作用。

1. 首先创建文件，然后在页面上输入一段美术字文本，如图6-44所示。

2. 执行“文本”→“字符格式化”命令，调出“字符格式化”对话框，重新设定美术字的字体和字号，如图6-45所示。

3. 选择工具箱中的“形状工具” ，选中字符“Corel Draw X5”，重新设置这两个字符的字体、字号，如图6-46所示。被“形状工具” 选中的文本块下方会出现两个间距图标，它们分别调整纵向行距和横向字距，将横向字距图标 向右拖曳，适当拉开文字的间距，如图6-47所示。

图6-44

图6-45

图6-46

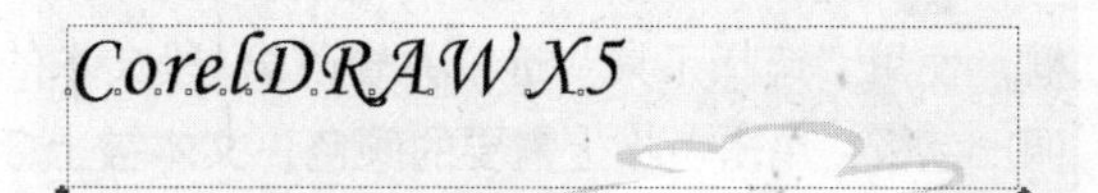

图6-47

美术字文本可以通过设置字号来编辑调整字符的大小，也可以直接拖曳来改变字符的大小。

4 选择工具箱中的“封套工具”，在文本处单击鼠标左键，被选中的文本出现了调整框，如图6-48所示。将下方中间的控制点向下拖曳，文本发生变形，如图6-49所示。

5 选择工具箱中的“阴影工具”，确认文本仍然处于选中状态，在文本处按下鼠标左键并拖曳，松开鼠标，阴影效果完成，如图6-50所示。

图6-48

图6-49

图6-50

6 选择工具箱中的“选择工具”，文本四周出现控制点，拖曳某个控制点，适当调整文本字符的大小，如图6-51所示。

7 在文本处按下鼠标左键向下拖曳，把文本移动到适当的位置，如图6-52所示。

图6-51

图6-52

3. 复制文本属性

CorelDRAW X5提供的复制文本属性，可以非常方便地将不同文本属性的文本块设置成相同的文本属性，本功能适用于美术字文本和段落文本。

1 输入4段美术字文本，执行“文本”→“字符格式化”命令，调出“字符格式化”对话框，使用“选择工具”选中并修改第1段文本的字体、字号；执行“窗口”→“调色板”命令，调出色板，单击色板上需要的颜色，文本被上色，如图6-53所示。

2 在文本源PhotoShop上按下鼠标右键并拖曳到目标文本“Illustrator”上，当光标变成箭头时，松开鼠标，弹出快捷菜单，选择“复制所有属性”命令，完成复制文本属性的操作，如图6-54所示。

图6-53

图6-54

3 使用同样的方法，将其余的文本属性全部编辑好，然后移动文本使其对齐，如图6-55所示。

4. 美术字特效之路径文字

路径文字是常见的一种文字艺术表现手法。在版面设计中，适当地添加这种文字效果能使版面显得生动活泼。

1 选择工具箱中的“椭圆形工具”，在页面的任意位置按下鼠标左键，同时按下Ctrl键，拖曳鼠标到适当位置，松开鼠标，绘制出一个圆形，移动圆形到合适位置，如图6-56所示。

图6-55

图6-56

2 输入一段美术字文本后，执行“文本”→“使文本适合路径”命令，移动已经变成➡的光标，➡又会变成 （或者 ），继续移动光标到圆的边线上，出现蓝框显示路径文字预览，如图6-57所示。单击鼠标左键，美术字文本就环绕在圆形的边线上了，路径文字效果设置完成，如图6-58所示。

图6-57

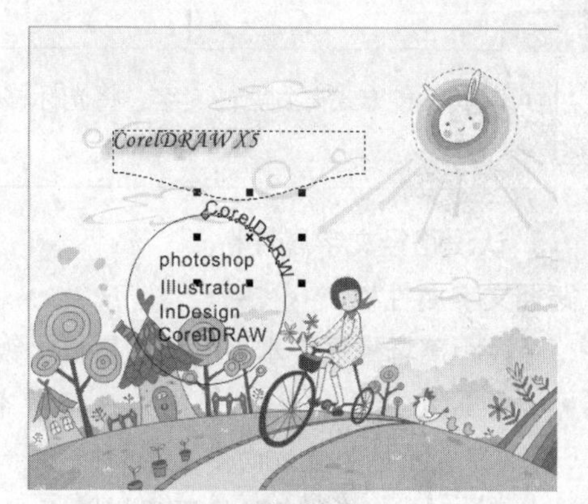

图6-58

提示

执行“文本”→“使文本适合路径”命令后，如果想取消路径文字的命令，只需按Esc键即可。

3 路径文字的左下方有一个红色的控制节点，这个控制节点是用来改变路径文字的位置的。在红色控制节点上单击鼠标左键并拖曳，可以移动文字环绕路径的位置和偏移路径的远近，如图6-59所示。

图6-59

4 再设置一条环绕在圆形下面并且正立的路径文字。选中录入好的路径文字，在属性栏上先单击水平镜像按钮，再单击垂直镜像按钮，如图6-60所示。

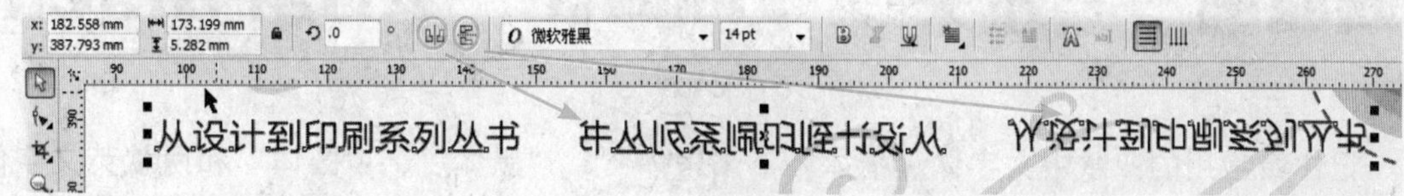

图6-60

5 然后按照第一条路径文字的设置方法，就可以得到一条符合要求的路径文字，如图6-61所示。最后选择工具箱中的“形状工具”，选中圆形路径，按Delete键，删除圆形路径，如图6-62所示。

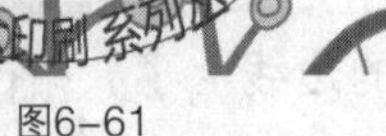

图6-61

图6-62

提 示

也可以换一种方式得到路径文字，将光标移动到路径上，当光标变成时，单击鼠标左键，然后输入文字。

6 认识路径文字属性栏。

路径文字属性栏中，包括文字方向列选栏、路径距离增量框、水平偏移增量框、镜像文本设置和贴齐标记设置。

- 文字方向列选栏：可以选择对齐到路径时文本相对于路径放置的方向，包括垂直于路径、保持竖直方向不变等5种形式。
- ：在路径距离增量框中，可以调整文本与路径之间的距离值；在水平偏移增量框中，可以调整文本在水平方向的偏移量。
- 镜像文本：可以设置文本的水平和垂直的镜像翻转。
- 贴齐标记：可以设置是否打开贴齐记号和记号的间距。

5. 编辑段落文本的字体、字号

字体包括中文字体、英文字体、日文字体、韩文字体和俄文字体等。在中文排版中，最常见的是中文和英文字体，本书主要针对中、英文字体进行讲解。

字体的样式数不胜数，在众多的字体中进行选择，是让设计师十分头痛的事情。下面结合字体笔画的一些特点，给设计师一些设置段落文本字体的建议。

尽量不要选择笔画太粗的字体，如中文的“超粗黑”、“粗宋”等，英文的“Impact”、“Arial Black”等，如图6-63所示。

超粗黑　　粗宋　　Impact　　Arial Black

图6-63

记住最常用的四款中文字体“楷体”、“宋体”、“黑体”、“圆体”和两款英文字体“Arial”、“Times New Roman”的样子，如图6-64所示。

楷体 宋体 黑体 圆体 Arial Times New Roman

图6-64

- “宋体”包括笔画比较细的“书宋”、“仿宋”。
- “黑体”包括笔画比较细的“细黑”、“中等线”、“细等线”和“特细等线”。
- “圆体”包括笔画比较细的“中圆”、“细圆”。
- “Arial”可以视为英文字体中的黑体；“Times New Roman”视为宋体。

“楷体”、“黑体”、“圆体”、“Arial”笔画的特点：笔画均匀，全部笔画一样粗细，可以在设置复合字体时组合使用。当文字的下方有底色或者底图时，最好选用以上字体。

“宋体”、“Times New Roman”笔画的特点：笔画有粗细变化，可以在设置复合字体时组合使用。当文字的下方有底色或者底图时，最好不要选用这两种字体，以避免印刷事故。

提 示

楷体又称为活体，是一种模仿手写习惯的字体。楷体笔画均匀，字形端正，广泛应用于学生课本、通俗读物和批注等。

宋体又称为明体，是为适应印刷术而出现的一种汉字字体。笔画有粗细变化，而且一般是横细竖粗，末端有装饰部分（即“字脚”或“衬线”），点、撇、捺、钩等笔画有尖端。

黑体又称为方体或等线体，是一种字面呈正方形的粗壮字体，字形端庄，笔画横平竖直，笔迹全部一样粗细，结构醒目严密。

圆体是黑体的变体，与黑体的不同之处在于笔画的末端与转角呈圆弧状，而黑体则有棱角，因此圆体不但具有黑体清晰易读的优点，而且也给人较柔和的感觉。

1 选择“文件”→“导入”命令，导入文本素材，保持文本的选中状态，在溢流文本图标上按下鼠标左键，向下拖曳到适当位置，让溢流的文本全部显示出来，如图6-65所示。

图6-65

小知识

溢流文本是指在排版时，文本框中容纳不下的文本。

2 继续调整文本框，在文本框右边中间的控制点上按下鼠标左键，向左拖曳到适当位置，然后移动文本使其居中，如图6-66所示。

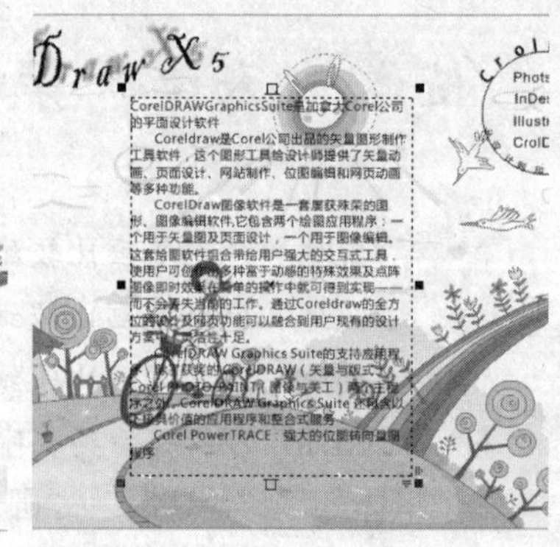

图6-66

❸ 执行“文本”→“字符格式化”命令，确认“脚本”为“全部语言”，选择字号栏的文字，输入需要的字号，如图6-67所示。

❹ 接着为段落文本设置复合字体，在“脚本”下拉菜单中选择“拉丁文”，在“字体列表”中为英文选择一款英文字体；再次在“脚本”下拉菜单中选择“亚洲”，在“字体列表”中为中文选择一款中文字体，字体、字号就设置完成了，如图6-68所示。

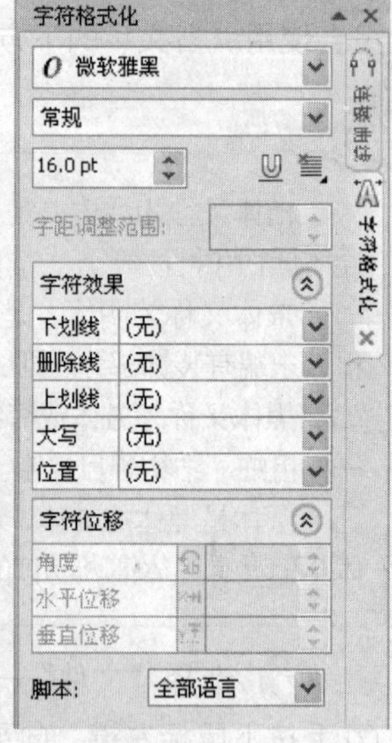

图6-67

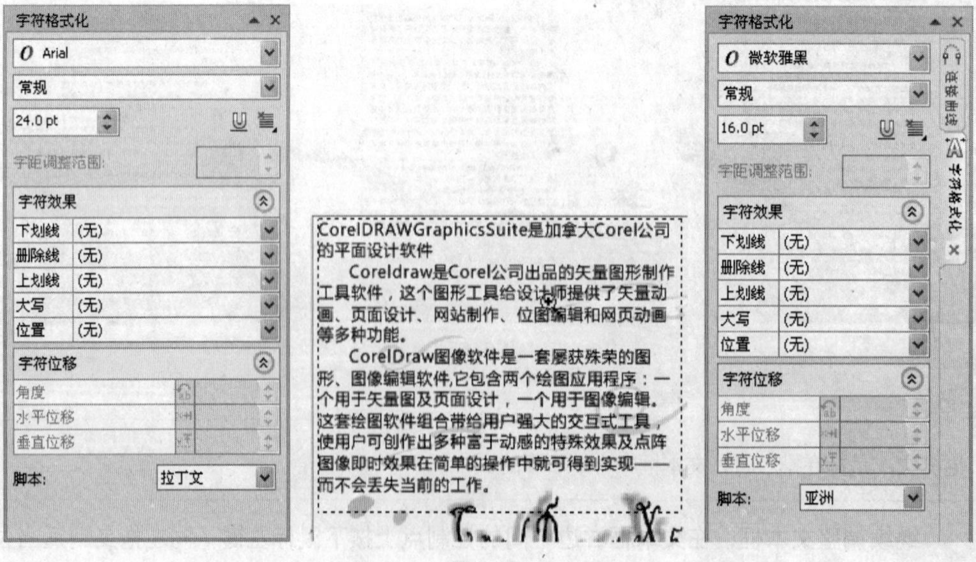

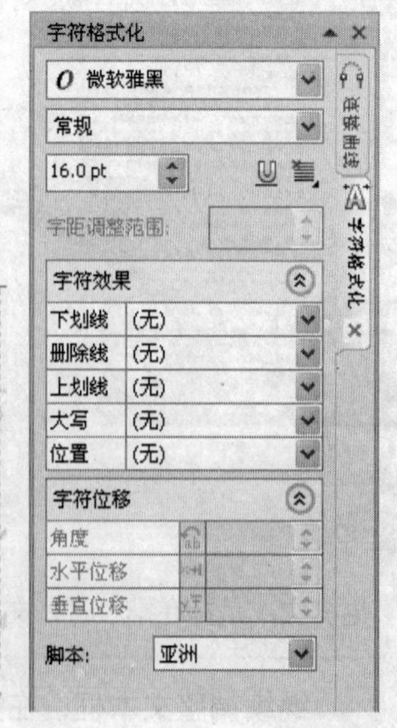

图6-68

6. 设置段落文本的对齐方式和行距、字距

段落文本导入到页面中时，默认是无对齐，可以看到文本的行尾显得参差不齐，非常不美观。CorelDRAW X5提供了5种对齐方式，分别为左对齐、居中对齐、右对齐、全部对齐、强制调整。

1 首先设置文本的对齐方式，选择工具箱中的“文本工具”，在文本上的任意位置单击鼠标左键，按Ctrl+A键，全选文本，单击文本属性栏的对齐图标下拉菜单，选择“全部调整”，可以看到文本行尾全部对齐了，如图6-69所示。

CorelDRAWGraphicsSuite是加拿大Corel公司的平面设计软件

Coreldraw是Corel公司出品的矢量图形制作工具软件，这个图形工具给设计师提供了矢量动画、页面设计、网站制作、位图编辑和网页动画等多种功能。

CorelDraw图像软件是一套屡获殊荣的图形、图像编辑软件,它包含两个绘图应用程序：一个用于矢量图及页面设计，一个用于图像编辑。这套绘图软件组合带给用户强大的交互式工具，使用户可创作出多种富于动感的特殊效果及点阵图像即时效果在简单的操作中就可得到实现——而不会丢失当前的工作。

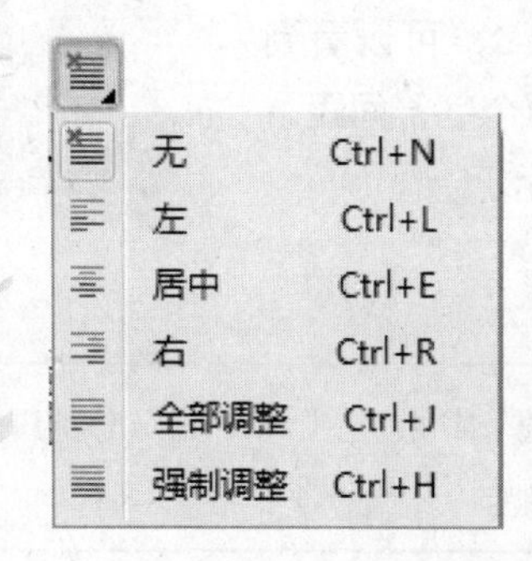

图6-69

2 接下来设置文本的行距。执行“文本”→“段落格式化”命令，调出“段落格式化”对话框，单击“间距”下拉菜单，将“段落前”或者“段落后”后的参数涂黑，重新输入参数，改变每段文本之间的距离；调整“行”的参数，改变行与行之间的距离，如图6-70所示。

3 调整字距。把光标移动到“字符”参数后的增减符中间，当光标变成时，按下鼠标左键并向下拖曳，参数随之改变，可以看到文本的字间距变小，如图6-71所示。

图6-70

图6-71

小知识

CorelDRAW X5对“字符”和“字”有其自己的定义，“段落格式化”中的“字符”是指汉字、字母、数、标点符号或其他符号；而“字”是指字母组成的英文单词。因此，“间距”中的“字调整”是调整英文单词之间的间距，“字”适用于英文排版。

7. 编辑文本的缩进

在排版设计中，文章每个段落的段头通常是空两个字符的，CorelDRAW X5提供的缩进设置就可以很方便地实现段头缩进。

单击“段落格式化”里的“缩进量”下拉菜单，涂黑“首行”的参数栏，重新设置参数为12，可以看到段头空出了两个字符间距，如图6-72所示。

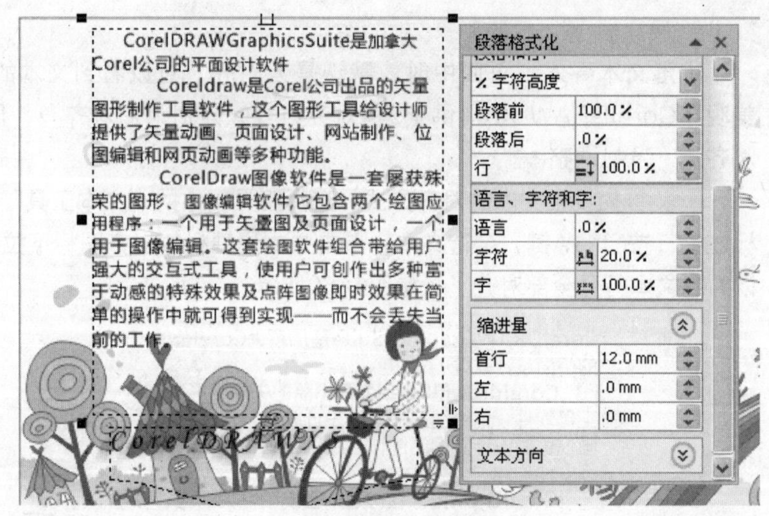

图6-72

“缩进量”中的“左”、“右”分别设置的是整段文本的左右缩进量。“文本方向”可以设置文本的横排或者竖排。

8. 设置首字下沉和项目符号

首字下沉也是一种很常见的排版方式。将文章的开头或者段头的文字字号设置得比正文字号大，并让文字占多行就叫首字下沉。

1 设置首字下沉。选择工具箱中的“文本工具”，选择第一段文本，执行“文本”→“首字下沉”命令，勾选“使用首字下沉”复选框，将“下沉行数”设置为2，单击“确定”按钮，如图6-73所示。

图6-73

2 设置项目符号。为每个段落设置一个项目符号，执行“文本”→“项目符号”命令，勾选“使用项目符号”复选框，单击“符号”下拉菜单，选择一个需要的符号，在“大小”中设置项目符号的大小，在“文本图文框到项目符号”中设置项目符号到文本框的距离，在“到文本的项目符号”中设置项目符号到段首文字的距离，单击“确定”按钮，如图6-74所示。

图6-74

9. 设置上下标、文本嵌线和大小写

按规范要求，有些字符需要设置成上下标。使用文本嵌线可以对一些文字进行强调。

1 设置上下标。使用工具箱中的“文本工具”，选中需要设置为上下标的字符，执行“文本”→“字符格式化”命令，单击“字符效果”下拉菜单，再单击“位置”下拉菜单，选择“上标”，设置完成，如图6-75所示。

图6-75

2 设置文本嵌线。选中需要设置文本嵌线的字符，执行“文本”→“字符格式化”命令，单击“字符效果”下拉菜单，选择“下划线”中的“单细”，文字下方出现下划线，如图6-76所示。

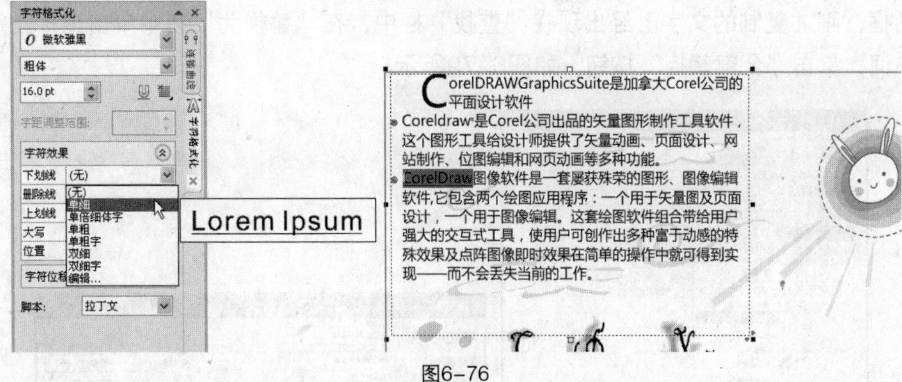

图6-76

3 设置大小写。选择需要修改大小写的英文字母，选择“字符效果”下“大写”中的“全部大写”，将字母修改成大写，如图6-77所示。

图6-77

10. 使用查找替换修改文字

在排版设计中，常常需要设计师改正某个字符或者单词，若这个字符或者单词在文中反复出现了多次，一个个地进行查找修改会非常麻烦，CorelDRAW X5提供的查找替换命令可以非常方便地将文本中的错别字一次性地修改掉，大大提高了工作效率。

1 使用工具箱中的“选择工具”选中文本，执行“文本”→“编辑文本”命令，弹出“编辑文本”对话框，在文本框中涂黑需要修改的单词，单击鼠标右键在弹出的菜单中选择“复制”，如图6-78所示。

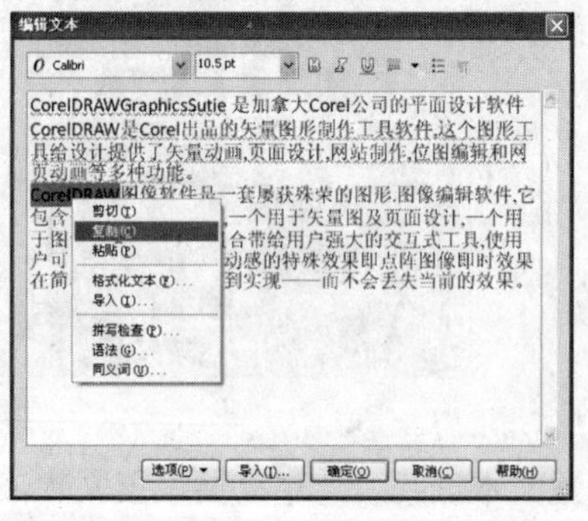

图6-78

2 在“选项”按钮上单击鼠标左键，在弹出的菜单中选择“替换文本”，弹出“替换文本”对话框，刚才复制的文字已经出现在“查找”栏中，在“替换为”栏中单击鼠标左键，输入正确的单词，单击“全部替换”按钮，如图6-79所示。

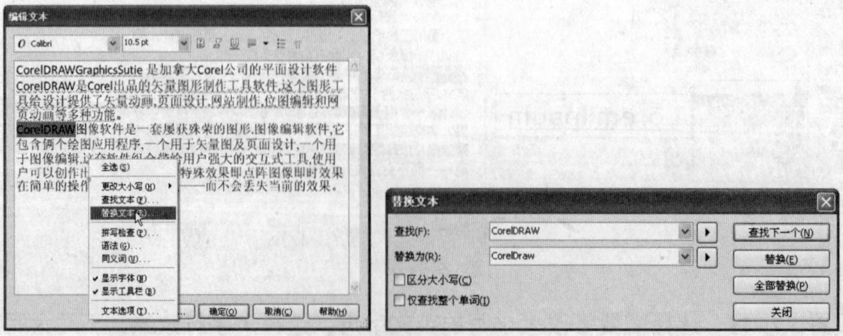

图6-79

3 文本框中所有这个单词都被替换成了正确的文字，单击“编辑文本”的“确定”按钮，可以看到段落文本中的单词全部被替换了，如图6-80所示。再次执行替换命令，也可以将“CorelDraw”字样替换为“CorelDRAW”，如图6-81所示。

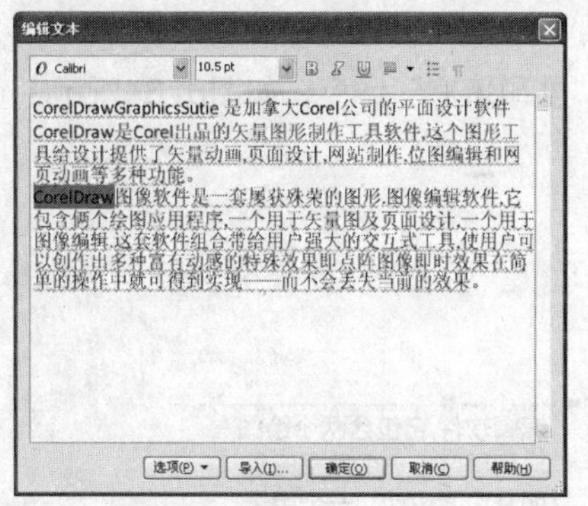

图6-80

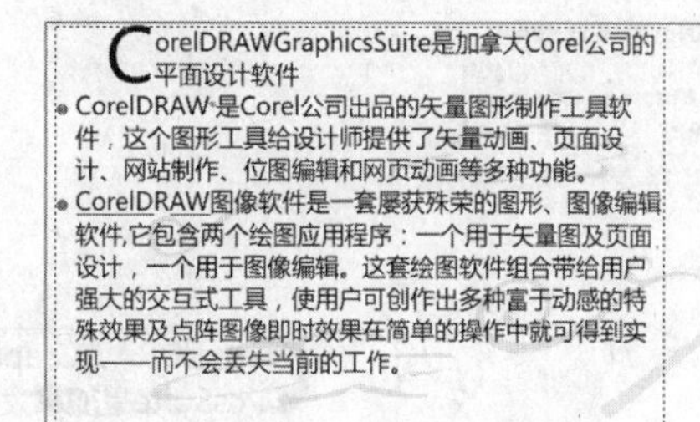

图6-81

11. 设置分栏

将一段长段落的文本进行适当的分栏可以方便阅读，并可以使排版更美观。

1 使用“选择工具”选中文本，执行“文本”→“栏”命令，弹出“栏设置”对话框，将栏数的数值改成2，勾选“栏宽相等”复选框，单击“预览”按钮预览一下，将“栏间宽度”设置为2，然后在栏宽框中的空白位置单击鼠标左键，单击“确定”按钮，如图6-82所示。

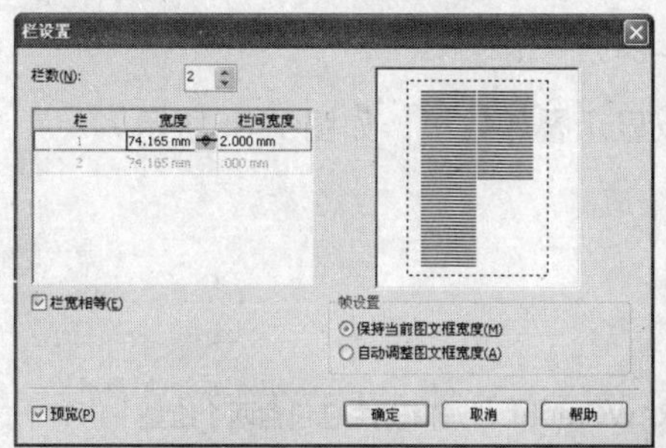
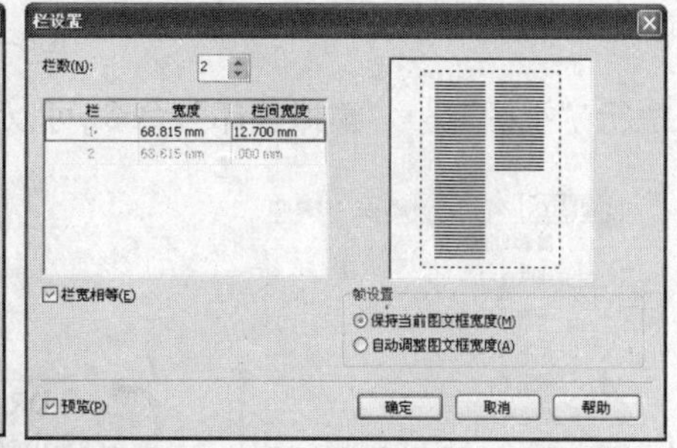

图6-82

2 段落文本被设置成了两栏，在文本框的图标上按下鼠标左键并向上拖曳，使段落文本行首和行尾对齐，如图6-83所示。

图6-83

12. 设置叠印填充

在平面设计印刷中，非常强调叠印、套印、陷印技术，当段落文本的颜色填充或者轮廓设置为K：100的黑色，并且文字的下方有底色或者底图的时候，为避免印刷事故，一定要设置叠印填充或者叠印轮廓。设置方法如下。

1 使用“选择工具” 选中文本，执行“编辑”→“叠印填充”命令，如图6-84所示。

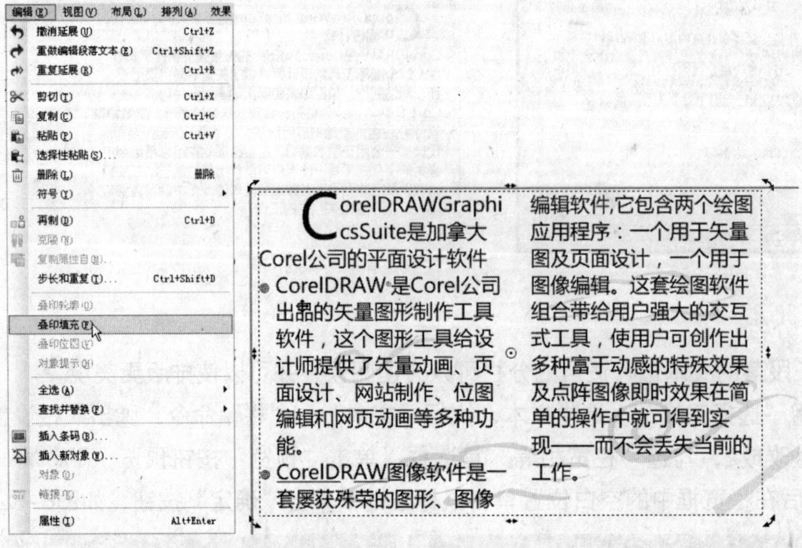

图6-84

2 执行“视图”→“模拟叠印”命令,可以显示叠印效果，如图6-85所示。

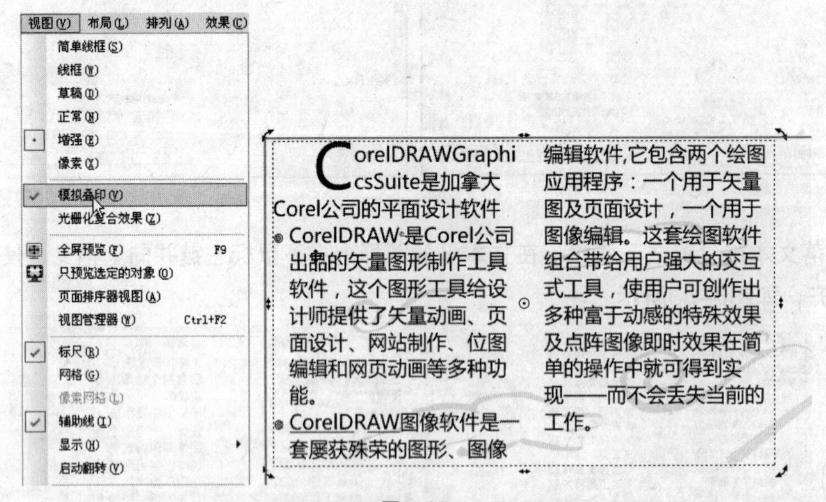

图6-85

小知识

在彩色印刷之前，设计师设计好的文件需要交给专业的输出公司做分色处理（即输出菲林片），得到4张分色的菲林片。如果文件中的图片没有设置叠印填充，则表示上层对象将对下层对象颜色进行镂空，这样的图片会增大印刷套准的难度。K100的黑色是一种很特别的颜色，将它印在其他颜色上都显示为黑，因此设置叠印填充对颜色没有太大的影响。

13. 设置样式

设置和使用样式，可以很快地将多个对象（对象包括图形、美术字文本、段落文本）设置成相同的属性。

❶ 执行“窗口”→“泊坞窗”→“图形和文本样式”命令，弹出“图形和文本样式”泊坞窗，单击选项图标，选择“新建”→“段落文本样式”命令，在窗口中添加了一个“新建段落文本”，如图6-86所示。

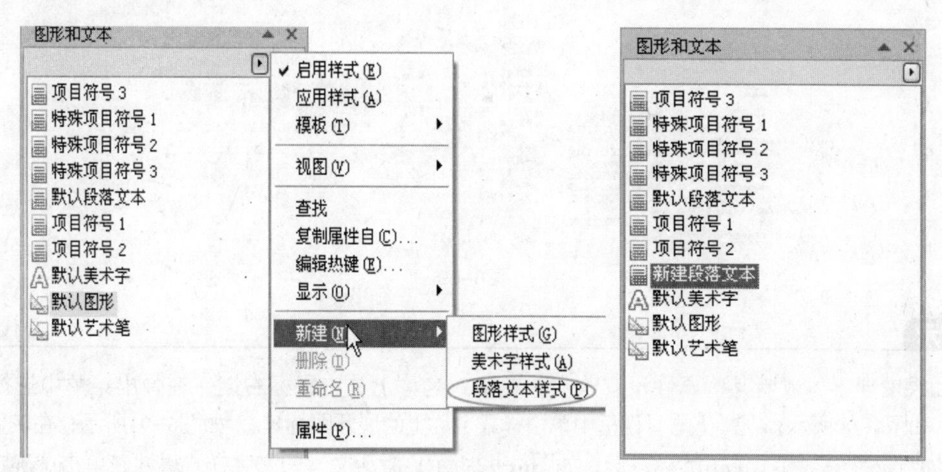

图6-86

❷ “新建段落文本”上单击鼠标右键，弹出快捷菜单，选择“重命名”，输入名称“正文文章”，如图6-87所示。

❸ 在“正文文章”上单击鼠标右键，在弹出的快捷菜单中选择“复制属性自”，将光标移动到已经设置好属性的文本上，光标变成➡，在文本上单击鼠标左键，保存样式完成，如图6-88所示。

❹ 应用样式。用“选择工具”选中需要设置样式的文本，在已经设置好的“正文文章”样式上双击鼠标左键，应用样式完成，如图6-89所示。

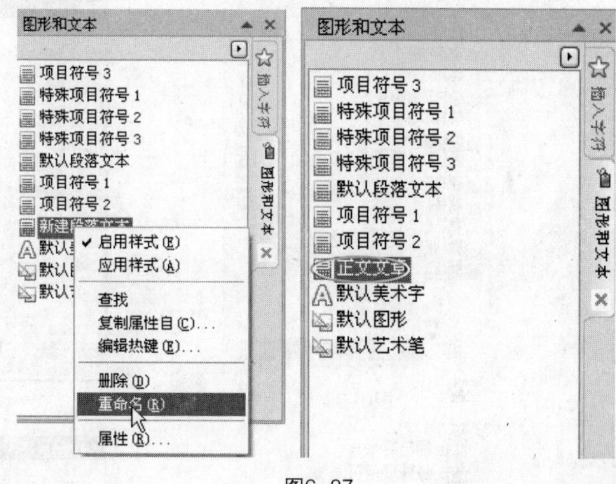

图6-87

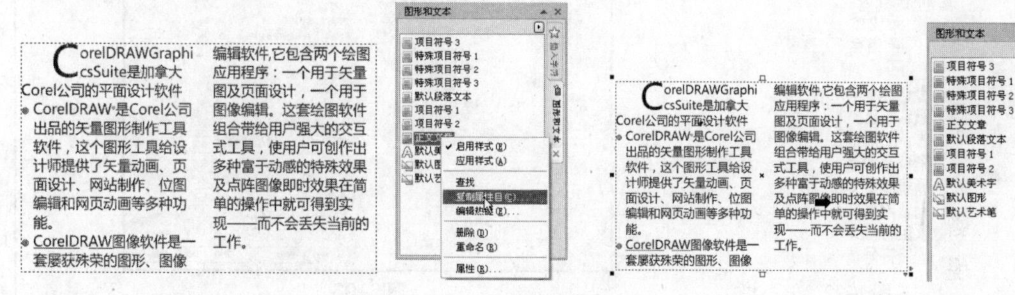

图6-88

第6章
第7章
第8章
第9章
第10章

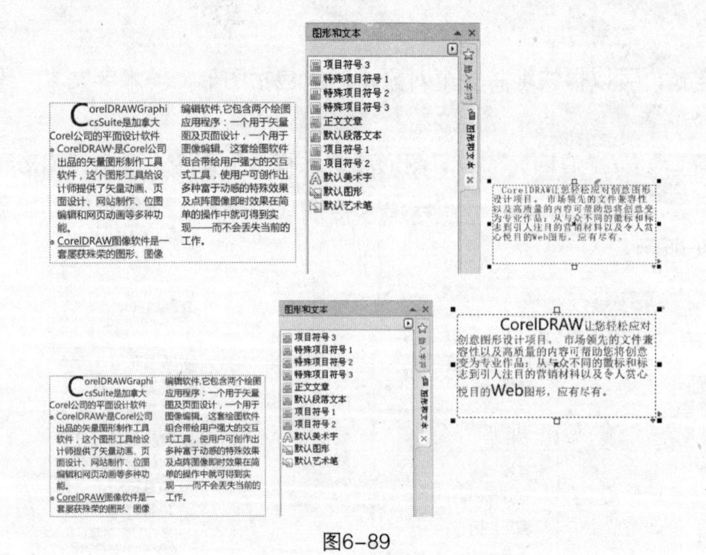
图6-89

提 示

如果发现字体或者某些属性没有改变，在样式名称上单击鼠标右键，在弹出菜单中选择“属性”，如图6-90所示；在弹出的对话框中单击样式名称上的展开图标⊞，如图6-91所示；在灰显“文本”的复选框图标☑上单击鼠标左键，如图6-92所示；激活文本的文字样式属性，单击“确定”按钮，如图6-93所示。

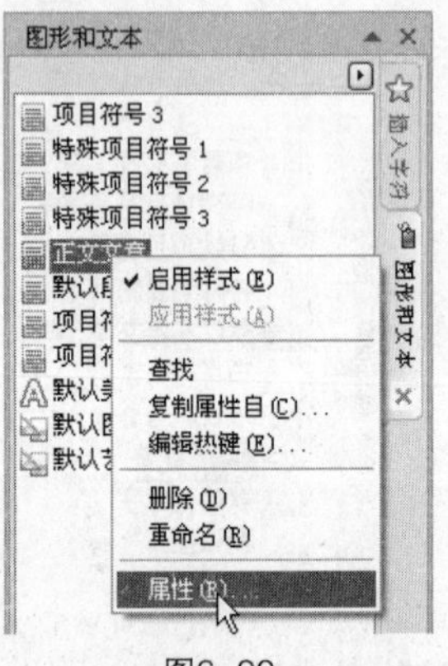

图6-90

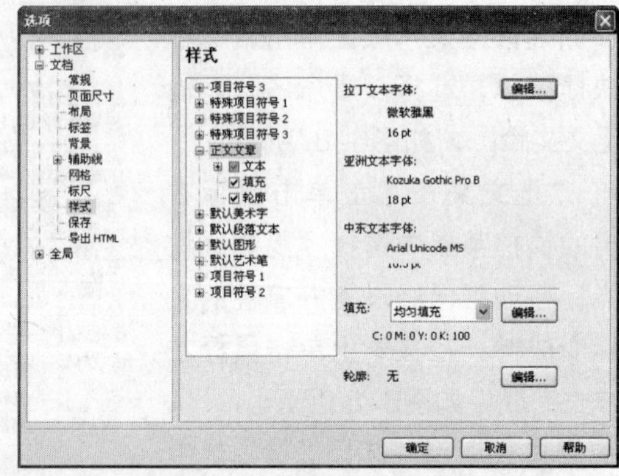

图6-91

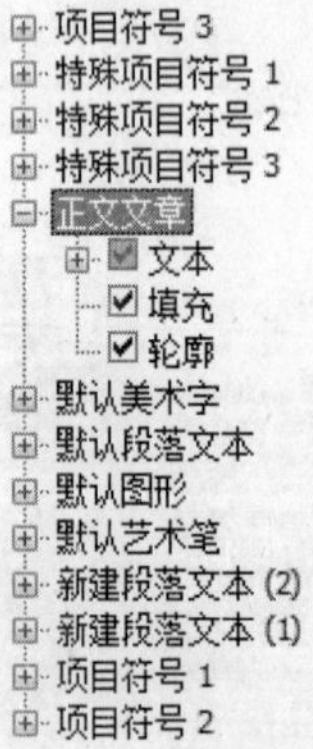

⊞ 项目符号 3
⊞ 特殊项目符号 1
⊞ 特殊项目符号 2
⊞ 特殊项目符号 3
⊟ 正文文章
　⊞ ☑ 文本
　☑ 填充
　☑ 轮廓
⊞ 默认美术字
⊞ 默认段落文本
⊞ 默认图形
⊞ 默认艺术笔
⊞ 新建段落文本 (2)
⊞ 新建段落文本 (1)
⊞ 项目符号 1
⊞ 项目符号 2

图6-92

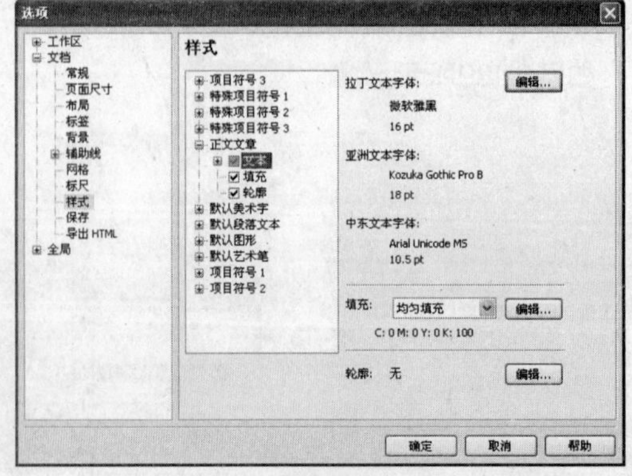

图6-93

14. 设置制表符

制表符能够对文字精确定位，让文字排列整齐。因此，制表符通常用于编排表格和以前导符制作的目录。制表符是通过对文本设置制表位，然后在文本上用“文本工具”创建断点，按Tab键，这样就使断点后的文字被强行对齐到制表位。

1 打开“素材\第6章\雪花”文件，使用“文本工具”，在段落文本上任意位置单击鼠标左键，制表符出现在横坐标上，制表符上包含了当前段落文本框的宽度、制表位**L**的位置等信息，如图6-94所示。

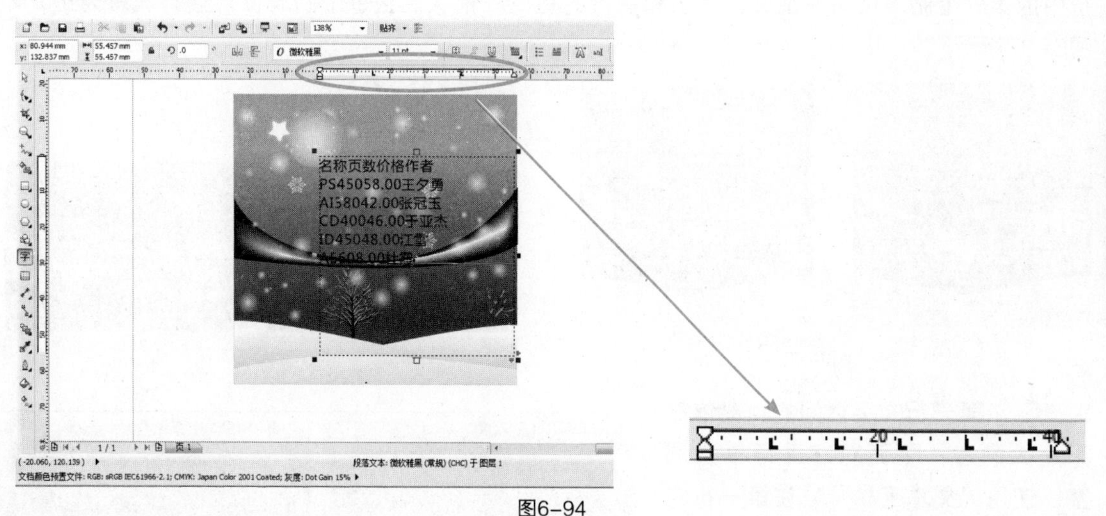

图6-94

2 执行“文本”→“制表位”命令，弹出“制表位设置”对话框。在“制表位位置”参数栏中输入数值可设置制表位的位置；单击“添加”按钮可以把当前设置的制表位的位置添加到制表符中；在制表符选框中列出了所有制表位的位置、对齐方式、前导符状态等信息，在这里可以修改制表位；单击“移除”或者“全部移除”可删除制表位；“前导符选项”中列出了常用的一些字符，如图6-95所示。

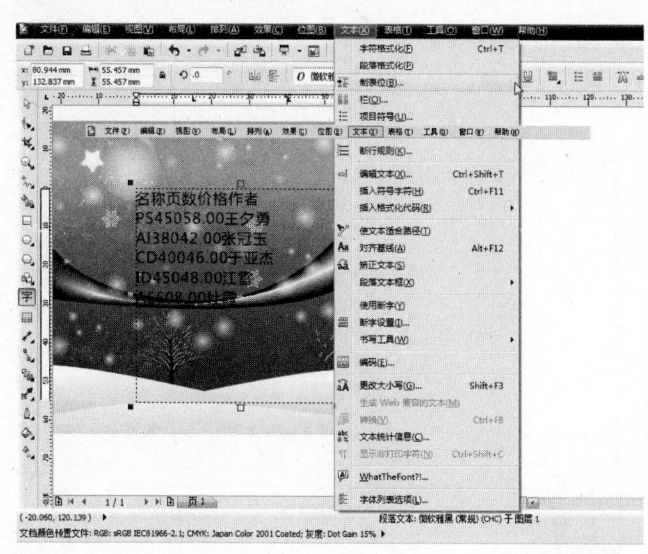

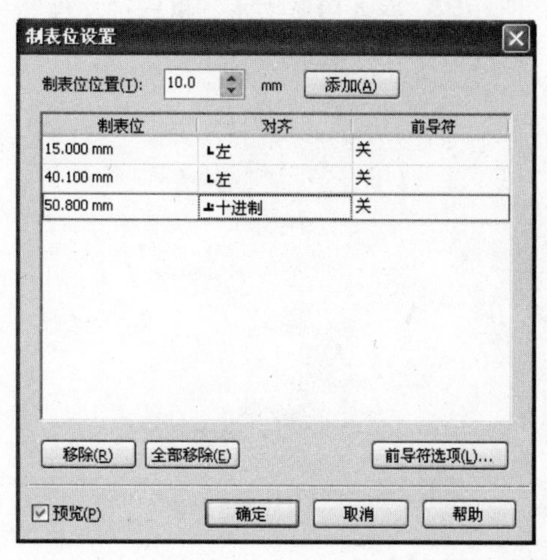

图6-95

制表位的对齐方式有4种，分别是┗左对齐、┛右对齐、┻居中对齐和┻小数点对齐。

③ 设置好制表位之后，选择“文本工具”，在需要断开的文本前单击鼠标左键，按Tab键，文字自动对齐到制表位，依次按Tab键，将其他文字对齐到制表位，如图6-96所示。

④ 直接移动制表符中的制表位来对距离进行调整，用“文本工具”全选文本，选择制表符中的第一个制表位向左拖曳，缩小和首行的距离。依次调整每个制表位，直到满意为止，如图6-97所示。

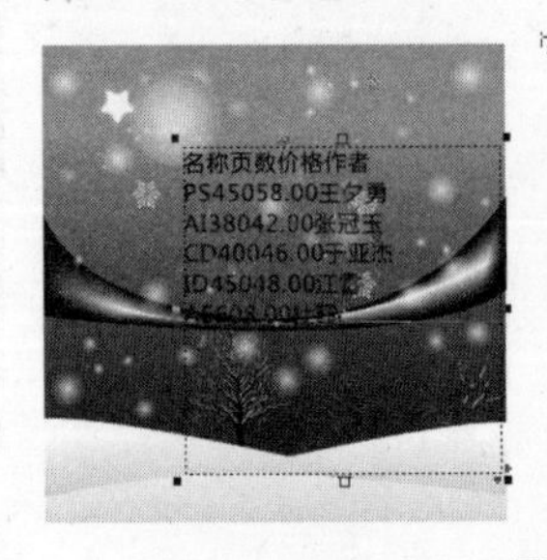

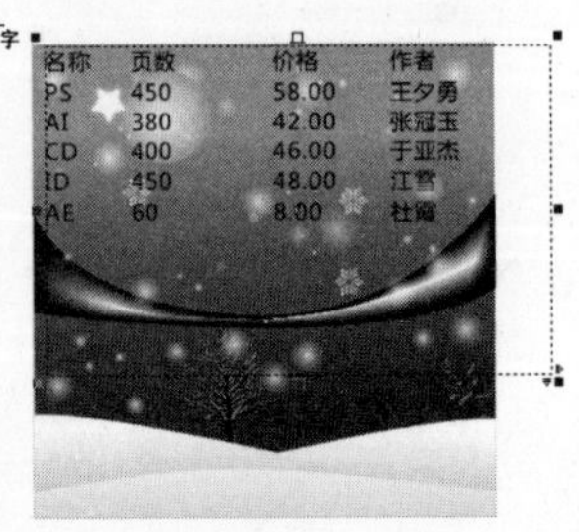

图6-96

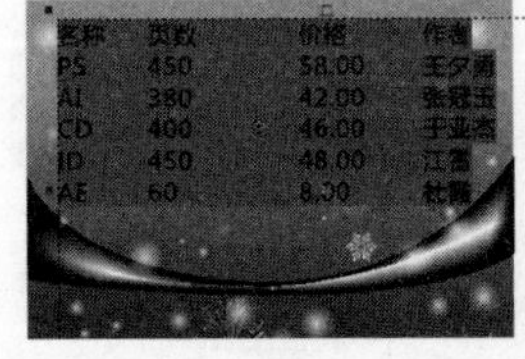

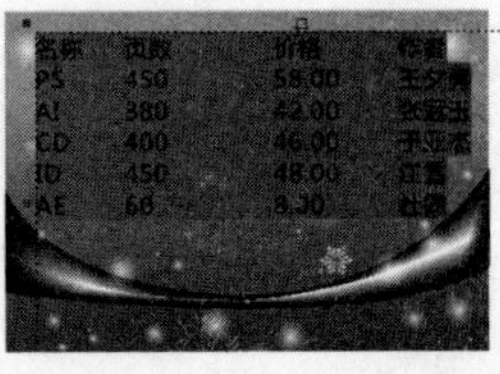

图6-97

⑤ 第一行文字之间的距离依然不是太满意，下面对它进行单独调整，使用“文本工具”，在第一行的任意位置单击鼠标左键，在不满意的制表位上单击鼠标左键并拖曳，调整到满意后松开鼠标，如图6-98所示。

图6-98

15. 段落文本特效之文本绕图

文本可以内置到图形里，也可以环绕着图形排版，CorelDRAW X5提供的段落文本换行功能很好地实现了这种版式要求。

① 打开光盘目录下的“素材\文件”，如图6-99所示。

② 导入段落文本。执行“文件”→“导入”菜单命令，打开“导入”对话框，选择“文本素材”文件，如图6-100所示。

图6-99

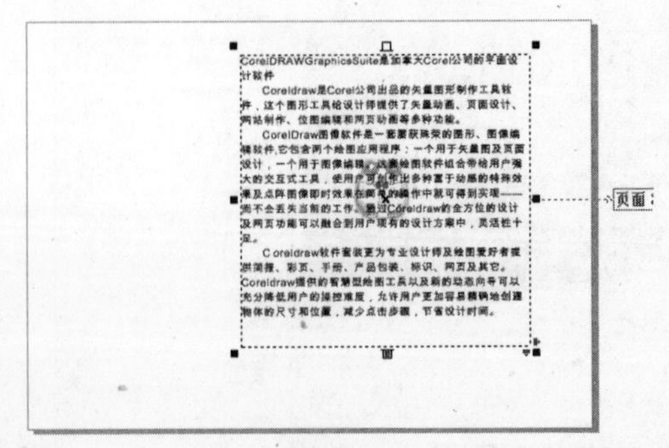

图6-100

③ 使用“选择工具”选中图形后，单击图形属性栏中的“段落文本换行”图标，在

弹出的菜单中选择“文本从左向右排列”，文本就环绕图形排列了，如图6-101所示。

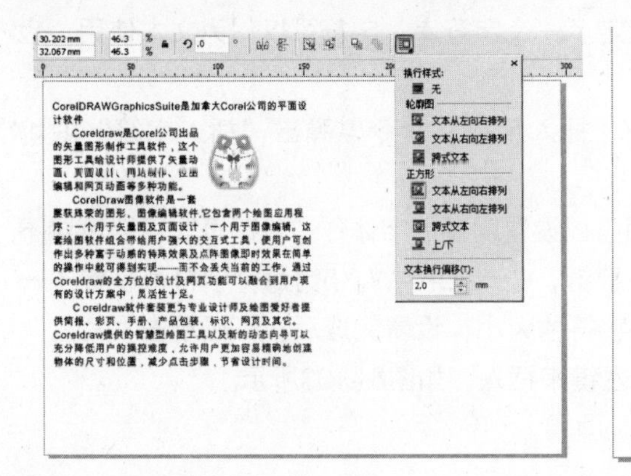

图6-101

小知识

要想选择被遮挡住的下层对象，可以在按下Alt键的同时在下层图像的位置上单击鼠标左键来选取。

4 文本绕图有4种方式，分别是“文本从左向右排列”、“文本从右向左排列”、跨式文本、上/下，效果如图6-102所示。

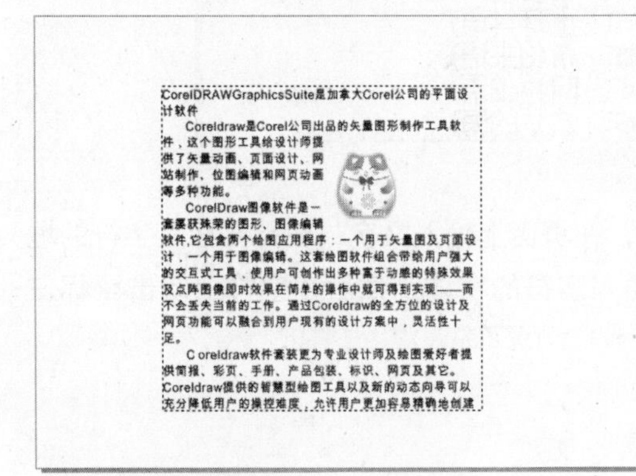

文本从左向右排列

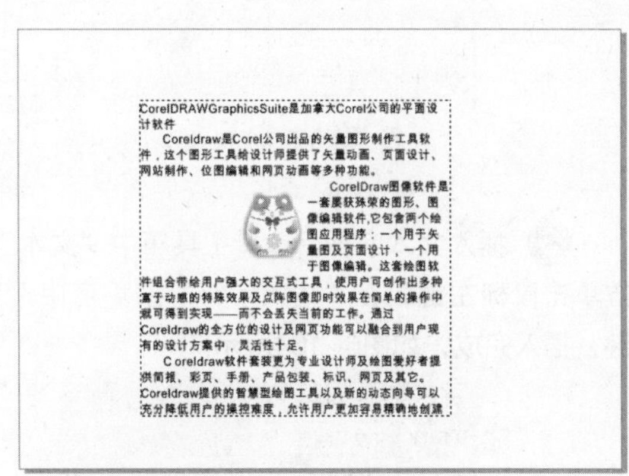

文本从右向左排列

跨式文本

上/下

图6-102

16. 使用字符

CorelDRAW X5专门为一些特殊用途的字符设定了一个字符库。字符可以作为文本使用，也可以作为图形来使用。

① “插入字符”泊坞窗。执行“文本”→“插入字符”命令，弹出“插入字符”泊坞窗。

② 在“插入字符”泊坞窗中，“字体”选项可以设置需要的字体；“代码页”可以设置不同国家的专有字符；“键击”选项是插入字符的快捷键，CorelDRAW X5为每个字符都设置了一个“Alt+数字”的快捷键；“字符大小”可以设置字符的大小；设置完成后，可以单击“插入”按钮插入字符，也可以通过在字符上直接双击鼠标左键来插入，如图6-103所示。

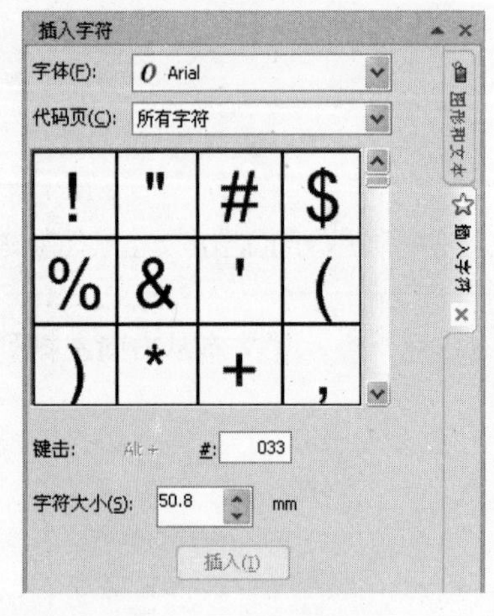

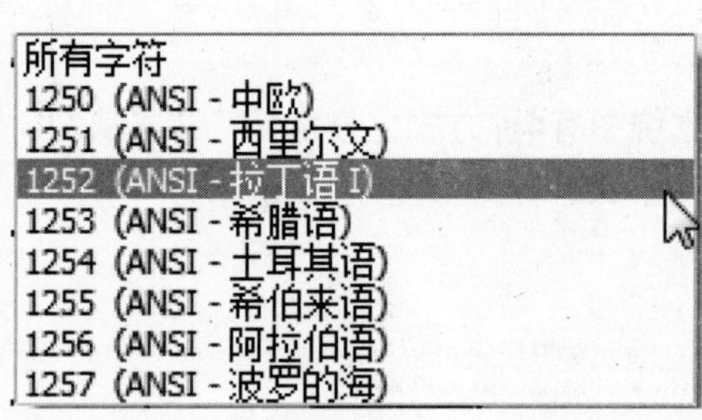

图6-103

③ 插入文本字符。选择工具箱中“文本工具”，在页面上输入文字，在需要插入字符的地方单击鼠标左键，在“插入字符”泊坞窗中设置好插入字符的字体，然后在字符上双击鼠标左键，插入完成，如图6-104所示。

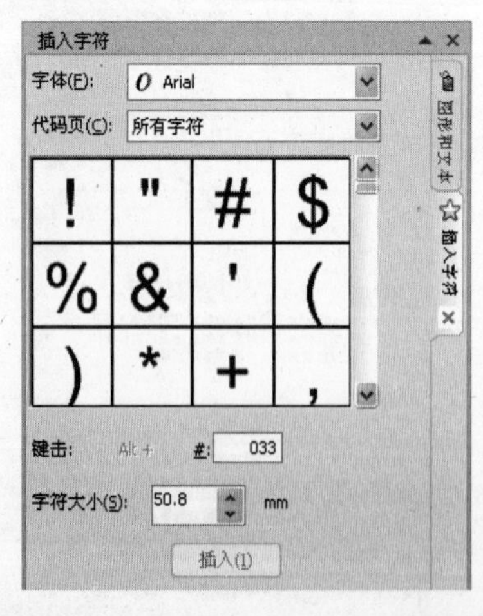

图6-104

小知识

“字符大小”设置只能用来设置图形字符。

❹ 插入图形字符。在“插入字符”泊坞窗中设置好字体、大小，在需要的字符上按下鼠标左键并向页面内拖曳，松开鼠标，字符就被作为图形插入到文件中，如图6-105所示。

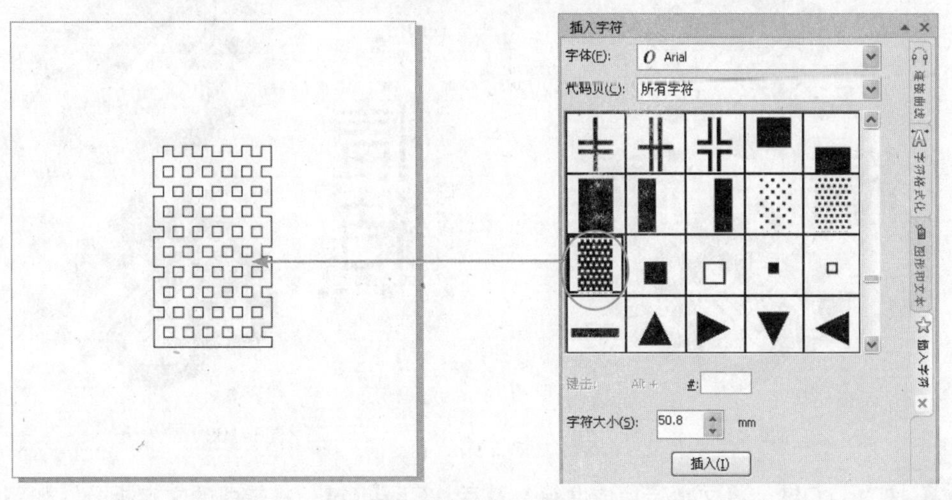

图6-105

6.3 转曲艺术字

艺术字多出现在LOGO和企事业标识上，对文字做艺术化效果处理既包含文字所传达的意思，也能通过文字的图形化传递更多的象征意义，如图6-106所示。“文字转曲”功能是把文字完全转换成图形，这样一切图形的编辑功能都可以使用在转换后的文字上，以创造出特殊效果。

图6-106

1. 创造汉字

对于计算机字库中没有的汉字，使用CorelDRAW X5可以很方便地创造出来。创造文字的核心就是使用其他文字的某些部分来拼接成新字，需要注意的是，文字的字体字号要相当，看起来才能自然，如图6-107所示。

❶ 打开“素材\第6章\飘带”文件，使用“文本工具”，输入两个需要借用偏旁的汉字，设置好字体、字号，如图6-108所示。

图6-107

图6-108

② 按Ctrl+Q键，将文字转换成曲线，然后按Ctrl+K键，将转曲的文字拆分，如图6-109所示。

③ 使用“选择工具” 选中不需要的部分，按Delete键删除，然后选中一个偏旁并拖曳到另一个偏旁的旁边，对齐位置，如图6-110所示。

④ 使用“选择工具” 选中新字，按Ctrl+G键，将新字成组，移动到合适的位置就完成了，如图6-111所示。

图6-109

图6-110

图6-111

2. 设计标志

通过将文字转化为曲线，可以更灵活地编辑文字的路径，来创造漂亮的艺术文字和文字标志。下面就来为CorelDRAW设计一个标志，效果如图6-112所示。

图6-112

1 使用“文本工具”，在页面上输入“CDRAW”，并在属性栏中设置好字体、字号，如图6-113所示。

2 按Ctrl+Q键，将文字转换成曲线，如图6-114所示。

图6-113

图6-114

3 按Ctrl+K键，将转曲的文字拆分，看到字母“D”中间被填黑了，使用框选字母“D”，单击属性栏中的“前减后”图标，字母中间被镂空，如图6-115所示。

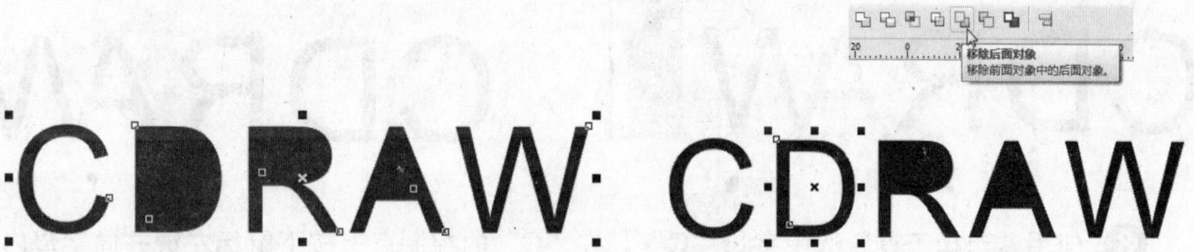

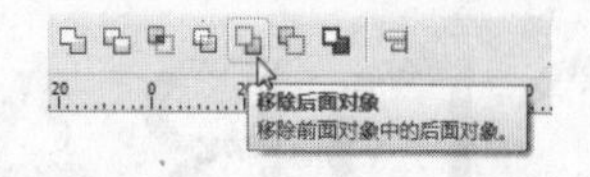

图6-115

4 使用“选择工具”，选中字母“A”，在“颜色”泊坞窗中的“红”上单击鼠标左键，以选择填充色，字母被填上红色，如图6-116所示。

5 使用“选择工具”，选中字母“W”，在字母“W”上按下鼠标左键并拖曳，使用形状工具调整字母“W”的节点，直到与“A”字母右边重合，如图6-117所示。

图6-116

图6-117

6 选择工具箱中的“多边形工具”，在属性栏中选择“多边形边数”，将边数设置为3，在页面上按下鼠标左键，拖曳画出一个三角形，如图6-118所示。

7 选择“选择工具”，在三角形上按下鼠标左键并拖曳到相应位置，松开鼠标，在“颜色”泊坞窗中的“红色”上单击鼠标左键，填上“红色”；在“无色”上单击鼠标，将描边设置为无色，如图6-119所示。

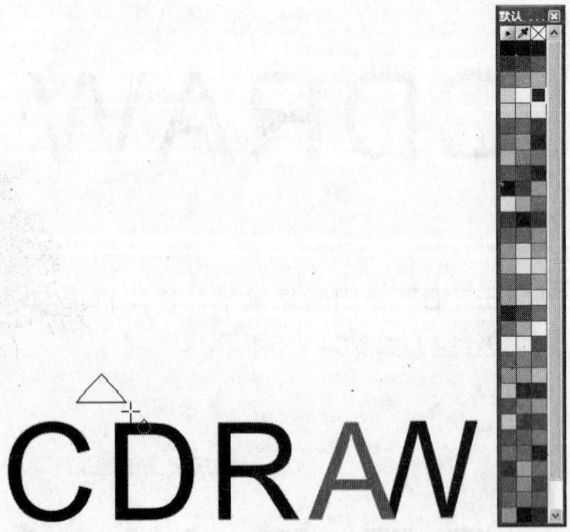

图6-118

图6-119

8 使用“选择工具”选中字母“C”，在“C”的控制点上按下鼠标左键并向字母内拖曳，将字母缩小，然后移动到相应的位置上，在“颜色”泊坞窗中的“60%黑”上单击鼠标左键以选择填充色，按下Ctrl+C键、Ctrl+V键，复制出一个“C”，填上“40%黑”色，如图6-120所示。

图6-120

9 使用“选择工具”框选复制出的字母“C”，按下鼠标左键并向右上方拖曳，移动到相应位置，在属性栏中单击“水平镜像”图标，将字母翻转，得到字母右上方的“C”，如图6-121所示。

图6-121

10 移动到相应位置后，按下Ctrl+U键解散群组，使用“选择工具”框选最右边的“C”，在“颜色”泊坞窗中选择“40%”黑色填充即可，如图6-122所示。

DCRAWC

图6-122

6.4 小结

通过本章的学习，设计师可以掌握文字的设置技巧和设置方法，并且学会艺术字的特效处理，更好地传达作品信息。

6.5 习题

1. 填空题

（1）CorelDraw X5中将文本分为（　　　　　　）、（　　　　　　）两种类型。

（2）CorelDraw X5提供了五种对齐方式，分别为（　　　　　　）、（　　　　　　）、（　　　　　　）、（　　　　　　）、（　　　　　　）。

2. 问答题

（1）怎样得到美术字文本、段落文本?

（2）什么是复合字体?

3. 操作题

（1）练习将文字转换成曲线。

（2）练习文本模式的互换。

读书笔记

第7章

图形特效

CorelDRAW X5中强大的图形特效功能，可以对绘制的图形进行特效处理，得到更加精彩的效果。通过本章的学习，使设计师掌握编辑图形的方法和技巧，领会利用CorelDRAW X5进行图形编辑的要领。

设计要点

- 设置透明度效果
- 使用调和效果和编辑轮廓图
- 使用变形和封套效果
- 制作立体和阴影效果
- 制作透视效果和使用透镜效果
- 图框精确裁剪效果
- 调整图形的色调

7.1 设置透明效果

使用工具箱中的“透明度工具”，可以设置图形的均匀、渐变、图案和底纹等透明效果。

7.1.1 设置均匀透明效果

1 打开光盘目录下的“素材\第7章\图形效果素材1”文件。使用工具箱中的“贝塞尔工具”绘制一个圆锥形，并将圆锥形的轮廓颜色设置为无，填充颜色设置为洋红，如图7-1所示。将圆锥形拖曳到页面的适当位置，如图7-2所示。

图7-1

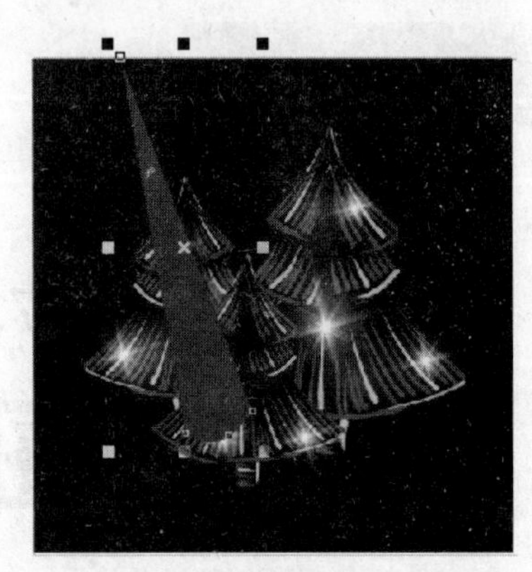

图7-2

2 选择工具箱中的“透明度工具”，在属性栏中的“透明度类型”下拉列表中选择“标准”选项，在“透明度操作”下拉列表中选择“常规”选项，将“开始透明度”数值设置为60，如图7-3所示。设置完成后的效果如图7-4所示。

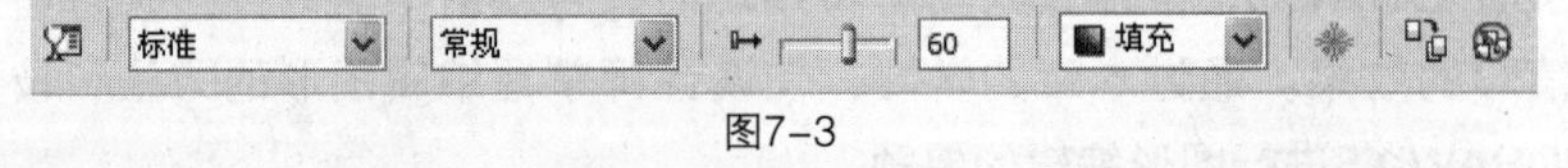

图7-3

3 在属性栏中的“透明度操作”下拉列表中选择透明样式，如图7-5所示。透明样式决定了上层颜色与下层颜色以何种方式进行透明混合，不同的样式得到不同的效果，如图7-6所示。

图7-4

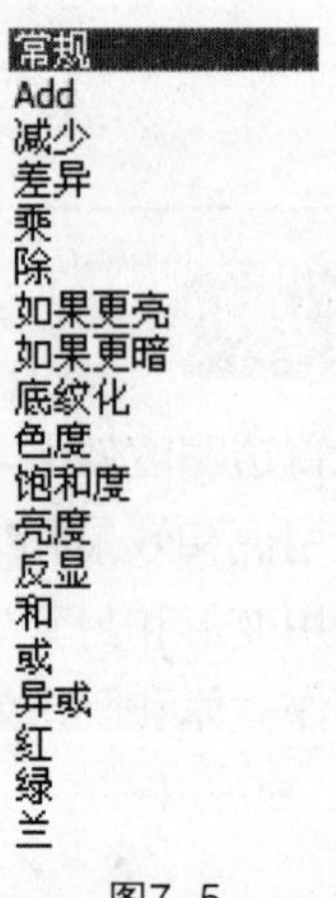

图7-5

- 正常：对底色不产生颜色混合，在底色上应用透明度颜色。如图7-6（1）所示。
- 添加：将透明度颜色值与底色色值相加。如图7-6（2）所示。
- 减少：将透明度颜色值与底色色值相加，再减去255。如图7-6（3）所示。
- 差异：从底色中减去透明度颜色，再乘以255。如果透明度颜色值为0，则结果总是255。如图7-6（4）所示。
- 乘：用底色乘以透明度颜色，再用所得的结果除以255。除非将颜色应用于白色，否则将产生加深效果。黑色乘以任何颜色的结果都是黑色。白色乘以任何颜色都不改变颜色。如图7-6（5）所示。
- 除：用底色除以透明度颜色，或者用透明度颜色除以底色，具体操作取决于哪种颜色的值更大。如图7-6（6）所示。
- 如果更亮：用透明度颜色替换任何深色的底色像素。比透明度颜色亮的底色像素不受影响。如图7-6（7）所示。
- 如果更暗：用透明度颜色替换任何亮色的底色像素。比透明度颜色暗的底色像素不受影响。如图7-6（8）所示。
- 底纹化：将透明度颜色转换为灰度，然后用底色乘以灰度值。如图7-6（9）所示。
- 色度：使用透明度颜色的色度以及底色的饱和度和光度。如果给灰度图像添加颜色，图像不会有变化，因为颜色已被取消饱和。如图7-6（10）所示。
- 饱和度：使用底色的光度与色度以及透明度颜色的饱和度。如图7-6（11）所示。
- 亮度：使用底色的色度和饱和度以及透明度颜色的亮度。如图7-6（12）所示。
- 反显：使用透明度颜色的互补色。如果透明度颜色的值是127，则不会发生任何变化，因为该颜色值位于色轮中心。如图7-6（13）所示。
- 和：将透明度颜色和底色的值都转换成二进制值，然后对这些值应用布尔代数公式AND。如图7-6（14）所示。
- 或：将透明度颜色和底色的值都转换为二进制值，然后对这些值应用布尔代数公式OR。如图7-6（15）所示。
- 异或：将透明度颜色和底色的值都转换为二进制值，然后对这些值应用布尔代数公式XOR。如图7-6（16）所示。
- 红色：将透明度颜色应用于RGB对象的红色通道。如图7-6（17）所示。
- 绿色：将透明度颜色应用于RGB对象的绿色通道。如图7-6（18）所示。
- 蓝色：将透明度颜色应用于RGB对象的蓝色通道。如图7-6（19）所示。

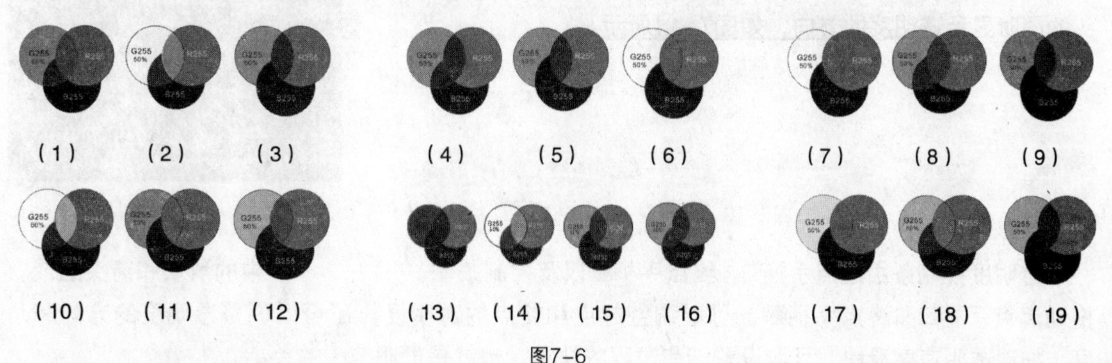

图7-6

在属性栏的 [滑块] 60 框中，通过拖动滑块或者输入数值来设置透明程度。在 填充 框中，可以设置应用透明度到填充、轮廓或者全部。单击“冻结”按钮，将出现控制点以便于设计师进一步调整透明度，效果如图7-7所示。

图7-7

7.1.2 设置渐变透明效果

渐变透明方式有4种类型：线性、辐射、圆锥、正方形。每一种渐变透明方式产生的效果都不一样。

① 选择工具箱中的“选择工具”，选择前面绘制的圆锥形，按Ctrl+C键复制、Ctrl+V键粘贴出一个圆锥形，选择工具箱中的“形状工具”，在圆锥形的顶点按下鼠标左键并向右拖曳，移动到合适位置后松开鼠标，如图7-8所示。在调色板中的任意颜色上单击鼠标左键，将图形填充上色，如图7-9所示。

图7-8

图7-9

② 选择工具箱中的“透明度工具”，在属性栏中的“透明度类型”下拉列表中选择“线性”选项，如图7-10所示。在图形顶点处单击鼠标左键确定渐变透明的起点，向下拖曳鼠标，到渐变透明的终点位置释放鼠标，拖曳透明度箭头的同时显示透明度的方向，如图7-11所示。

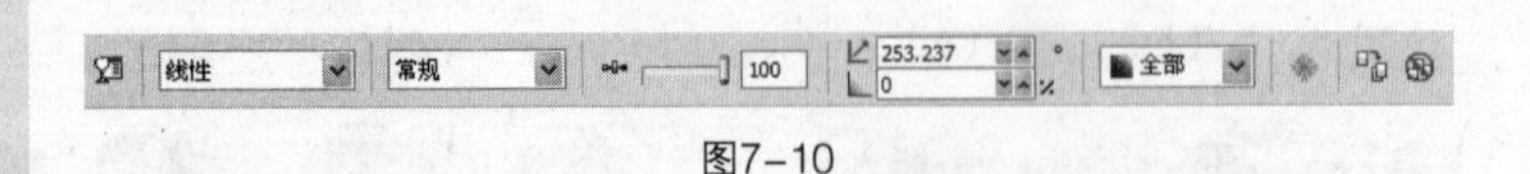

图7-10

图7-11

透明度控制条由起点手柄□、终点手柄■以及控制条中的滑块和箭头组成。拖动起点手柄□和终点手柄■，可以调整起点和终点的透明度，还可以调整透明度的方向和角度。拖动透明速度滑块，可以设置调和过程的快慢，也就是透明范围的大小。

选择工具箱中的“透明度工具”，在属性栏中的“透明度类型”下拉列表中分别选择“辐射”、“圆锥”、“正方形”选项，如图7-12所示。四边形的透明度效果如图7-13所示。

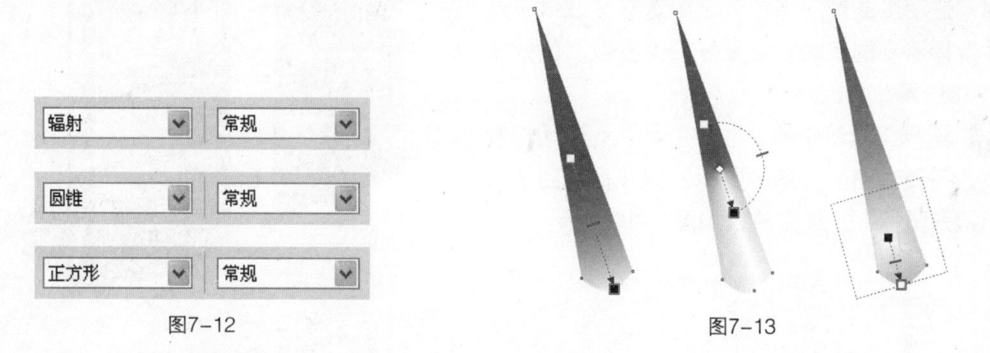

图7-12　　图7-13

7.1.3 设置图案透明度效果

图案的透明度分成3种类型：双色图案透明、全色图案透明、位图图案透明。图案透明和图案填充很相似，设置图案透明可以控制图案的透明度。

1 打开光盘目录下的“素材\第7章\图形效果素材1”文件。在页面内绘制一个椭圆形，并设置轮廓为无色，填充为白色，如图7-14所示。

图7-14

2 选择工具箱中的“透明度工具”，在属性栏中的“透明度类型”下拉列表中选择“双色图样”选项，选择需要的图形并设置相关参数，如图7-15所示，设置好之后就可以设置双色图案的透明效果了。使用相同的方法还可以设置全色图案透明类型、位图图案透明类型的图案透明度效果，效果如图7-16所示。

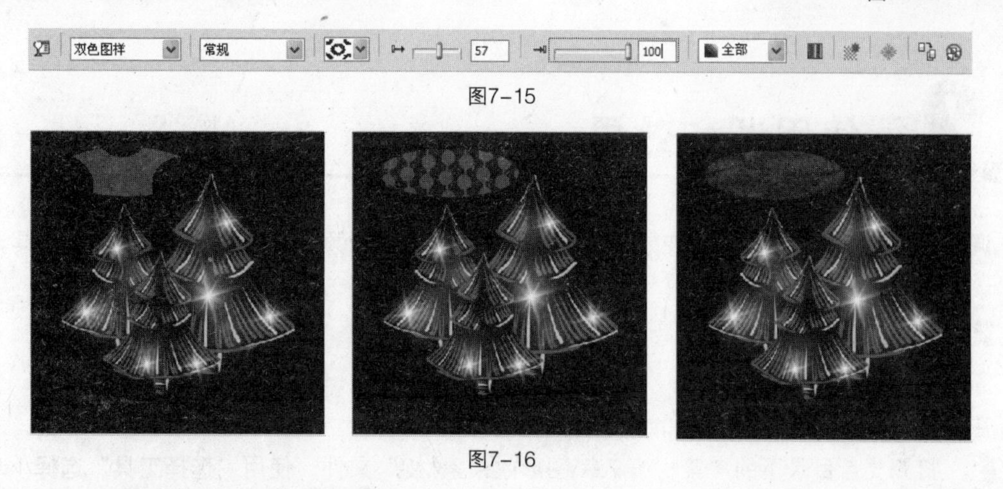

图7-15

图7-16

7.1.4 设置底纹透明效果

底纹透明和底纹填充很相似，底纹透明是在底纹填充的基础上又加入了透明效果。

1 打开光盘目录下的“素材\第7章\图形效果素材2”文件，选择工具箱中的“选择工

第6章
第7章
第8章
第9章
第10章

具”，选择四边形，如图7-17所示。

图7-17

❷ 选择工具箱中的“透明度工具”，在属性栏中的“透明度类型”下拉列表中选择“底纹”选项，并选择需要的底纹，设置好相关参数后的效果如图7-18所示。

❸ 选择工具箱中的“选择工具”，透明控制框消失，在四边图形上单击鼠标左键并拖曳到适当位置，松开鼠标，效果完成，如图7-19所示。

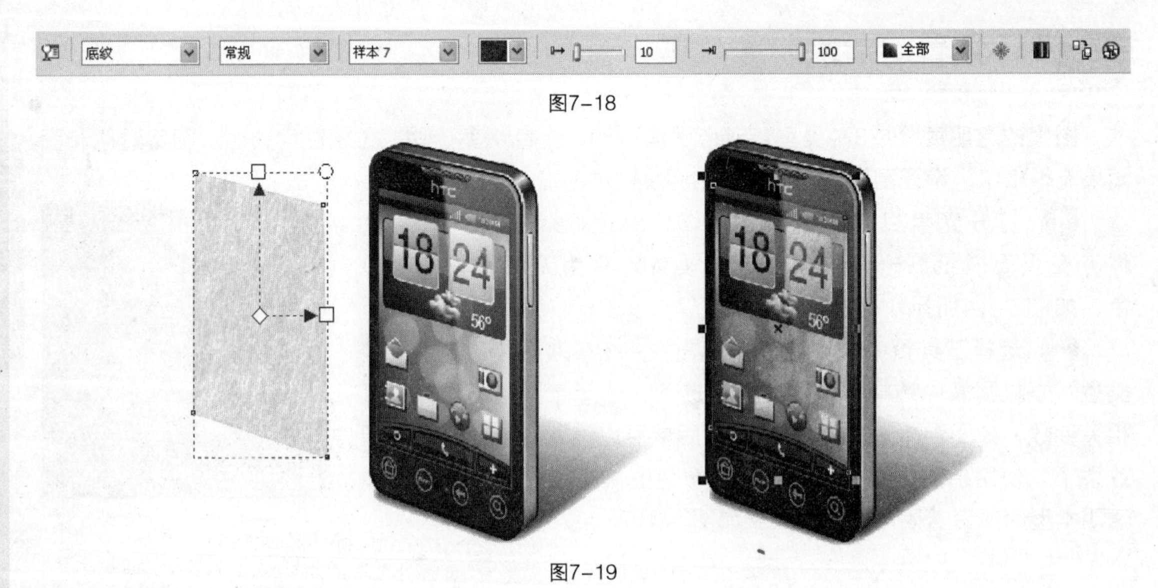

图7-18

图7-19

7.2 使用调和效果

调和效果其实也算是一种渐变效果，是一个能够使图形和颜色同时产生渐变效果的工具。

7.2.1 建立调和

在两个图形对象之间设置调和效果的操作步骤如下。

❶ 打开光盘目录下的“素材\第7章\图形效果素材3”文件，使用“选择工具”选择小鸟，按Ctrl+C键复制、Ctrl+V键粘贴出一个新的小鸟，在小鸟上按下鼠标左键并向页面左边拖曳，至适当位置后松开鼠标，如图7-20所示。

❷ 选择工具箱中的“调和工具”，将光标放置在左边的小鸟上时，光标变为形状，按住鼠标左键并向右边的小鸟拖曳，如图7-21所示。

图7-20

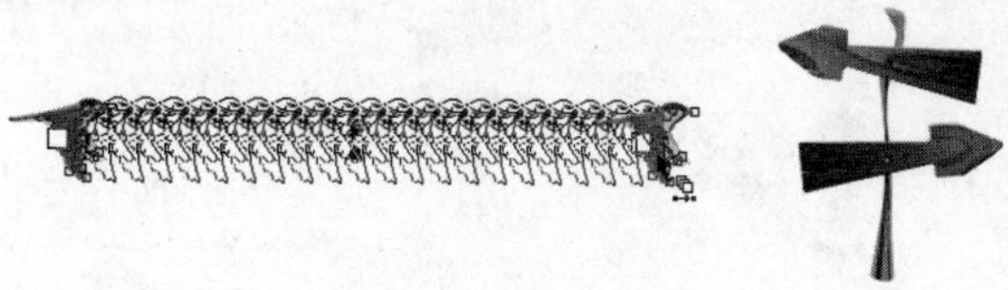

图7-21

3 松开鼠标，调和效果完成，在两个对象之间生成了很多对象，如图7-22所示。

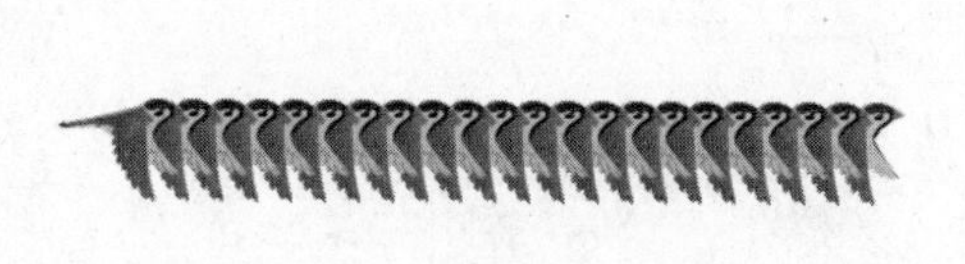

图7-22

7.2.2 属性栏

“交互式调和工具”属性栏如图7-23所示。下面介绍其中的内容。

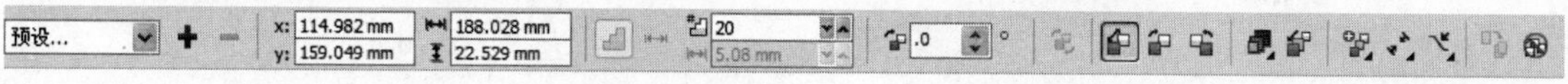

预设... x: 114.982 mm y: 159.049 mm 188.028 mm 22.529 mm 20 5.08 mm .0 °

图7-23

- 7 “步数或调和形状之间的偏移量”数值框：用来设置调和两个对象之间的过渡对象的数量，如图7-24所示。
- 60.0 ° “调和方向”数值框：用来设置调和过渡对象的旋转角度，如图7-25所示。

图7-24

图7-25

- “环绕调和”按钮：单击该按钮时，过渡对象除自身旋转外，还围绕调和中心点旋转，如图7-26所示。
- “直接调和”按钮：单击该按钮时，两个对象之间的颜色直接过渡，如图7-27所示。

图7-26

- “顺时针过渡”按钮：单击该按钮时，过渡颜色沿颜色轮顺时针方向排列次序，如图7-28所示。
- “逆时针过渡”按钮：单击该按钮时，过渡颜色沿颜色轮逆时针方向排列次序，如图7-29所示。
- “对象和颜色加速”按钮：单击该按钮时，设置过渡对象及其颜色的变化快慢。过渡对象和颜色的变化可以同步，也可不同步，如图7-30所示。

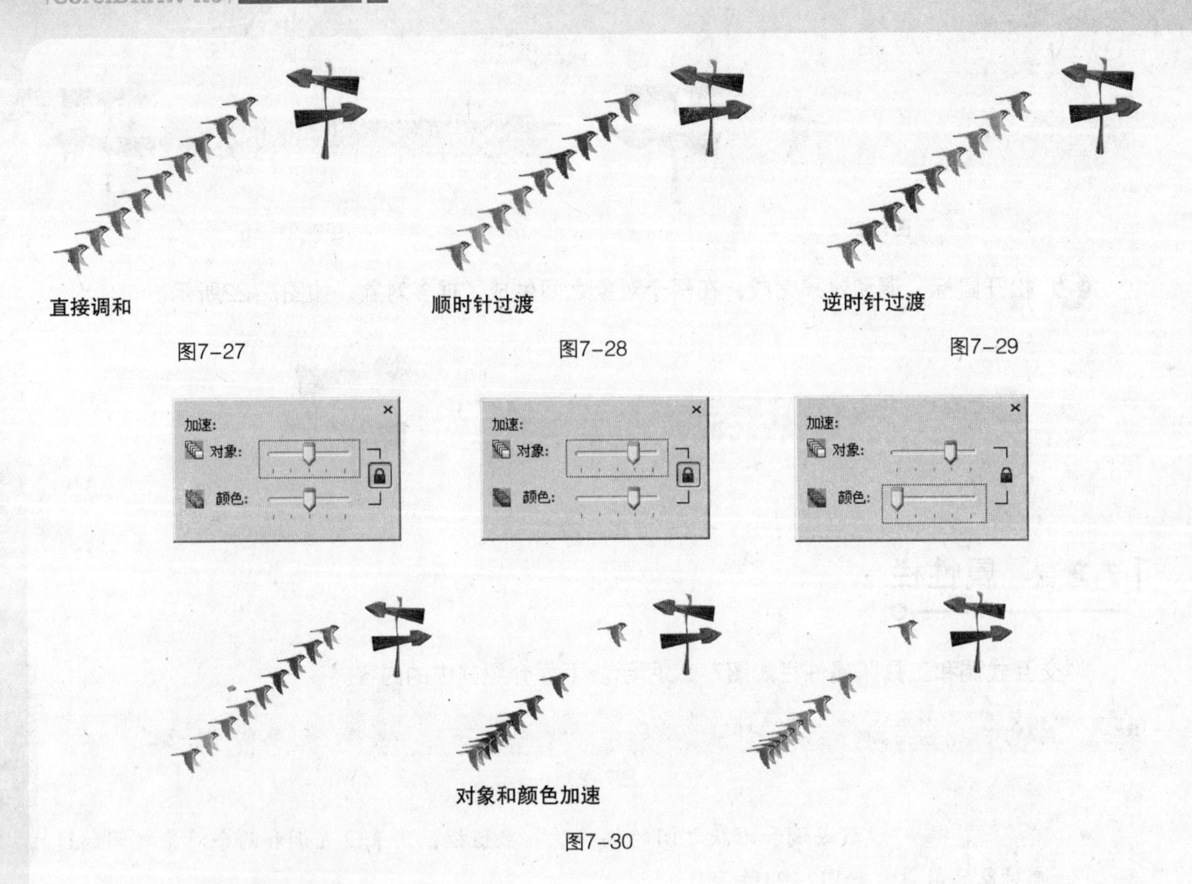

图7-27

图7-28

图7-29

图7-30

7.2.3 修改调和

1. 编辑图形修改调和

当对产生调和效果的图形进行编辑时，调和也随之发生变化。

1 打开光盘目录下的“素材\第7章\图形效果素材3”文件，按Ctrl+C键复制、Ctrl+V键粘贴出一个新的小鸟，在小鸟上按下鼠标左键并向页面右下方拖曳，至适当位置后松开鼠标，如图7-31所示。

2 在调色板的任意颜色上单击鼠标左键，对图形进行填色，如图7-32所示。

图7-31

图7-32

3 选择工具箱中的“调和工具”，对两个对象进行调和效果处理，并将步长设置为6，然后使用“选择工具”选中最下方的小鸟，在图形控制点上按下鼠标左键并拖曳，将小鸟放大，如图7-33所示。

图7-33

4 继续使用“选择工具”，在小鸟身上按下鼠标左键并拖曳到适当位置，调和效果发生变化，如图7-34所示。

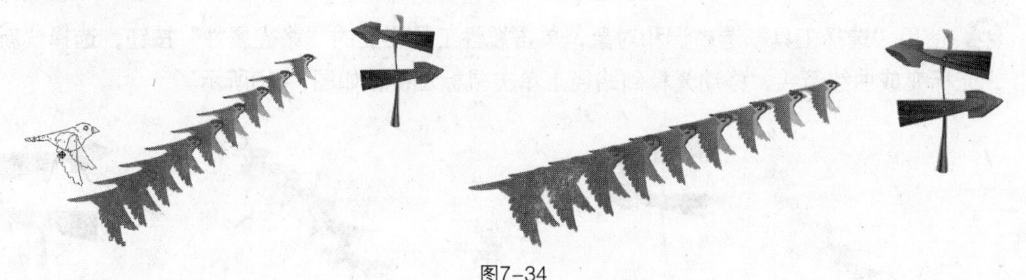

图7-34

2. 改变调和起点或终点对象

建立调和效果时，起点和终点对象的认定与调和工具先单击哪个对象无关。首先绘制的调和对象就是起点对象；随后绘制的调和对象则是终点对象。

要改变调和的终点对象，按如下步骤操作。

1 打开光盘目录下的“素材\第7章\图形效果素材3”文件，复制两个小鸟，移动到适当位置并修改填充色，如图7-35所示。

2 选择“调和工具”，选取调和对象设置调和效果。单击属性工具栏上的“起点和结束对象的属性”按钮，在弹出的菜单中（图7-36）选择“新终点”。光标变成粗箭头，将光标移动到下方的图形上，如图7-37所示。

3 在图形上单击鼠标左键，此时调和的终点对象改变，效果完成，如图7-38所示。

图7-35　　图7-36

图7-37　　图7-38

7.2.4 沿路径调和

在建立调和效果后，可以将调和的图形效果沿特定的路径进行调和。

1 使用“贝塞尔工具”在调和的对象旁边建立新路径，如图7-39所示。

2 使用“选择工具”选中调和对象，单击属性工具栏上的“路径属性”按钮，选择“新路径”，光标变成曲线箭头，移动光标到路径上单击鼠标左键，如图7-40所示。

图7-39　　图7-40

3 选择“效果”菜单下的“调和”命令，弹出“混合”泊坞窗，在泊坞窗中选择“沿全路径调和”复选框，单击“应用”按钮，将调和应用到全路径上，如图7-41所示。

4 在泊坞窗中，勾选“旋转全部对象”复选框，单击“应用”按钮，调和的对象发生旋转，如图7-42所示。

图7-41　　图7-42

提 示

此时，可以使用“选择工具”选择并拖曳起点图像或者终点图像，从而调整它们在路径上的分布情况。如果需要隐藏路径，可以将路径轮廓设置为无色。

725 拆分调和对象

拆分调和对象可以将调和对象变为独立的对象，从而和其他对象建立调和。

① 使用选择工具箱中的“调和工具”选择调和对象，然后选择“调和”泊坞窗下“杂项调和选项”选项卡中的“拆分”命令，如图7-43所示。

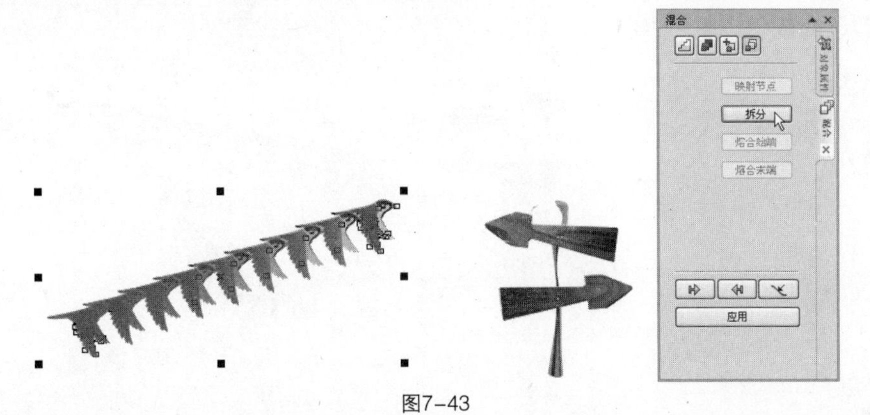

图7-43

提 示

此时要确认选择的是路径还是调和对象，当出现每个对象的节点时，表示选中的是调和对象。

② 当光标变成粗黑色弯曲箭头，单击要拆分的对象，则该对象变为独立的对象，如图7-44所示。

③ 可以使用“选择工具”选择拆分对象，编辑被拆分的对象可以改变调和的效果，如图7-45所示。被拆分后的对象可以和其他对象建立调和。

图7-44

图7-45

提 示

这里所说的拆分调和对象，并不是实际的拆分，因为拆分后的调和对象成为了复合调和对象。

真正的拆分调和对象是将调和对象、过渡对象拆分成单个对象，其方法是：选择调和对象，执行“排列”→“拆分调和群组”命令，调和对象即被拆分成群组在一起的单个对象。随后再使用“解散群组”命令就可以将单个图形拆分开来了。

726 复合调和

复合调和就是将一个调和对象与另一个（独立）对象建立调和。

打开光盘目录下的“素材\第7章\图形效果素材3”文件，复制两个小鸟，将它们移动到适当位置并修改填充色，如图7-46所示。

使用“调和工具”先建立两个对象之间的调和，使用“选择工具”选中调和的初始对象，如图7-47所示。选择工具箱中的“调和工具”，将鼠标放置到初始对象上，此时鼠标变为，按住鼠标左键并拖曳到下边的对象上，松开鼠标，复合调和效果完成，如图7-48所示。

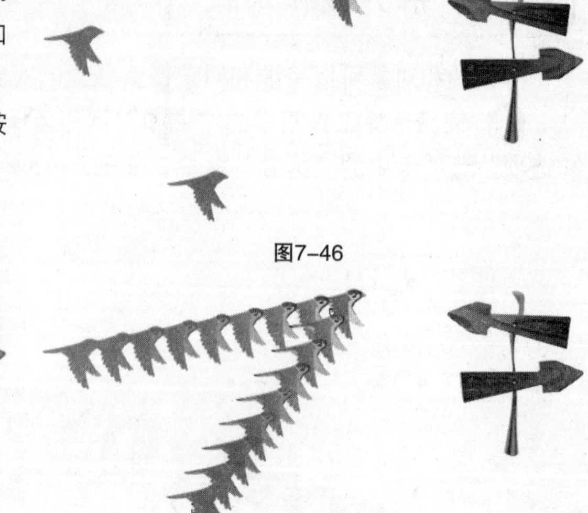

图7-46

图7-47

图7-48

7.3 编辑轮廓图

轮廓图效果是指由图形向内部或外部放射的层次效果。它由多个同心轮廓图框线组成。轮廓图效果有3种：到对象中心轮廓化、向内轮廓化和向外轮廓化。

7.3.1 轮廓化效果制作方法

❶ 打开光盘目录下的“素材\第7章\图形效果素材6”文件，在页面空白处使用“贝塞尔工具”绘制一个多边形，如图7-49所示。保持图形处于选中状态，选择工具箱中的“轮廓图工具”，属性栏也随之变为轮廓图工具属性栏，如图7-50所示。

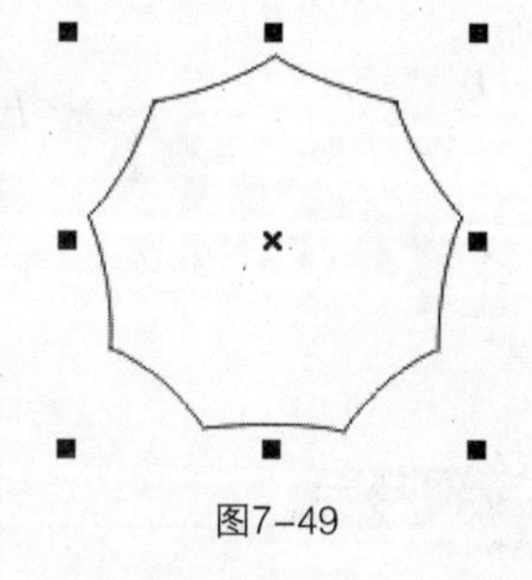

图7-49

❷ 在属性栏中单击“向内轮廓化”按钮，移动鼠标到对象的边线上，光标变成，在此按下鼠标左键，并向对象中心拖曳，出现提示线，如图 7-51 所示。拖曳到适当位置后松开鼠标，向内轮廓化的效果就制作完成了，如图 7-52 所示。

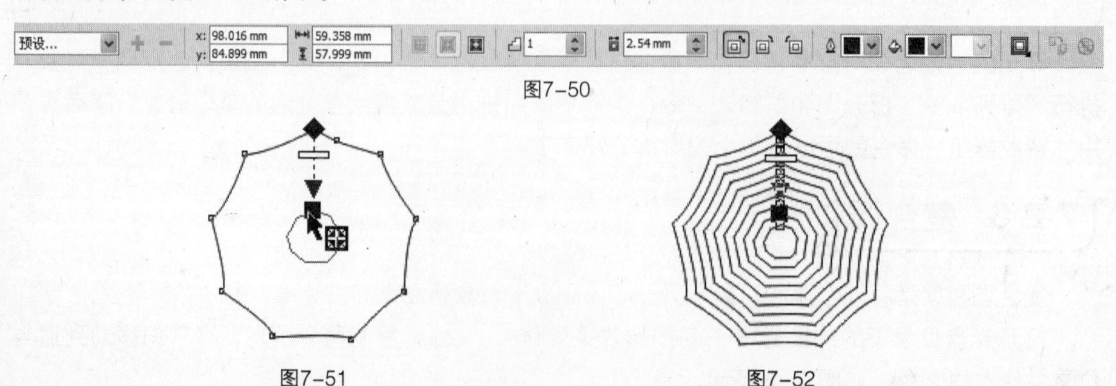

图7-50

图7-51

图7-52

3 使用“贝塞尔工具”绘制出几条线段，使用“选择工具”将线段和轮廓化图形全选中，按Ctrl+G键，将图形群组，然后将群组图形移动到适当位置，如图7-53所示。

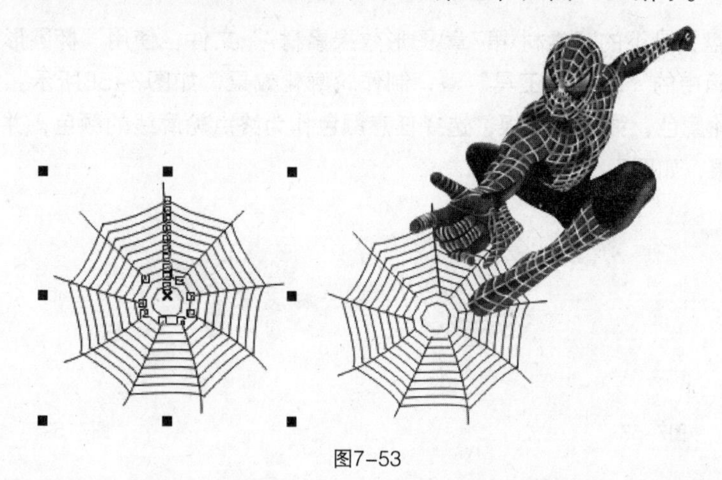

图7-53

4 在属性栏中分别单击向外轮廓化按钮和向中心轮廓化按钮，用同样的方法进行调整，随后松开鼠标，制作完成向外轮廓化效果和向中心轮廓化效果，如图7-54和图7-55所示。

图7-54　　图7-55

7.3.2 设置轮廓图的步数和步长

1 在属性栏上的“轮廓图数量”框中输入新的数值5，可以改变轮廓数，如图7-56所示。

2 在属性栏上的“轮廓图步长”框中输入新的数值2.152mm，可以设定轮廓图的步长，如图7-57所示。

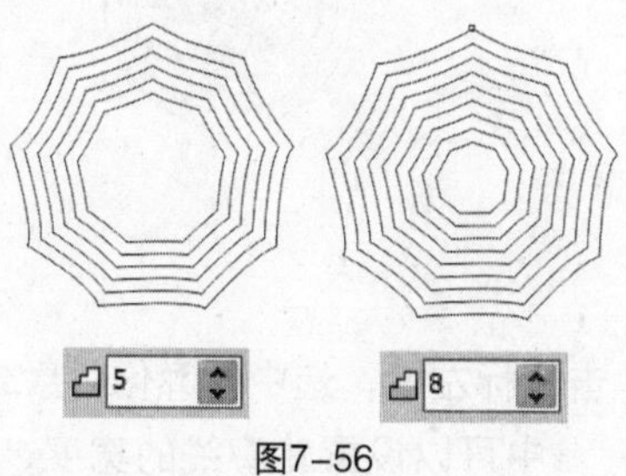

图7-56

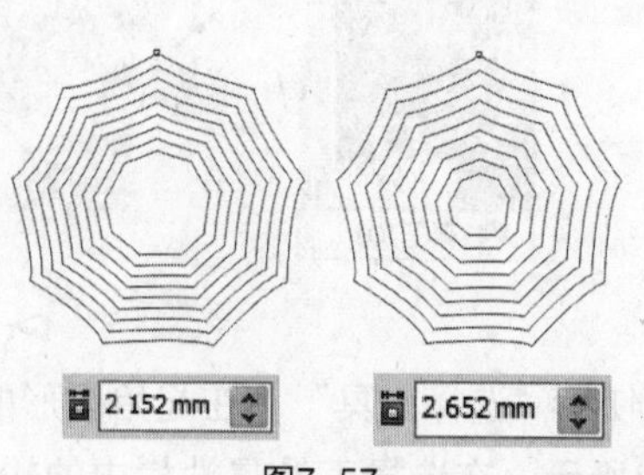

图7-57

7.3.3 设置轮廓线和填充的颜色

❶ 打开光盘目录下的“素材\第7章\图形效果素材7”文件，使用“椭圆形工具”绘制一个圆形，选择工具箱中的“轮廓图工具”，制作轮廓化效果，如图7-58所示。然后在轮廓图工具属性栏中单击轮廓色，弹出调色板，选择任意颜色作为终点轮廓线的颜色，并且，轮廓线颜色产生渐变融合效果，如图7-59所示。

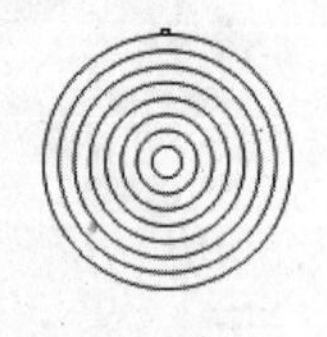

图7-58

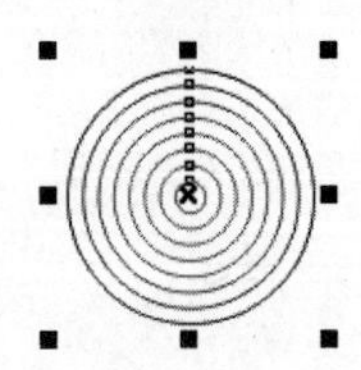

图7-59

提 示

如果起始圈是最外圈，那么此时填充的是最内圈的颜色；如果起始圈是最内圈，那么此时填充的是最外圈的颜色。

❷ 用“选择工具”选中轮廓化对象，如图7-60所示。在调色板中选择任意颜色，起始图形被填充上色，如图7-61所示。

图7-60

图7-61

❸ 在轮廓工具属性栏中单击填充色，弹出调色板，此时选择的颜色将作为轮廓图的颜色，如图7-62所示。

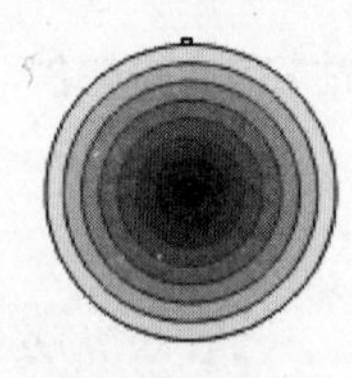

图7-62

❹ 使用“选择工具”，在起始图形的轮廓线上单击鼠标左键，选中轮廓化对象起始图形，如图7-63所示，在选择工具属性栏中的轮廓线框 1.414mm 中可以设置轮廓线的宽度，如图7-64

所示。选择工具箱中的“轮廓图工具”，在轮廓图工具属性栏中的 6 3.0 mm 框中设置数量和步长，如图7-65所示。

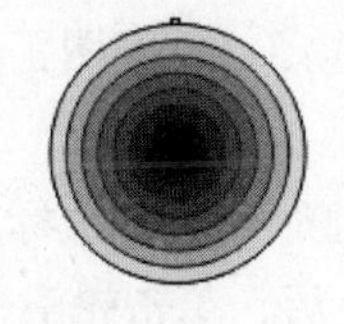

图7-63

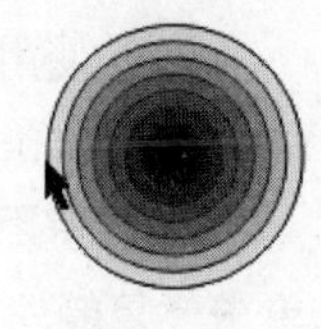

图7-64

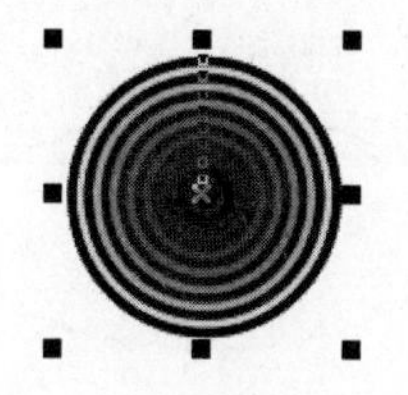

图7-65

（1）轮廓线的宽度是统一的，取决于原轮廓图线的宽度。
（2）轮廓图线和轮廓图内部填充的颜色是渐变的。

7.3.4 拆分轮廓化对象

❶ 选择“选择工具”，选中轮廓化对象，如图7-66所示。

❷ 执行“排列”→“打散轮廓图群组”命令，轮廓化对象即被拆分成群组对象（起始对象不在群组中），执行“排列”→“取消全部群组”命令，解散群组，此时每个图形都成为独立对象，可以进行单独编辑了，如图7-67所示。

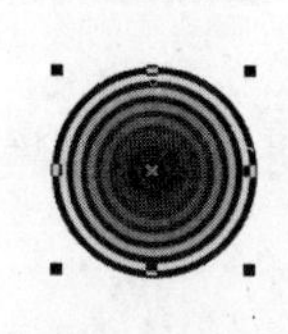
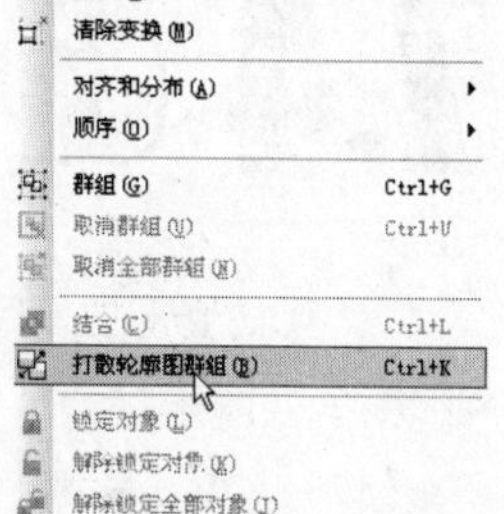

图7-66

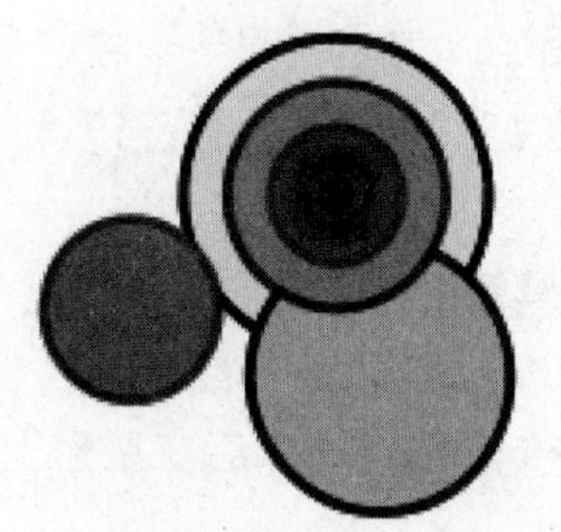

图7-67

735 复制轮廓图属性

1 使用“椭圆形工具”绘制两个椭圆形，选择“轮廓图工具”，使其中一个图形对象轮廓化，如图7-68所示。

2 使用“轮廓图工具”，在另外一个椭圆形上单击鼠标左键，并在轮廓图工具属性栏中单击“复制轮廓图属性”按钮，光标变成粗黑箭头后，单击轮廓化对象，效果如图7-69所示。

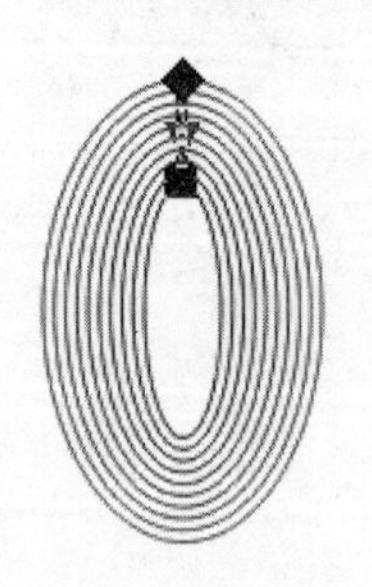
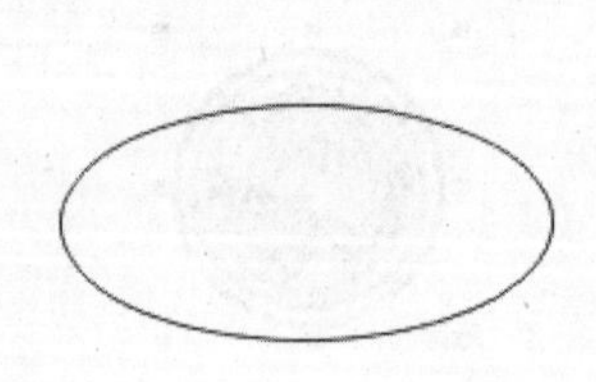

图7-68

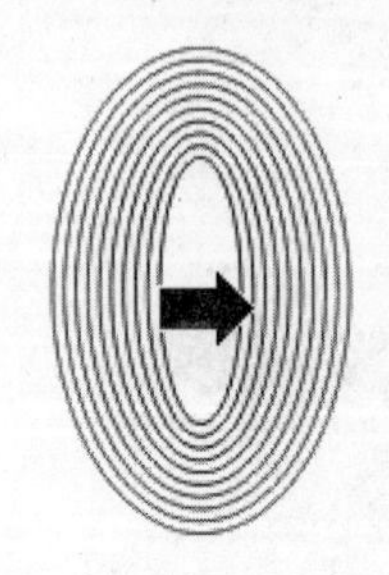
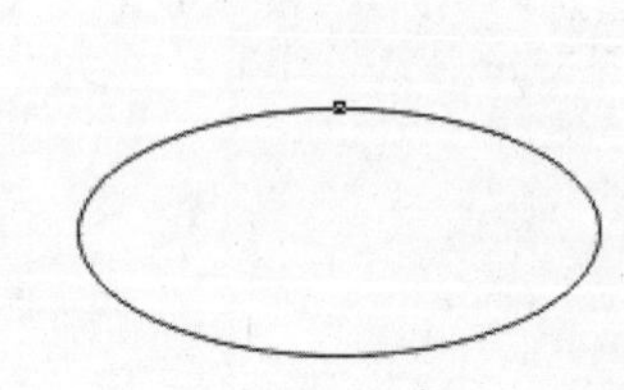

图7-69

3 此时，轮廓化对象的属性全部被复制到了另一个对象上，如图7-70所示。

提示

复制的属性，不包括轮廓图线的宽度和填充色。

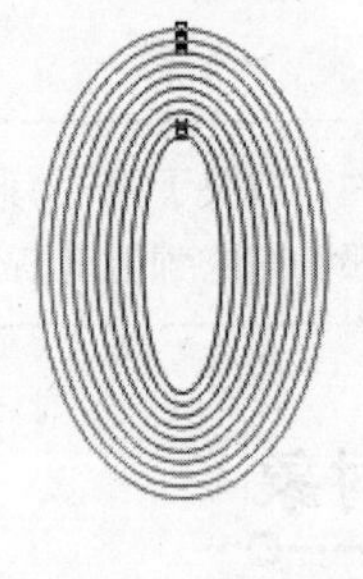
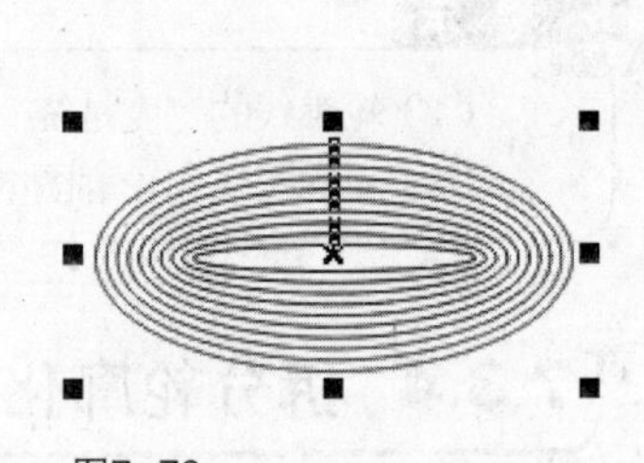

图7-70

7.4 使用变形效果

交互式变形工具可以不规则地改变对象的外观，从而改变原有的图形，为我们的创作提供了帮助。

741 制作变形效果

选择工具箱中的“扭曲工具”，在“交互式扭曲工具”属性栏中选择变形的方式，变形的方式有3种：“推拉变形”、“拉链变形”和“扭曲变形”。

1. 推拉变形

1 选择工具箱中的“星形工具”，在属性栏中将星形的“边数”和“尖角”分别设置为58、19，在页面上绘制一个多边星形。选择工具箱中的“扭曲工具”，在属性栏中选择“推拉变形”，然后在星形上按下鼠标左键向左拖曳，图形产生变形，如图7-71所示。

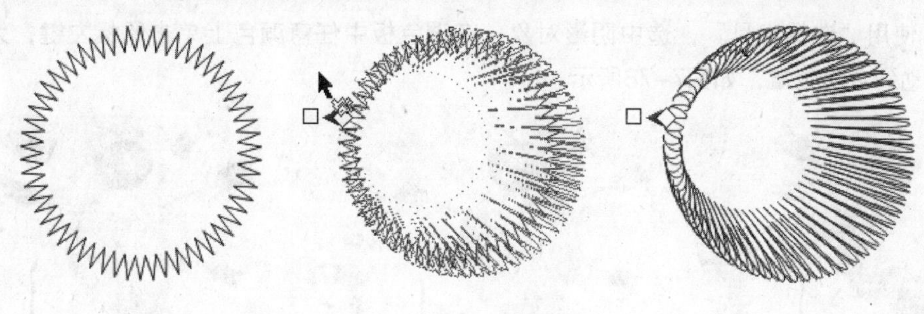

图7-71

2 在起始点上按下鼠标左键，拖曳鼠标到适当的位置，可以产生多种形式的变形，如图7-72所示。

3 同样绘制一个多边星形，并使用“扭曲工具”的“推拉变形”，在星形上按下鼠标左键并向右拖曳，产生变形效果，如图7-73所示。

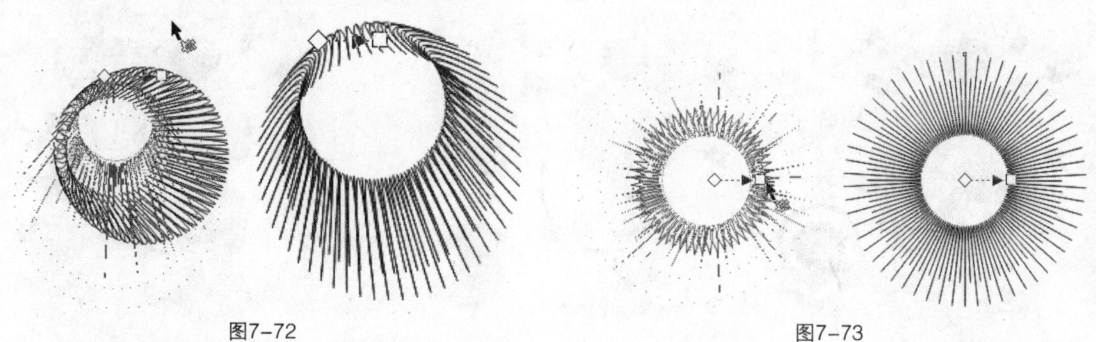

图7-72　　图7-73

2. 拉链变形

1 在刚才绘制的多边星形上使用“扭曲工具”的“拉链变形”，在图形上按下鼠标左键并拖曳，得到的效果如图7-74所示。

2 在“失真振幅”控制滑块上按下鼠标左键并拖曳，可以调整锯齿数，如图7-75所示。

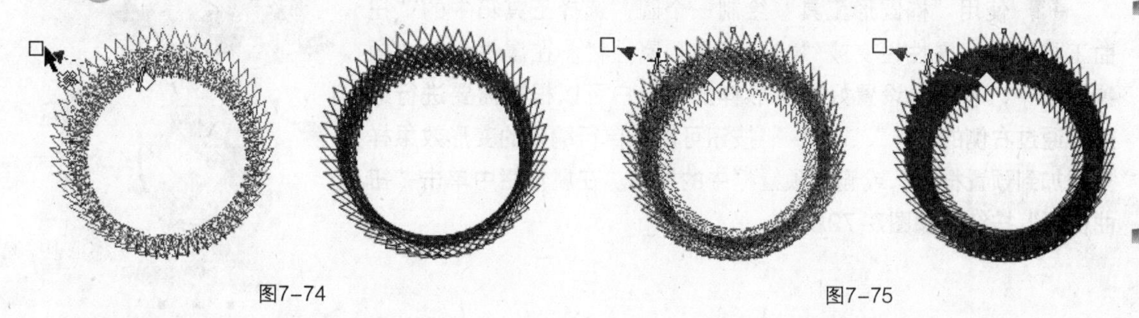

图7-74　　图7-75

3. 扭曲变形

1 打开光盘目录下的“素材\第7章\素材变形”文件，使用“椭圆形工具”绘制一个圆形，保持对象处于选中状态，选择工具箱中的“扭曲工具”，在属性栏中单击“扭曲变形”按钮，在图形对象上按下鼠标左键并顺时针旋转拖曳，产生扭曲变形的效果，如图7-76所示。

2 在工具箱中选择“阴影工具”，在图形对象上按下鼠标左键，拖曳出一个阴影，执行“排列”→“打散阴影群组”命令，将对象和阴影拆分开，使用“选择工具”，选中图形对象，按Delete键，删除图形，如图7-77所示。

3 使用“选择工具”，选中阴影对象，在调色板中任意颜色上单击鼠标左键，为对象填色，并移动到合适位置，如图7-78所示。

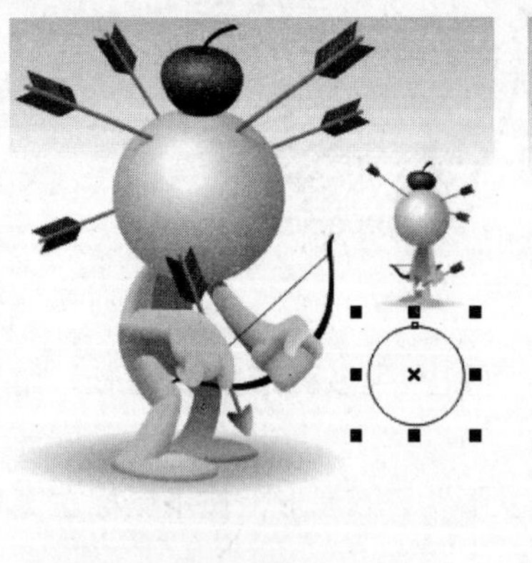

图7-76

图7-77

图7-78

7.4.2 使用属性栏设置变形效果

1 使用“椭圆形工具”绘制一个圆，选择工具箱中的“扭曲工具”后，属性栏变成“扭曲工具”属性栏。在属性栏的“预置”框中，有预先设置好的变形样式，用户可以根据需要进行选用。通过右侧的“+”、“-”按钮可以将自行编辑的变形效果样式添加到预置框中，或删除预置框中的样式。在属性栏中单击“扭曲变形”按钮，如图7-79所示。

图7-79

2 在图形上拖曳以产生扭曲效果，单击属性栏中的“顺时针旋转”按钮，调整图形的旋转方向，如图7-80所示。

3 将属性栏中的“完全旋转”、“附加角度”参数分别设置为5和200，可以设置图形旋转的圈数和图形旋转的角度，如图7-81所示。

图7-80

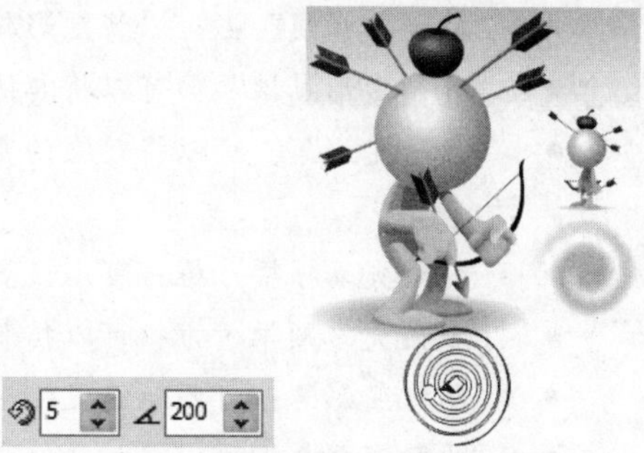

图7-81

4 为图形填色，使用“阴影工具”为图形添加阴影，拆分图形和阴影并删除图形，如图7-82所示。

5 将阴影填色并移动到合适的位置，完成效果制作，如图7-83所示。

图7-82

图7-83

“推拉变形”、“拉链变形”和“扭曲变形”这3种变形方式在属性栏中的设置选项是不一样的，如图7-84所示。

推拉变形

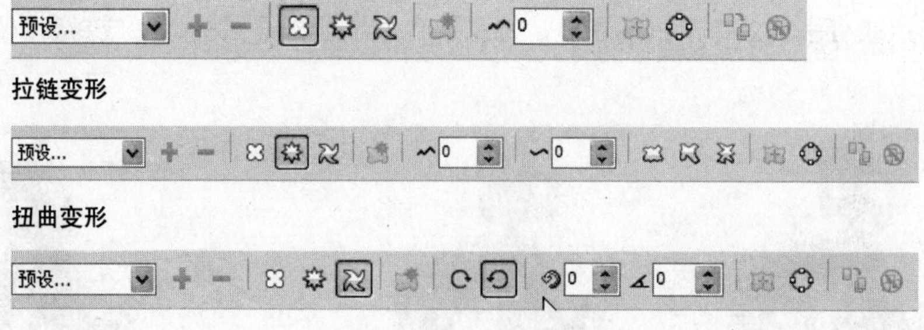

图7-84

1. 推拉变形

- “添加新的变形”：可以向已经变形的对象中添加新的变形效果。
- “推拉失真振幅”框：可以设置推拉变形的幅度，取值范围为-200～200。
- “中心变形”：可以将变形的中心移动到图像的中心上。

- “转换为曲线”：可以将图形转换为曲线。
- “复制变形属性”：可以将其他对象的变形属性复制到当前选择对象上。
- “清除变形”：可以将对象的变形效果清除掉。

2. 拉链变形

- “拉链失真振幅”框：可以设置拉链变形的幅度，取值范围为0～100。
- “拉链失真频率”框：可以控制对象两个节点之间的锯齿数，取值范围为0～100。
- “随机变形”：可以随机变化对象锯齿的深度。
- “平滑变形”：可以将对象锯齿的尖角变为圆角。
- “局部变形”：可以将对象的锯齿进行局部变形。

3. 扭曲变形

- “添加新的变形”：可以向已经变形的对象中添加新的变形效果。
- “中心变形”：可以将变形的中心移动到图像的中心上。
- “转换为曲线”：可以将图形转换为曲线。
- “复制变形属性”：可以将其他对象的变形属性复制到当前选择对象上。
- “清除变形”：可以将对象的变形效果清除掉。
- “完全旋转”框：可以设置完全旋转的圈数，取值范围为0～9。
- “附加角度”框：可以设置旋转的角度。取值范围为0～359。

7.5 使用封套效果

“封套工具”是沿着对象的控制点建立封套，并且通过拖曳封套的控制点实现对象变形。文本、图形和位图均可应用封套效果。

7.5.1 制作封套效果

① 打开光盘目录下的“素材\第7章\图封套素材”文件，选择工具箱中的“封套工具”，在图形上单击鼠标左键，如图7-85所示。

② 在节点或者手柄处按下鼠标左键，拖曳到合适位置松开鼠标，完成封套效果的设置，如图7-86所示。

图7-85

图7-86

③ 在属性栏的“预置”框中，有预先设置好的封套效果样式，用户可根据需要进行选用。通过右侧的“+”、“-”按钮可以将自行编辑的封套样式添加到预置框中，或删除预置框中的样式。利用“预置”制作的效果如图7-87所示。

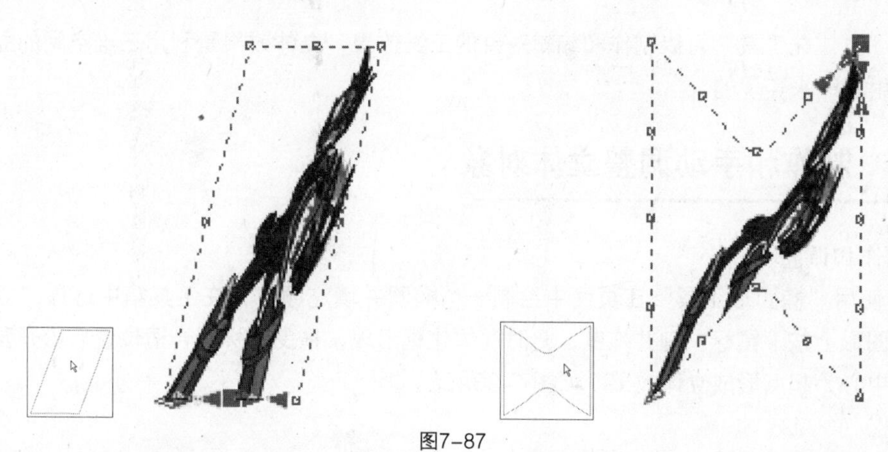

图7-87

7.5.2 封套的4种工作模式

“封套工具”属性栏上有4种工作模式：“封套的直线模式”、“封套的单弧模式”、“封套的双弧模式”和“封套的非强制模式”。其中，选用直线、单弧和双弧模式时，用鼠标移动节点，（节点之间的连线）分别产生直线、单弧和双弧变形，如图7-88至图7-91所示。

选用非强制模式时，属性栏上出现类似于利用形状工具编辑曲线的按钮，如添加、删除节点，以及转换节点类型的按钮。有关操作方法，与使用形状工具相同，如图7-92所示。

图7-88

图7-89

图7-90

图7-91

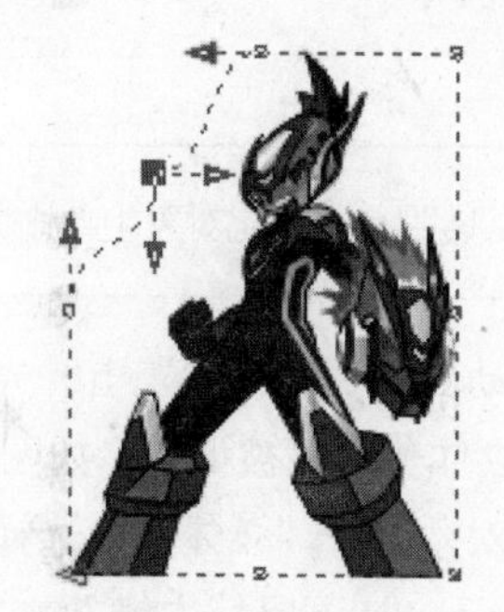

图7-92

第6章 第7章 第8章 第9章 第10章

7.6 立体效果

使用“立体化工具”可以制作和编辑对象的三维效果，立体效果是利用三维空间的立体旋转和光源照射功能来实现的。

7.6.1 制作和手动调整立体对象

1. 制作和调整

❶ 使用“椭圆形工具”在页面中绘制一个椭圆并填充颜色，在工具箱中选择“立体化工具”，在图形上按下鼠标左键并拖曳，此时立体化框出现，拖曳鼠标到合适位置后松开鼠标，对象以图形中心为起点形成立体效果，如图7-93所示。

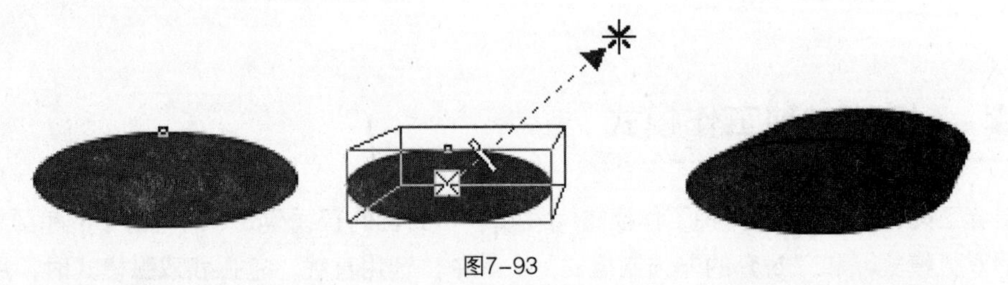

图7-93

❷ 这样绘制出来的立体化对象，也许还不是非常符合设计师的要求，此时可通过手动进行调整。立体化对象被一个立体化框包围着，并且调整点也会出现在对象上，设计师可以调节“灭点”、“深度滑块”、“节点”、“旋转”来手动调整立体化对象，如图7-94所示。

❸ 把光标移动到“灭点”上，光标变成+，在“灭点”上按下鼠标左键，并拖曳到合适位置松开鼠标，立体化对象的立体方向被调整，如图7-95所示。

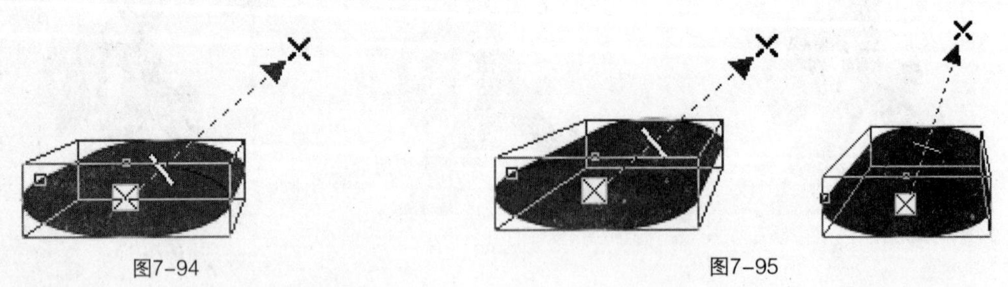

图7-94　　图7-95

提示

使用“立体化工具”在立体化对象上单击鼠标左键，可以使对象处于立体化选择状态。

❹ 把光标移动到“深度滑块”上，光标变成+，按下鼠标左键并沿着箭头方向拖曳到合适位置，松开鼠标，立体化深度被调整，如图7-96所示。

❺ 当立体化对象处于“立体化”选择状态时，在对象上单击鼠标左键，出现旋转图标和旋转框，如图7-97所示，按下鼠标左键并左右拖曳可以使对象沿X轴方向旋转，如图7-98所示，

上下拖曳可以使对象沿Y轴方向旋转，如图7-99所示；将光标移动到旋转框外时，光标变成，此时按下鼠标左键并顺时针或者逆时针拖曳，可以调整立体化对象沿Z轴的旋转方向，如图7-100所示。

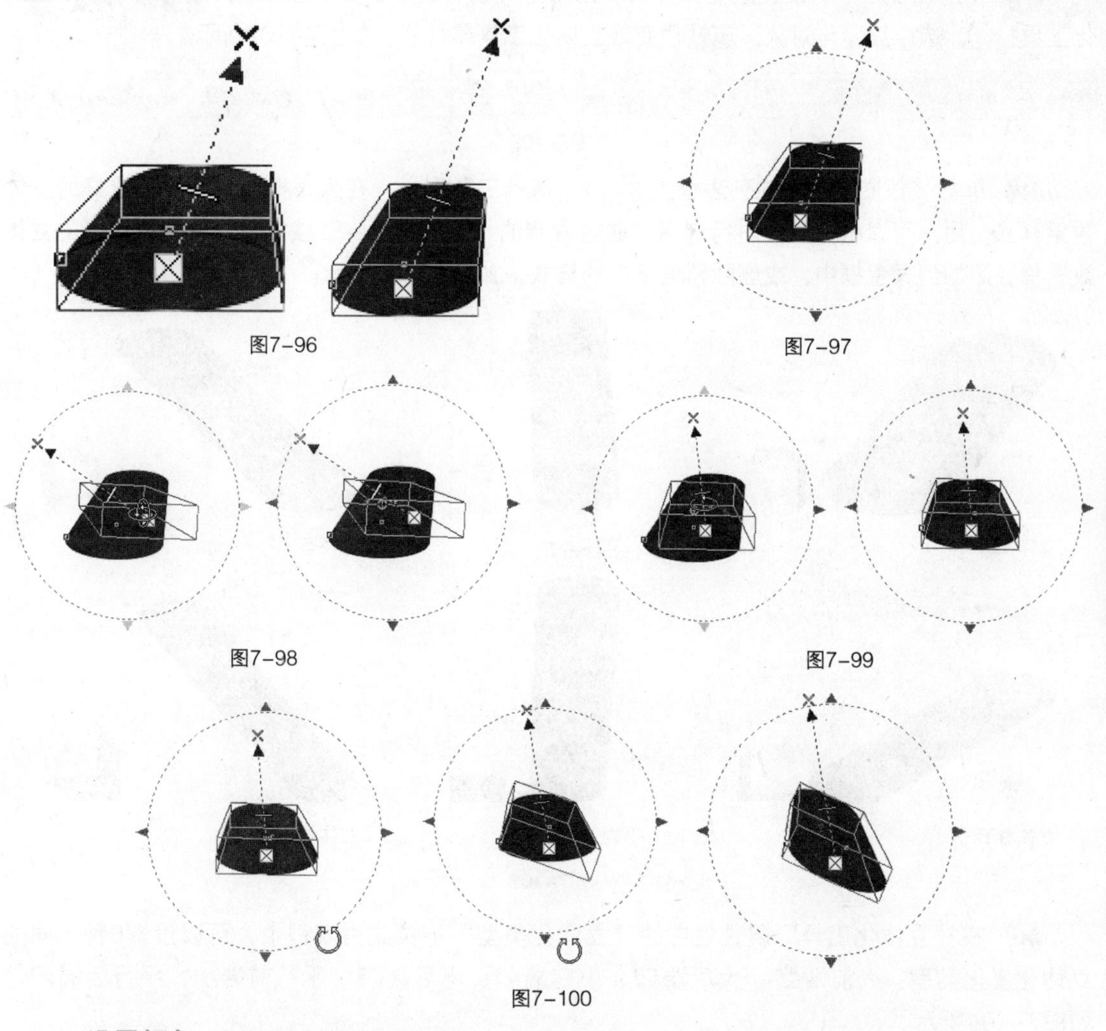
图7-96 图7-97 图7-98 图7-99 图7-100

2. 设置颜色

当立体化对象处于选中状态时，在调色板上的色块上分别单击鼠标左键和鼠标右键，可以分别设置立体化对象的填充色和轮廓线颜色，如图7-101所示。

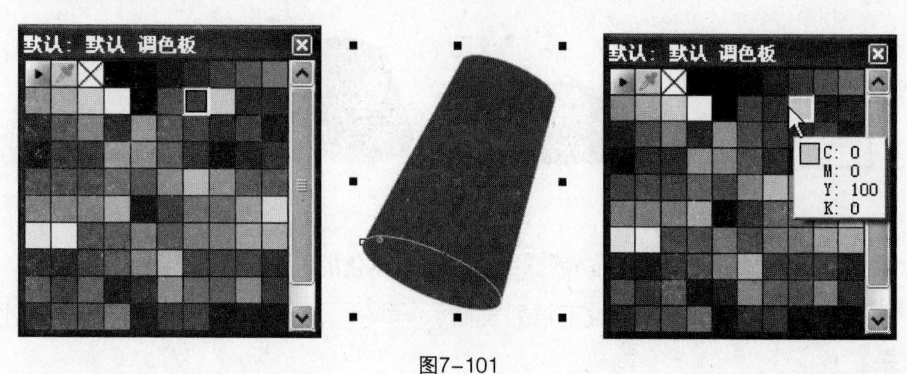

图7-101

7.6.2 使用属性栏调整立体对象

1 使用属性栏中的设置选项，可以使立体化对象的效果更加丰富。选择工具箱中的“立体化工具”，选中立体化对象，属性栏变成立体化工具属性栏，如图7-102所示。

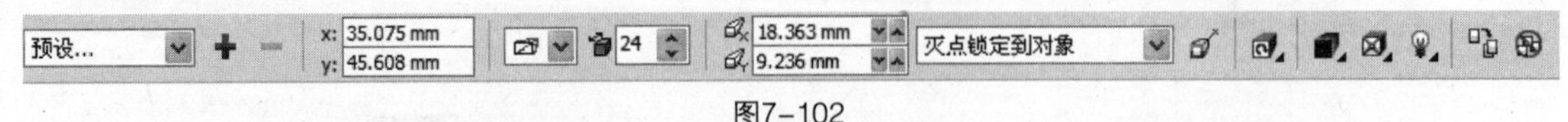

图7-102

2 单击“预置”下拉式列表框上的三角图标，在列表框中有预先设置好的立体效果样式，用户可以根据需要进行选用。通过右侧的“+”、“-”按钮可以将自行编辑的立体效果样式添加到预置框中，或删除预置框中的样式，如图7-103所示。

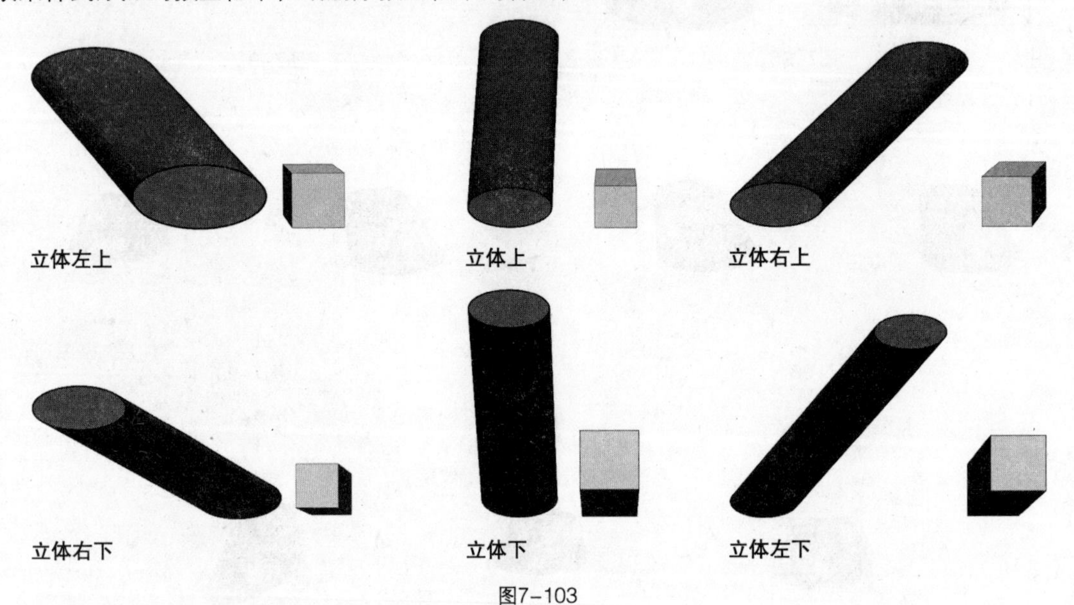

图7-103

3 在“立体化工具”属性栏中的“立体化类型”下拉式列表框中，可以设置6种不同的立体化变化类型：大前端、大后端、小前端、小后端、平行前端、平行后端，如图7-104所示。

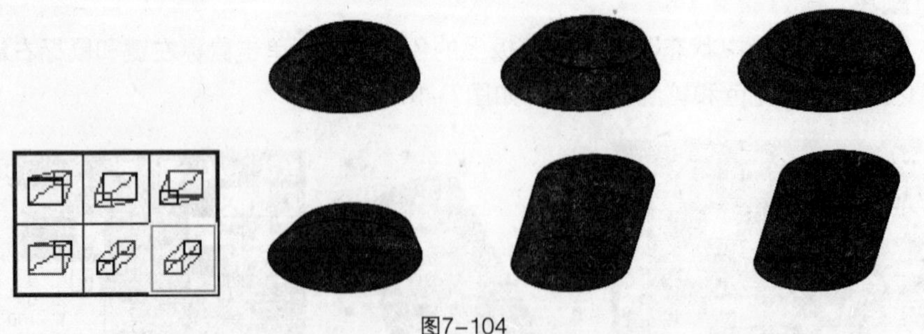

图7-104

4 属性栏中的“深度”列表框用于设置立体化的深度，如图7-105所示。

5 在属性栏中的“灭点”属性下拉列表框中，可以设置灭点的属性及不同的深度效果。

- “灭点锁在对象上”：使用“选择工具”选中并移动立体化对象时，灭点随对象一起移动。
- “灭点锁在页面上”：使用“选择工具”选中并移动立体化对象时，灭点被锁定在页面上，不随对象移动，因此立体化对象的形状也将被改变。

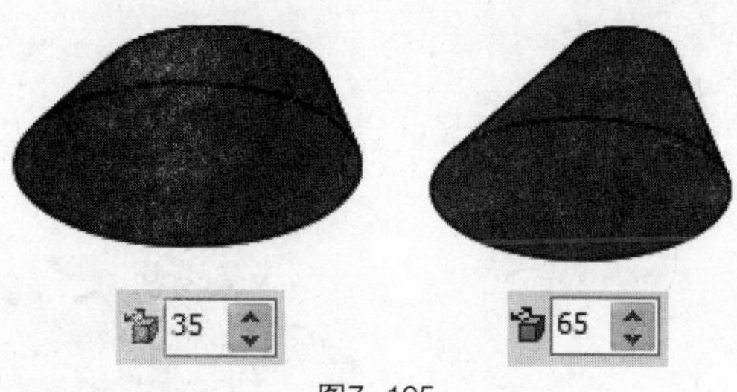

图7-105

- “复制灭点”：对于多个立体化对象，可以通过复制其他对象的灭点属性来调整选择对象的立体化效果，改变其透视关系。

打开光盘目录下的“素材\第7章\灭点素材”文件，使用“立体化工具”选中对象“1”，如图7-106所示，选择属性栏中的“复制灭点”，光标变成↖，在黄色长方形上单击鼠标左键，选择的对象透视发生变化，如图7-107所示，用同样的方法调整对象“2”、对象“3”，如图7-108所示。

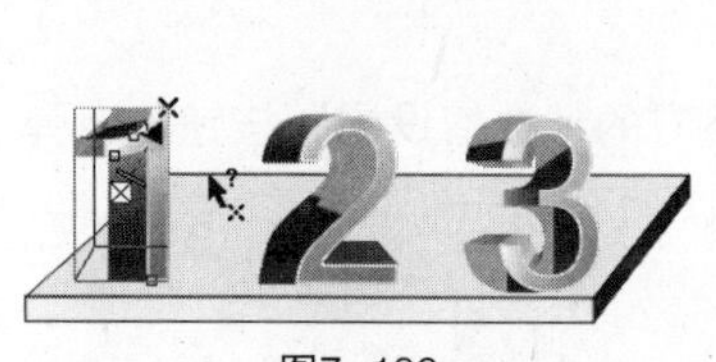

图7-106

图7-107

图7-108

- “共享灭点”：对于多个立体化对象，可以将多个对象的灭点位置重合。并且在选中多个共享对象中的某个立体化对象并移动其灭点时，其他对象的灭点也与之同步移动。

打开光盘目录下的“素材\第7章\灭点素材”文件，使用“立体化工具”选中对象“3”，如图7-109所示，选择属性栏中的“共享灭点”，光标变成↖，在黄色长方形上单击鼠标左键，这两个共享的对象透视发生变化，如图7-110所示，用同样的方法调整对象“2”、对象“1”，如图7-111所示，在灭点处按下鼠标左键并拖曳，在适当的位置松开鼠标，所有对象的灭点都同样产生变化，如图7-112所示。

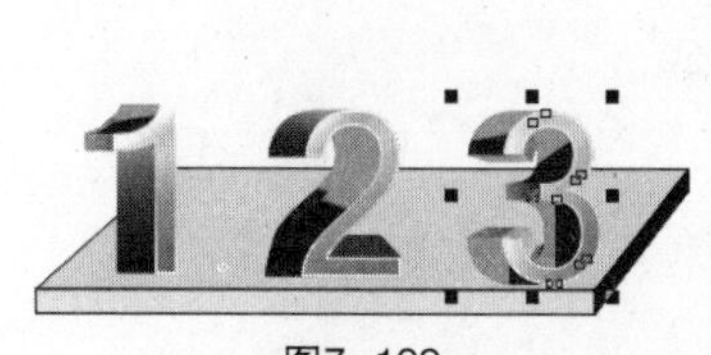

图7-109

图7-110

图7-111

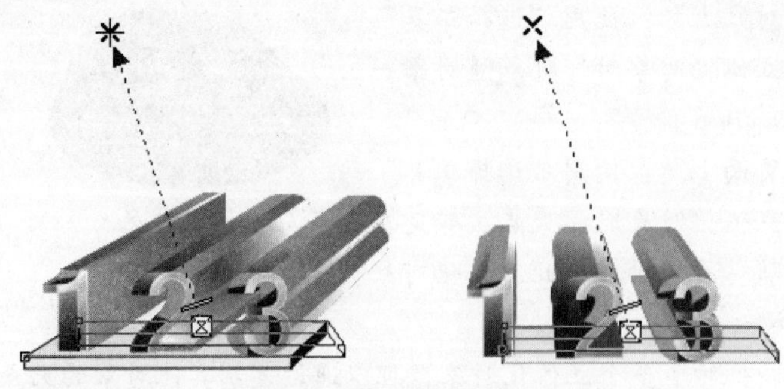

图7-112

⑥ 在属性栏中单击“页面或对象灭点”按钮，当按钮变成时，可以相对于对象中心点或页面坐标原点来计算或显示消失点的坐标值。

⑦ 属性栏中的“立体的方向”可以设置立体化对象的立体旋转。在“立体旋转”按钮上单击鼠标左键，会弹出设置框，在该设置框上调整对象旋转的方法有两种。

第一种：单击“立体的方向”按钮后，鼠标变为手形，在三维旋转设置区中拖曳鼠标就可以旋转对象，如图7-113所示。

第二种：单击“立体的方向”按钮后，再单击旋转面板右下方的“数值设置”按钮，在弹出的数值设置页面中直接设置精确数值，对象也会随之旋转，如图7-114所示。

提 示

执行“效果”→“立体化”命令，在“立体化”泊坞窗中的“立体旋转”选项卡中也可以进行相同的设置。

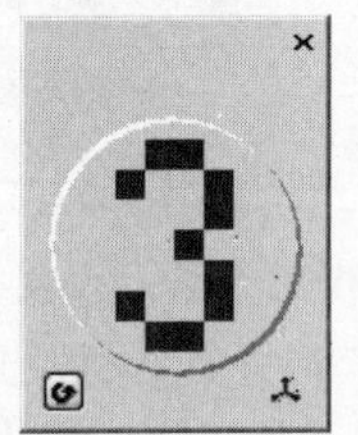

图7-113

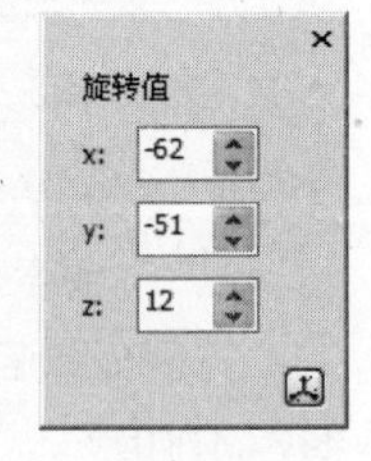

图7-114

选择“立体化工具”，选中立体化对象后，单击“颜色”按钮，弹出“颜色”对话框，其中包括“使用对象填充”、“使用纯色填充”和“使用递减的颜色”3个按钮，如图7-115所示。

- “使用对象填充”是系统默认的填充模式，即使用初始图形的颜色填充立体部分，可以从调色板中选择颜色来设置轮廓和填充，如图7-116所示。

图7-115

图7-116

- “使用纯色填充”可以为立体化对象的立体部分设置填充颜色，单击“使用”下拉菜单，在弹出的调色板中的任意颜色上单击鼠标左键，设置完成后的效果如图7-117所示。

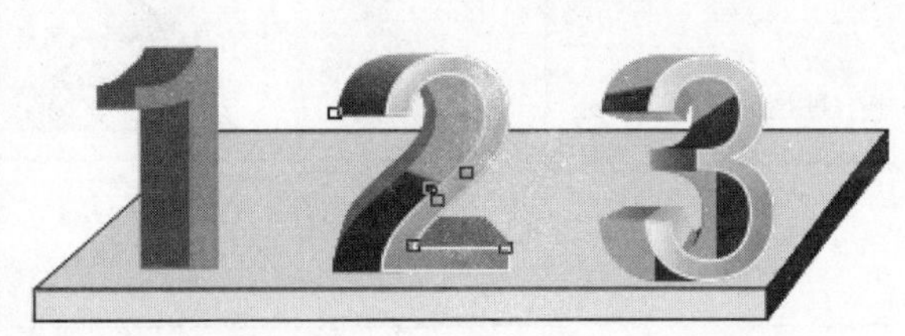

图7-117

- “使用递减的颜色”是用两种颜色填充立体部分，使立体部分呈现渐变效果，可以从颜色下拉列表中选择颜色，如图7-118所示。

图7-118

选择“立体化工具”，选中立体化对象，单击“照明”按钮，弹出“照明效果”对话框，其由两部分组成，上半部分用来设置光源，下半部分对光源进行强度设置，如图7-119所示。

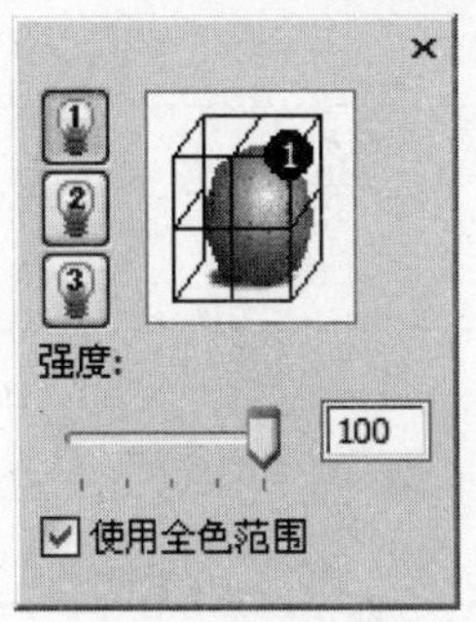

图7-119

在“光源1”按钮上单击鼠标左键，光源1出现在显示框中，在显示框中的光源1上按下鼠标左键并拖曳，可以将光源的位置重新定位，在“强度”设置滑块上按下鼠标并拖曳或者在参数栏中直接输入数值，可以修改光照的强度；在“光源2”按钮上单击鼠标左键，光源2出现在显示框中，此时光源1变为灰色，表示当前选中的光源为光源2；用同样的方式设置光源3，光照效果完成，如图7-120所示。

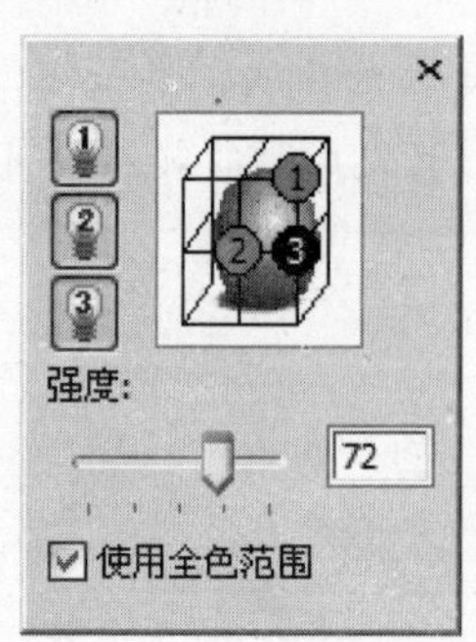

图7-120

光源的定位点只能被设置在立体方框中线段相交处的16个点上，如图7-121所示。如果勾选“使用全色范围”，可以设置渐变更加丰富的光照效果。

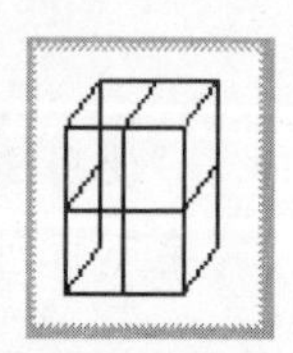

图7-121

使用“立体化工具”，选取立体化对象“3”，在“复制立体化属性”按钮上单击鼠标左键，光标变成⬅，将光标移动到立体化对象“2”上，单击鼠标左键，立体属性被复制到对象“3”中，如图7-122所示。

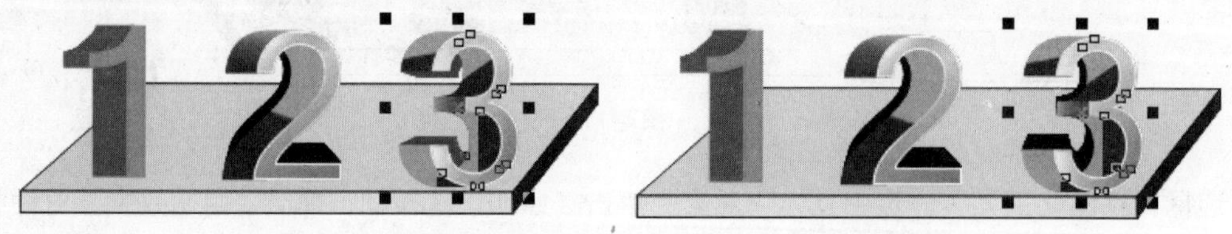

图7-122

使用“效果”→“立体化”命令，在打开的泊坞窗中的“立体化光源”选项卡也可以进行相同的设置。

7.7 阴影效果

7.7.1 制作阴影效果

① 开光盘目录下的“素材\第7章\阴影素材”文件，在工具箱中选择“阴影工具”，在需要制作阴影的对象上按下鼠标左键并拖曳，如图7-123所示。拖曳到合适位置后松开鼠标，阴影效果设置完成，如图7-124所示。

❷ 此时，对象上出现方向线，在方向线上有3个控制点，分别是“起点”、“纵深滑块”和“终点”。在“起点”上按下鼠标左键并拖曳可以调整阴影的起点位置，如图7-125所示。拖曳“纵深滑块”可以改变阴影的不透明度。靠近“终点”时阴影变暗，靠近“起点”时阴影变淡，如图7-126所示。拖曳“终点”可以改变阴影的方向，如图7-127所示。

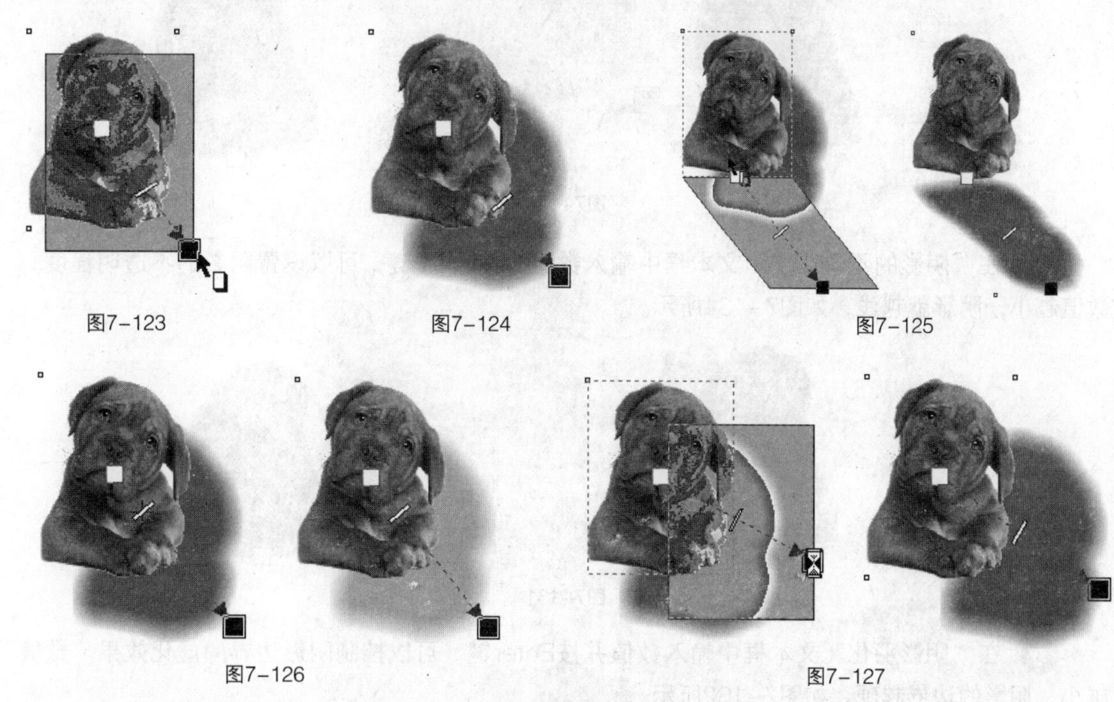

图7-123 图7-124 图7-125

图7-126 图7-127

7.7.2 编辑阴影

❶ 选择工具箱中的“阴影工具”，属性栏变成“阴影工具”属性栏，如图7-128所示。

图7-128

❷ 在属性栏上的“预置”框中，有预先设置好的阴影效果样式。用户可根据需要进行选用。通过右侧的“+”、“-”按钮可以将自行编辑的阴影样式添加到预置框中，或删除预置框中的样式，如图7-129所示。

图7-129

3 在“阴影角度”文本框中输入数值并按Enter键，可以设置阴影的角度，如图7-130所示。

图7-130

4 在“阴影的不透明度”文本框中输入数值并按Enter键，可以设置阴影的不透明程度。数值越小，阴影就越浅，如图7-131所示。

图7-131

5 在“阴影羽化”文本框中输入数值并按Enter键，可以控制阴影边界的虚化效果。数值越小，阴影的边界越硬，如图7-132所示。

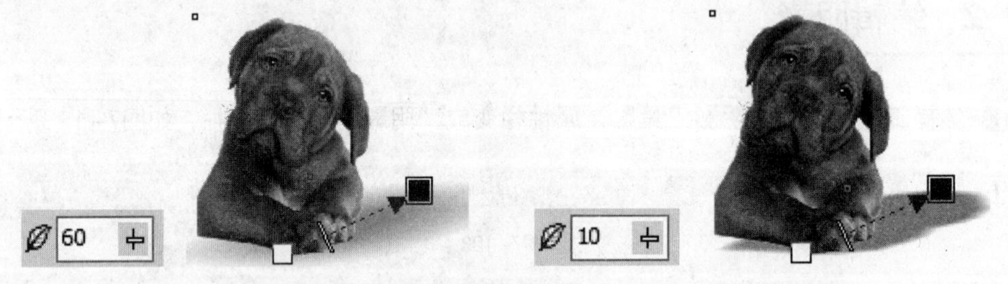

图7-132

6 单击“阴影工具”属性栏中的“羽化方向”按钮，在弹出的对话框中可以设置4种羽化方向，如图7-133所示。

在设置羽化方向时，“向内”表示阴影从对象的内侧开始计算，产生一种较小的阴影效果；“中间”表示阴影从对象的中心开始计算；“向外”表示阴影从对象的外侧开始计算，产生一种较大的阴影效果；“平均”为默认选项，是向内和向外方式的羽化平均值，如图7-134所示。

图7-133

羽化方向选用“平均”时，不能设置此项。

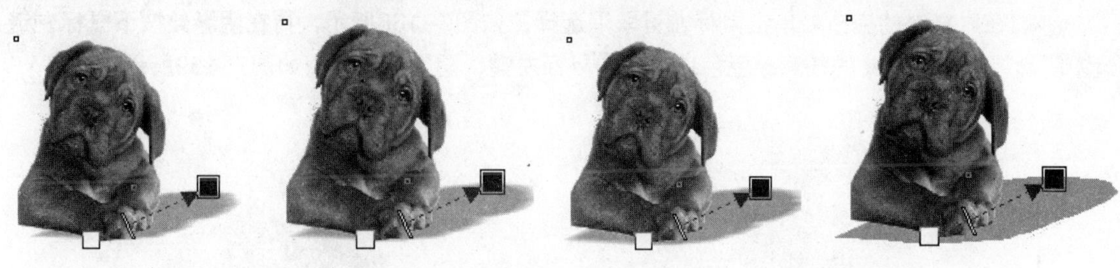

图7-134

⑦ 单击属性栏中的“羽化边缘”按钮，在弹出的对话框中可以设置4种羽化边缘效果，分别为：线性、方形的、反白方形、平面，如图7-135所示。在设置羽化边缘效果时，“线性”生成边缘不突出的非常柔和的阴影效果；“方形的”具有扩展到边缘以外的羽化的柔和边缘；“反白方形”具有扩展到边缘以外的羽化的突出边缘；“平面”阴影没有羽化效果，如图7-136所示。

图7-135

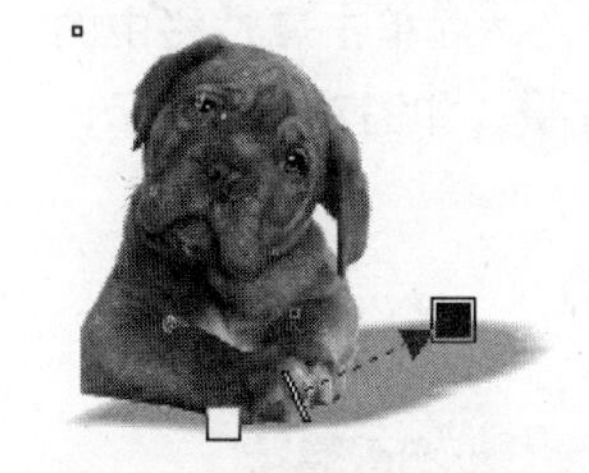
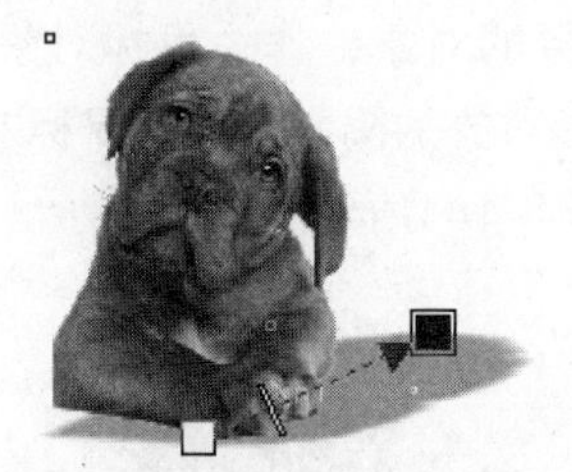
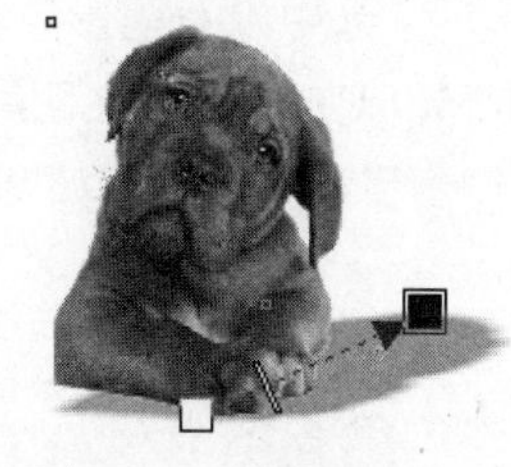

图7-136

7.7.3 阴影填色

① 使用“选择工具”，在阴影处按下鼠标右键，在弹出的菜单中选择“打散阴影群组”命令，将实物对象和阴影对象拆分开，如图7-137所示。

图7-137

在实物对象上按下鼠标右键，选中的不是阴影，因此不能进行拆分阴影。

② 在对象外的空白处单击鼠标左键取消选择，如图7-138所示，再在阴影处按下鼠标左键选中阴影，在调色板中的任意颜色色块上单击鼠标左键，阴影被填色，如图7-139所示。

图7-138

图7-139

774 复制和清除阴影

① 使用“阴影工具”，选中没有阴影效果的对象，作为目标对象，然后单击属性栏中的“复制阴影属性”按钮，光标变为➡，在阴影对象的阴影处按下鼠标左键，如图7-140所示，阴影对象的阴影属性被复制到目标对象上，如图7-141所示。

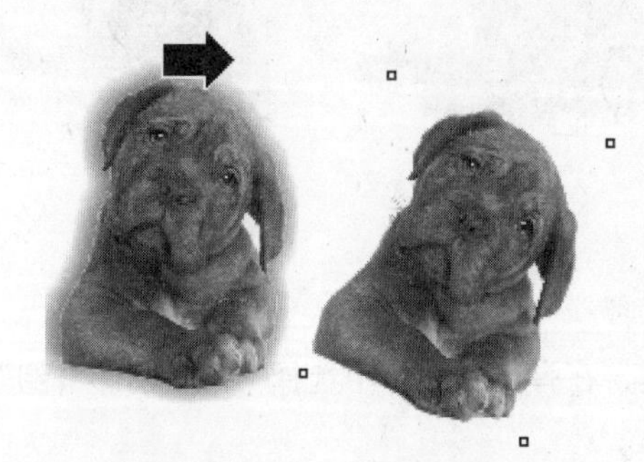
图7-140

图7-141

② 使用“阴影工具”选择清除阴影的对象，单击属性栏中的“清除阴影”按钮，对象的阴影被清除，如图7-142所示。

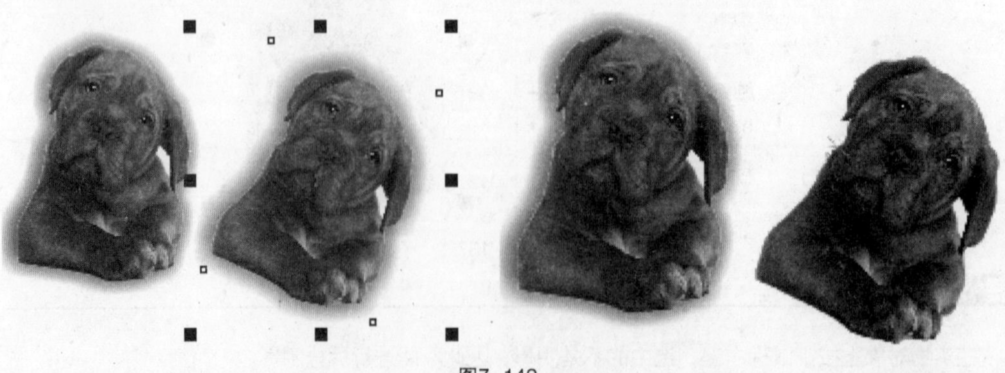
图7-142

7.8 透视效果

使用CorelDRAW X5提供的透视功能，可以制作出空间立体感较强的图形效果。

❶ 打开光盘目录下的“素材\第7章\透视素材”文件，使用“选择工具”选中图形对象。执行“效果”→“添加透视”命令，此时图形对象的四周出现4个黑色的控制点，整个图形被透视框包围，如图7-143所示。

效果(C)　位图(B)　文本(X)
调整(A)
变换(N)
校正(O)
艺术笔(D)
调和(B)
轮廓图(C)　Ctrl+F9
封套(E)　Ctrl+F7
立体化(X)
斜角(L)
透镜(S)　Alt+F3
添加透视(P)
图框精确剪裁(W)
翻转(V)

图7-143

❷ 在透视框上的任意黑点处按下鼠标左键并拖曳，页面上出现透视点，如图7-144所示，拖曳控制点到合适位置后松开鼠标，透视效果出现，如图7-145所示，如果对效果不是很满意，可以继续拖曳其他控制点来调整透视效果。

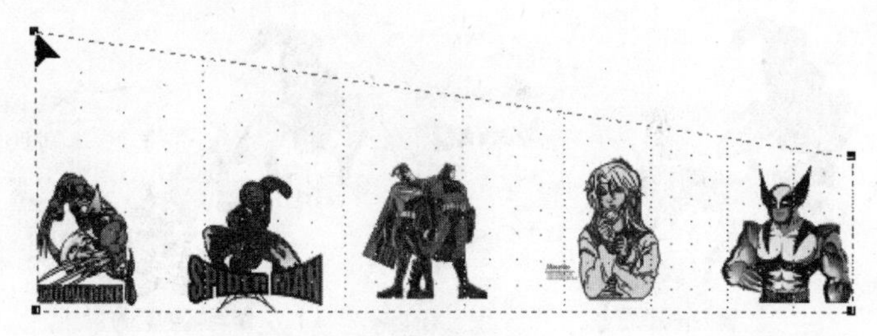

图7-144

图7-145

7.9 透镜效果

一个对象被设置了透镜效果之后，当这个透镜对象移动到目标对象上方时，可以改变下方对象的视觉效果。

7.9.1 使用透镜效果

❶ 打开光盘目录下的“素材\第7章\透镜素材”文件，使用“选择工具”选中放大镜的镜面图形，如图7-146所示。

❷ 执行“窗口”→“泊坞窗”→“透镜”命令，弹出“透镜”泊坞窗，选择的对象在“透镜”泊坞窗的显示框中出现，如图7-147所示。

❸ 单击“透镜类型”下拉菜单，在展开的下拉菜单中可以选择12种透镜类型，每种透镜的参数设置不尽相同，效果更是丰富多彩，如图7-148所示。

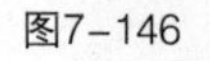
图7-146

图7-147

图7-148

7.9.2 设置透镜选项

在“透镜”泊坞窗中，可以通过设置每个透镜自有选项和公用选项来修改透镜效果。下面以“颜色添加”效果为例进行讲解，如图7-149所示。在“比率”设置选项中可以设置透镜效果的强度；在“颜色”选项中选择的颜色将与下方对象的颜色发生反应而修改透镜的颜色效果，如图7-150所示。

图7-149

比率(E): 70 %　　颜色:

图7-150

7.10 图框精确裁剪

在CorelDRAW X5中，可以把一个封闭的路径作为容器，将其他对象（包括文本、图形和图像）放置到封闭路径中，路径范围外的部分将被隐去，这就是图框精确裁剪。

7.10.1 制作图框精确裁剪对象

制作图像精确裁剪的方法有两种：一种为菜单命令裁剪法，一种是鼠标右键裁剪法。

1. 菜单命令裁剪法

① 打开光盘目录下的“素材\第7章\裁剪效果”文件。在工具箱中选择“选择工具”，选中要做裁剪效果的图像，如图7-151所示。

② 执行“效果”→“图框精确剪裁”→“放置在容器中”命令，当光标变为黑色箭头时，将黑色箭头移动到容器对象上，单击鼠标左键，完成裁剪效果，如图7-152所示。

图7-151

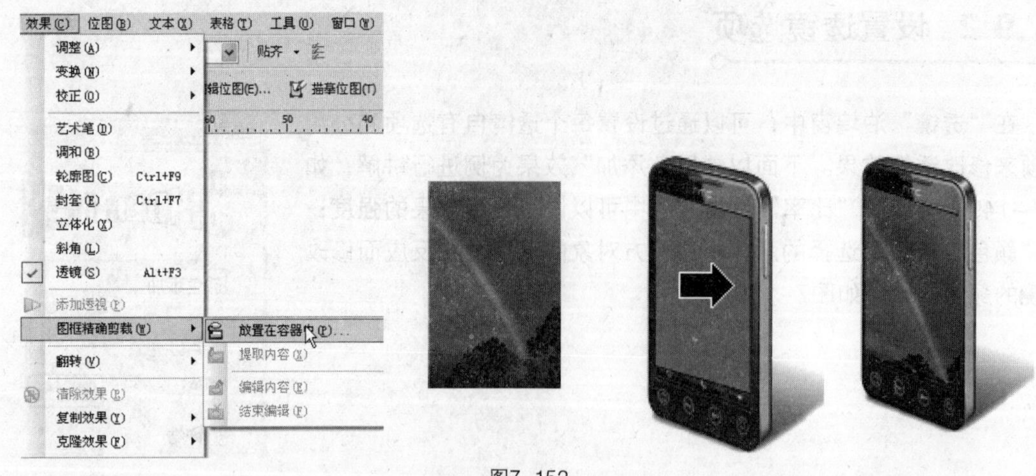

图7-152

2. 鼠标右键裁剪法

① 选择工具箱中的“选择工具”，在图形对象“小狗”上按下鼠标右键并拖曳到容器对象上，此时光标变成⊕，如图7-153所示，松开鼠标，在弹出的菜单中选择“图框精确裁剪内部”命令，如图7-154所示。

② 图形对象被放置到容器中并与容器群组，超出容器的部分被隐去，如图7-155所示。

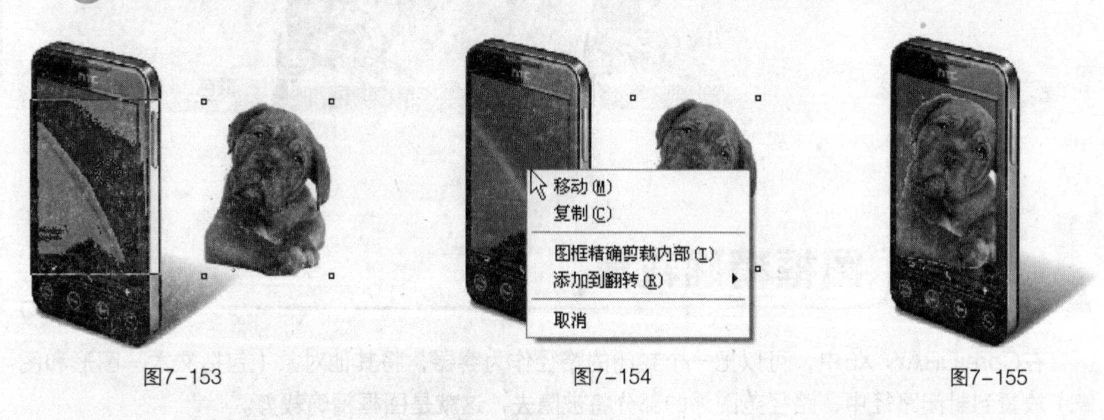

图7-153　　图7-154　　图7-155

7.10.2 编辑裁剪对象

放置到容器中的对象也许并不符合设计师的要求，设计师可以对被裁剪的内置对象做进一步的编辑。

1. 提取内置对象

使用“选择工具”在容器上单击鼠标右键，从弹出的菜单中选择“提取内容”命令，内置对象被提取出来并与容器解除群组，如图7-156所示。

2. 编辑内置对象

① 使用“选择工具”在容器上单击鼠标右键，从弹出的菜单中选择“编辑内容”命令，如图7-157所示，此时页面上的其他对象被隐去，容器对象变成浅灰色轮廓，内置对象完全显现出来，如图7-158所示。

图7-156

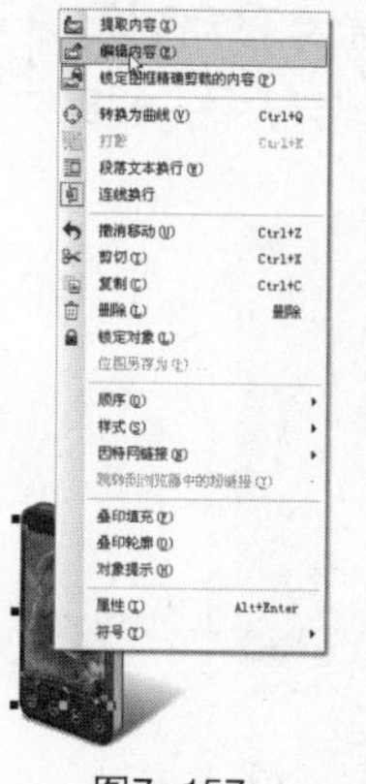

图7-157

图7-158

❷ 在其中一个图案上单击鼠标左键，选中一个内置对象，在对象的控制点上按下鼠标左键并拖曳以调整其大小，拖曳到合适的位置后松开鼠标，如图7-159所示；再在内置对象上按下鼠标左键并拖曳，以调整其在容器中的位置，拖曳到合适位置后松开鼠标，编辑完成，如图7-160所示。

图7-159

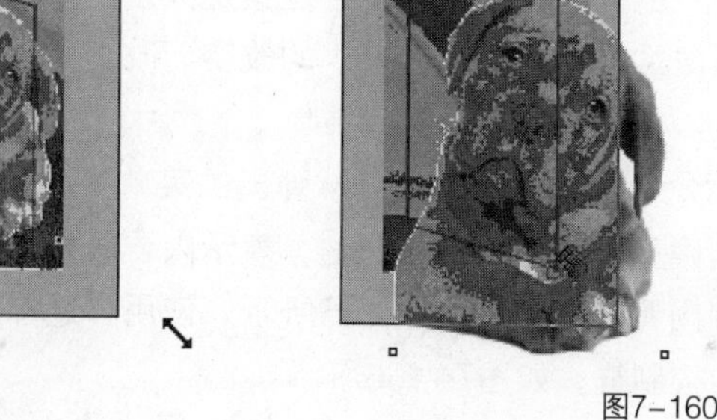

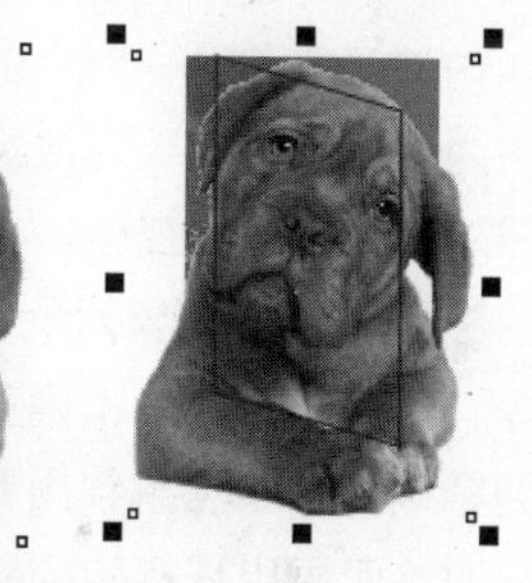

图7-160

7.10.3 复制内置对象

精确裁剪图形可以通过复制来完成重复操作。

❶ 使用“多边形工具”，在刚才完成的内置对象旁边绘制一个多边形，并保持其选中状态，如图7-161所示。执行“效果”→“复制效果”→“图框精确剪裁自”命令，如图7-162所示。

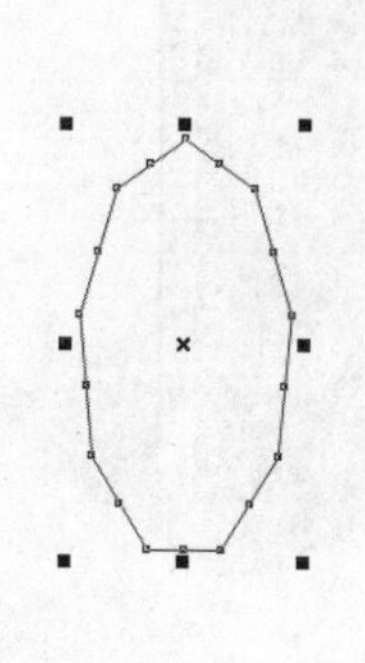

图7-161

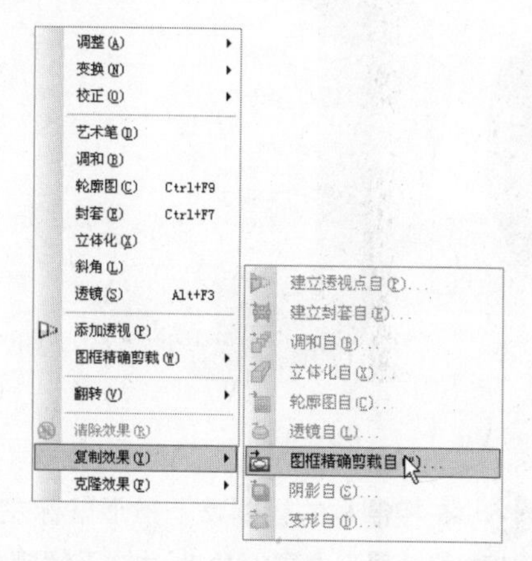

图7-162

❷ 光标变成黑色，将光标移动到需要复制的裁剪对象上，按下鼠标左键，如图7-163所示，裁剪属性被复制到多边形容器中，如图7-164所示。

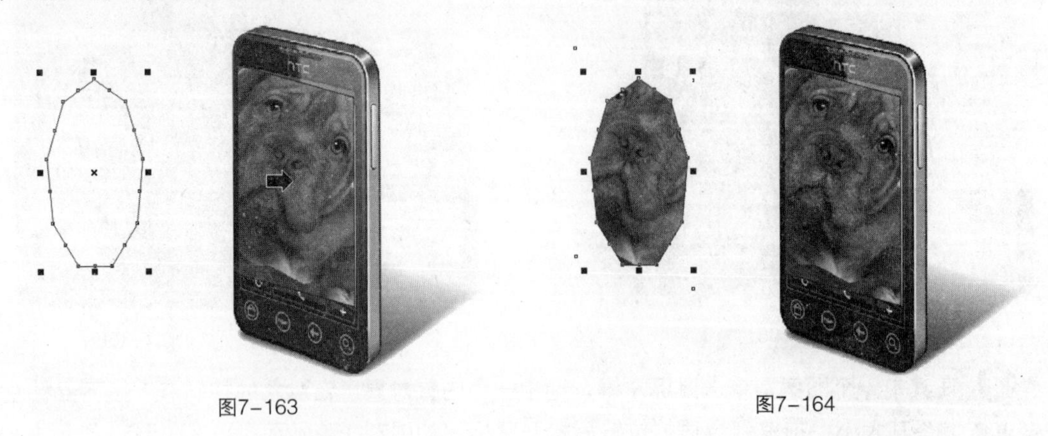

图7-163　　图7-164

7.10.4 锁定内置对象

内置对象与容器对象的关系有两种，一种是锁定关系，一种是解锁关系。当设置为锁定状态时，内置对象随容器对象的位置、形状、大小的改变而改变；当处于解锁状态时，内置对象不随容器对象的变化而变化。

❶ 在一个内置对象上单击鼠标右键，从弹出的菜单中选择“锁定对象到精确剪裁的内容”命令，“锁定对象到精确剪”图标为内陷时，表示内置对象处于锁定状态，此时选择“锁定对象到精确剪裁”将解锁内置对象，如图7-165所示。使用“选择工具”在内置对象上单击鼠标左键，对象四周出现旋转控制框，如图7-166所示。

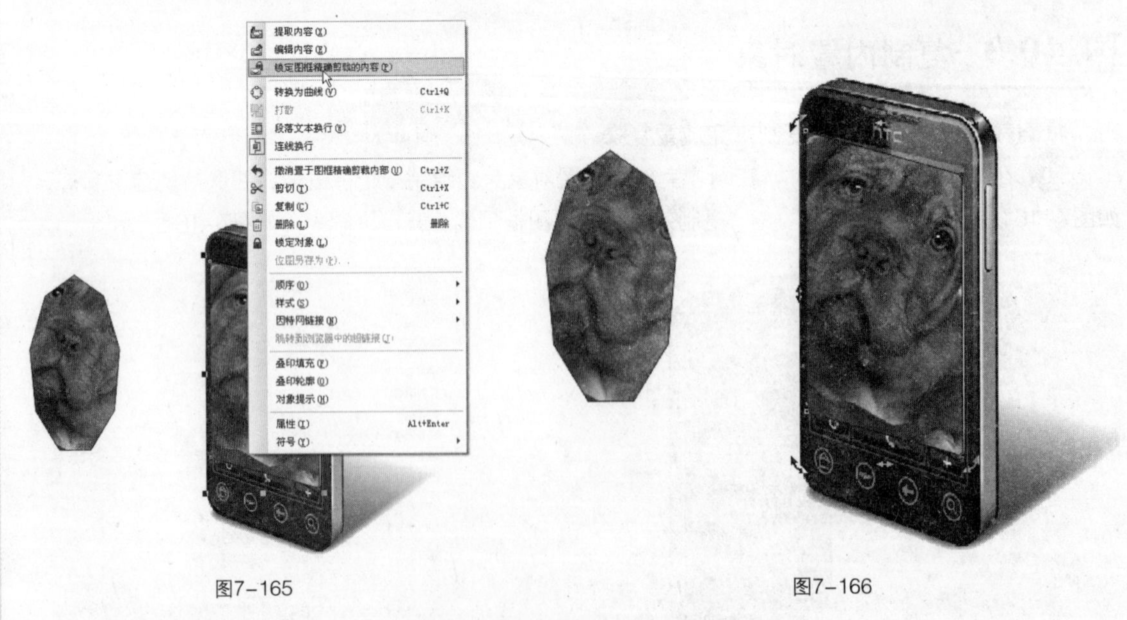

图7-165　　图7-166

❷ 在控制框的控制点上按下鼠标左键并拖曳，可以旋转容器对象，如图7-167所示。从图中可以看到，由于内置对象此时处于解锁状态，并不随容器的变化而变化，如图7-168所示。

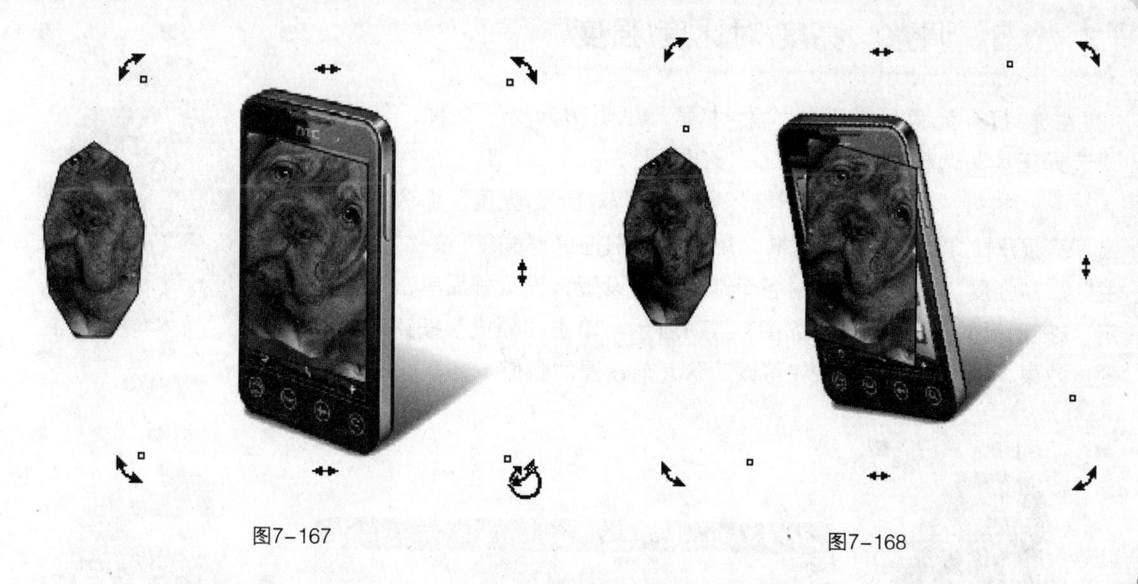

图7-167　　图7-168

③ 如果需要锁定内置对象，只需再次选择“锁定对象到精确剪裁的内容”即可。

7.10.5 设置内置对象的默认值

默认状态下，内置的对象会自动对齐容器对象的中心，CorelDRAW X5提供了修改默认值的功能。

执行“工具”→“选项”命令，从弹出的“选项”对话框工作区目录中选择“编辑”命令，在“编辑”设置区中的“新的图框精确剪裁内容自动居中”复选框上按下鼠标左键，取消勾选，单击“确定”按钮完成设置，如图7-169所示。此时再将对象内置到容器对象中，内置对象将根据光标的位置选择内置点。

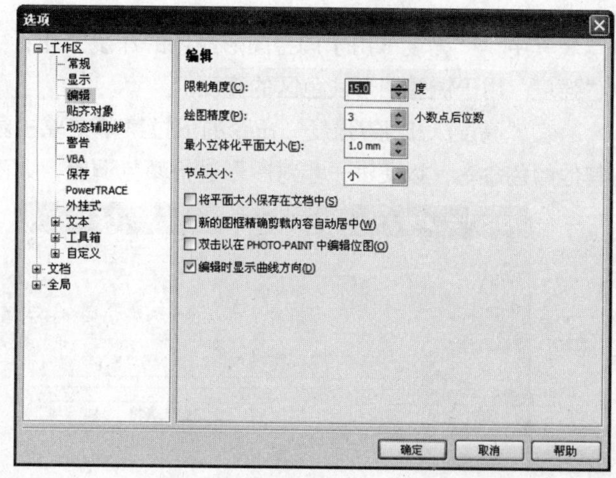

图7-169

7.11 调整图形颜色

CorelDRAW X5提供了多项调整图像、图形色调的功能，不仅可以对位图图像的色彩进行调整，一些调整功能还可以对矢量图形的颜色进行调整，这些调整功能包括“亮度/对比度/强度”、“颜色平衡”、“伽玛值”、“色度/饱和度/光度”。

7.11.1 调整“亮度/对比度/强度”

图7-170

①打开光盘目录下的“素材\第7章\阴影素材”文件，使用“选择工具”选择对象，如图7-170所示。

②执行“效果”→“调整”→“亮度/对比度/强度”命令，弹出“亮度/对比度/强度”对话框，用鼠标分别拖曳“亮度”、“对比度”、“强度”滑块，可以对各个选项进行设置，设置好后单击“确定”按钮，即可完成调整，如图7-171所示。单击“预览”按钮可以预览效果，单击“重置”按钮可以清除之前设置的数值。

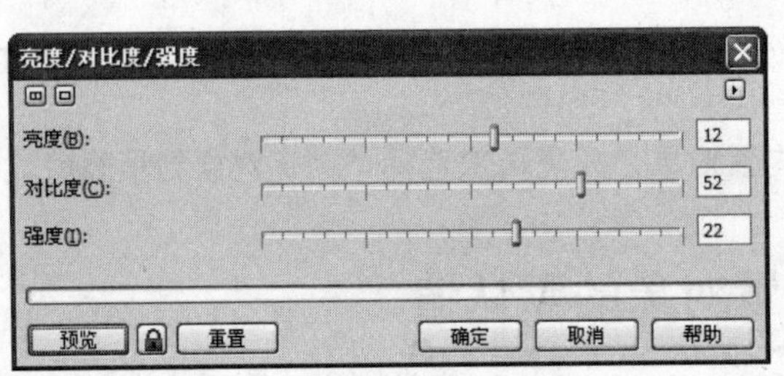

图7-171

其中，“亮度”用于调整图形颜色的深浅变化；“对比度”用于调整图形颜色的对比程度；“强度”用于调整图形浅色区的亮度。

在“亮度/对比度/强度”命令的下拉菜单中单击鼠标左键，在弹出的菜单中可以快捷地调用其他颜色命令，以便进一步对图形进行颜色调整，如图7-172所示。

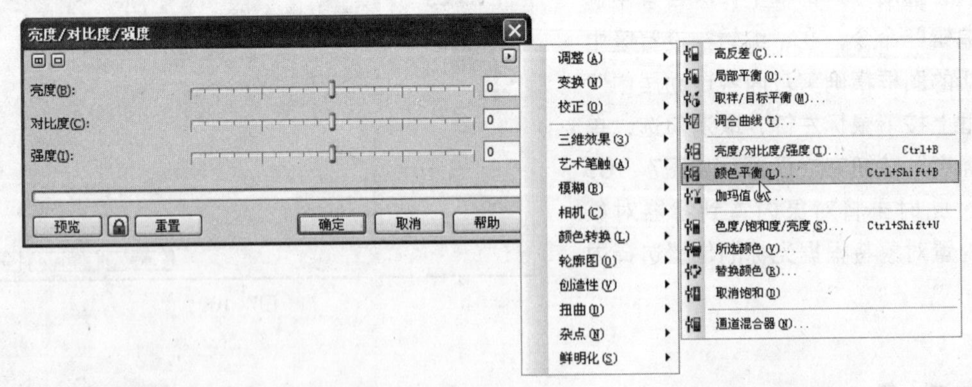

图7-172

7.11.2 调整“颜色平衡”

使用“选择工具”选择图形，执行“效果”→“调整”→“颜色平衡”命令，弹出“颜色平衡”对话框，拖曳其中各项的滑块，可以设置各个项目的数值，设置完成后单击“确定”按钮，完成图形的颜色调整，如图7-173所示。

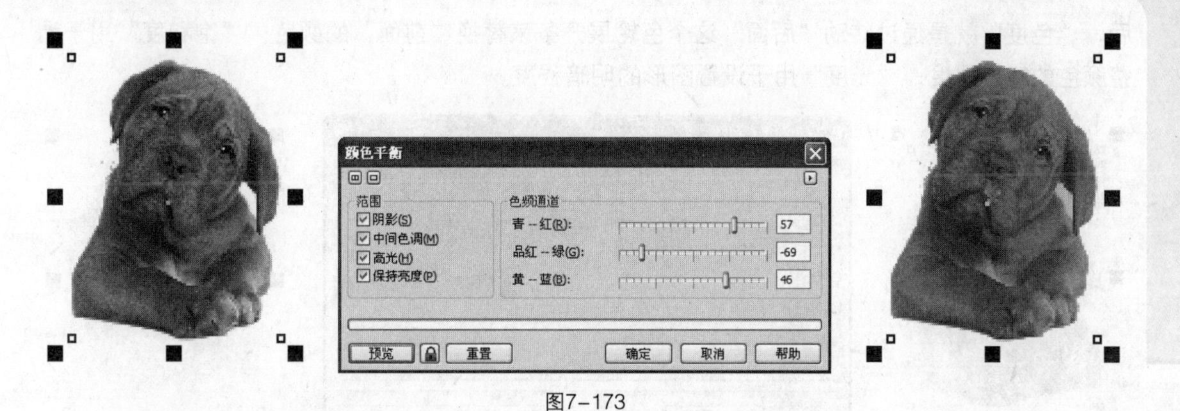

图7-173

在对话框的“范围”设置区中，有4个复选框可以共同完成对图形颜色的调整。“阴影”用于图形暗调部分的颜色调整；“中间色调”用于调整中间调的颜色；“高光”用于调整明亮部分的颜色；勾选“保持亮度”，可以在调整颜色时不改变图形的亮度。

在通道设置区中，有3组相反色，分别为“青-红”、“品红-绿”、“黄-蓝”，而色彩平衡是纠正颜色色偏的工具。在调整颜色时，增加某个颜色的色值也就等于减少这个颜色相反色的色值。

7.11.3 调整“伽玛值”

使用“选择工具”选择图形，执行“效果”→“调整”→“伽玛值”命令，弹出“伽玛值”对话框，拖曳其中的滑块可以设置伽玛值的数值，设置完成后单击“确定”按钮，完成图形的颜色调整，如图7-174所示。

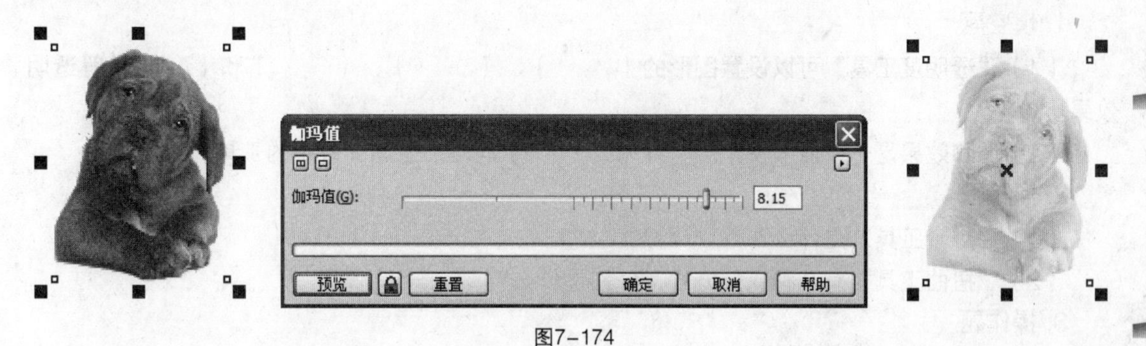

图7-174

7.11.4 调整“色度/饱和度/光度”

使用“选择工具”选择图形，执行“效果”→“调整”→“色度/饱和度/光度”命令，在弹出的“色度/饱和度/光度”对话框中，拖曳滑块可以设置各项的数值，设置完成后单击“确定”按钮，完成图形的颜色调整，如图7-175所示。

在“通道”设置区中，可以选中各个选项的单选按钮来设置需要调整的主颜色。对话框中的彩色显示条是一个展开的色轮，“前面”表示修改前，“后面”表示修改后，“色度”就是通过转动“后面”这个色轮展开条来替换“前面”的颜色；“饱和度”用于调整颜色的鲜艳程度；“光度”用于设置图形的明暗程度。

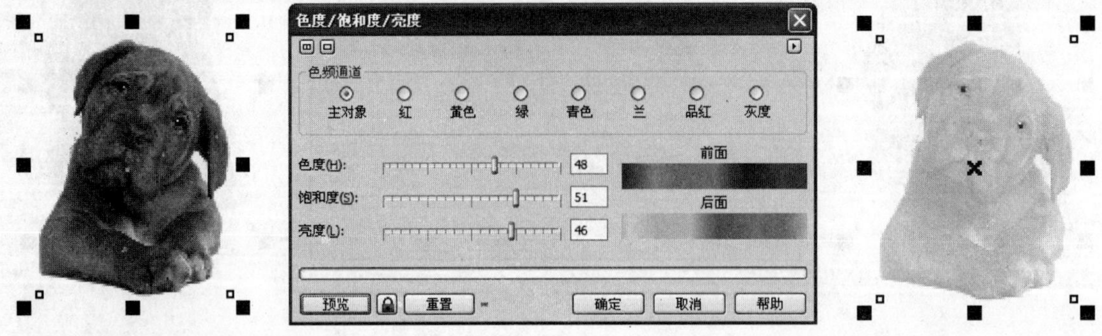

图7-175

7.12 小结

通过本章学习，设计师可以掌握图形特殊效果的设置方法，对初步绘制好的图形进行艺术再加工。

7.13 习题

1. 填空题

（1）“透明度工具”可以设置图形的（　　）、（　　）、（　　）和（　　）等透明效果。

（2）调和效果是一个能够使（　　）和（　　）同时产生渐变效果的工具。

2. 问答题

（1）“封套工具”是什么?

（2）“扭曲工具”有几种变形方式，分别是什么?

3. 操作题

（1）练习图形对比度的调整。

（2）练习将图形调整为青色。

第8章 位图图像

CorelDRAW X5不能直接绘制出位图，但是可以接受其他图像处理软件提供的位图，并且可以对位图进行一些简单的编辑。

设计要点

- 图像的基本概念
- 如何导入位图
- 位图编辑
- 滤镜效果

8.1 位图的基本概念

像素和分辨率

像素（Pixel）是组成数字图像的最小单元，英文全称为picture element。将图片在图像处理软件中放大到最大级别，此时看到的许许多多正方形的小色块就是像素，如图8-1所示。

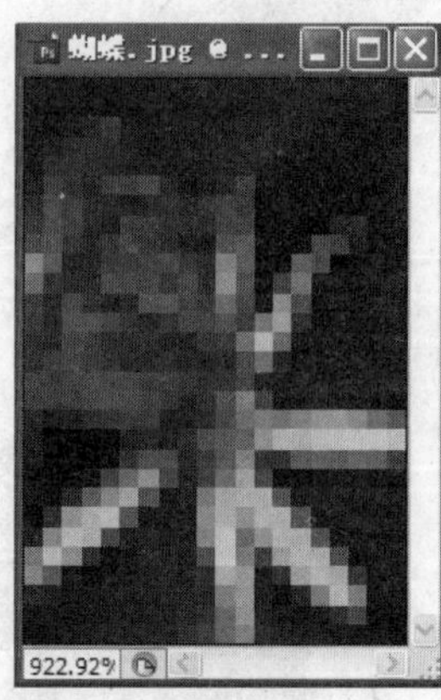

图8-1

分辨率（Resolution）是指单位长度内点的数量，通常用每英寸或每厘米的点数来表示。对于不同的设备采用不同的单位，即spi、ppi、dpi、lpi或spc、ppc、dpc、lpc。

- spi：扫描仪或数码相机每英寸的采样点数量。
- ppi：显示器每英寸显示的像素数量。
- dpi：打印机每英寸的打印点数。
- lpi：印刷品每英寸的加网线数。连续调的图像在印刷时要通过加网来变成半调图像。

8.2 导入位图

CorelDRAW X5可以接受其他图像软件编辑好的位图。并且，可以通过“导入”的方式让图像进入到页面中去，然后跟图形和文字进行混排以完成平面设计工作。

1 执行“文件”→“导入”命令，如图8-2所示，弹出“导入”对话框，在“查找范围”列表栏中找到位图文件所在的文件夹，再在需要导入的位图文件上单击鼠标左键，单击“导入”按钮，如图8-3所示。

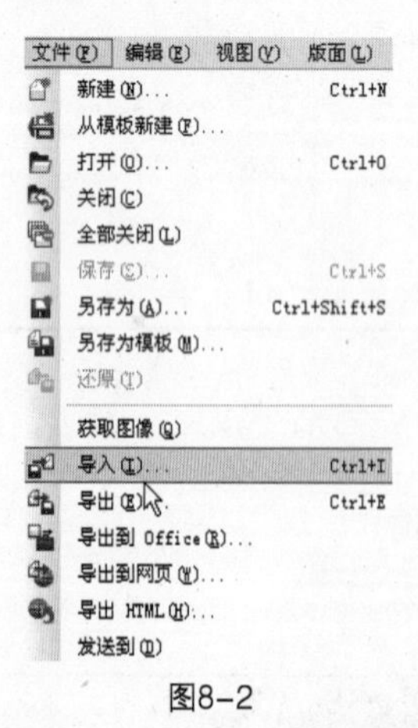

图8-2

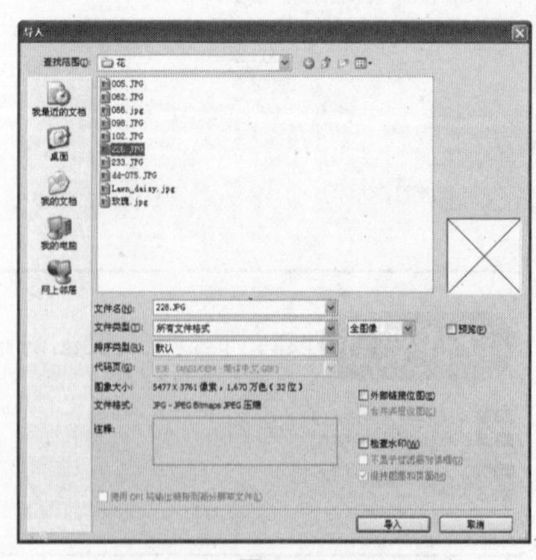

图8-3

2 页面上出现中包含图像文件信息的导入光标，如图8-4所示，在页面的任意位置单击鼠标左键，导入光标消失，图像出现在页面中，如图8-5所示。

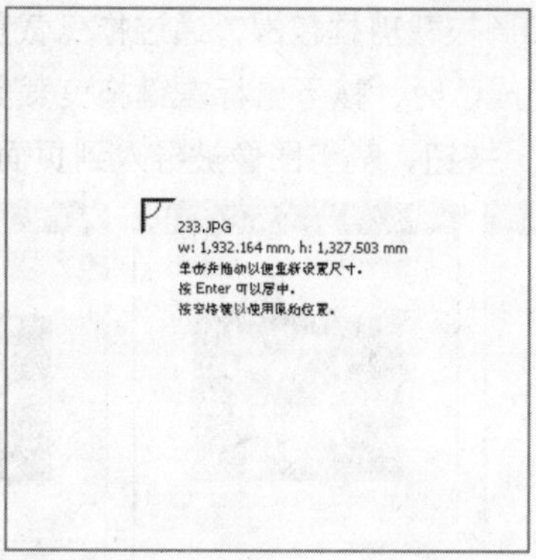

233.JPG
w: 1,932.164 mm, h: 1,327.503 mm
单击并拖动以便重新设置尺寸。
按 Enter 可以居中。
按空格键以使用原始位置。

图8-4

图8-5

③ CorelDRAW X5还可以同时导入多张图片，执行“文件”→“导入”命令，弹出“导入”对话框，按下Shift键并单击图像文件，选中多张图片，单击“导入”按钮，出现导入光标后，在页面上连续单击鼠标左键，所选的图片就都被导入到页面中了，如图8-6所示。

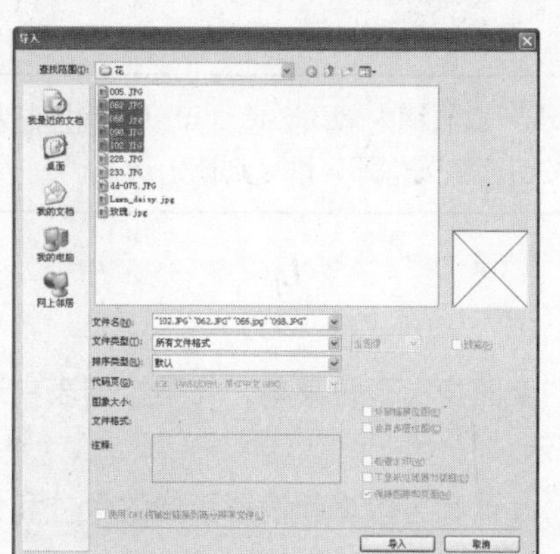

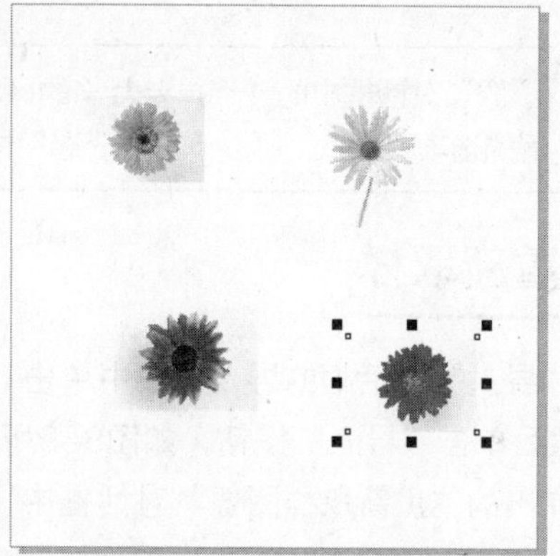

图8-6

提示

在进行导入操作时，当页面上出现导入光标时，如果想取消导入操作，只需按Esc键即可。

8.3 导入时编辑位图

CorelDRAW X5允许设计师在导入位图时进行简单的编辑操作。包括“裁剪”图像，以剪切掉图像中不需要的部分；“重新取样”位图，设计师可以修改图像的尺寸和分辨率，以符合设计的需要。

8.3.1 裁剪位图

① 执行“文件”→“导入”命令，在“导入”对话框的导入选项中单击“全图像”下拉菜单，在下拉列表中选择“裁剪”命令，然后单击“导入”按钮，如图8-7所示。

② 在弹出的“裁剪图像”对话框中，图像的四周被裁剪框包围，通过拖曳裁剪框上的控制点可以设置裁剪范围；当把光标移动到裁剪框中并变成🖑时，按下鼠标左键拖曳裁剪框可以调整裁剪的范围，如图8-8所示，设置完成后单击“确定”按钮，裁剪图像被导入到页面中。

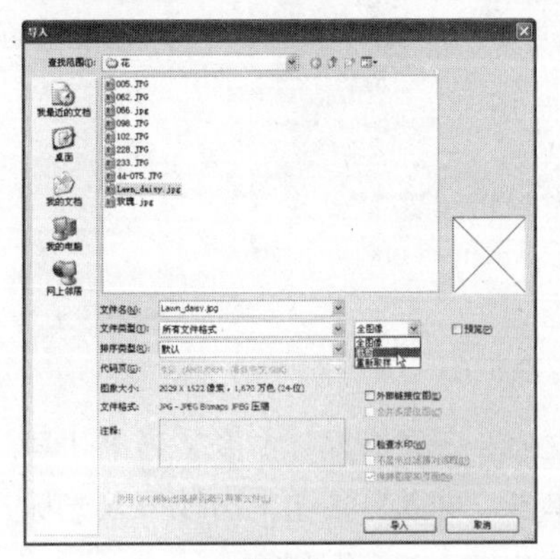

图8-7

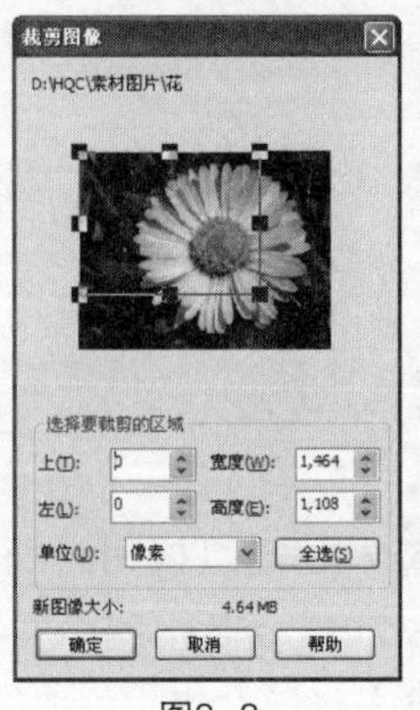

图8-8

提示

在“裁剪图像”对话框中的“选择要裁剪的区域”数值框内输入数值，可以精确控制裁剪范围。如果设计师对设置的选项不满意，可以单击“全选”按钮，裁剪框即可恢复到初始状态。

832 重新取样

① 在“导入”对话框的导入选项中单击“全图像”下拉菜单，在下拉列表中选择“重新取样”命令，然后单击“导入”按钮，如图8-9所示。

② 在弹出的“重新取样图像”对话框中，设计师可以重新设置图像的尺寸和分辨率，设置完成后单击“确定”按钮，图像导入页面中，如图8-10所示。

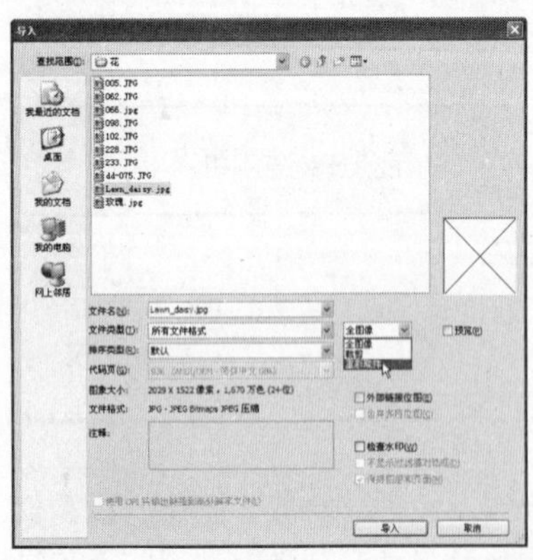

图8-9

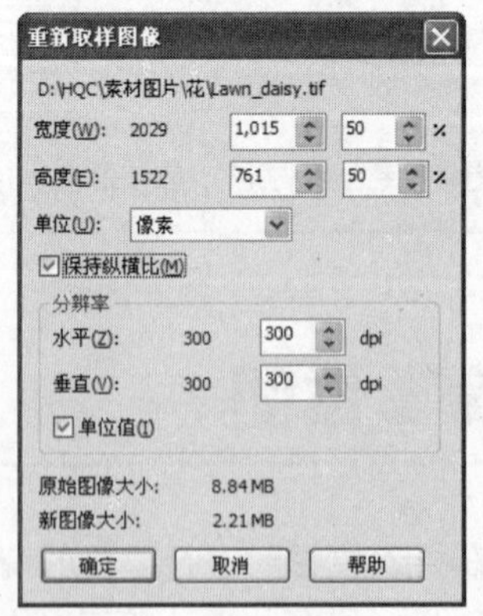

图8-10

8.4 外部链接位图

如果直接将位图导入到文档中，会使文件增大，并影响文件打开和操作的速度，将图片设置为外部链接，可以提高设计师的工作效率。

❶ 执行“文件”→“导入”命令，弹出“导入”对话框，在文件列表框中选择需要导入的图像文件，在选项中勾选“外部链接位图”复选框，单击“导入”按钮，如图8-11所示。

❷ 在页面上单击鼠标左键，图像被导入，如图8-12所示，此时导入的只是图像的缩略图，CorelDRAW X5自动建立缩略图和原图的链接关系，为了保证下面的工作能顺利完成，最好不要改变图像文件在计算机中的存放位置和文件名，并且不能删除原图。

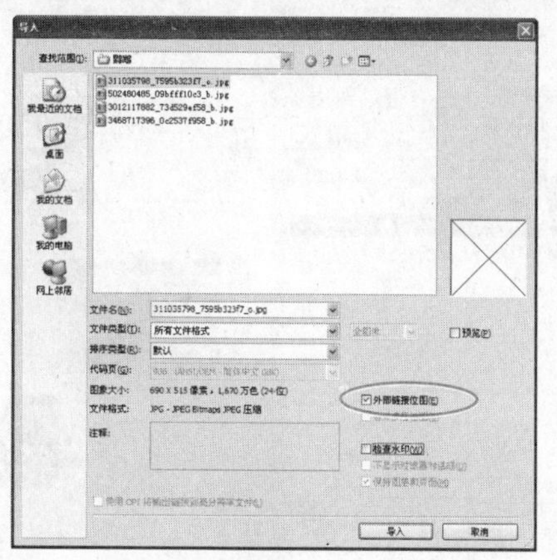
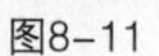
图8-11

图8-12

提 示

使用外部链接的文档，在输出印刷时，一定要将文档和图片一起复制到输出公司，否则使用外部链接的图片无法正常输出印刷。

❸ 对多张外部链接图片进行管理是很有必要的，CorelDRAW X5提供的链接管理器能够很好地对链接图片进行管理。执行“窗口”→“泊坞窗”→“链接和书签”命令，弹出“链接和书签”对话框，如图8-13所示。

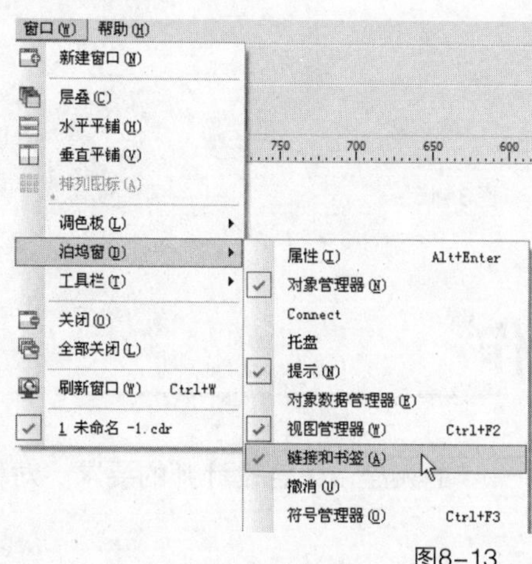

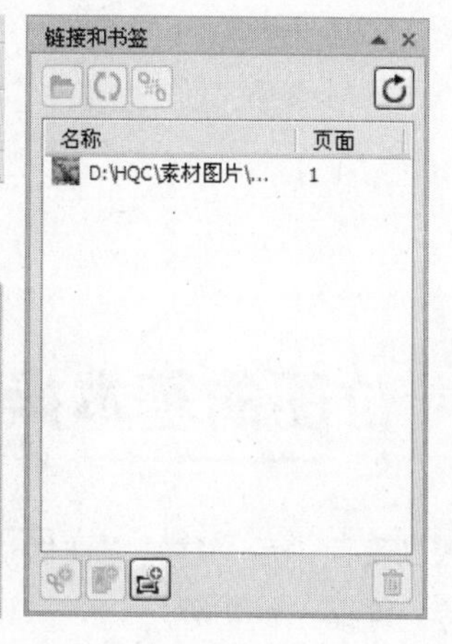

图8-13

在“链接和书签”对话框中，文档所有的链接图片都在列表框中显示，“状态”列的图标为✓表示图片链接正常，图标为!表示原图片发生改变，图标为✗表示图片丢失链接；缩略图和图片存放路径也在列表框中显示；“页面”表示链接图片在文档中的页码位置。

单击列表框中的链接，当变为蓝色显示时，表示选中此链接；按下Shift键并单击列表框中的链接，可以选中多个链接。选择正常链接并单击图标可以断开文档图片与原图片的链接；选择变化链接并单击图标可以使文档图片自动寻找和链接原图片；选择丢失链接后单击图标可以在弹出的“定位外部位图”列表框中手动寻找原图片并与之建立链接。选择链接并单击图标可以使用外部的关联软件打开此链接图片。

4 使用“选择工具”在“链接管理器”对话框中双击链接，会自动跳转到图片所处的页码处并选中图片，如图8-14所示。

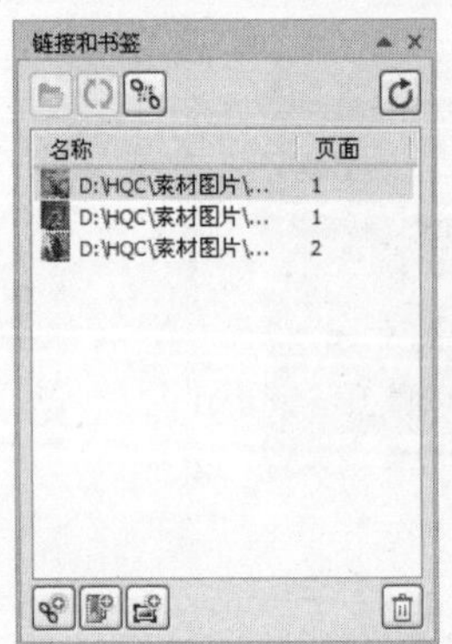

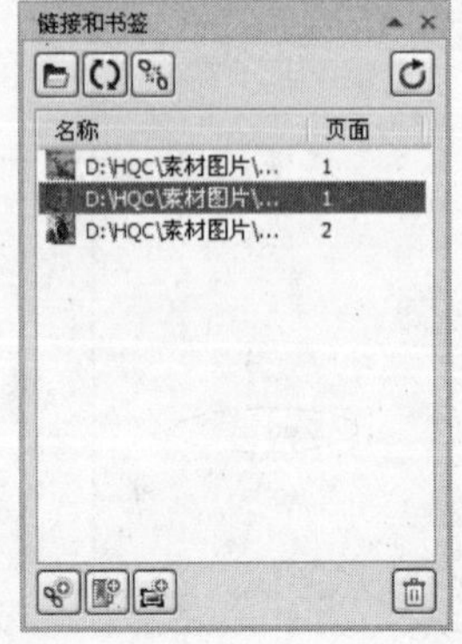

图8-14

完成重新链接图片的操作后，单击图标可以查看链接状态，如图8-15所示。

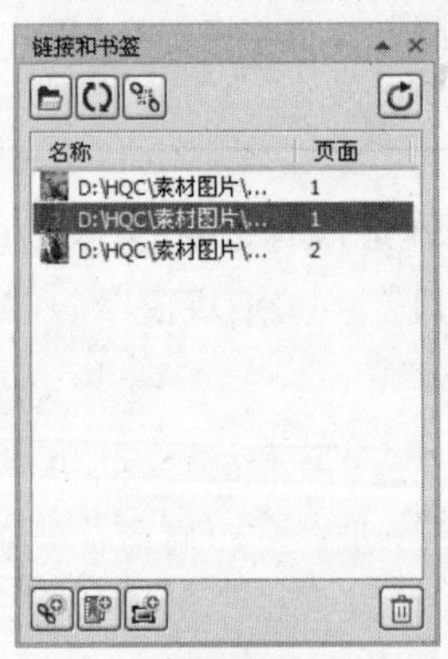

图8-15

8.5 位图的基本操作

位图被导入到页面中后，往往需要做进一步的调整以适合设计师的要求。对位图的基本操作包括移动、旋转、伸缩、裁切等。

8.5.1 移动、伸缩、旋转位图

使用“选择工具”选中页面中的图像，图像四周出现8个黑控制点，在图像上按下鼠标左键并拖曳到任意位置，松开鼠标，图像被移动位置，如图8-16所示。

图8-16

在4个角控制点上按下鼠标左键并拖曳，可以使图像等比例缩放，如图8-17所示，在4个边控制点上按下鼠标左键并拖曳，可以使图像变形，如图8-18所示。

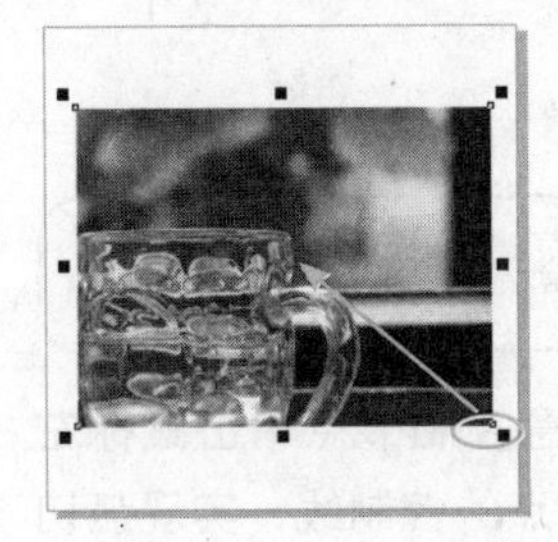

图8-17

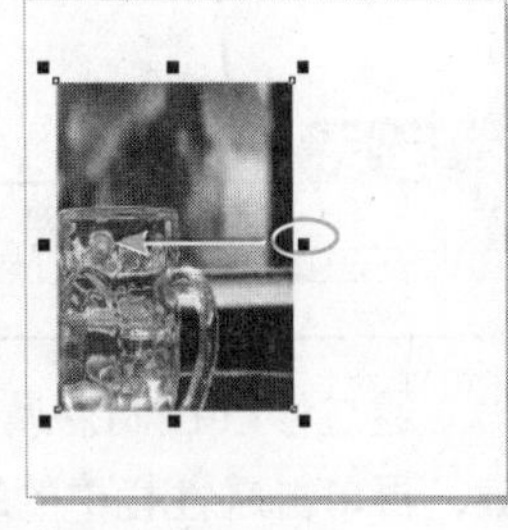

图8-18

使用“选择工具”选中页面中的图像，再在图像上单击鼠标左键，此时出现旋转切变控制点，在切变控制点↕上按下鼠标左键，可以切变图像，如图8-19所示；在旋转控制点↗上按下鼠标左键可以旋转图像，如图8-20所示。

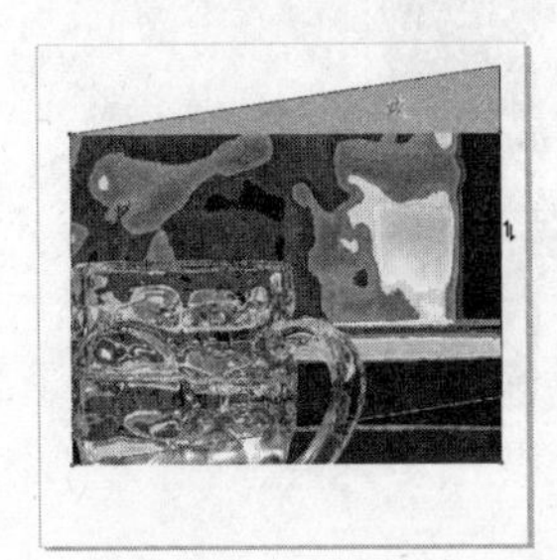

图8-19

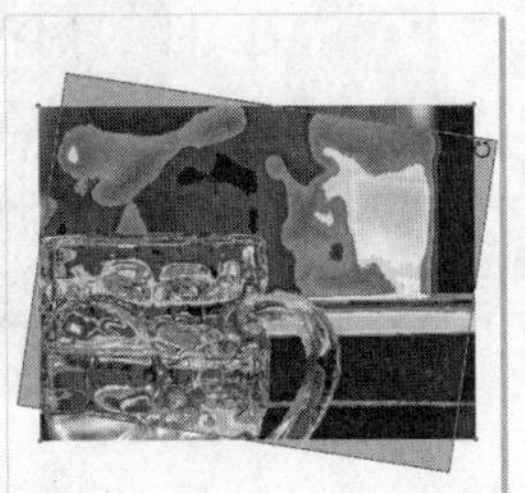

图8-20

当使用“选择工具”选中图像后，属性栏变成图像属性栏，如图8-21所示，在图像属性栏中通过输入数值可以更加精确地控制图像操作。在“x”、“y”参数栏中输入数值可以把图像精确定位到设置点上；在“对象大小”参数栏中可以通过修改尺寸和比例关系来伸缩图像；通过单击等比锁按钮来控制图像是否等比缩放；在“旋转”参数栏中输入数值可使图像产生旋转。

x: 150.681 mm　288.606 mm　72.4 %　351.1 °　编辑位图(E)...　描摹位图(T)
y: 146.052 mm　234.157 mm　72.4 %

图8-21

8.5.2 裁切位图

使用“形状工具”选中位图，图片四周出现虚线控制框和4个空心控制点，拖曳控制框和控制点都可以对图像进行裁切，如图8-22所示，此时图像裁切部分只是被控制框遮挡住了，并没有被破坏。

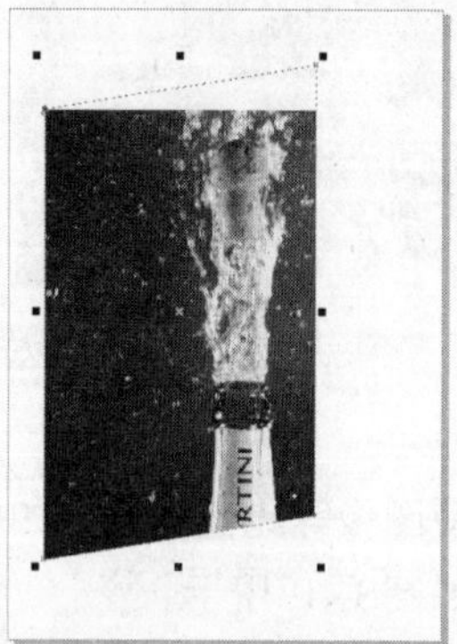

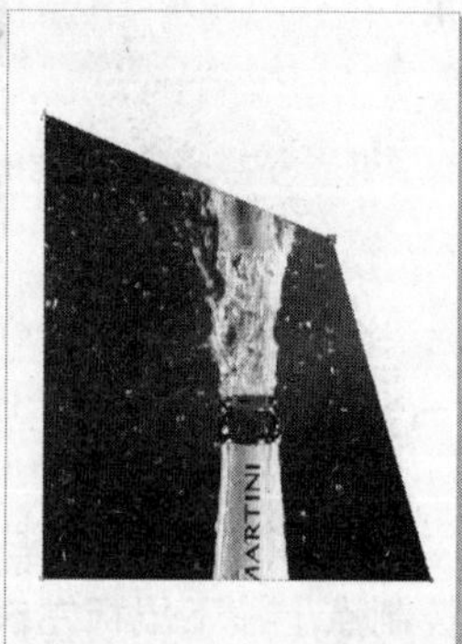

图8-22

在拖动控制点的过程中，按下Shift键不放，即可按固定角度更改图片的形状。

通过修改控制点属性可以实现更加复杂的裁切效果。在控制线的任意控制节点单击鼠标左键，再单击属性栏中的转换曲线按钮，将直线转换为曲线。拖曳控制节点的控制线，实现弧切效果，如图8-23所示。

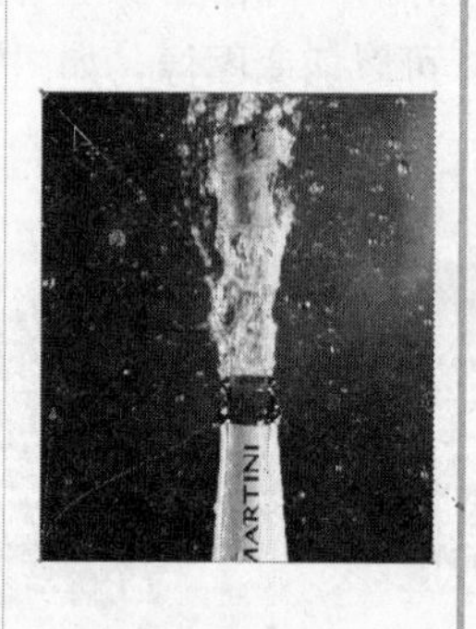

图8-23

编辑完成后，设计师可以在菜单栏中执行“位图”→“转换为位图”命令。这样图片的形状就不可更改了。

8.6 位图的色彩特效

CorelDRAW X5提供的颜色编辑功能，使设计师能够自如地操控色彩，获得更加完美的设计作品。

8.6.1 位图颜色遮罩

使用位图颜色遮罩功能可以使位图的某些颜色被遮挡住，位图中包含此颜色的区域显示为透明的。

1 将光盘目录下的“素材\第8章\位图素材1”文件导入到页面中，使用“选择工具”选择它，执行“位图”→“位图颜色遮罩”命令，弹出“位图颜色遮罩”对话框，如图8-24所示。

链接图片不能使用此效果。

2 在对话框列表框中的颜色条目□ 0上单击鼠标左键，然后单击“吸管”按钮，将变成吸管的光标移动到图像需要遮罩的颜色上，单击鼠标左键，所选颜色被选定到颜色条目中，使用相同的方法可以选取多种颜色到其他色条中，如图8-25所示。

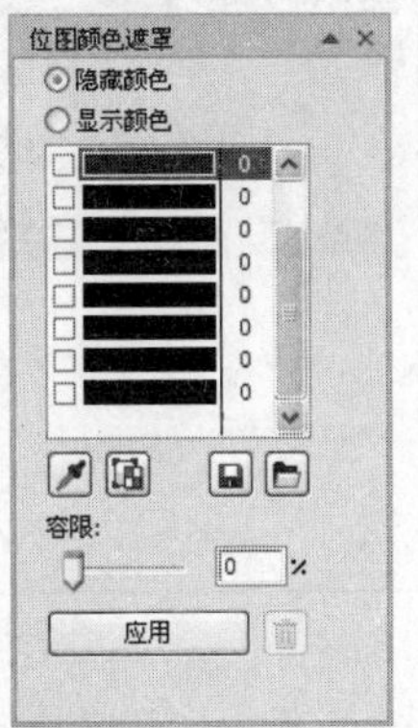

图8-24

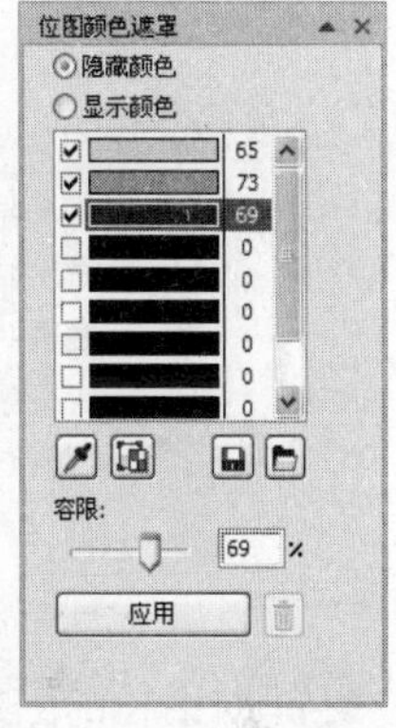

图8-25

3 单击按钮，可以调用“选择颜色”对话框来编辑当前选择的色条颜色；单击按钮可以将颜色遮罩作为样式保存；单击按钮可以调用保存的遮罩样式；拖曳“容限”的滑块或者直接在参数栏中输入数值，可以改变当前选择颜色的容差，数值越大，包含的颜色范围越大。

4 在对话框的上端有两种遮罩模式可以选择，“隐藏颜色”表示隐藏色条中设置的颜色，“显示颜色”表示仅显示当前色条中设置的颜色而隐藏其他颜色。设置完成后，单击“应用”按钮，如图8-26所示。

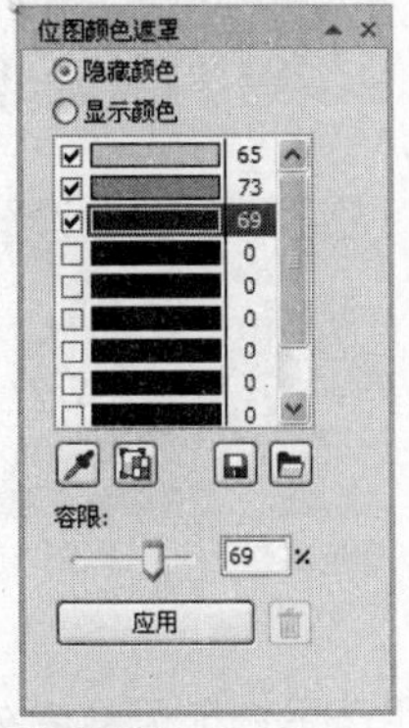

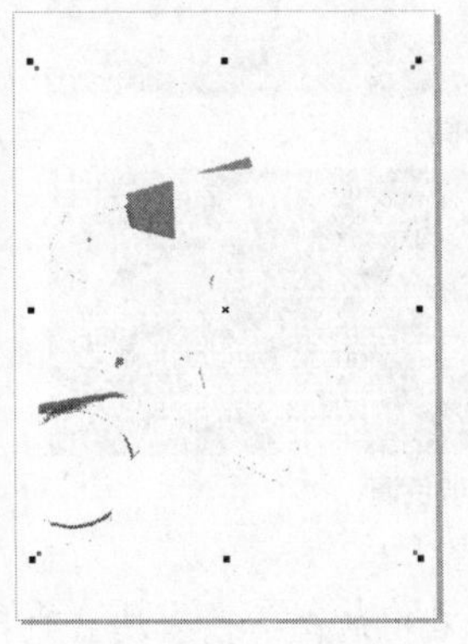

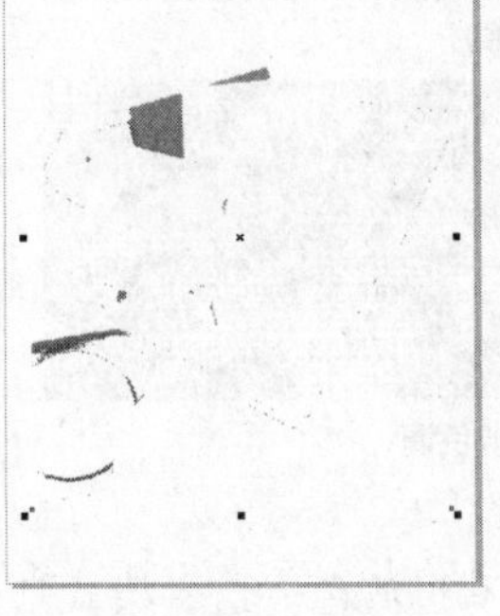

隐藏颜色

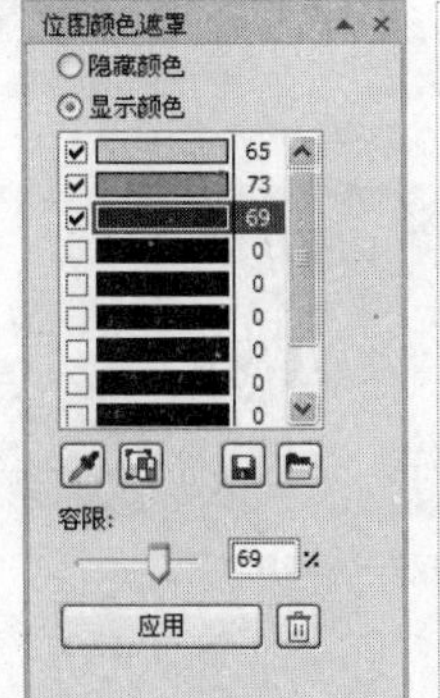

显示颜色

图8-26

提示

在拖曳控制点的过程中，按下Shift键不放，即可按固定角度更改图片的形状。

8.6.2 转换色彩模式

导入位图后，在菜单栏中执行“位图”→“模式”命令，可以将位图的色彩模式转换成其他模式。

1. 黑白模式

❶ 打开光盘目录下的“素材\第8章\色彩素材1”文件，使用“选择工具”选择位图，执行“位图”→“模式”→“黑白（1位）”命令，如图8-27所示，弹出“转换为1位”对话框，如图8-28所示。

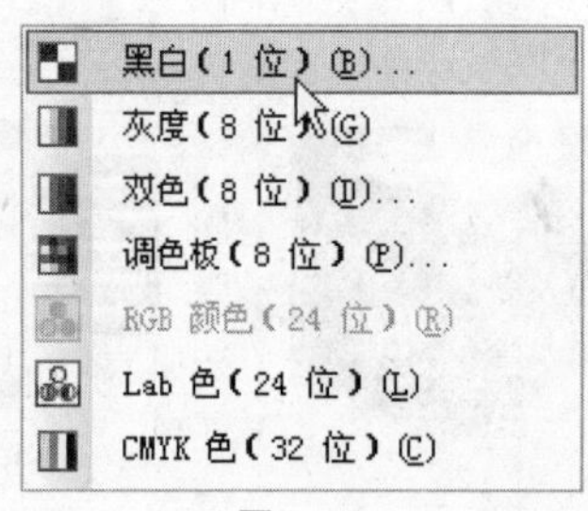

图8-27

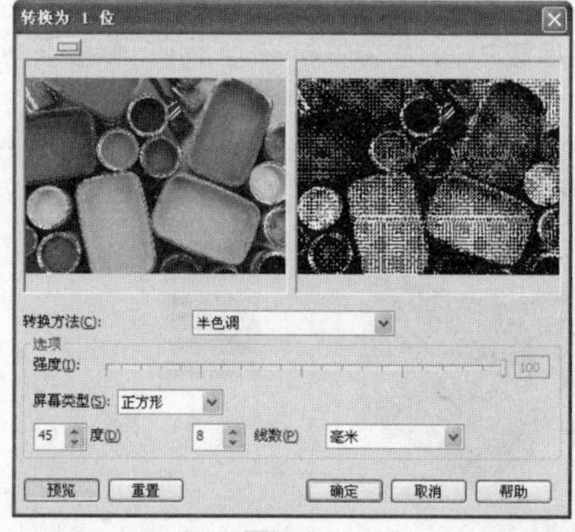

图8-28

❷ 对话框的上方是图片预览区，左侧为初始图，右侧为转换图，在初始图上单击鼠标左键或者右键分别可以放大或缩小预览图片。在“转换方法”下拉菜单中，选择合适的转换方法。在“强度”选项中设定转换的强度。单击“预览”按钮，可以看到调整后的效果。“重置”按钮可以让设计师恢复该面板上的所有设置的初始状态。通过不同的转换方法，可以使图像产生不同的效果，如图8-29所示。

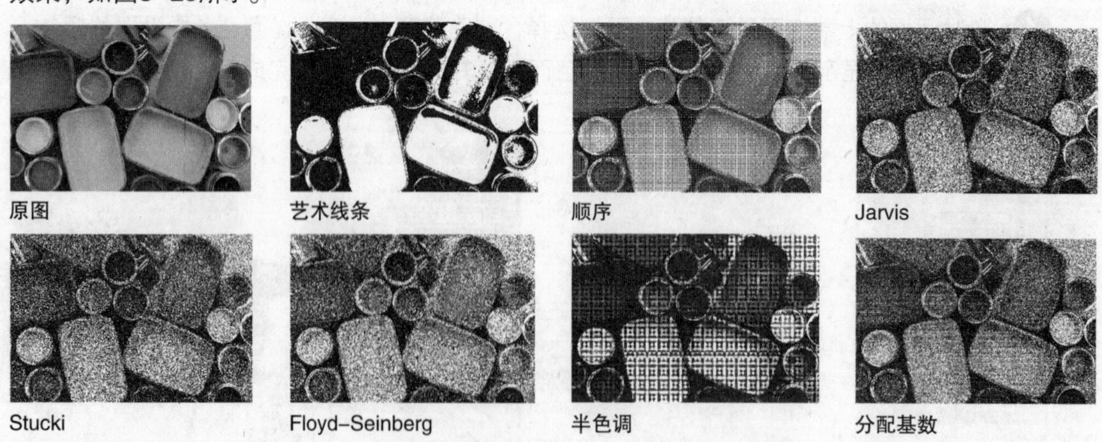

图8-29

黑白模式只有两个颜色：黑色和白色，中间没有过渡色。这种模式常用于黑白印刷或者处理线条稿，如企业标识。

2. 灰度模式

打开光盘目录下的“素材\第8章\色彩素材1”文件，使用“选择工具”选择位图，执行“位图”→“模式”→“灰度”命令，位图被转成灰度模式，如图8-30所示。

图8-30

灰度模式包括：黑色、白色和中间的过渡灰色。这种模式常用于黑白印刷。

3. 双色调模式

❶ 打开光盘目录下的“素材\第8章\色彩素材1”文件，使用“选择工具” 选择位图，执行“位图”→“模式”→“双色”命令，弹出“双色调”对话框，如图8-31所示。

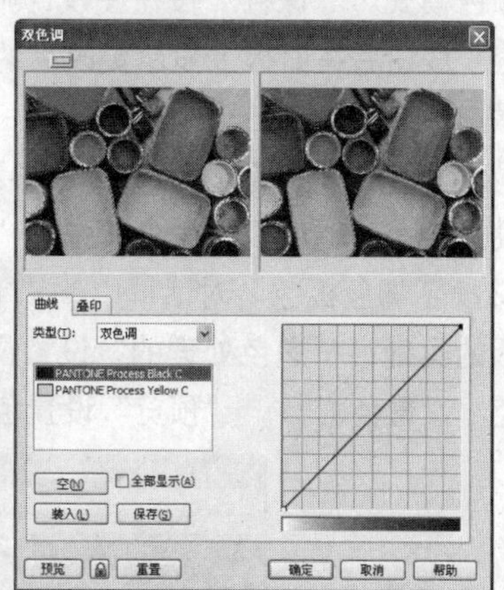

图8-31

❷ 在“双色调”对话框中，“类型”用于设置色调的模式类型，包括单色、双色调、三色、四色。选择合适的类型后，设计师可以在“类型”下边的矩形框中编辑颜色的属性，双击其中的一个色标，弹出“选择颜色”对话框，如图8-32所示，即可对该颜色进行编辑。设计师还可以使用曲线调整图像。

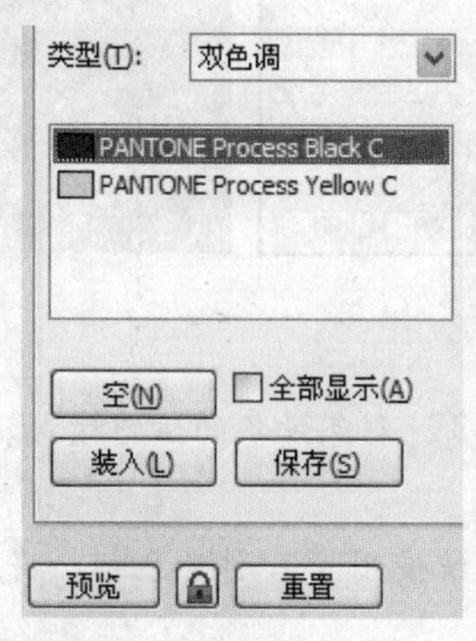

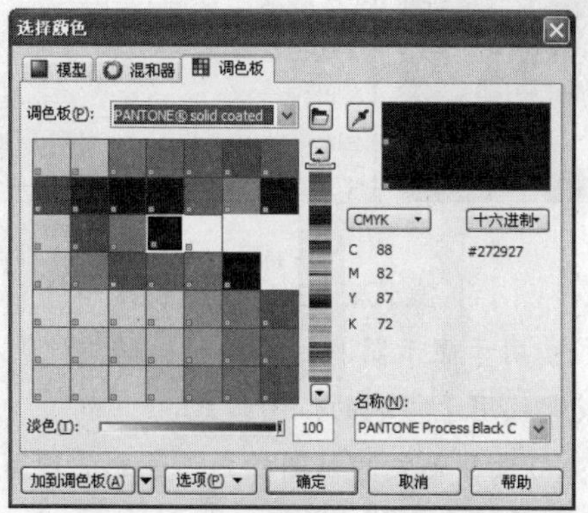

图8-32

双色调模式多用于专色印刷。双色调模式图像在印刷时可以理解为，将灰度图像的黑色油墨替换成两种专色油墨，并同时印刷到一张纸上，因此产生的是叠印效果，如图8-33所示。

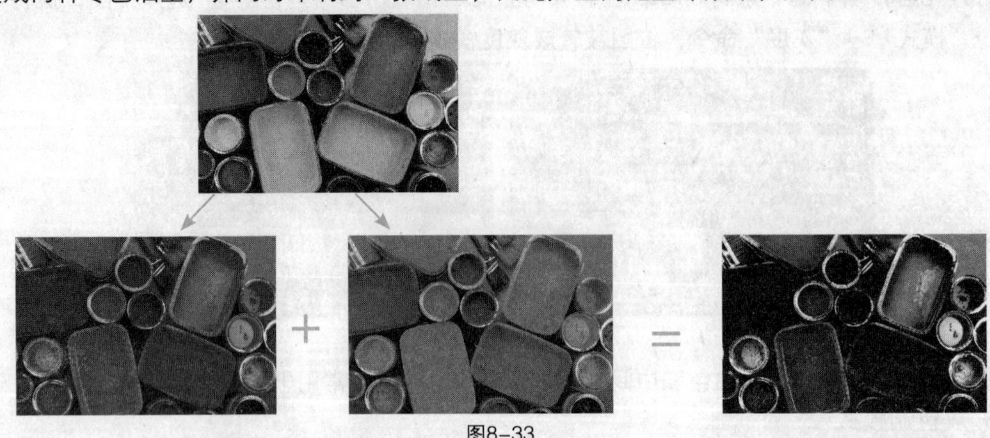

图8-33

“装入”按钮使设计师可以将当前编辑的位图载入系统预制的颜色模式，或者载入的是设计师自定义的颜色模式。“保存”按钮使设计师可以将自定义的颜色模式保存下来，以便再次使用。单击“预览”按钮后在面板上显示更改后的效果。

4. 调色板模式

1 打开光盘目录下的“素材\第8章\色彩素材1”文件，使用“选择工具”选择位图，执行“位图”→“模式”→“调色板”命令，弹出“转换至调色板色”对话框，如图8-34所示。

2 在“转换至调色板色”对话框中，“平滑”用于设置位图色彩的平滑程度；“调色板”用于设置调色板的类型；“递色处理的”设置位图底色的类型；“抵色强度”设置位图底色的抖动程度；“颜色”设置色彩数；“预览”设置色彩位数。设计师还可以打开自定义的调色板。

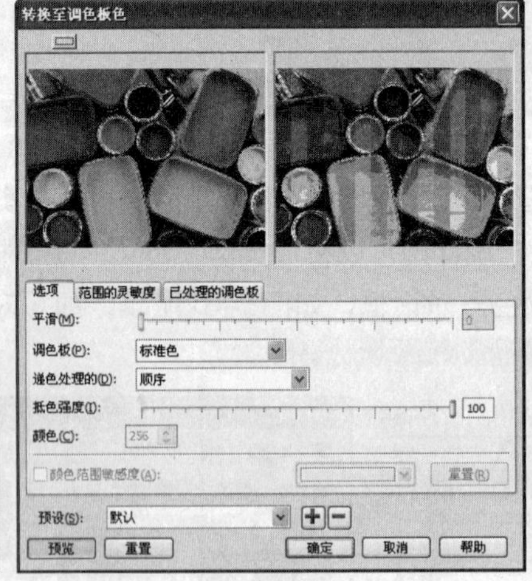

图8-34

5. RGB模式、CMYK模式、Lab模式

- RGB模式：用于显示器、扫描仪和数码相机等多种彩色设备的位图模式。
- CMYK模式：用于印刷的位图模式。
- Lab模式：与设备无关的位图模式。色彩管理系统使用 Lab 作为色标，将颜色从一个色彩空间转换到另一个色彩空间。

8.6.3 调整位图色彩

CorelDRAW X5提供的色彩调整工具可以对位图颜色进行纠正和调整，制作出绚丽的颜色效果。它是设计师延伸想象力地有力工具。

1. 高反差

❶ 打开光盘目录下的“素材\第8章\色彩素材1”文件，使用“选择工具”选择位图，执行“效果”→“调整”→“高反差”命令，弹出“高反差”对话框，在图标上单击鼠标左键，可以打开或者关闭预览图，如图8-35所示。

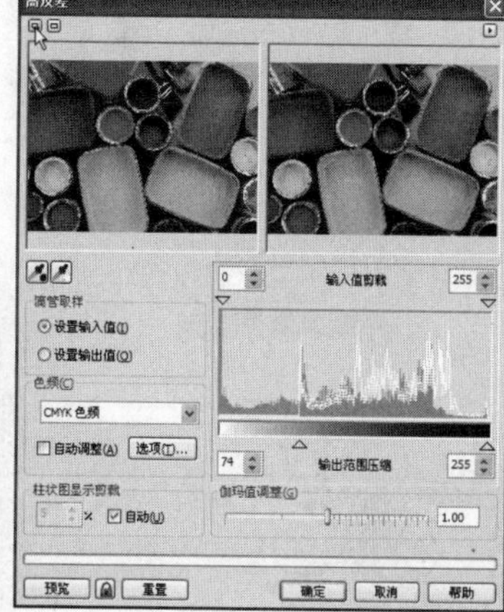

图8-35

❷ “高反差”命令是通过对话框中的直方图上定位黑白场来调整图像的色阶，以得到反差效果的。输入和输出分别表示图像的原色阶和调整后的色阶。选中“滴管取样”的“设置输入值”单选钮，然后使用图标在预览图上需要定义为最亮的地方单击鼠标左键，此处的颜色就被定义为白场；再用同样方法设置黑场，图像就会发生改变。也可以直接拖曳直方图上的黑白场滑块来实现反差效果，如图8-36所示。

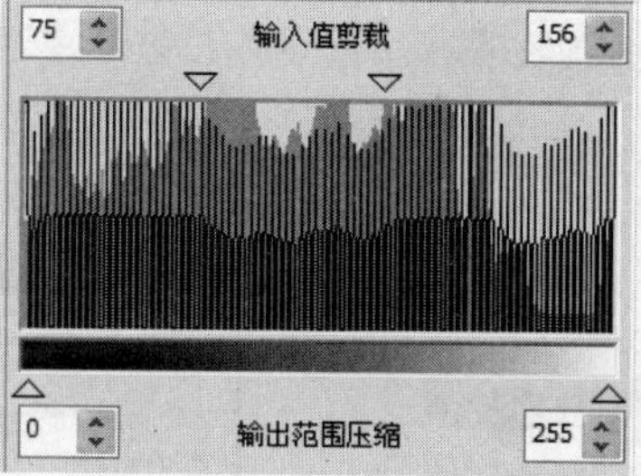

图8-36

2. 局部平衡

通过拖曳“局部平衡”对话框中“宽度”或“高度”的滑块，可以改变位图相邻边界的对比度，从而形成明暗对比的变化，如图8-37所示。

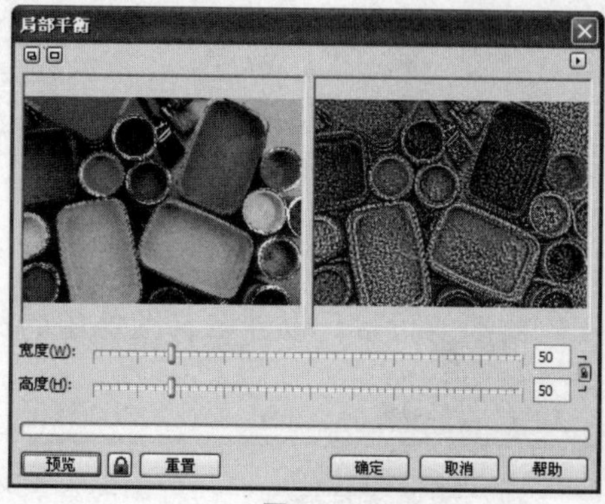

图8-37

3. 样本/目标平衡

通过在“样本/目标平衡”对话框中对位图设置黑场、灰场、白场来改变位图颜色，如图8-38所示。

4. 调和曲线

通过在“调和曲线”对话框中调整曲线来改变位图颜色，如图8-39所示。

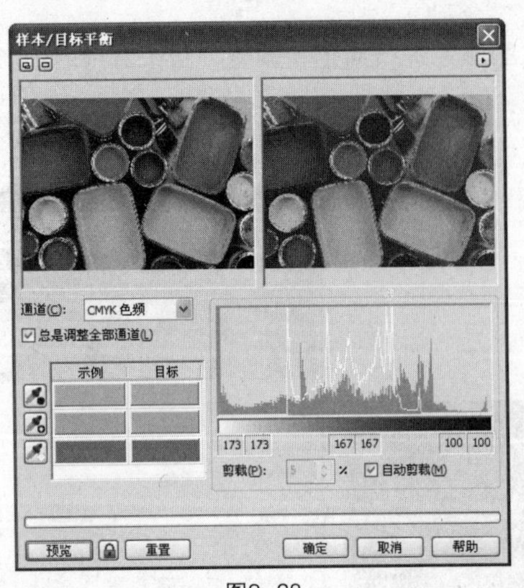

图8-38

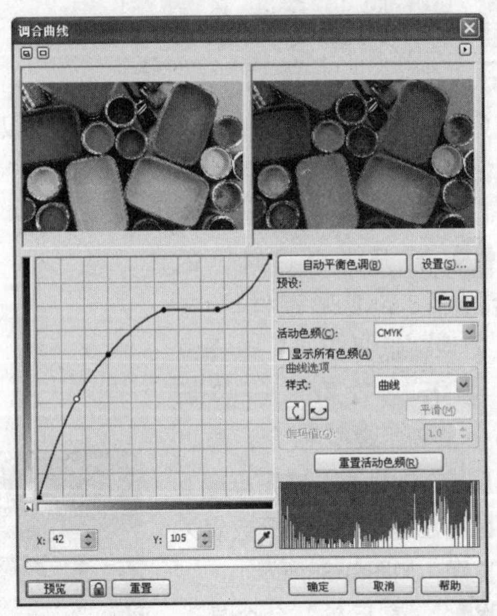

图8-39

5. 所选颜色

在“所选颜色”对话框中设置相关参数，并通过色轮转动来实现某种颜色的替换，如图8-40所示。

6. 替换颜色

通过在“替换颜色”对话框中选定一种颜色来替换图像中的某种颜色，如图8-41所示。

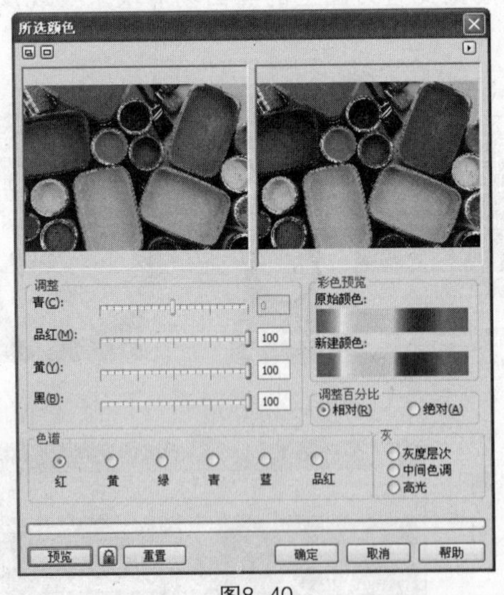

图8-40

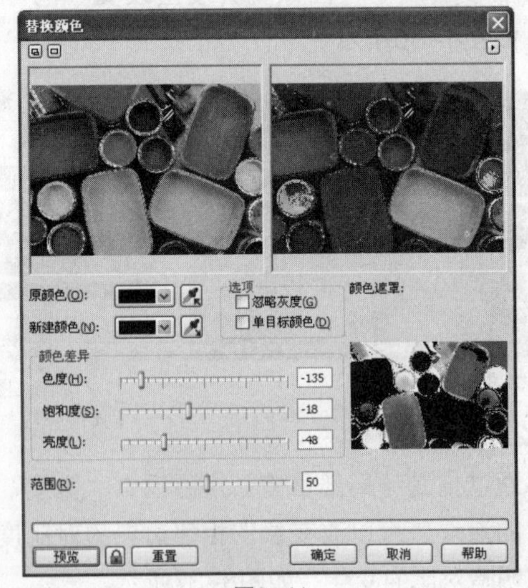

图8-41

7. 取消饱和

此功能可以让设计师将图像中的颜色移去，但依然保留原图片的色彩模式，如图8-42所示。

8. 通道混合器

在“通道混合器”对话框中改变各个颜色的比例来调整图像颜色，如图8-43所示。

图8-42

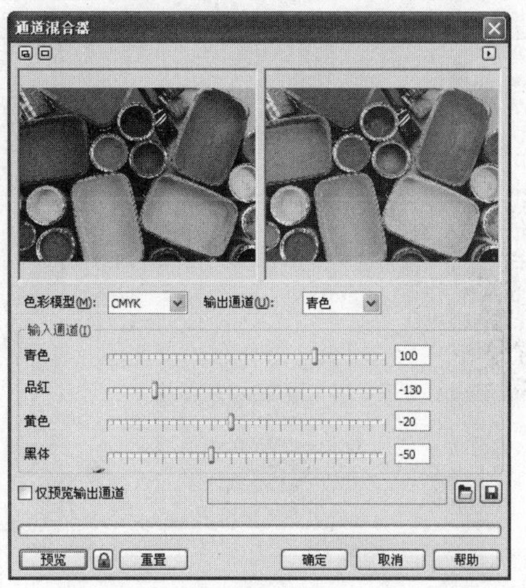

图8-43

8.7 位图的高级操作

CorelDRAW X5提供的一些高级功能可以使位图产生各种特殊的效果，这些功能运用得当可以使设计作品更具艺术感。

8.7.1 图像转图形

使用CorelDRAW X5可以很方便地将位图矢量化，这个功能可以将设计师从繁重的图形绘制工作中脱身出来。

1. 快速描摹

使用"选择工具"选中位图，执行"位图"→"快速描摹"命令，位图自动被转换成矢量图，如图8-44所示。

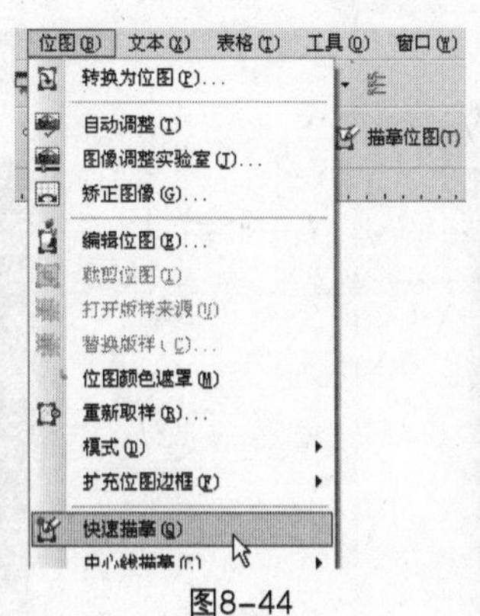

图8-44

2. 手动描摹

① 使用"选择工具"选中位图，执行"位图"→"轮廓描摹"→"线条图"命令，如图8-45所示，弹出"PowerTRACE"对话框，如图8-46所示。

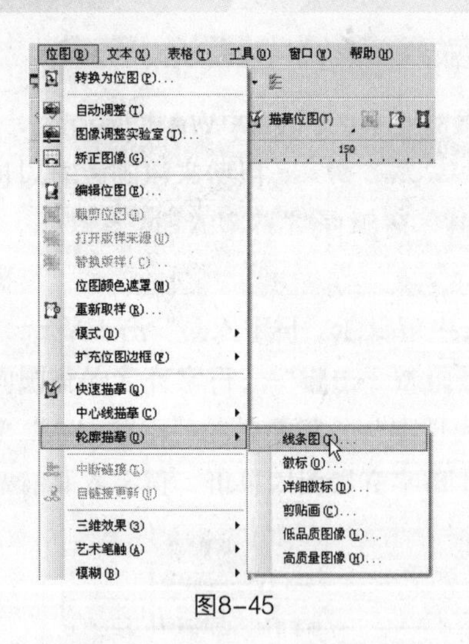

图8-45

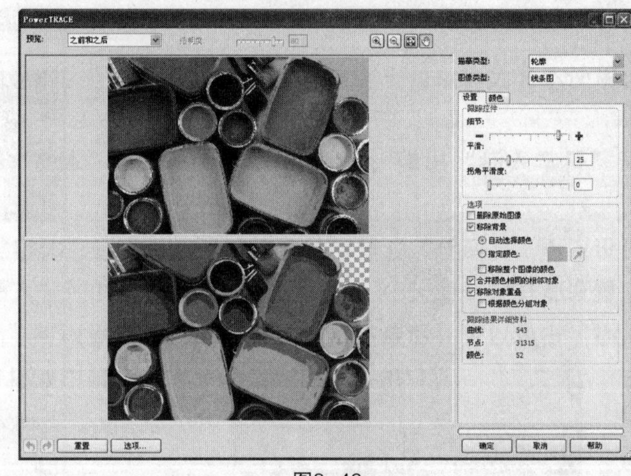

图8-46

2 在“PowerTRACE”对话框中，单击“预览”下拉菜单 预览: 之前和之后 可以选择预览方式；在 中选择某个工具可以调整显示区域。对话框的中间是预览区域，右侧有两个选项卡，分别为“设置”和“颜色”，通过调整选项卡中的设置完成转换。

3 选择“设置”选项卡，单击“跟踪控件”框中的“图像类型”下拉菜单，在弹出的下拉菜单中选择一种类型，不同类型转换的效果也不一样，CorelDRAW X5将按设计师设定的类型完成转换；拖曳“平滑”滑块可以控制曲线的平滑度，数值越大曲线越平滑，节点越少；拖曳“细节”滑块可以控制转换的精细程度，数值越大精度越高。

在“颜色”框中可以设置转换后的色彩模式；在“颜色数”参数栏中给出了此次转换将产生的最大颜色数量，设计师可以将参数改小。

在“选项”框中，设计师可以删除原图和设置底色。

此次转换的结果在“跟踪结果详细资料”框中详细列出，如图8-47所示。

4 选择“颜色”选项卡，此次转换的颜色在其中被全部列出，并且设计师可以编辑这些颜色，如图8-48所示。

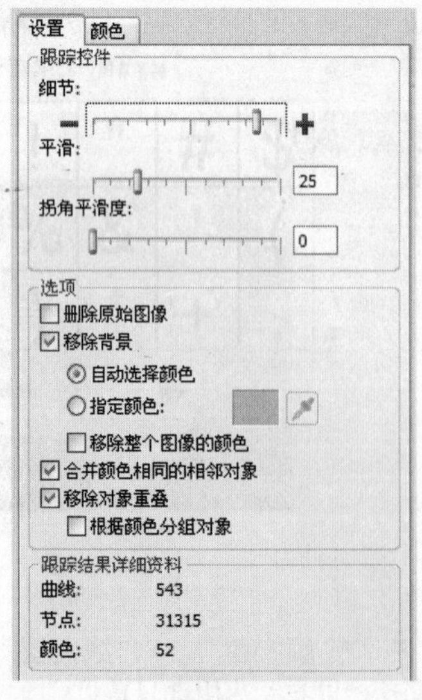

图8-47

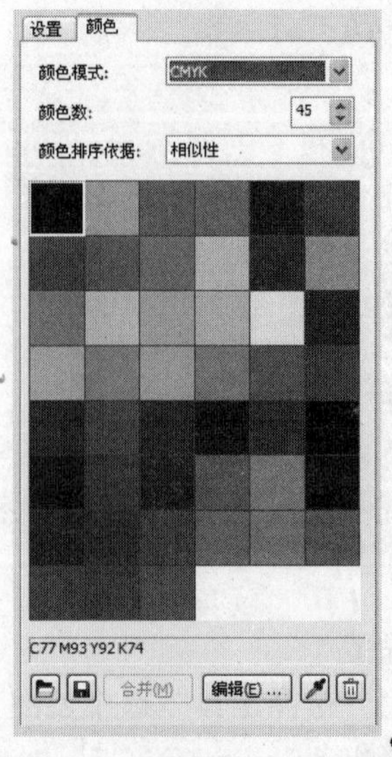

图8-48

8.7.2 位图滤镜

CorelDRAW X5在“位图”菜单中设置了多种滤镜，如图8-49所示，这些滤镜操作简单，效果丰富。

提 示

滤镜的处理效果以像素为单位，因此处理效果与图像的分辨率有关。使用相同的滤镜，参数不同，产生的效果也不同。

1. 三维效果

打开光盘目录下的“素材\第8章\滤镜素材01”文件，使用“选择工具”选中位图，执行“位图”→“三维效果”命令，弹出“三维效果”子菜单，在子菜单中分列了7种不同的三维效果的滤镜，这组滤镜可以使位图产生立体感，如图8-50所示。

1）三维旋转

确认位图处于选中状态，执行“位图”→“三维效果”→“三维旋转”命令，弹出“三维旋转”对话框，如图8-51所示。

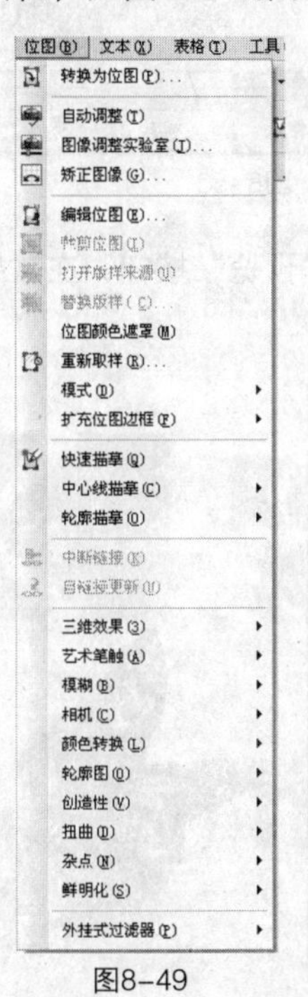

图8-49

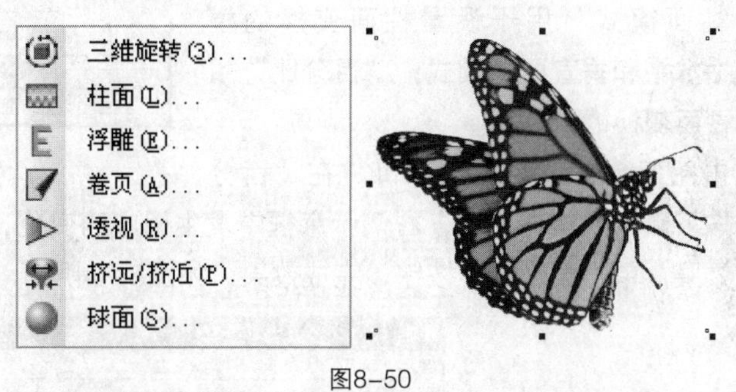

图8-50

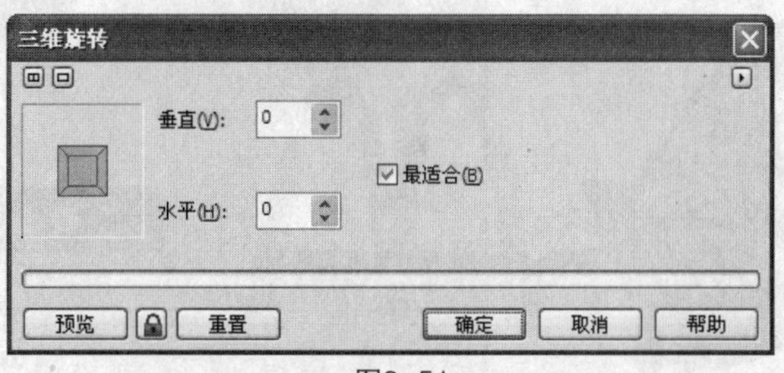

图8-51

在“三维旋转”对话框中，表示以缩略图方式显示。表示以对照预览方式显示。为三维示意窗；“垂直”选项用于设置位图垂直旋转的角度；“水平”选项用于设置位图水平旋转的角度；“最适合”单选钮用于设置经过三维旋转后位图的尺寸最接近原来的位图尺寸。

单击图标，展开预览窗口，在三维示意窗上按下鼠标左键并拖曳，三维图标随之旋转，单击“预览”按钮，在效果预览窗中查看效果，单击“确定”按钮，完成效果，如图8-52所示。

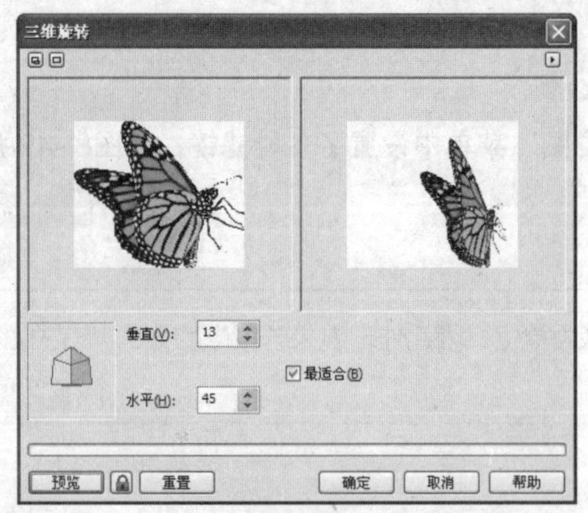

图8-52

2）柱面

确认位图处于选中状态，执行“位图”→“三维效果”→“柱面”命令，弹出“柱面”对话框，如图8-53所示。

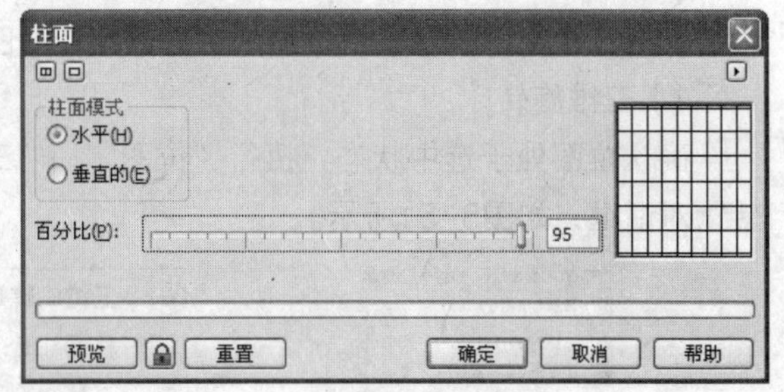

图8-53

“柱面模式”用于设置柱面变换的模式，包括水平和垂直两种模式；“百分比”用于设置柱面变换的百分比。

单击图标▣，展开预览窗口，在“百分比”上按下鼠标左键并拖曳，右侧示意框中发生相应的变化，单击“预览”按钮，在效果预览窗中查看效果，单击“确定”按钮，完成效果，如图8-54所示。

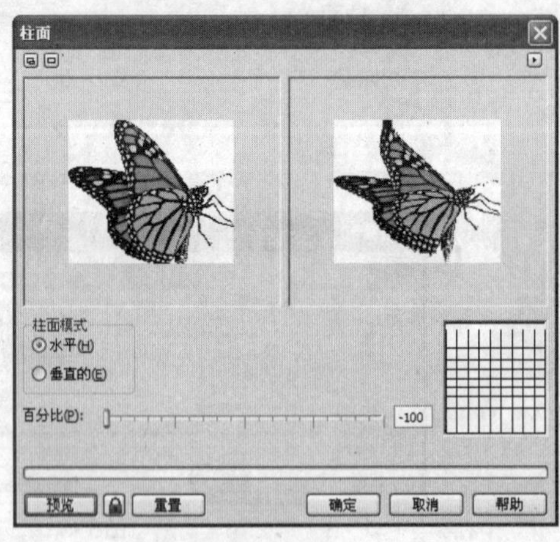

图8-54

3）浮雕

确认位图处于选中状态，执行“位图”→“三维效果”→“浮雕”命令，弹出“浮雕”对话框，如图8-55所示。

在“浮雕”对话框中，“深度”用于设置浮雕效果突起的程度；“层次”用于设置浮雕的效果，数值越大，浮雕效果越明显；“方向”用于设置浮雕的光影方向；“浮雕色”用于设置位图转换为浮雕以后的颜色样式；“原始颜色”是使用浮雕效果后，位图仍然保证原来的颜色；“灰色”是使用浮雕效果后，位图转换为灰度图；“黑色”是使用浮雕效果后，位图转换为黑白效果；“其它”（编辑注：为保持与屏幕显示一致，使用“它”）设计师可以自定义使用浮雕效果后的颜色。

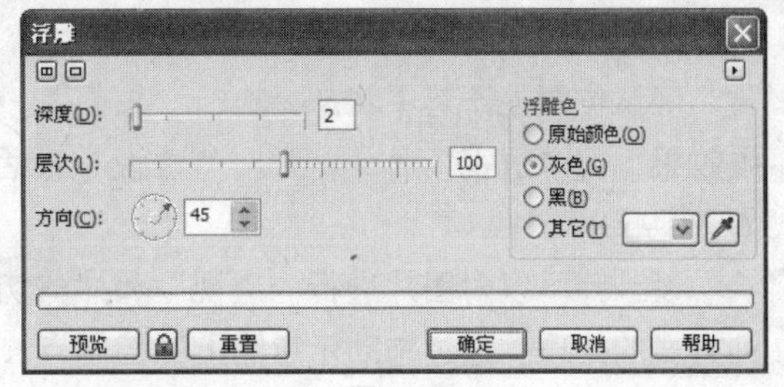

图8-55

单击图标▣，展开预览窗口，在“深度”、“层次”、“方向”等选项上设置好需要的数值，单击“预览”按钮，在效果预览窗中查看效果，单击“确定”按钮，完成效果，如图8-56所示。

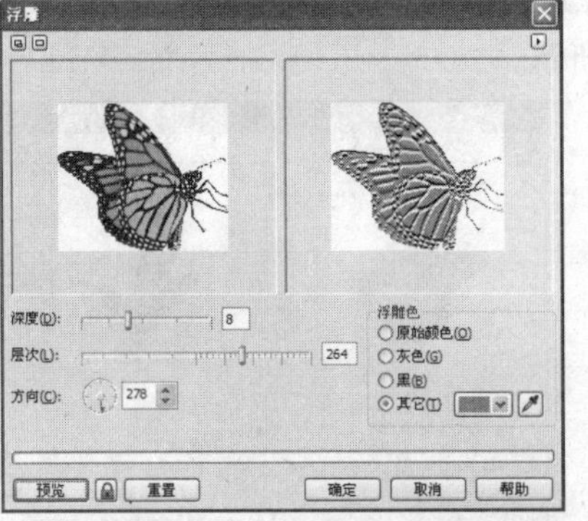

图8-56

4）卷页

确认位图处于选中状态，执行“位图”→“三维效果”→“卷页”命令，弹出“卷页”对话框，如图8-57所示。

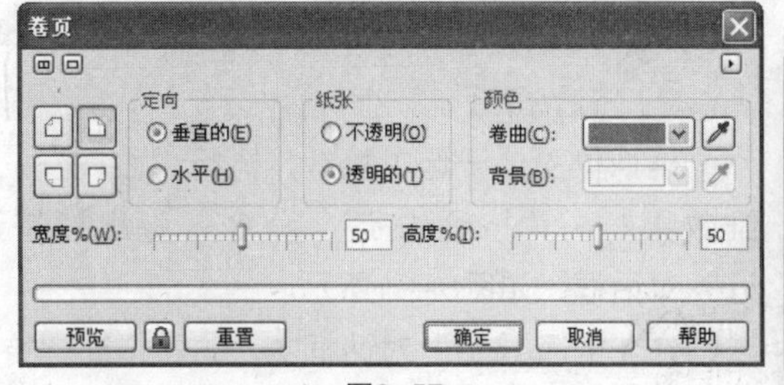

图8-57

设计师可以在面板的左边卷页图标▣上单击鼠标左键来设定卷页的位置。“定向”表示设置卷页从哪个方向卷起。包括水平和垂直两个方向。“纸张”用于设置卷曲的纸张是否透明。“颜色”选区的“卷曲”选项可以设置卷曲部分的颜色，“背景”选项可以设置卷页后边的背景的颜色。

单击图标▣，展开预览窗口，拖曳“宽度”和“高度”上的滑块，单击“预览”按钮，在效果预览窗中查看效果，单击“确定”按钮，完成效果，如图8-58所示。

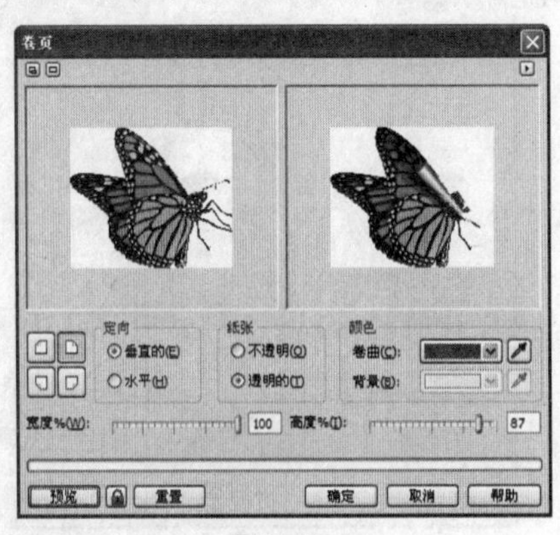

图8-58

5）透视

确认位图处于选中状态，执行“位图”→“三维效果”→“透视”命令，弹出“透视”对话框，如图8-59所示。

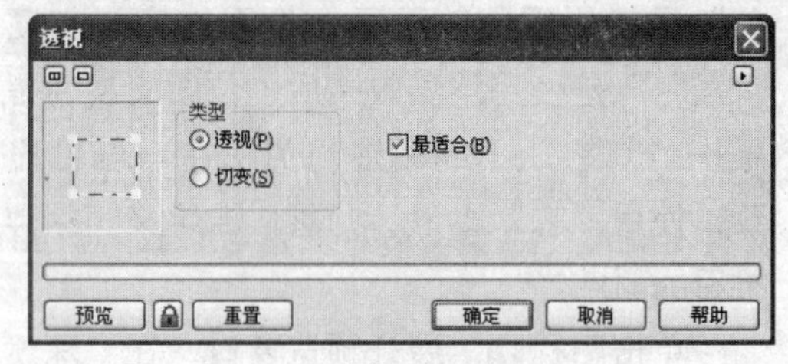

图8-59

设计师可以对图片进行“透视”和“剪切”两种方式的处理。通过拖动示意图上的控制点，来决定“透视”或“剪切”的方向和变化范围。

单击图标，展开预览窗口，在“透视示意框”上的控制点按下鼠标左键并拖曳，出现红色的显示框表示修改后控制点位置，单击“预览”按钮，在效果预览窗中查看效果，单击“确定”按钮，完成效果，如图8-60所示。

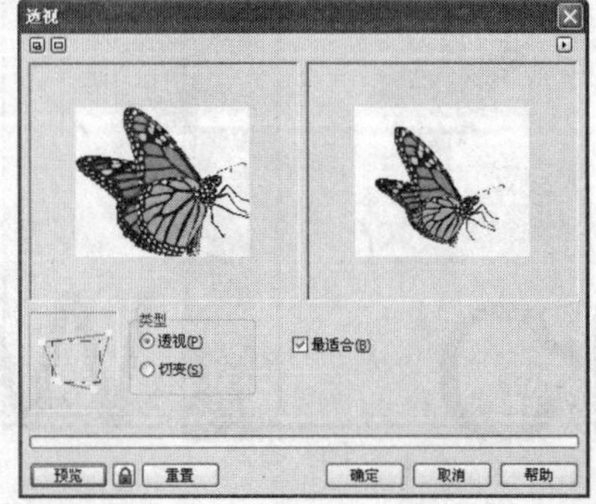

图8-60

6）挤远/挤近

确认位图处于选中状态，执行“位图”→“三维效果”→“挤远/挤近”命令，弹出“挤远/挤近”对话框，如图8-61所示。

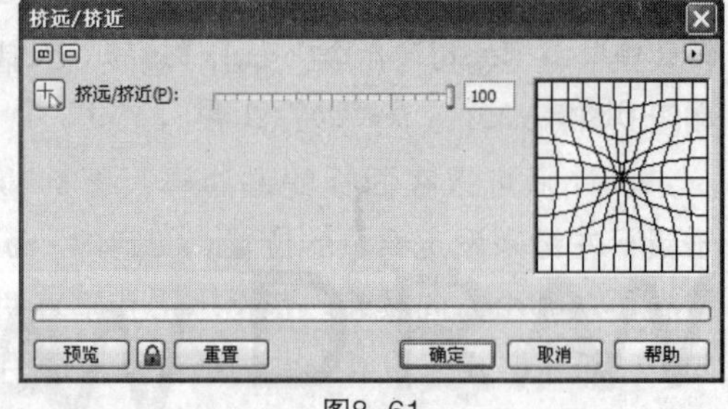

图8-61

在“挤远/挤近”对话框中，向右拖动“挤远/挤近”滑块（或输入数值）可以使图像看起来向远处延伸；向左拖动滑块（或输入数值）可以拉近图像。

单击图标，展开预览窗口，拖曳“挤远/挤近”滑块，示意框发生相应的变化，单击“预览”按钮，在效果预览窗中查看效果，单击“确定”按钮，完成效果，如图8-62所示。

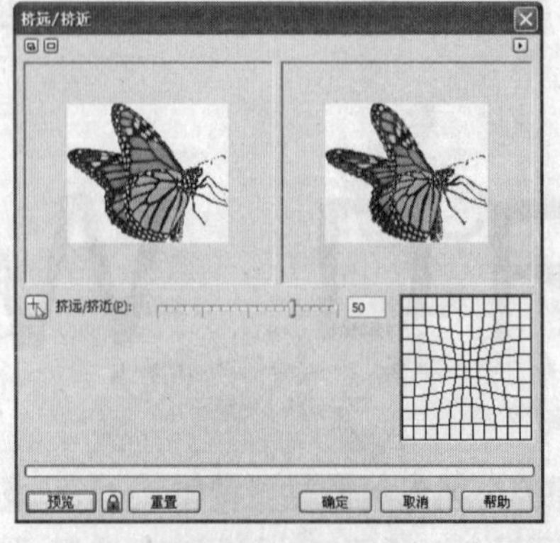

图8-62

7）球面

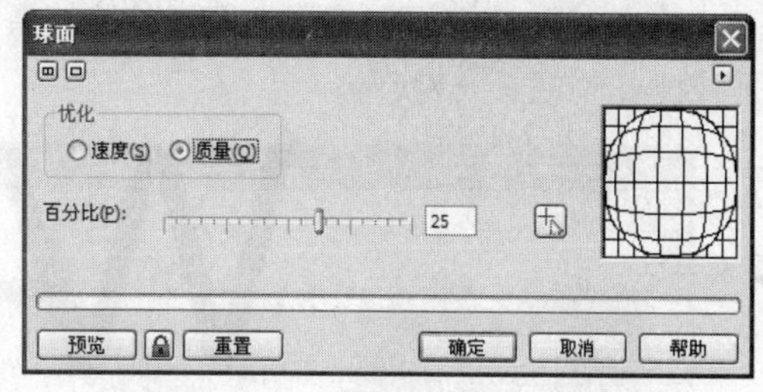

图8-63

确认位图处于选中状态，执行“位图”→“三维效果”→“球面”命令，弹出“球面”对话框，如图8-63所示。

在“球面”对话框中，“优先”框可以设置速度优先或质量优先；“百分比”表示球面化的程度，正数为凸起，负数为凹陷。

单击图标，展开预览窗口，拖曳“百分比”滑块，示意框发生相应的变化，单击“预览”按钮，在效果预览窗中查看效果，单击“确定”按钮，完成效果，如图8-64所示。

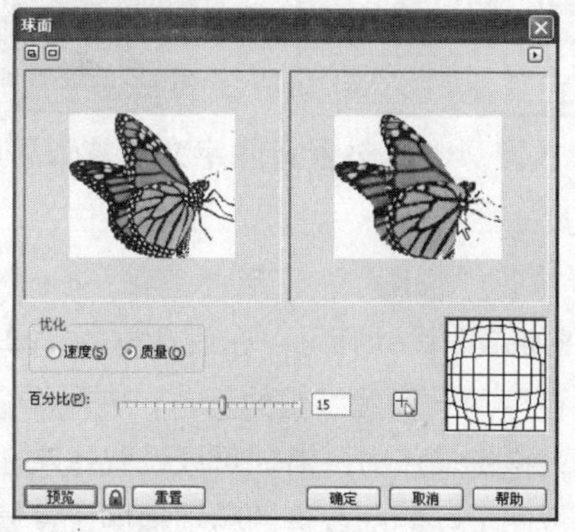

图8-64

2. 艺术笔触

打开光盘目录下的“素材\第8章\滤镜素材02”文件，使用“选择工具”选中位图，执行“位图”→“艺术笔触”命令，弹出“艺术笔触”子菜单，在子菜单中分列了14种不同笔触效果的滤镜，这组滤镜可以产生绘画的效果，如图8-65所示。

炭笔画(C)...
单色蜡笔画(O)...
蜡笔画(R)...
立体派(U)...
印象派(I)...
调色刀(P)...
彩色蜡笔画(A)...
钢笔画(E)...
点彩派(L)...
木版画(S)...
素描(K)...
水彩画(W)...
水印画(M)...
波纹纸画(V)...

图8-65

1）炭笔画

确认位图处于选中状态，执行“位图”→“艺术笔触”→“炭笔画”命令，弹出“炭笔画”对话框，如图8-66所示。在对话框中拖曳“大小”滑块，可以设置位图炭笔画的像素点的大小；拖曳“边缘”可以设置位图炭笔画的黑白度，设置完成后单击“确定”按钮，位图产生炭笔画效果，如图8-67所示。

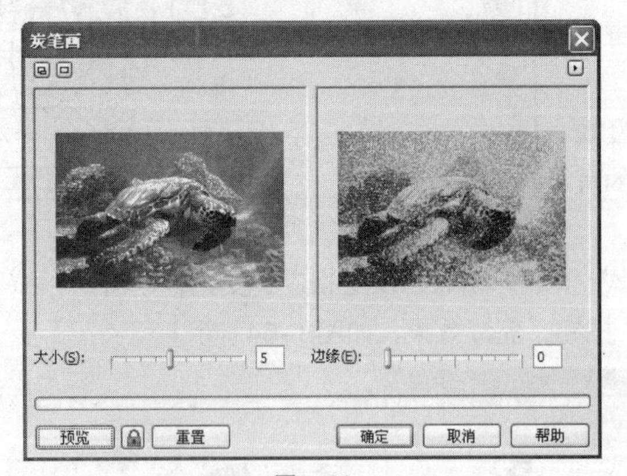

图8-66

图8-67

2）单色蜡笔画

确认位图处于选中状态，执行“位图”→“艺术笔触”→“单色蜡笔画”命令，弹出“单色蜡笔画”对话框，如图8-68所示。设计师可以在对话框的“单色”选项中选择一种或多种颜色作为蜡笔的颜色；“纸张颜色”用于设置纸张的颜色，在[ ]上单击鼠标左键，在弹出的下拉菜单中选择需要的背景颜色；拖曳“压力”滑块可以设置蜡笔在位图上绘制颜色的轻重；拖曳“底纹”滑块可以设置蜡笔在位图上绘制的纹理的粗细程度，设置完成后单击“确定”按钮，位图产生单色蜡笔画效果，如图8-69所示。

图8-68

图8-69

3）蜡笔画

确认位图处于选中状态，执行“位图”→“艺术笔触”→“蜡笔画”命令，弹出“蜡笔画”对话框，如图8-70所示。拖曳“大小”滑块可以设置位图的粗糙程度；拖曳“轮廓”滑块可以设置位图轮廓线的轻重，设置完成后单击“确定”按钮，位图产生蜡笔画效果，如图8-71所示。

4）立体派

确认位图处于选中状态，执行“位图”→“艺术笔触”→“立体派”命令，弹出“立体派”对话框，如图8-72所示。拖曳“大小”滑块可以设置位图颜色块的密集程度；拖曳“亮度”滑块可以设置位图的亮度；在▭上单击鼠标左键，在弹出的下拉菜当中选择需要的背景颜色，设置完成后单击“确定”按钮，位图产生立体派效果，如图8-73所示。

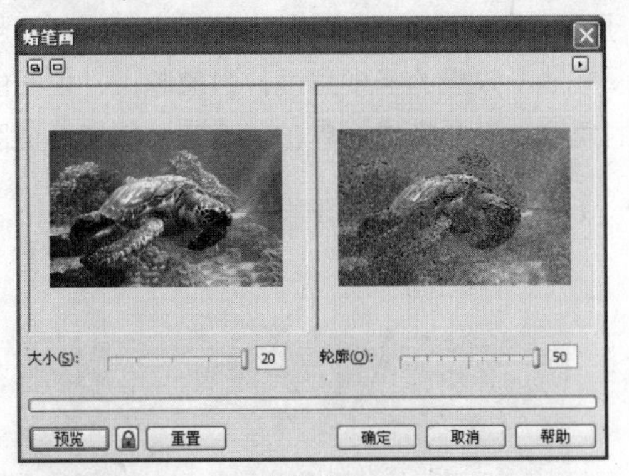

图8-70

图8-71

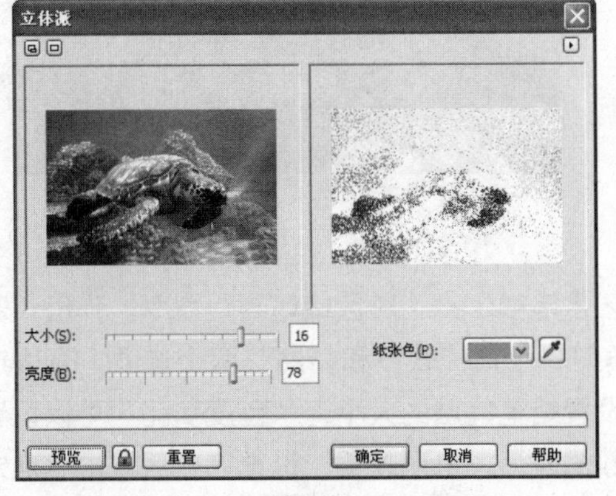

图8-72

图8-73

5）印象派

确认位图处于选中状态，执行“位图”→“艺术笔触”→“印象派”命令，弹出“印象派”对话框，如图8-74所示。“样式”选框中的“笔触”或“色块”用来选择效果样式；“技术”选框中的“笔触”用于设置笔触的强度或色块的大小；“着色”用于设置印象派效果的颜色，数值越小，颜色越淡；“亮度”用于设置印象派效果的亮度。设置完成后单击“确定”按钮，位图产生印象派效果，如图8-75所示。

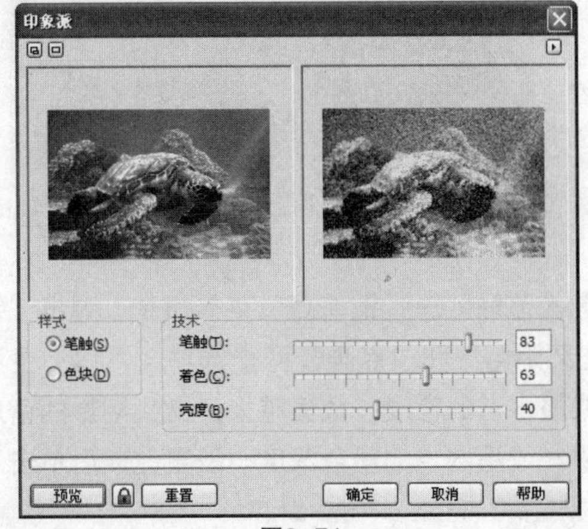

图8-74

图8-75

6）调色刀

1 确认位图处于选中状态，执行“位图”→“艺术笔触”→“调色刀”命令，弹出“调色刀”对话框，如图8-76所示。“刀片尺寸”用于设置到片的锋利程度，数值越小，叶片越锋利，位图的油画效果越明显；“柔软边缘”用于设置油画效果的坚硬程度，数值越大，位图的油画效果越平滑；在“角度”选项中可以设置笔触的角度，设置完成后单击“确定”按钮，位图产生油画效果，如图8-77所示。

图8-76

图8-77

7）彩色蜡笔画

确认位图处于选中状态，执行“位图”→“艺术笔触”→“彩色蜡笔画”命令，弹出“彩色蜡笔画”对话框，如图8-78所示。“彩色蜡笔类型”包括“软”和“油”两个选项，可以产生不同风格的彩色蜡笔画效果；“笔触大小”可以设置蜡笔笔触的大小；“色度变化”可以设置蜡笔在绘图时的色度变化，数值越小，色调越轻，数值越大，色调越重。设置完成后单击“确定”按钮，位图产生彩色蜡笔画效果，如图8-79所示。

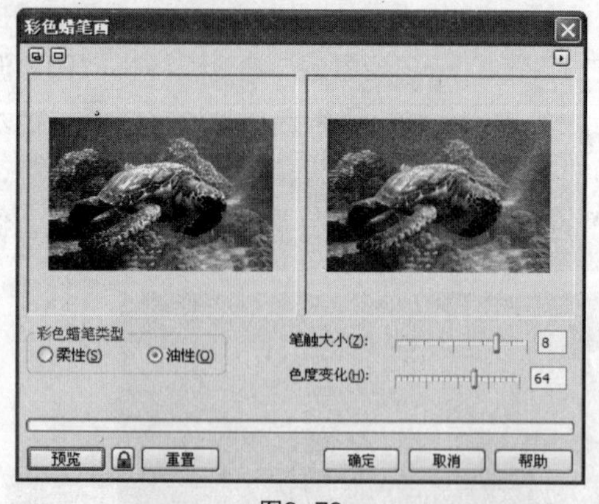

图8-78

图8-79

8）钢笔画

确认位图处于选中状态，执行“位图”→“艺术笔触”→“钢笔画”菜单命令，弹出“钢笔画”对话框，如图8-80所示。“样式”包括“交叉阴影”和“点画”两个选项，可以产生不同风格的钢笔画效果。“密度”用于设置交叉阴影或墨水点的密度，数值越大，交叉阴影的密度越大，墨水点的密度越大；“墨水”用于设置交叉阴影或墨水点的墨色深度。设置完成后单击“确定”按钮，位图产生钢笔画效果，如图8-81所示。

图8-80

图8-81

9）点彩派

确认位图处于选中状态，执行“位图”→“艺术笔触”→“点彩派”菜单命令，弹出“点彩派”对话框，如图8-82所示。“大小”用于设置点彩派效果的画点大小；“亮度”用于设置点彩派效果的画点亮度。设置完成后单击“确定”按钮，位图产生点彩派效果，如图8-83所示。

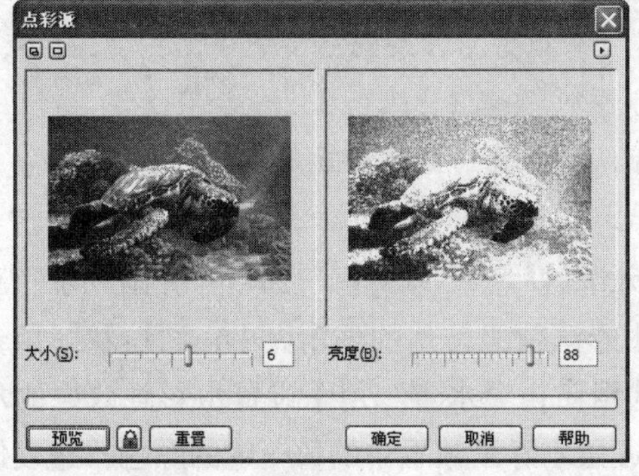

图8-82

图8-83

10）木板画

确认位图处于选中状态，执行“位图”→“艺术笔触”→“木板画”菜单命令，弹出“木板画”对话框，如图8-84所示。“刮痕至”包括“颜色”和“白色”两个选项。可以产生不同风格的木板画效果；“密度”用于设置木板画效果中线条的密度；“大小”用于设置木板画效果中线条的尺寸，设置完成后单击“确定”按钮，位图产生木板画效果，如图8-85所示。

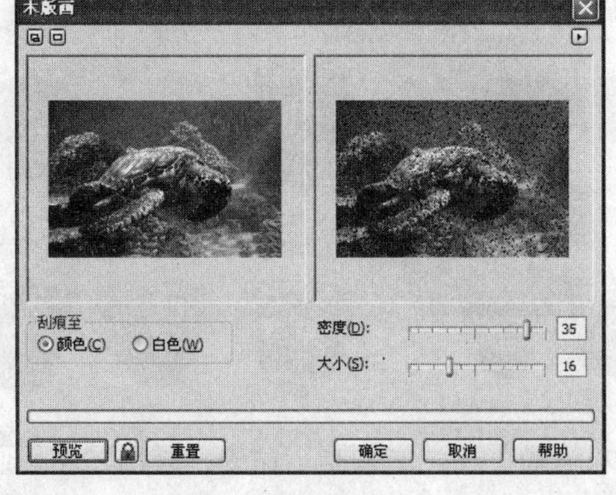

图8-84

图8-85

11）素描

确认位图处于选中状态，执行“位图”→“艺术笔触”→“素描”命令，弹出“素描”对话框，如图8-86所示。“铅笔类型”包括“石墨”和“颜色”两个选项，可以产生不同风格的素描效果。“样式”用于设置素描效果的平滑度；“铅”用于设置素描效果的精细与粗糙程度；“轮廓”用于设置素描效果的轮廓线宽度。设置完成后单击“确定”按钮，位图产生素描效果，如图8-87所示。

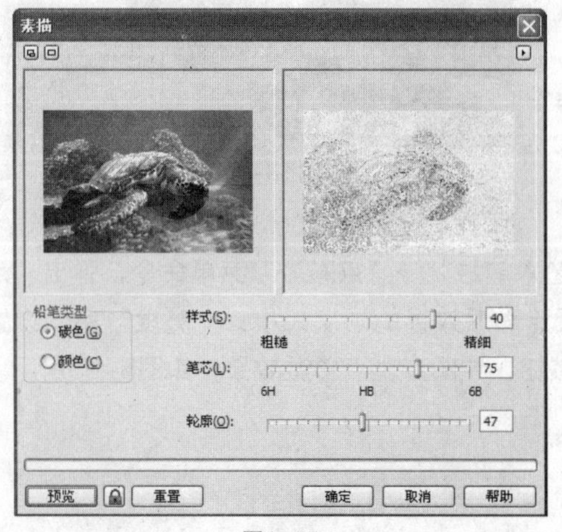

图8-86

图8-87

12）水彩画

确认位图处于选中状态，执行“位图”→“艺术笔触”→“水彩画”命令，弹出“水彩画”对话框，如图8-88所示。“画刷大小”用于设置水彩画效果使用的画刷大小；“粒状”用于设置水彩画效果的颗粒大小，颗粒越大，位图变得越粗糙；“水量”用于设置水彩画效果的水分含量，水量越大，位图变得越湿润；“出血”用于设置水彩画效果中的每一笔的颜色，速度值越大，位图的水彩颜色越明显；“亮度”用于设置水彩画效果的亮度，亮度越大，位图的水彩画效果越亮。设置完成后单击“确定”按钮，位图产生水彩画效果，如图8-89所示。

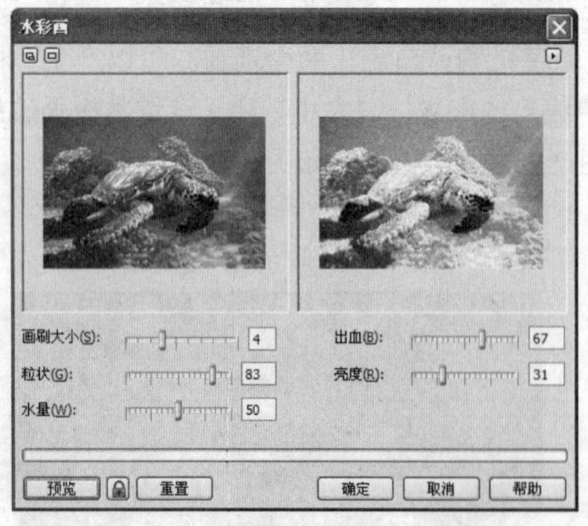

图8-88

图8-89

13）水印画

确认位图处于选中状态，执行“位图”→“艺术笔触”→“水印画”命令，弹出“水印画”对话框，如图8-90所示。“变化”包括“默认”、“顺序”和“随机”3个选项，可以产生不同风格的水印画效果；“大小”用于设置水印画效果的笔触大小，数值越大，笔触越大；“颜色变化”用于设置水印画效果的笔触颜色，数值越大，水印画效果的笔触颜色越深。设置完成后单击“确定”按钮，位图产生水印画效果，如图8-91所示。

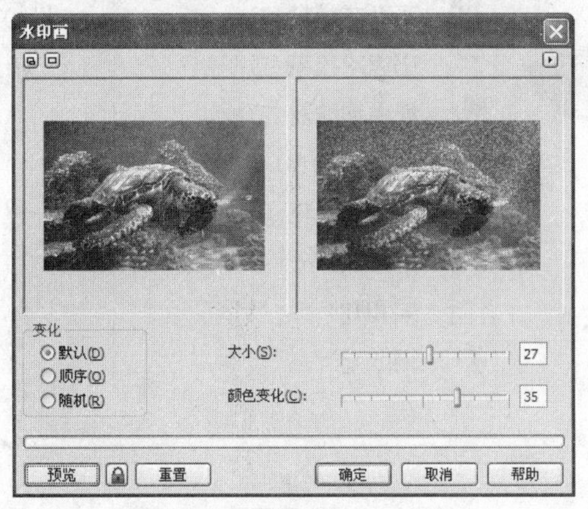

图8-90

图8-91

14）波纹纸画

确认位图处于选中状态，执行“位图”→“艺术笔触”→“波纹纸画”命令，弹出“波纹纸画”对话框，如图8-92所示。“笔刷颜色模式”包括“颜色”和“黑白”两个选项。可以产生不同风格的波纹纸画效果；“笔刷压力”用于设置波纹的颜色深浅。设置完成后单击“确定”按钮，位图产生波纹纸画效果，如图8-93所示。

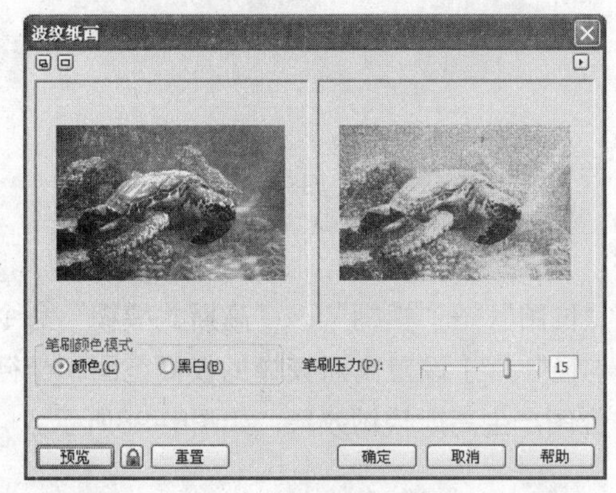

图8-92

图8-93

3. 模糊

打开光盘目录下的“素材\第8章\滤镜素材03 ”文件，使用“选择工具”选中一张位图，执行“位图”→“模糊”命令，弹出“模糊”子菜单，在子菜单中分列了9种不同的模糊效果的滤镜，这组滤镜可以使位图产生不同形式的模糊效果，如图8-94所示。

1）定向平滑

选中图8-94左图上方的“对勾”位图，执行“位图”→“模糊”→“定向平滑”命令，弹出“定向平滑”对话框，如图8-95所示。定向平滑是通过在图像中插入像素点来实现图像的平滑过渡，拖曳“百分比”的滑块可以设置插入像素点的多少，设置完成后单击“确定”按钮，位图产生定向平滑效果。分辨率比较低的位图效果较明显，如图8-96所示。

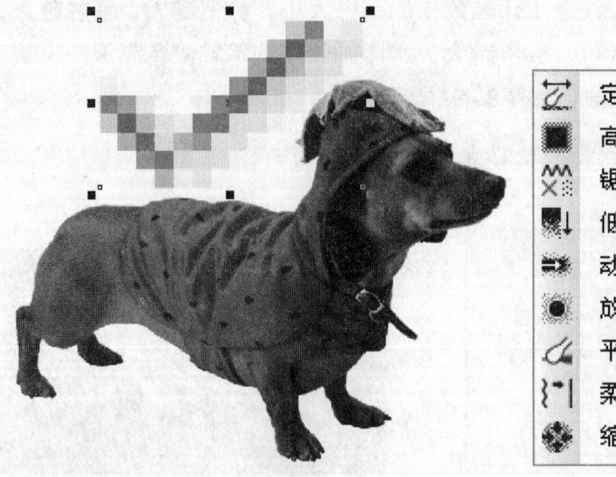

图8-94

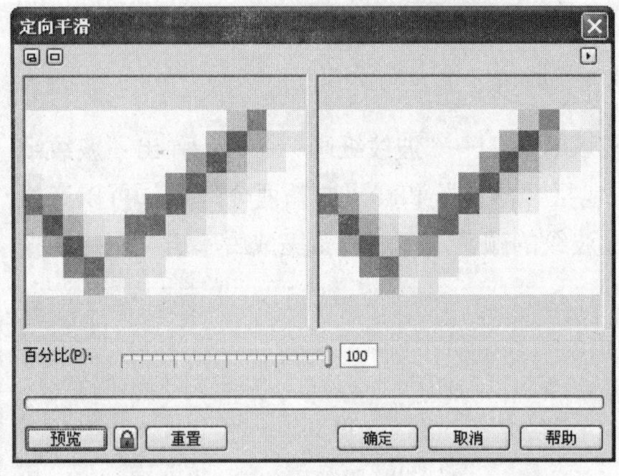

图8-95

图8-96

2）高斯式模糊

选中图8-94左图下方的“小狗”位图，执行“位图”→“模糊”→“高斯式模糊”命令，弹出“高斯式模糊”对话框，如图8-97所示。“半径”用于设置高斯模糊的模糊范围，半径越大，位图越模糊，设置完成后单击“确定”按钮，位图产生高斯模糊效果，如图8-98所示。

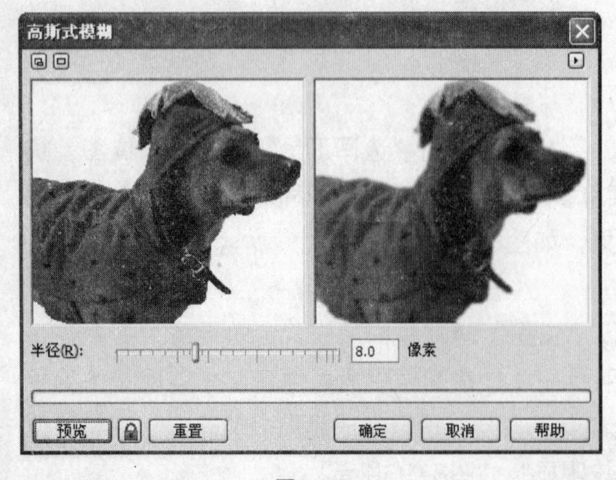

图8-97

图8-98

3）锯齿状模糊

选中图8-94左图上方的“对勾”位图，执行“位图”→“模糊”→“锯齿状模糊”命令，弹出“锯齿状模糊”对话框，如图8-99所示。“宽度”、“高度”可以分别设置宽、高的模糊量，数值越大，位图越模糊，设置完成后单击“确定”按钮，位图产生锯齿模糊效果，如图8-100所示。

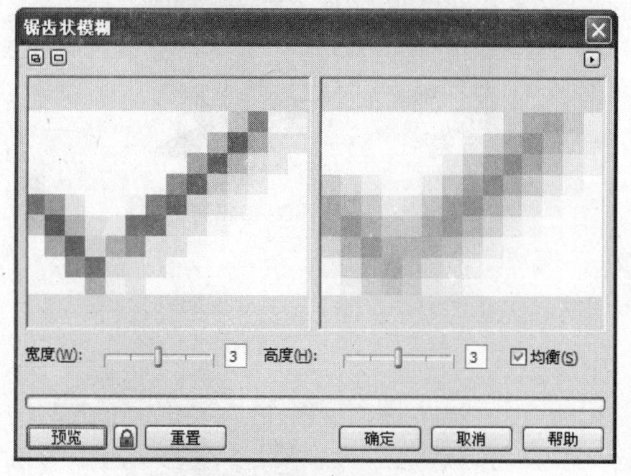

图8-99

图8-100

4）低通滤波器

选中图8-94左图下方的“小狗”位图，执行“位图”→“模糊”→“低通滤波器”命令，弹出“低通滤波器”对话框，如图8-101所示。“百分比”用于设置模糊强度，“半径”用于设置模糊的模糊范围，设置完成后单击“确定”按钮，位图产生低通滤波效果，如图8-102所示。

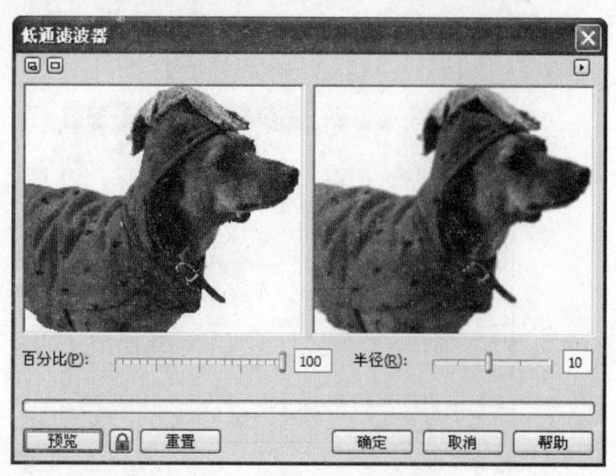

图8-101

图8-102

5）动态模糊

选中图8-94左图下方的“小狗”位图，执行“位图”→“模糊”→“动态模糊”命令，弹出“动态模糊”对话框，如图8-103所示。设置完成后单击“确定”按钮，位图产生一种运动模糊的效果，如图8-104所示。

6）放射状模糊

选中图8-94左图下方的“小狗”位图，执行“位图”→“模糊”→“放射状模糊”命令，弹出“放射状模糊”对话框，如图8-105所示。设置完成后单击“确定”按钮，位图产生一种旋转模糊的效果，如图8-106所示。

图8-103

图8-104

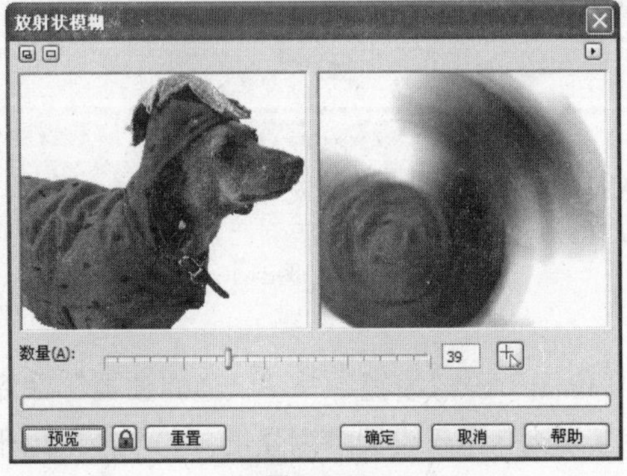

图8-105

图8-106

“平滑”、“柔和”、“缩放”也是3种模糊效果，设置方法与其他模糊效果一样，如图8-107所示。

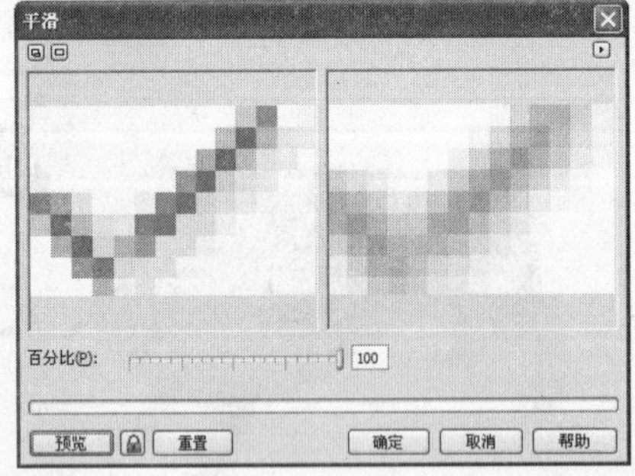

平滑

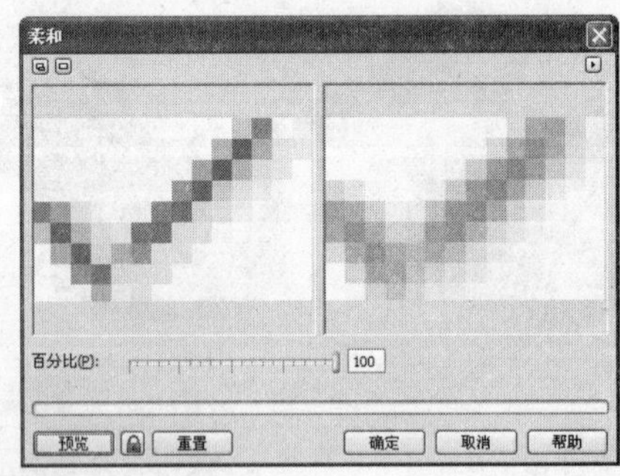

柔和

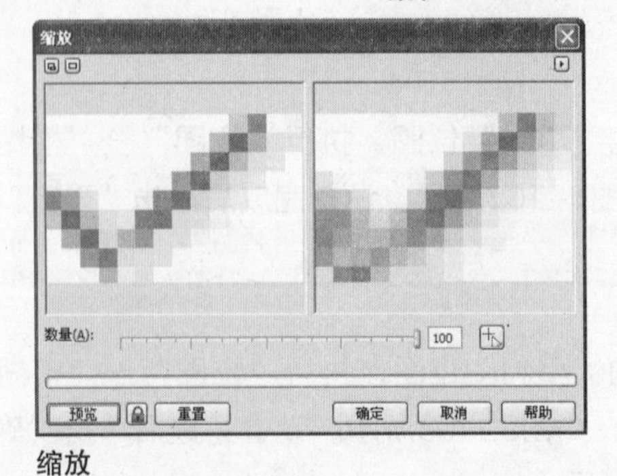

缩放

图8-107

4. 颜色变换

打开光盘目录下的“素材\第8章\滤镜素材04”文件，使用“选择工具”选中位图，执行“位图”→“颜色变换”命令，弹出“颜色变换”子菜单，在子菜单中分列了4种不同的颜色变换效果的滤镜，这组滤镜可以使位图产生一种梦幻的颜色，如图8-108所示。

图8-108

1）位平面

确认位图处于选中状态，执行“位图”→“颜色变换”→“位平面”命令，弹出“位平面”对话框，如图8-109所示。在对话框中通过重置通道的位平面来改变图像的颜色，设置完成后单击“确定”按钮，位图产生位平面效果，如图8-110所示。

图8-109

图8-110

2）半色调

确认位图处于选中状态，执行“位图”→“颜色变换”→“半色调”命令，弹出“半色调”对话框，如图8-111所示。此命令可以模拟印刷中的网点效果，并可以在对话框中修改各个颜色色版的角度，设置完成后单击“确定”按钮，位图产生半色调效果，如图8-112所示。

图8-111

图8-112

第6章
第7章
第8章
第9章
第10章

“梦幻色调”和“曝光”通过调整颜色的层次来达到一种颜色变幻的效果，如图8-113所示。

梦幻色调

曝光

图8-113

5. 轮廓图

打开光盘目录下的“素材\第8章\滤镜素材05”文件，使用“选择工具”选中位图，执行“位图”→“轮廓图”命令，弹出“轮廓图”子菜单，在子菜单中分列了3种不同的轮廓效果的滤镜，这组滤镜可以使位图产生边缘效果，如图8-114所示。

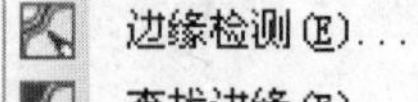

图8-114

1）边缘检测

确认位图处于选中状态，执行“位图”→“轮廓图”→“边缘检测”命令，弹出“边缘检测”对话框，如图8-115所示。在“背景色”选框中可以设置背景的颜色，还可以使用吸管在图像上吸取颜色作为背景色；拖曳“灵敏度”滑块可以设置边缘效果的程度，设置完成后单击“确定”按钮，位图产生边缘检测效果，如图8-116所示。

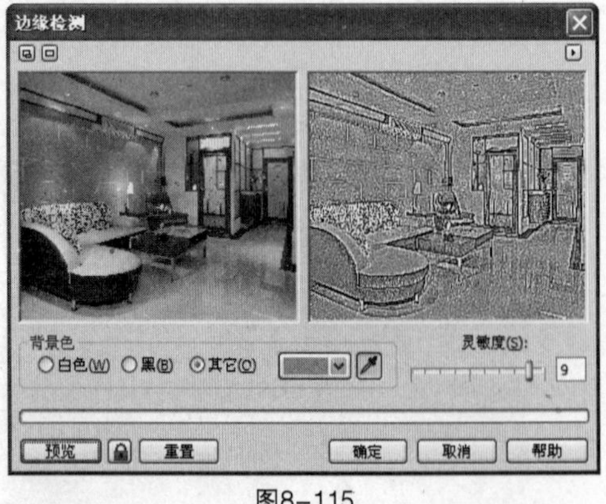

图8-115

图8-116

“查找边缘”和“跟踪轮廓”分别以不同的方式来设置轮廓效果，如图8-117所示。

查找边缘

跟踪轮廓

图8-117

6. 创造性

打开光盘目录下的“素材\第8章\滤镜素材06”文件，使用“选择工具”选中位图，执行“位图”→“创造性”命令，弹出“创造性”子菜单，在子菜单中分列了14种不同的创造性效果的滤镜，这组滤镜可以用图案或色块置换位图的像素，以得到某种特定效果，如图8-118所示。

图8-118

1）工艺

确认位图处于选中状态，执行“位图”→“创造性”→“工艺”命令，弹出“工艺”对话框，如图8-119所示。单击对话框中的“样式”下拉菜单，可以选择一个用于置换像素的图案，拖曳“大小”滑块可以设置置换图案的大小；拖曳“完成”滑块可以设置置换图案的多少；拖曳“亮度”滑块可以设置位图的明暗程度；在“旋转”中输入数值可以改变置换图案的凸起角度。设置完成后单击“确定”按钮，位图产生工艺效果，如图8-120所示。

图8-119

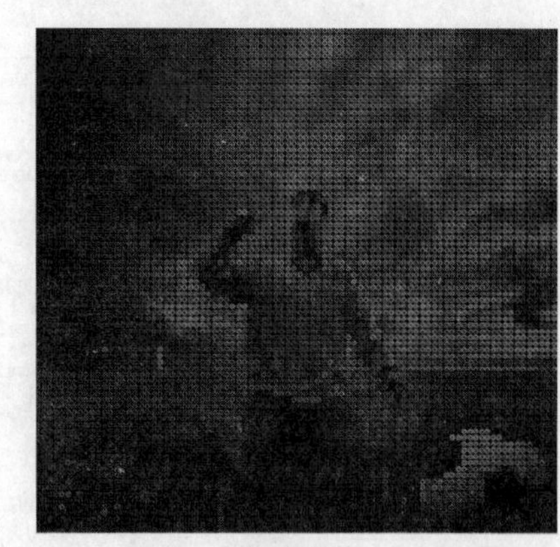

图8-120

“晶体化”、“织物”等其他13种滤镜的设置方法与“工艺”滤镜的设置方法基本一致，得到的效果各不相同，如图8-121所示。

晶体化

框架

儿童游戏

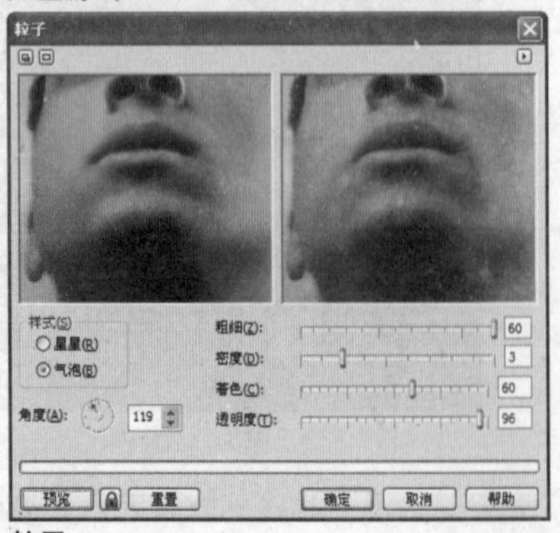

粒子

织物

玻璃砖

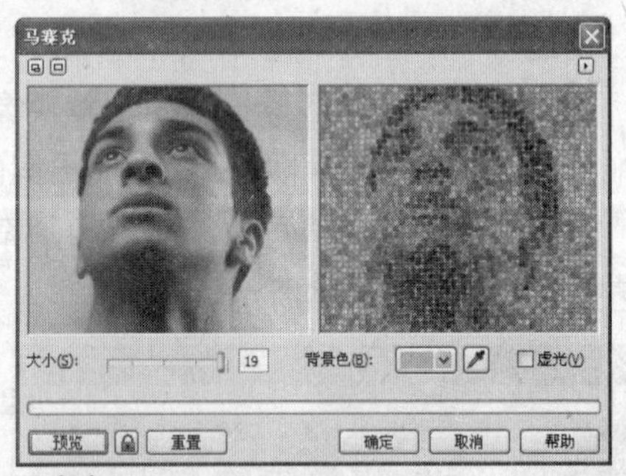

马赛克

散开

图8-121

茶色玻璃

彩色玻璃

虚光

旋涡

天气

图8-121

7. 扭曲

打开光盘目录下的“素材\第8章\滤镜素材07”文件，使用“选择工具”选中位图，选择“位图”→“扭曲”菜单，弹出“扭曲”子菜单，在子菜单中分列了10种不同的扭曲效果的滤镜，这组滤镜可以使位图产生不同的扭曲效果，如图8-122所示。

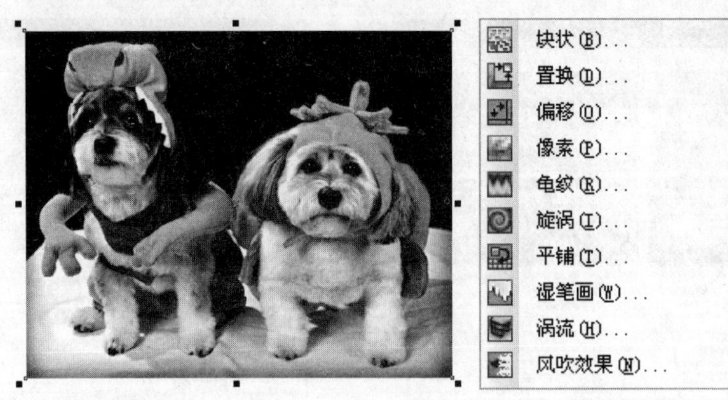

图8-122

8. 块状

确认位图处于选中状态，执行“位图”→“扭曲”→“块状”命令，弹出“块状”对话框，如图8-123所示。在“未定义区域”可以设置裂缝的颜色；拖曳“块宽度”、“块高度”滑块可以设置裂块的大小；拖曳“最大偏移”可以设置裂缝的大小，设置完成后单击“确定”按钮，位图产生块状效果，如图8-124所示。

图8-123

图8-124

“置换”、“偏移”等其他9种滤镜的设置方法与“块状”滤镜的设置方法基本一致，也能得到不同的扭曲效果，如图8-125所示。

置换

偏移

图8-125

像素

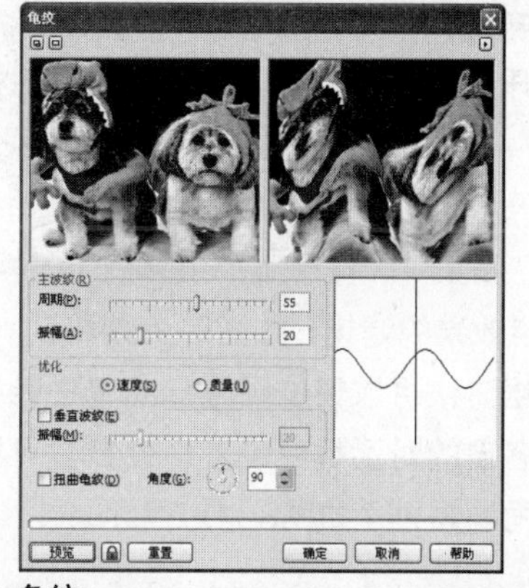

龟纹

旋涡

平铺

湿画笔

涡流

风

图8-125

9. 杂点

打开光盘目录下的“素材\第8章\滤镜素材08”文件，使用“选择工具”选中位图，执行“位图”→“杂点”命令，弹出“杂点”子菜单，在子菜单中分列了6种不同的杂点效果的滤镜，如图8-126所示。

这组滤镜可以使位图增加或者去除杂点，在各自的对话框中设置相关参数可以得到不同的效果，如图8-127所示。

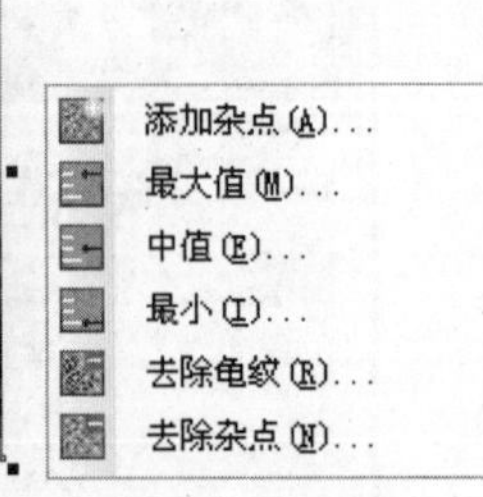

图8-126

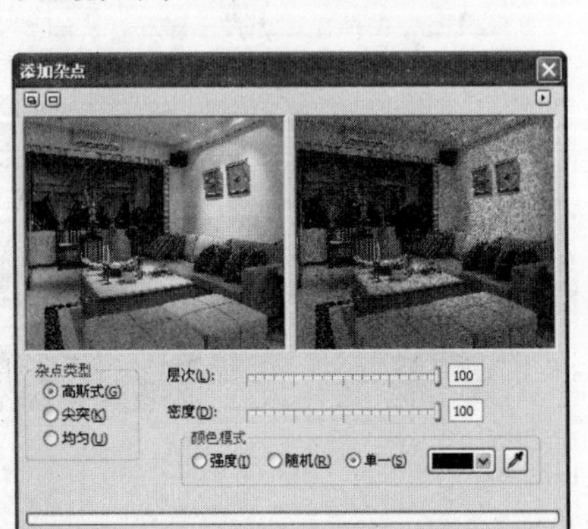

添加杂点

最大值

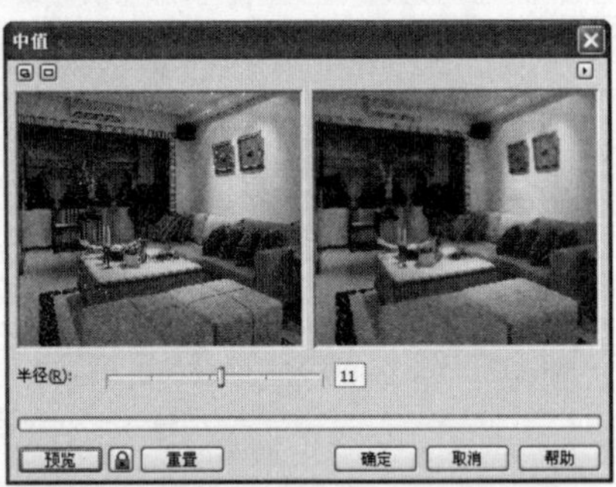

中间值

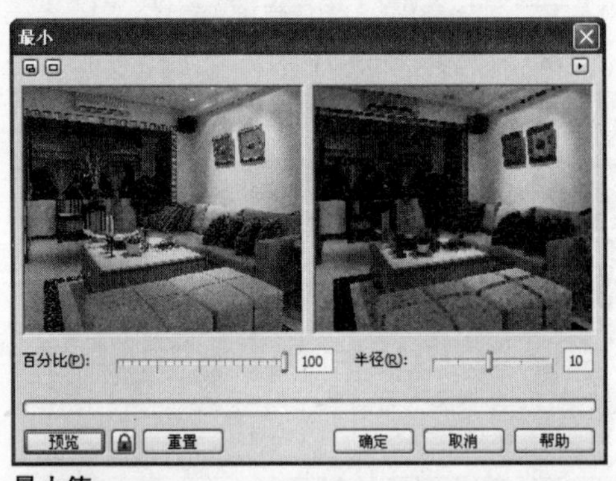

最小值

去除龟纹

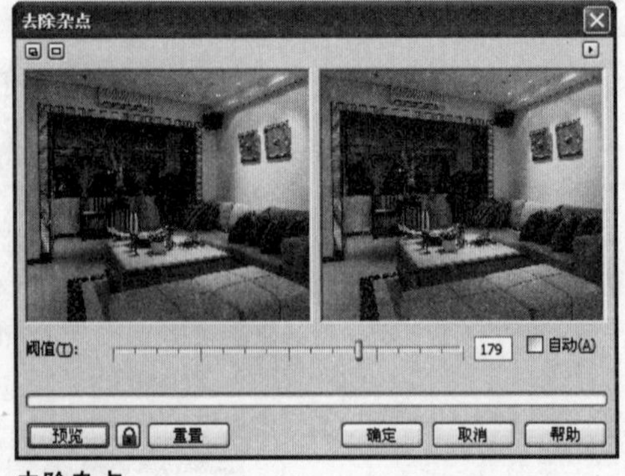

去除杂点

图8-127

10. 鲜明化

打开光盘目录下的“素材\第8章\滤镜素材09”文件，使用“选择工具”选中位图，执行“位图”→“鲜明化”命令，弹出“鲜明化”子菜单，在子菜单中分列了5种不同的鲜明化滤镜，如图8-128所示。

适应非鲜明化(A)...
定向柔化(D)...
高通滤波器(H)...
鲜明化(S)...
非鲜明化遮罩(U)...

图8-128

在相应的对话框中设置相关的参数，可以得到不同的鲜明化效果，如图8-129所示。

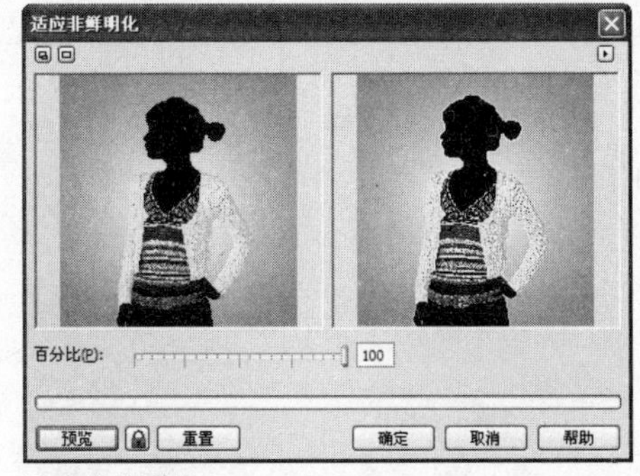

适应非鲜明化

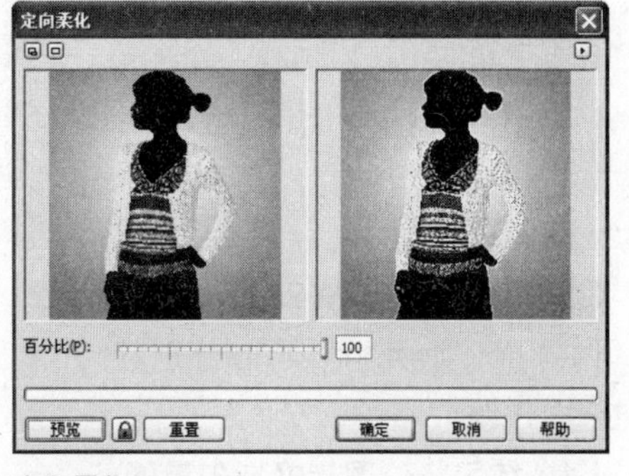

定向柔化

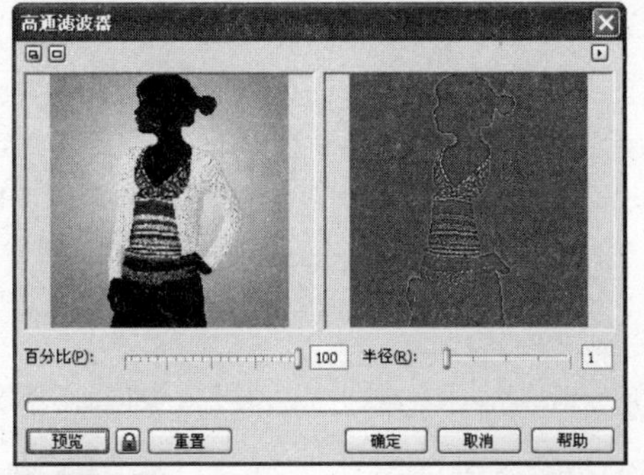

高通滤波器

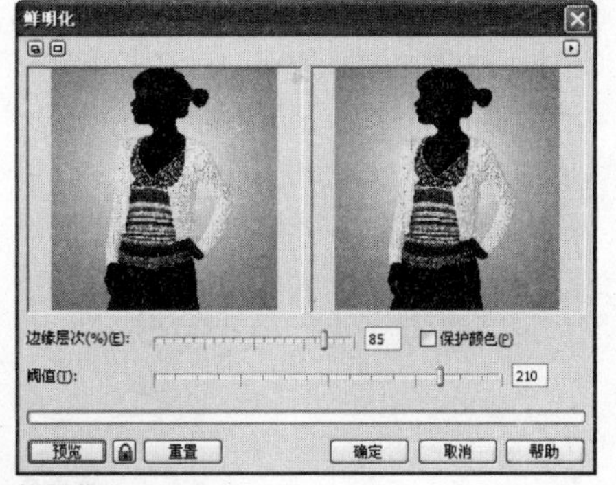

鲜明化

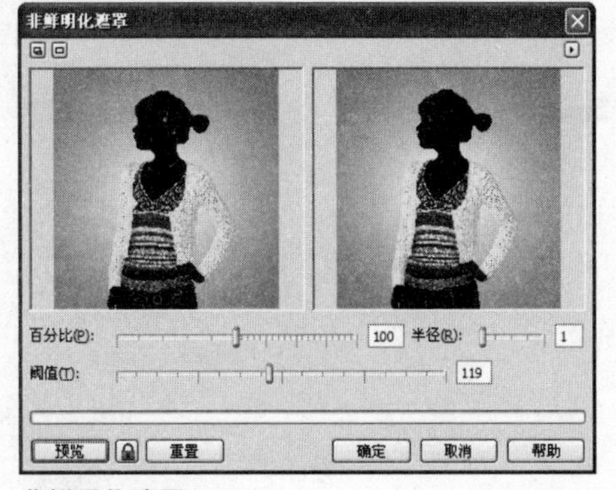

非鲜明化遮罩

图8-129

8.8 小结

通过本章学习，设计师可以掌握位图图像的设置方法，CorelDRAW X5对位图图像也可以进行一些比较复杂的艺术处理，运用得当可以为作品增加美感。

8.9 习题

1. 填空题

（1）（　　　　）是组成数字图像的最小单元。

（2）通过（　　　　）的方式让图像进入到页面中去。

2. 问答题

（1）分辨率是什么?

（2）spi、ppi、dpi、lpi分别是什么?

3. 操作题

（1）练习将位图转换成矢量图。

（2）练习设置图像的透视效果。

9

第9章

打印输出

当作品设计完成后，设计师需要将作品打印输出。在打印输出前，设计师还需要对页面进行适合印刷、网络发布的设置。

CorelDRAW X5的打印输出主要包括两个部分：文档预检和输出设定。

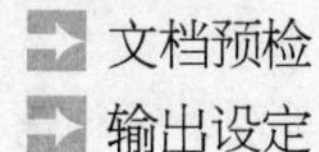

- 文档预检
- 输出设定

9.1 文档预检

为了最大程度地防止可能发生的错误，减少不必要的损失，设计师在输出前要对文件的尺寸、字体、链接文件等内容进行全面、系统的检查。

9.1.1 页面尺寸

设计师需要在作品制作完成后，检查文档的尺寸是否符合印刷标准。这样才能够合理地控制印刷成本，避免不必要的浪费。执行“版面”→“页面设置”命令，在打开的“选项”对话框中，单击“选项”列表中的“页面尺寸”选项，在右侧展开“页面尺寸”设置后，如图9-1所示。在“宽度”、“高度”选项中输入数值。

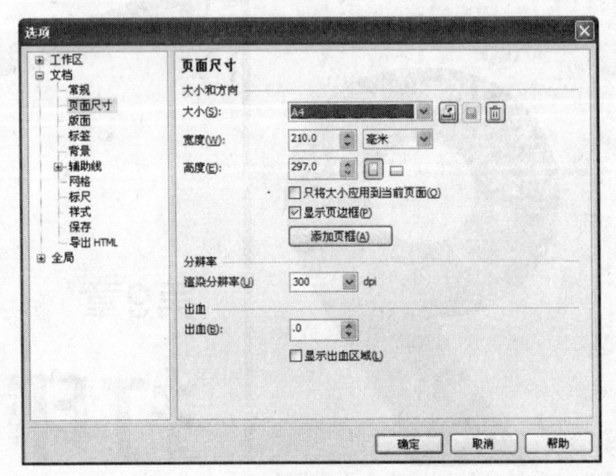

图9-1

常用的印刷用纸的尺寸：正度纸张为787mm×1092mm；大度纸张为889mm×1194mm。印刷用纸尺寸与图书开本的对应关系如表9-1所示。

表9-1 纸张尺寸与图书开本的关系

开数（正）	尺寸（毫米）
2开	540×780
3开	360×780
4开	390×543
6开	360×390
8开	270×390
16开	195×270
32开	195×135

9.1.2 页面出血

在印刷过程中，由于装订裁切时会有误差，为了保证成品的完整、美观，往往需要在制作时把图像的边缘增加一些，超出印刷品尺寸，供装订裁切时去掉，这些超出的部分被称为“出血”。通用的“出血”大小是3mm，即印刷品的每一个边都应有3mm的空间预留给“出血”，这样可以避免裁切时“露白”。设计师在处理图片、色块时，如果是将其放在页面的边缘处，就需要将其超出页面3mm。

例如，设置页面大小为210mm×297mm，图片无出血时如图9-2所示；执行“排列”→“变换”→“位置”命令，将图片向页面外移动3mm，即设置出血3mm，如图9-3所示。

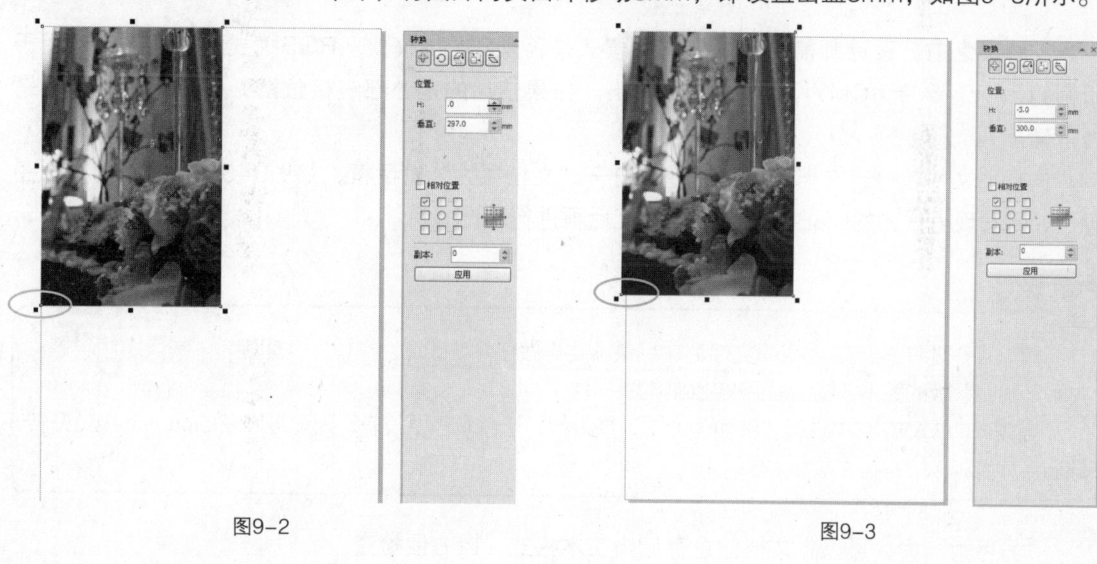

图9-2　　　　　　　　图9-3

9.1.3 字体

如果出片公司没有设计师使用的字体，那么在打印输出时，可能因为字体的短缺而无法显示，或者出现乱码。

所以设计师在把作品拿到出片公司前，最好将文字转为曲线，这样可以避免在出片时丢失字体。

用“选择工具”选择文字，单击鼠标右键，在弹出的右键菜单中选择“转换为曲线”命令即可，如图9-4所示。

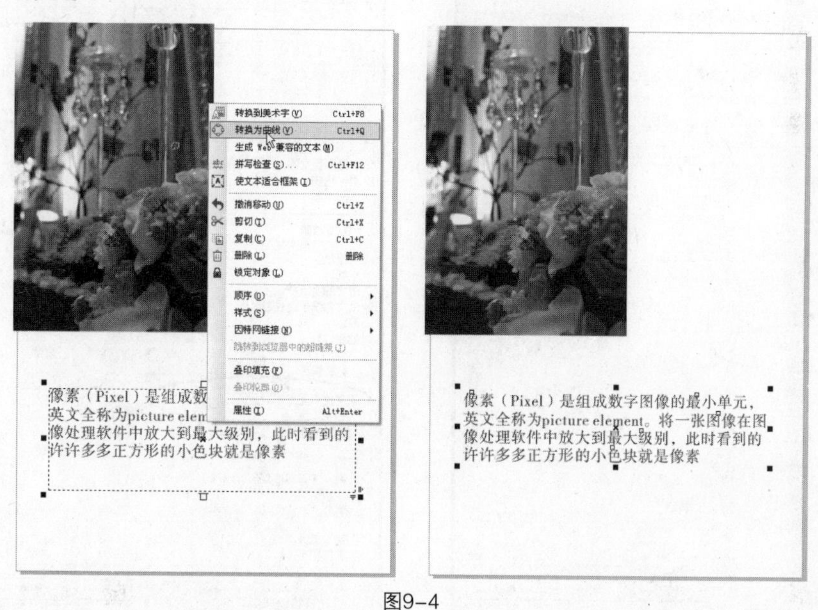

图9-4

另外，设计师还可以将使用的字库同文件一起复制给出片公司。

9.1.4 位图

在输出之前，设计师需要确认位图的模式是否是CMYK模式。RGB模式的图像是无法用于印刷的，一定要转为CMYK模式再进行输出。如果使用的是外部链接位图，一定要检查链接是否正确。

执行“文件”→“文档属性”命令，打开“文档属性”对话框，如图9-5所示，在检查位图时，如果发现有嵌入的RGB位图，需要更正后再进行输出。

提示

有一点需要注意，在导入psd文件后，尽量不要再做任何“破坏性操作”，如旋转、镜像、倾斜等，由于其透明蒙版的关系，输出后会产生破碎图。

在CorelDRAW X5中进行“转换为位图”很方便，但色彩还原较差，因此最好在Photoshop中做好转换后再导入。

“另存为”命令可以将文档信息存储为文本格式，以方便检查。

另外，设计师还可以在文档信息中检查其他内容是否正确。如果设计师将作品中的文字全部转为曲线，则在“文本统计”中应该显示为“文档中无文本对象”，如果个别字符被漏掉（未转换为曲线），文档信息中会显示相应的信息，设计师可以将其更正后再进行输出，如图9-6所示。

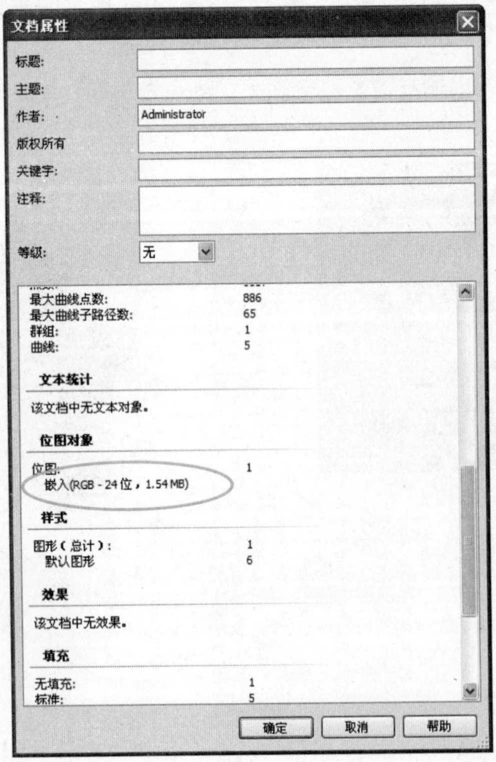

图9-5

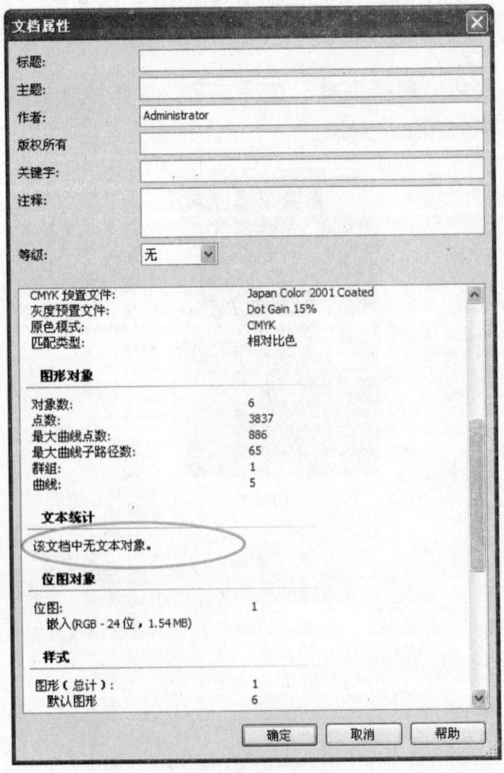

图9-6

9.2 输出设定

除了进行输出前的预检，设计师还需要对文档进行适合输出的设置，如分色选项、标记、渐变等，以方便在印刷过程中及时检验印刷品的质量。

9.2.1 分色选项

如果文档用于彩色印刷，则需要对文档进行“打印分色”设置。

执行“文件”→“打印”命令，打开“打印”对话框的“分色”选项卡，如图9-7所示。

勾选“打印分色”前的复选框 即可对分色选项进行设置。如果不选中该选项，文档将会以灰度方式输出。

设计师可以在这里设置用于印刷的油墨的属性，以及是否使用叠印选项。

“漏白”就是在印刷品中的色块与色块之间，可能会存在一条极细的白线，影响印刷品的质量。

“补漏”是使一个色块与另一个色块的衔接处有一定的交错叠加，以避免印刷时露出白边，所以也叫“补露白”；在不做陷印的时候，两种颜色交接的地方可能会有偏移，产生白边或颜色混叠，而如果在交接的地方用两种交接的颜色互相渗透一点，就不会产生白边了。

单击“高级”打开“高级分色片设置”对话框，如图9-8所示。

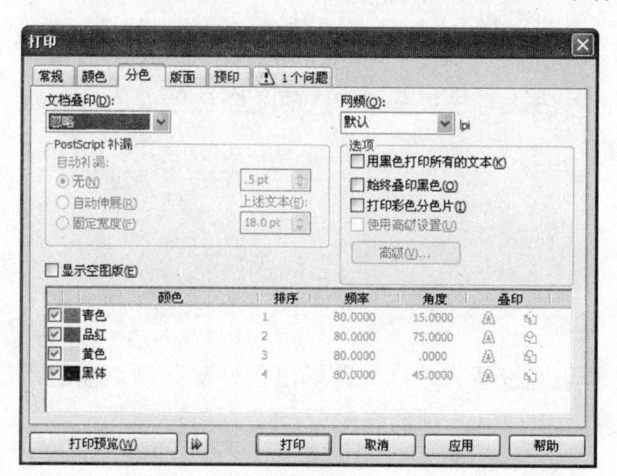

图9-7

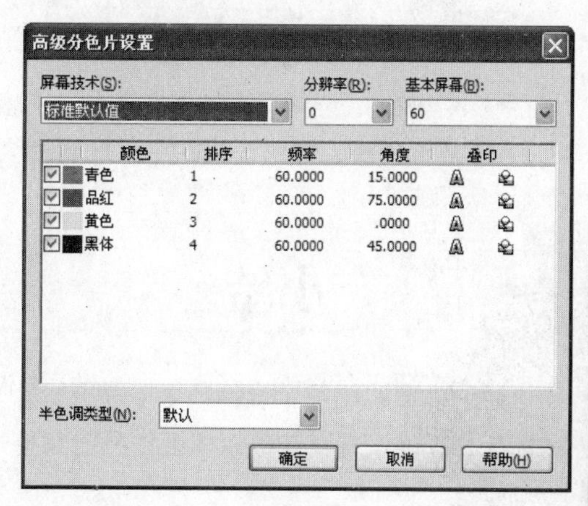

图9-8

在高级选项中，设计师可以设定网点频率以及文字和图像是否进行叠印。

“角度”即为“加网角度”，用于设置加网网点规则排列的方向。“加网角度”决定了四色叠印出的网点花纹形状，对视觉效果影响很大，不同的“加网角度”会产生不同程度的龟纹。最佳的“加网角度”安排应该是各色版相差30度。目前常用的角度为青版15度，品红版75度，黄版0度，黑版45度。

设计师也可以根据自己的需要更改“加网角度”。如，当黑版阶调很短，为骨架黑版时，可以将黑版放在15度或75度，而将青版或品红版放在45度；当画面上以人物色等红色调为主体时，将品红版放在45度；当画面上以风景为主体时，青版放在45度。

“叠印”即一个色块叠印在另一个色块上。印刷时特别要注意黑色文字在彩色图像上的叠印，不要将黑色文字底下的图案镂空，不然印刷套印不准时黑色文字会露出白边。在“叠印”选项中，设计师可以分别设定不同油墨的文字和图像是否进行叠印。

9.2.2 标记

为了在印刷过程中能够及时地检查印刷质量，如套印是否准确、颜色是否有偏差等。需要在页面外增加裁切标记、套准标记、颜色实地密度等信息，如图9-9所示。

执行“文件”→“打印”命令，打开“打印”对话框的“预印 ”选项卡，如图9-10所示。

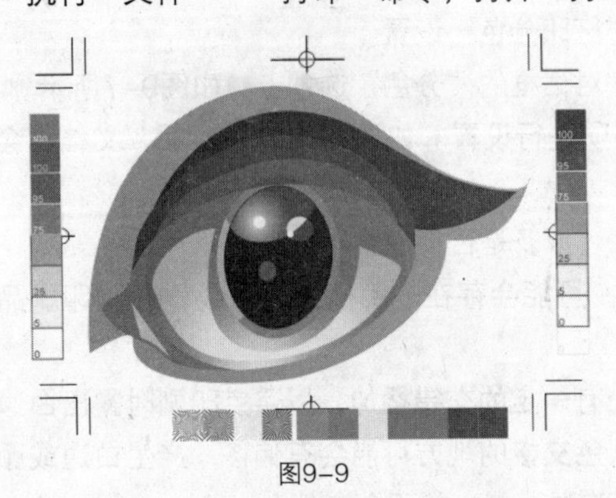

图9-9

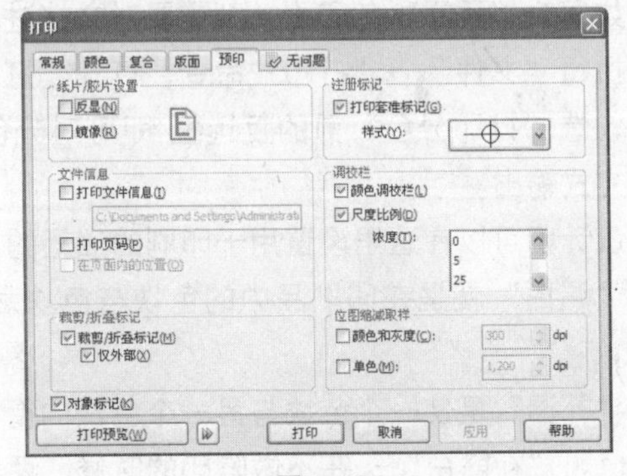

图9-10

- “裁剪／折叠标记”用于定义页面的裁切范围和净尺寸。可以检验四色印刷时套印是否准确。
- “打印套准标记”用于套印时对位。
- “调校栏”在页面上打印色标。色标是由原色及其相互叠加形成的复合色等颜色组成的实地色块，可以方便在印刷时测量实地密度。

9.3 小结

通过本章的学习，设计师可以掌握打印输出的正确设置方法。打印输出是作品印刷之前的最后环节，正确设置其参数以保证作品能完整、真实地体现设计师的意图。

9.4 习题

1. 填空题

（1）印刷品的每一个裁边通常都要留（　　）mm的出血。

（2）目前常用的角度为青版（　　）度，品红版（　　）度，黄版（　　）度，黑版（　　）度。

2. 问答题

（1）什么是出血?

（2）什么是补漏?

10

第10章

实战案例

为了使设计师能够更直观地感受从设计到印刷的全过程，本章通过实例（广告设计）的介绍，让设计师真实地体验一下实际工作的各个环节。从而掌握一些必备的常识与经验。

10.1 购物广场广告设计

1 执行“文件”→“新建”命令，弹出“创建新文档”对话框，在对话框中将“名称”命名为“名优时尚广场”，文件大小选择“自定义”，将“宽度”设置为310mm，高度设置为130mm，原色模式选择CMYK，渲染分辨率设置为300dpi，单击“确定”按钮，如图10-1所示。

2 在页面中X=104mm、Y=14mm处分别创建一条垂直参考线和一条水平参考线，如图10-2所示。

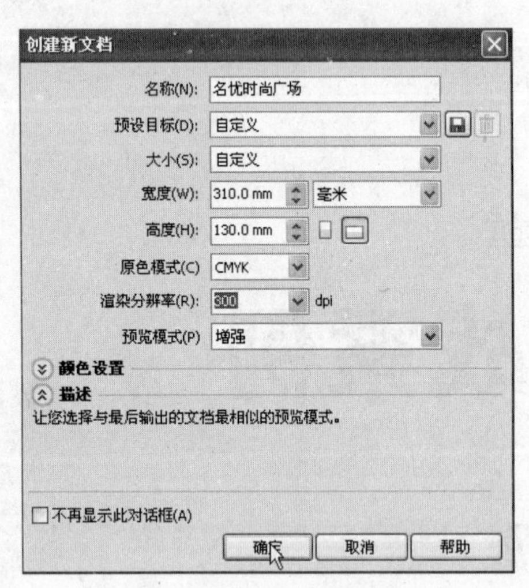

图10-1

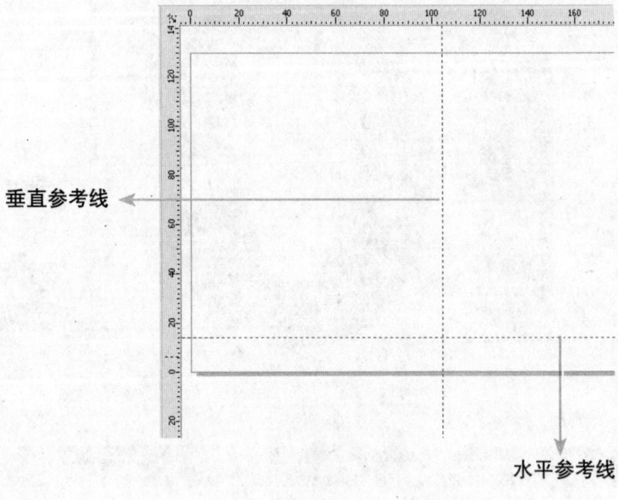

图10-2

3 双击工具箱中的“矩形工具”，得到如图10-3所示的矩形框。

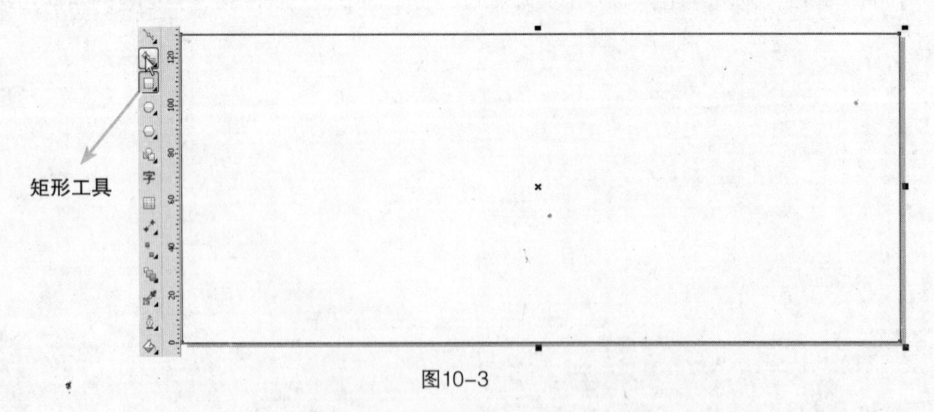

图10-3

4 选择工具箱中的“矩形工具”，以文件中的水平参考线为基准，沿其下方绘制一个X=130mm、Y=14mm的矩形，将其填充颜色（C55，M99，Y29，K10），如图10-4所示。

5 执行“文件”→“导入”命令，弹出“导入”对话框，在对话框中选择“素材/第10章/图形效果1.cdr”文件，如图10-5所示，单击“导入”按钮。

图10-4

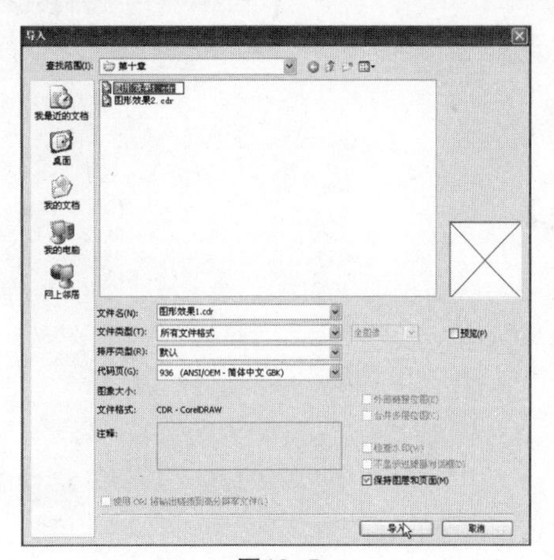

图10-5

6 选择导入的图形效果1文件，调整大小，将其放置在垂直水平线处，如图10-6 所示。双击图形文件，适当调整其位置，如图10-7所示。

图10-6

图10-7

7 在工具箱中选择“贝塞尔工具”，绘制一个不规则的图形，填充为黄色（C0，M0，Y100，K0），如图10-8所示。

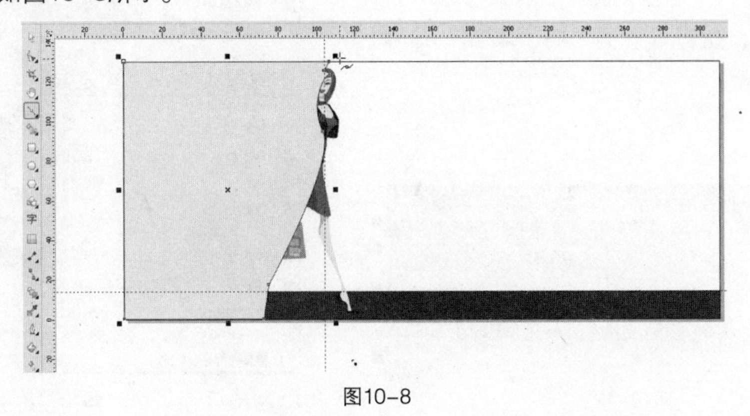

图10-8

8 单击属性栏中的“轮廓宽度”按钮，在弹出的下拉列表中选择对象轮廓宽度为0mm，如图10-9所示。

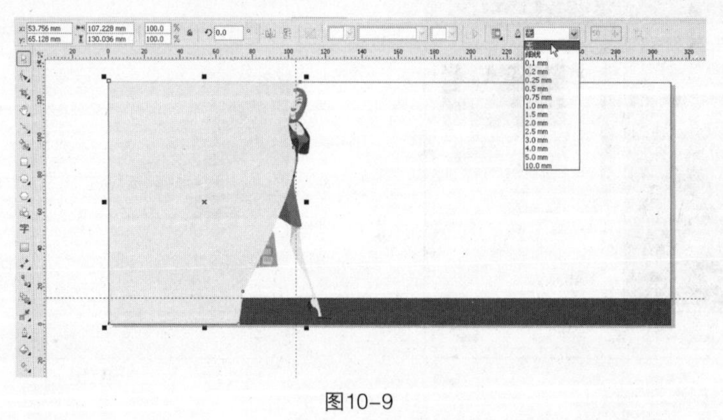

图10-9

9 执行“排列”→“顺序”→“置于此对象后”命令，用光标单击图形文件1，将绘制的不规则图形移动到图形文件1的下方，如图10-10，图10-11所示。

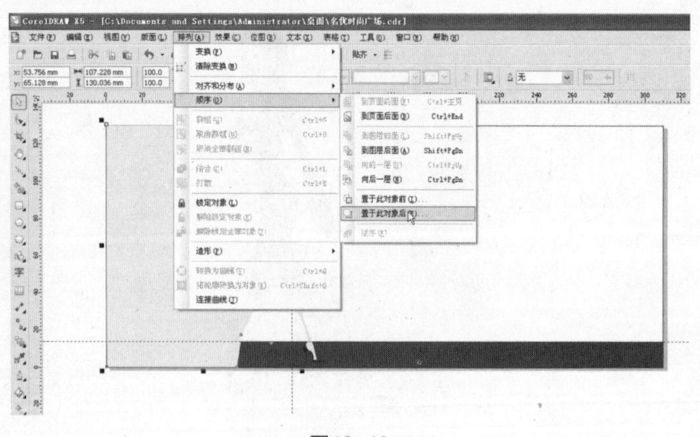

图10-10

图10-11

10 选择工具箱中的“矩形工具”，绘制一个矩形条，填充为红色，复制3个矩形条，调整大小，依次填充为（C0，M90，Y100，K0），（C0，M45，Y85，K0），（C0，M20，Y100，K0）的颜色，如图10-12所示。

11 以同样的方法绘制其他的矩形条，选中所有的矩形条，执行“排列”→“群组”命令，如图10-13所示。

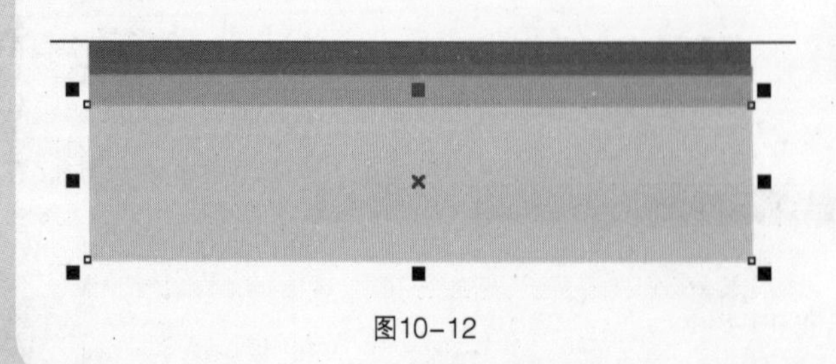

图10-12

图10-13

12 右键移动矩形框到不规则图形上，弹出如图10-14所示的对话框，执行“图框精确剪裁内部”命令。

图10-14

13 选择工具箱中的“矩形工具”绘制一个矩形，填充洋红（C0，M100，Y20，K0），执行“排列”→“顺序”→“置于此对象前”命令，将矩形拖曳到底部大矩形的前面，调整位置，如图10-15、图10-16所示。

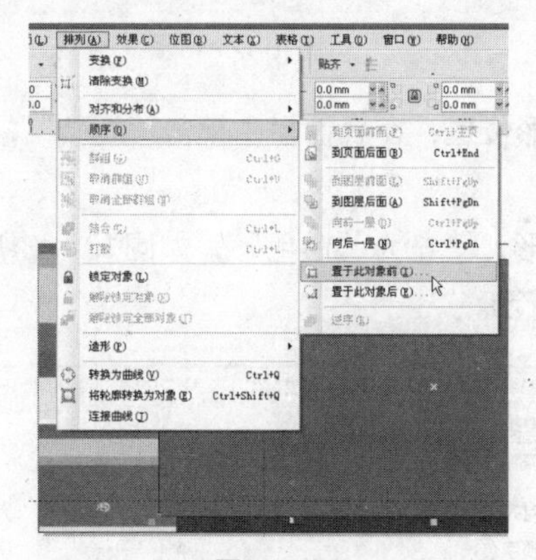

图10-15

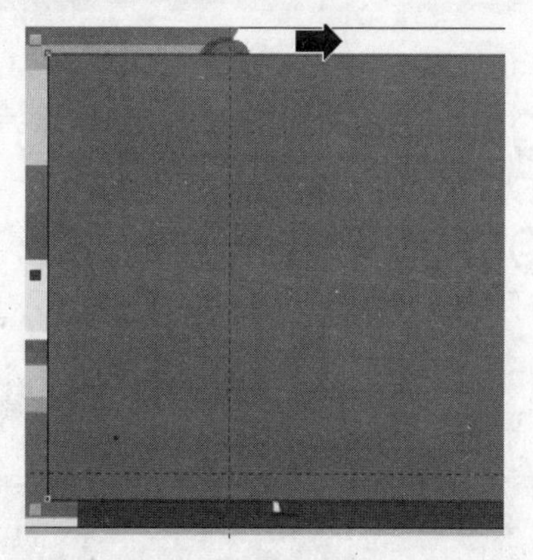

图10-16

14 选择工具箱中的“椭圆工具”，按“Ctrl+Shift”键绘制一个正圆，设置轮廓宽度为“0.5mm”，如图10-17所示。

15 按F12键，在弹出的“轮廓笔”对话框中设置轮廓颜色为“白色”，如图10-18所示。

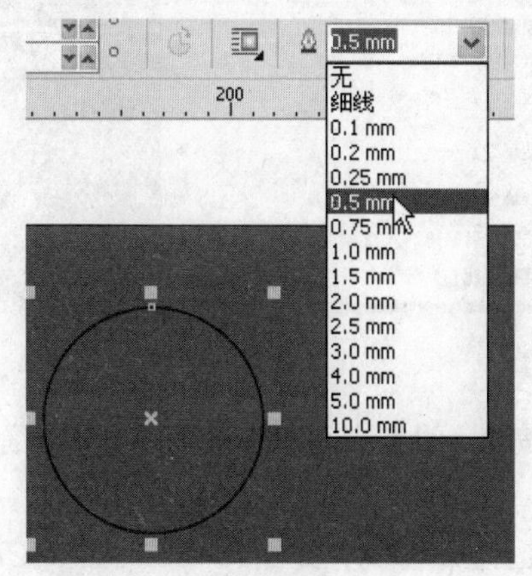

图10-17

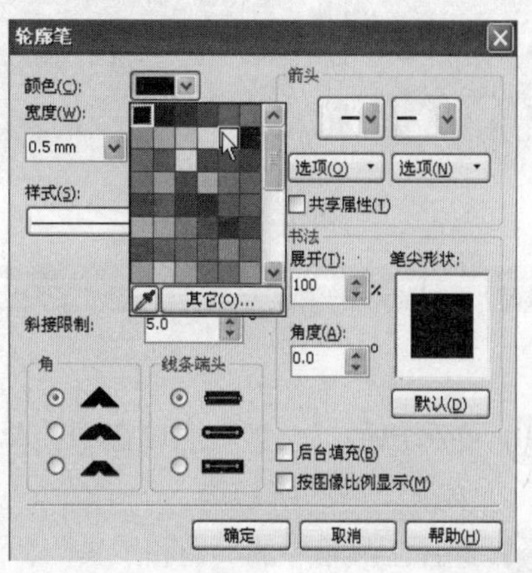

图10-18

16 以同样的方式绘制不同轮廓的正圆，将其组合并调整位置，如图10-19所示。

17 选择边缘的正圆，选择工具箱中的“透明度工具”，调整透明度属性为“标准”，如图10-20、图10-21所示。

图10-19

图10-20

图10-21

18 移动复制左边的圆形组到页面右面，调整圆形位置，在属性栏中单击“旋转”按钮，输入数值为180，图10-22所示。

19 选择工具箱中的“矩形工具”，绘制一个矩形，填充为“白色”，如图10-23所示。执行“排列”→“变换”→“位置”命令，如图10-24所示。

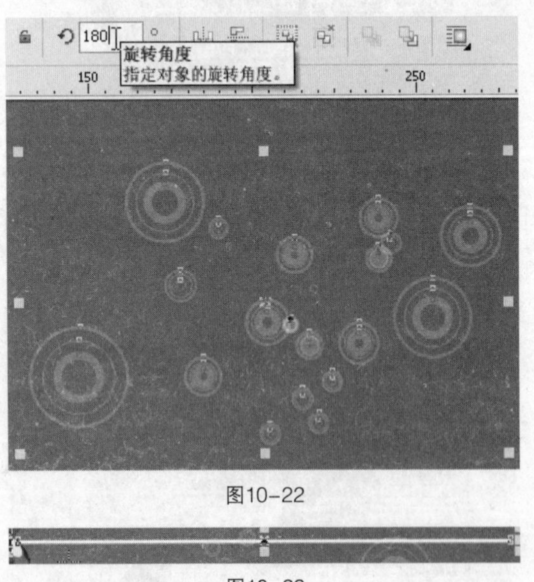

图10-22

图10-23

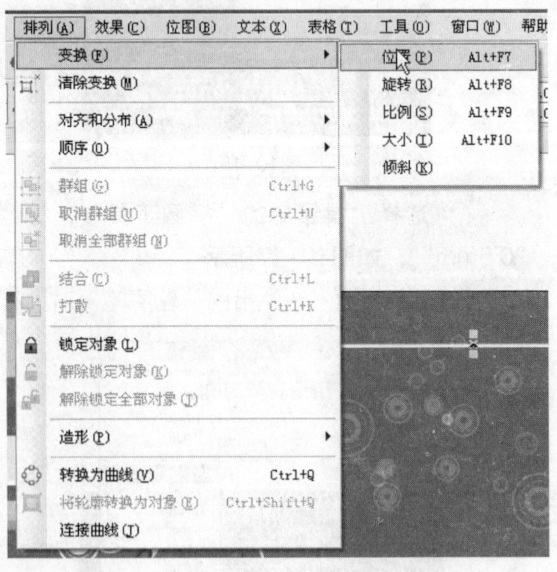

图10-24

20 在弹出的“位置”泊坞窗中，单击“位置”按钮，设置“垂直值”为-93mm，副本值设为“1”，如图10-25所示。

21 选择工具箱中的“调和工具”，沿两条矩形从上至下拖曳，如图10-26、图10-27所示。

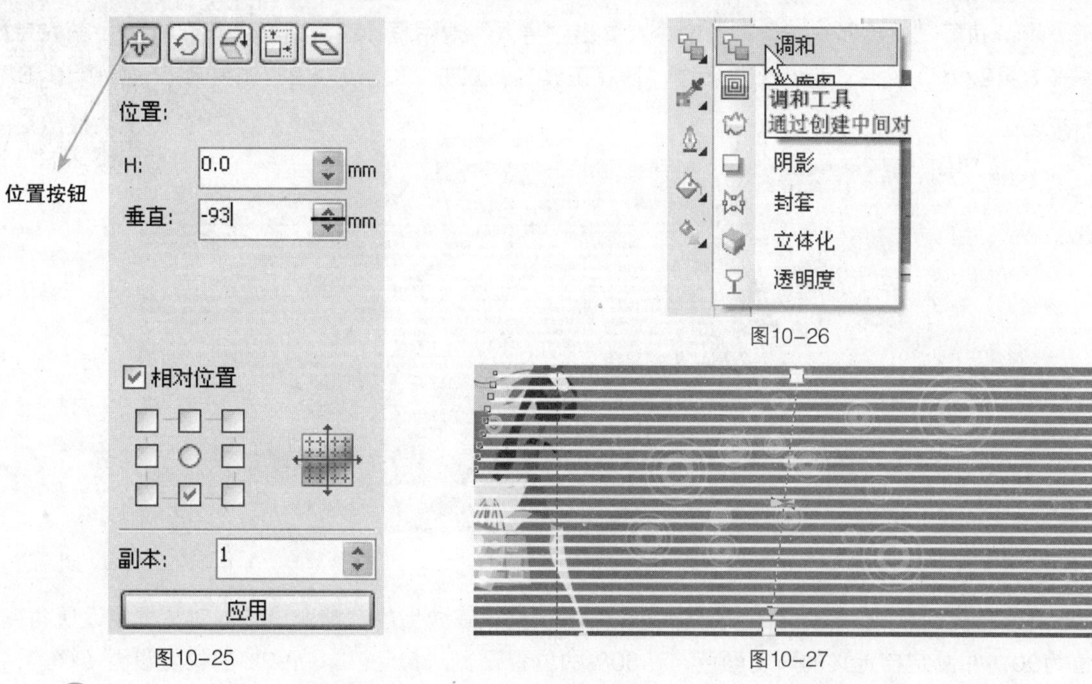

图10-25　　图10-26　　图10-27

22 单击属性栏中的“调和对象”按钮，设置值为23，如图10-28所示。

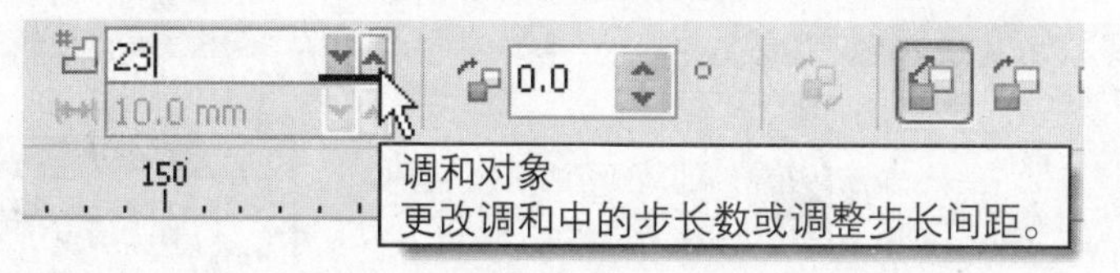

图10-28

23 选择工具箱中的“矩形工具”绘制一个矩形，填充为“50%黑”，如图10-29所示。以同样的方法绘制多个矩形，填充颜色，如图10-30所示。

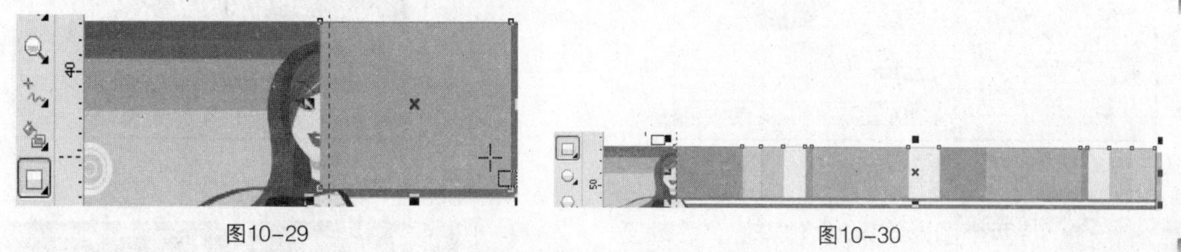

图10-29　　图10-30

24 将矩形框全部选中，按Ctrl+G快捷键将其群组，执行“排列”→“顺序”→“置于此对象后”命令，单击“图形效果1”，完成操作，如图10-31所示。

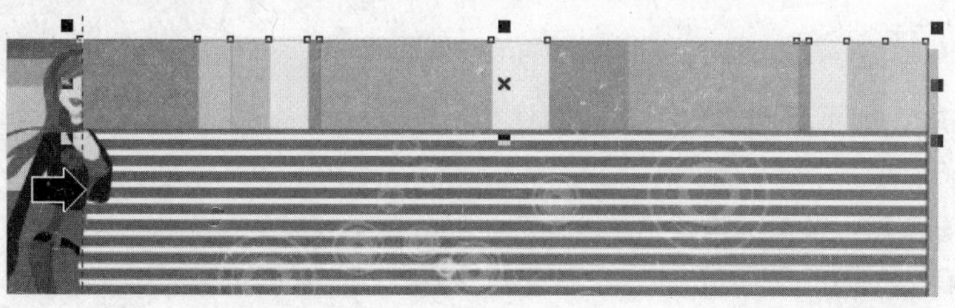

图10-31

25 执行“文件”→“导入”命令，弹出“导入”对话框，在对话框中选择“素材/第10章/图形效果2.cdr”文件，选择工具箱中“形状工具”，双击“图形效果2”调整节点，如图10-32所示。

图10-32

26 复制图形效果2文件，调整大小，按F11键，在弹出的“渐变填充”对话框中设置角度值为90，并设定自定义的渐变颜色，在30%的位置设置“黄色”，在99%的位置设置（C66，M0，Y5，K0）的颜色，如图10-33、图10-34所示。

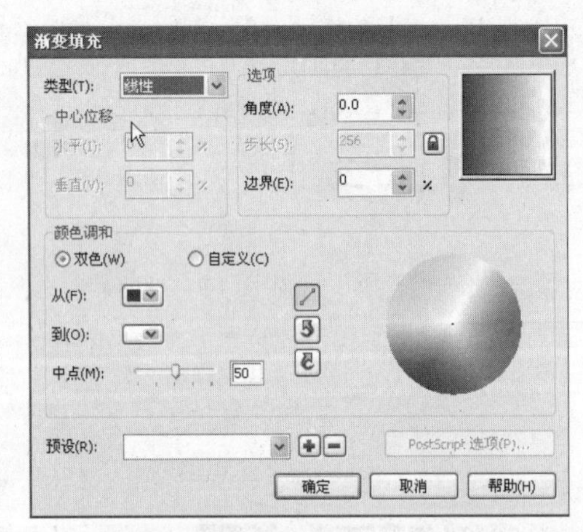

图10-33

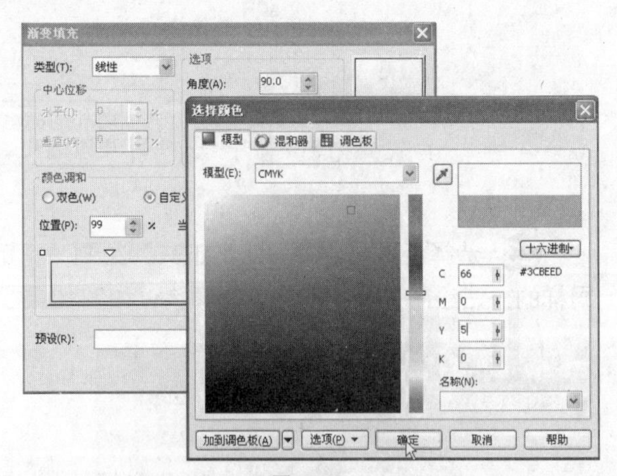

图10-34

27 将两个图形效果2文件群组，移动至图形效果1文件的下方，选择工具箱中的“文本工具”，在页面中输入“名优尚”三个字，如图10-35所示。

28 选择工具箱中的“选择工具”，选择已输入的文本，即可看到文本工具的属性栏，如图10-36所示。

29 单击▾按钮，设置字体为“迷你繁方篆”，字号为60，如图10-37所示。

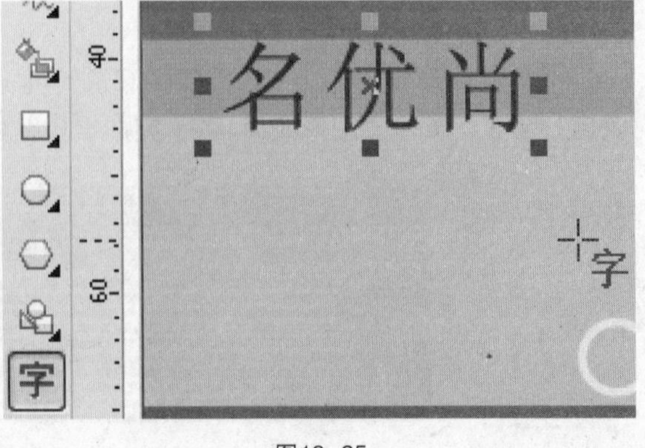

图10-35

宋体 24 pt

图10-36

迷你繁方篆 65 pt

图10-37

30 按F11键，在弹出的“渐变填充”对话框中设置自定义的渐变颜色，在30%的位置设置黄色，在99%的位置设置（C0，M100，Y95，K0）的颜色，如图10-38、图10-39所示。

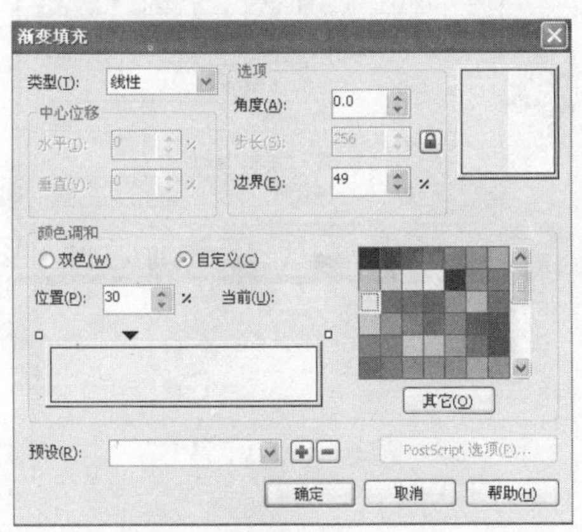

图10-38

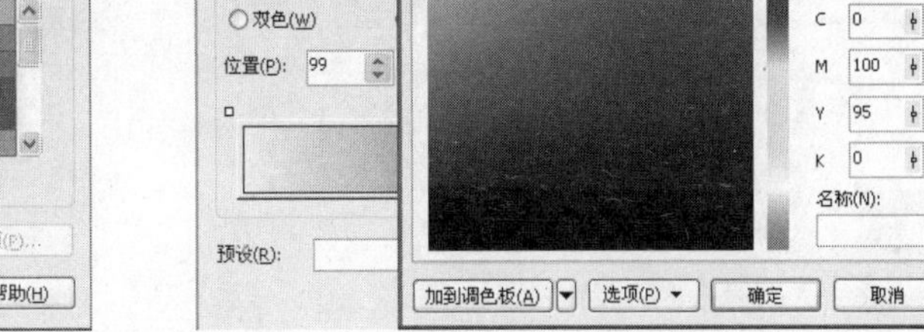

图10-39

31 按F12键，在弹出的“轮廓笔”对话框中设置“轮廓颜色”为“白色”，设置“轮廓宽度”为“细线”，勾选“后台填充”复选框，如图10-40所示。

32 以同样的方式绘制“淘”字，再绘制一个黑色的正圆，如图10-41所示。

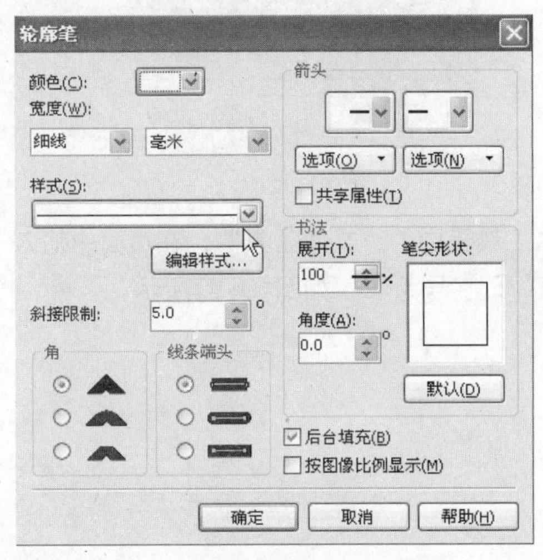

图10-40

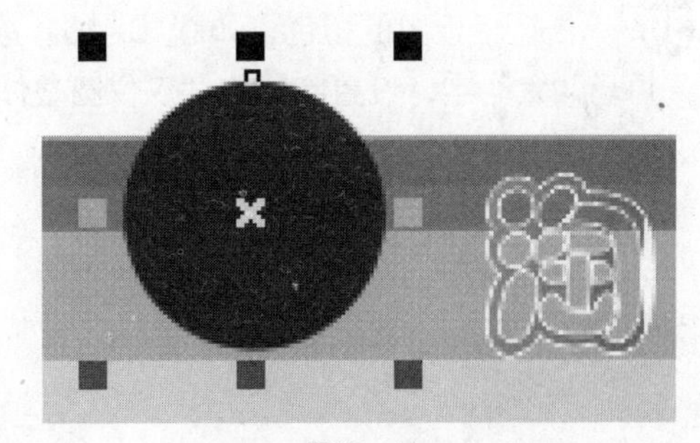

图10-41

33 执行“排列”→“对齐和分布”→“对齐与分布”命令，如图10-42所示。

34 在弹出的“位置”泊坞窗中，选择“对齐”选项，勾选“中”单选框，单击“应用”按钮，如图10-43所示。

35 选择工具箱中的“选择工具”，选中刚绘制的图形，单击属性栏中的“简化”按钮，如图10-44所示。调整得到的修剪图形的位置与大小，单独选择淘字，将其删除，如图10-45所示。

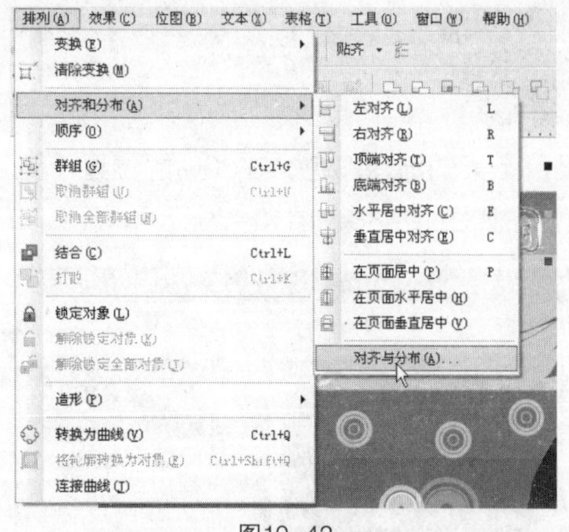

图10-42

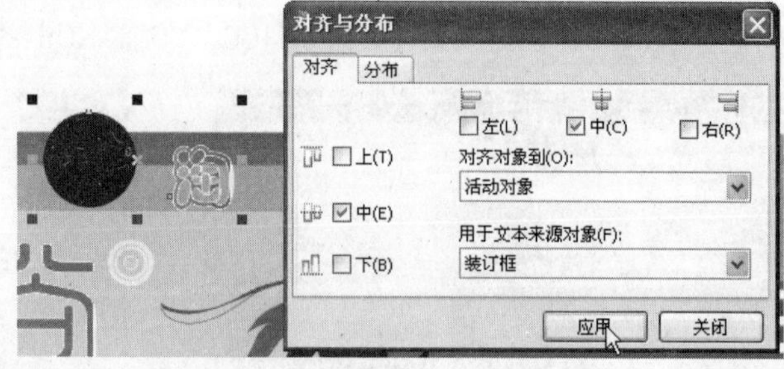

图10-43

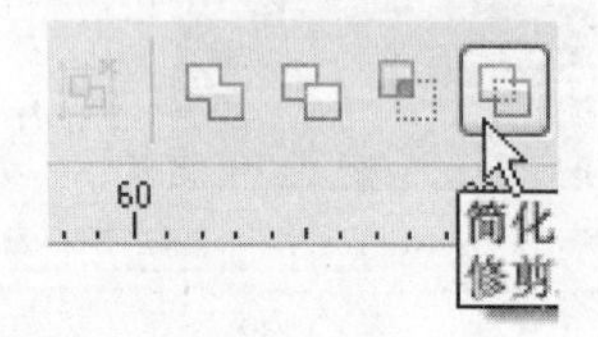

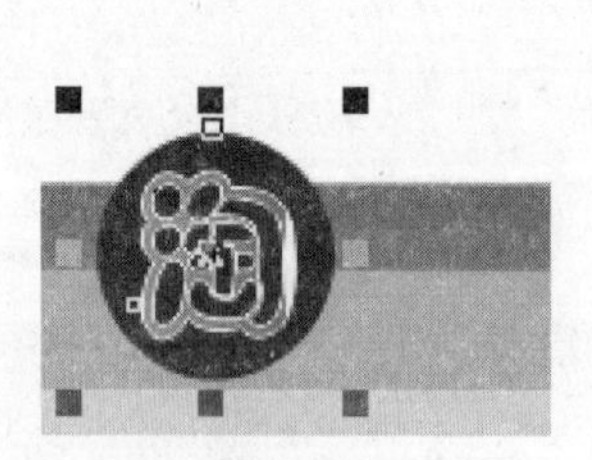

图10-44

图10-45

36 单击调色板中的橙色，如图10-46。选择工具箱中的“文本工具”，在页面中输入“名优时尚广场”六个字，设置字体为“汉仪圆叠体简”，字号为48，如图10-47所示。

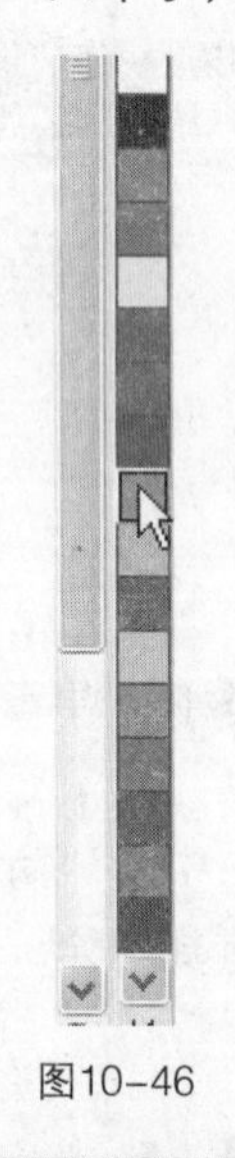

图10-46

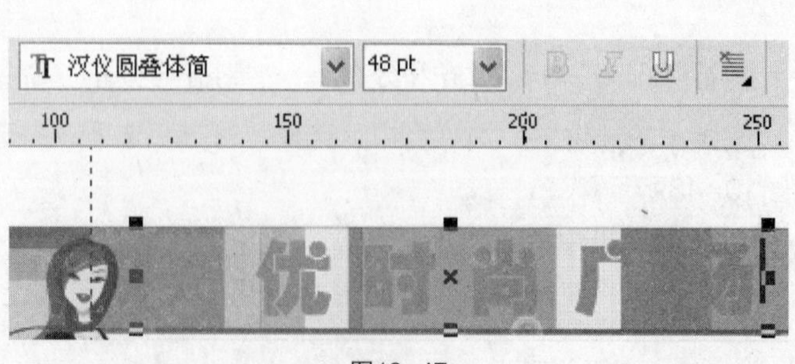

图10-47

37 按F12键，在弹出的“轮廓笔”对话框中设置“轮廓颜色”为“白色”，设置“轮廓宽度”为1.5mm，如图10-48所示。

38 选择工具箱中的“轮廓图工具”，如图10-49所示。在文本上拖曳，在轮廓属性栏中单击“轮廓图”按钮，将“轮廓图步长值”设为1，“轮廓偏移值”设为1.00mm，如图10-50所示。

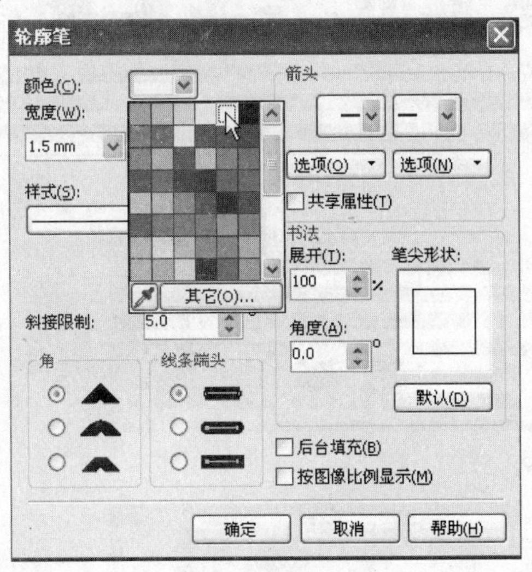

图10-48

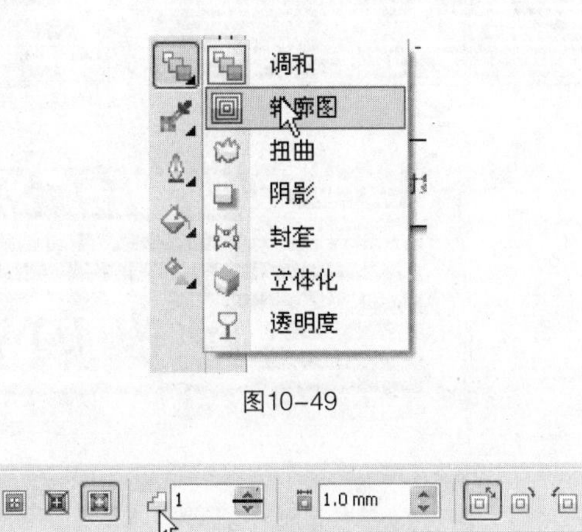

图10-49

图10-50

39 单击调色板中的白色，选择工具箱中的“椭圆形工具”，按Ctrl+Shift键绘制一个正圆，如图10-51所示。按F12键，在弹出的“轮廓笔”对话框中设置“颜色”为“白色”，设置“宽度”为0.5mm，如图10-52所示。

图10-51

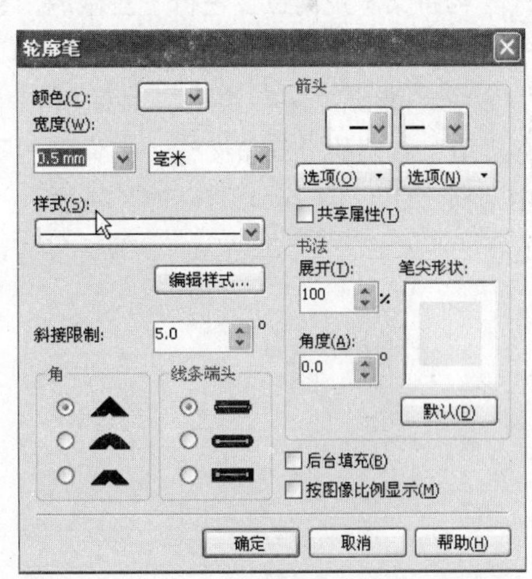

图10-52

40 以同样的方法绘制多个正圆，单击属性栏中的“群组”按钮，如图10-53所示。

41 复制正圆，选择工具箱中的“文本工具”，输入“时尚购物 开心生活”8个字，在文本属性栏中设置字体为“方整胖娃简体”，字号为24，如图10-54所示。

42 移动文本至正圆内，选择工具箱中的“形状工具”，如图10-55所示。

43 将鼠标的光标放置在文本的右下角，拖曳调整文本的间距，如图10-56所示。

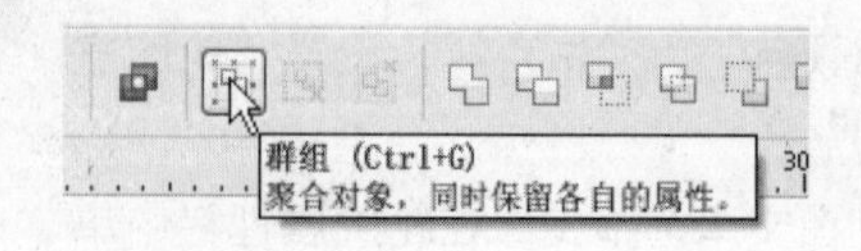

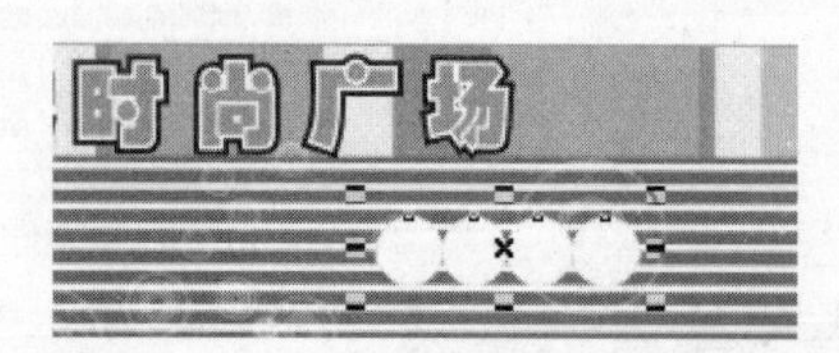

图10-53

图10-54

图10-55

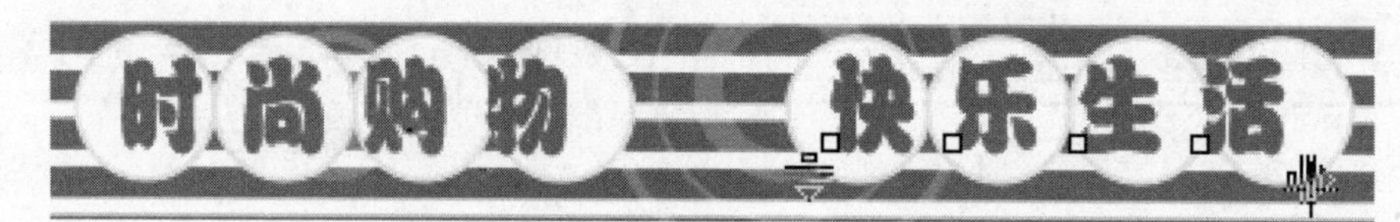

图10-56

44 再将文本距离位置进行一些微调，整个购物广场的广告设计完成。执行“文件”→“另存为”命令，弹出“保存绘图”对话框，单击“保存类型”右侧的下三角按钮，在弹出的下拉菜单中选择“COR-CoreLDRAW”格式，“版本”选择“版本15.0”，如图10-57所示。

图10-57

10.2 小结

本章通过广告单页设计实例介绍了页面尺寸的设置，色板的运用和图形的绘制；通过书本案例可让读者体会设计的整理流程。

11

第11章 逃出陷阱

经过几番辛劳，作品终于设计并制作出来了，设计师自己很满意，也得到了客户的肯定。这时候设计师会觉得该给自己放个小小的假了。但是，也许输出公司正派专人不厌其烦地在修改设计出的文件，或者印刷厂正一个接一个地给设计师打询问电话。

单个艺术品向批量工业品转化的印制过程有其自身的规矩，只有符合这些规矩，才能得到正确的印刷品。本章的目的就是让设计师掌握一些印制方面的技术，小心地绕过众多的陷阱，将作品完美地印刷出来。

设计要点

- 底色陷阱
- 颜色陷阱
- 文字陷阱
- 标线陷阱
- 尺寸陷阱

11.1 底色陷阱

在设计制作过程中，为彩色印刷品满铺一个底色是常见的手法，正确的底色设置不但可以提高印刷品的质量，提高工作效率，还可以节约成本。根据底色的明暗程度可分为“黑色底”、“浅色底”，如图11-1所示。

图11-1

11.1.1 “黑色底”避四色黑

满铺的黑底色的数值应该设置为（K=100，C=30至C=80），青色的取值由黑底的面积决定，幅面越大，数值就应该越高。通常，一个满铺8K的黑色底可将黑色设置为（K=100，C=30），如图11-2所示。

为什么不能直接设置成单色黑（K=100）或者四色黑（C=100，M=100，Y=100，K=100）呢？原因是单色黑（K=100）印刷出来显得不太饱满，尤其是高速运转的印刷机有可能造成网点不实，而青版油墨的补充能弥补单色黑的不足；四色黑虽然看上去很饱满，但由于墨量太大，油墨不容易干，会造成过背蹭脏，同时也会拉长印刷周期。

设计师为什么常常会掉入“黑色”的陷阱呢？因为各种黑色在屏幕上的显示几乎一样，很难分辨出它们的区别，但是一旦印刷到纸张上，差别就会很明显，如图11-3所示为几种黑色印刷出来的效果。

图11-2

图11-3

11.1.2 “黑色底”就黑色图

当一张带有黑边的图片放到黑底色的上面时，这个“黑”应该如何设置呢？将两种黑色设置成一样的数值，图片和底色就能够融合得很好，如图11–4所示。

1 首先确认黑色图片的数值，如图11–5所示。

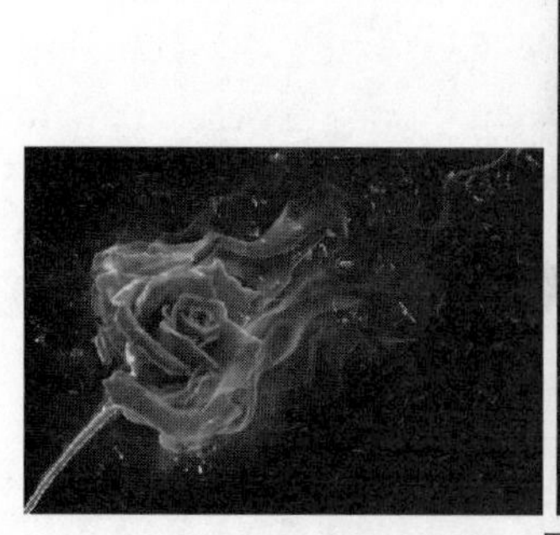
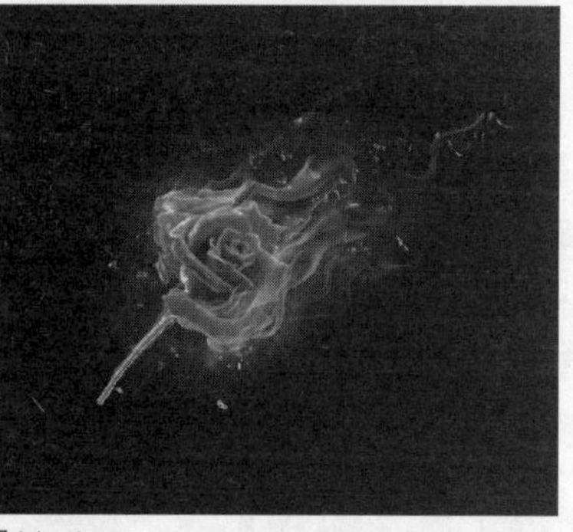

图11–4

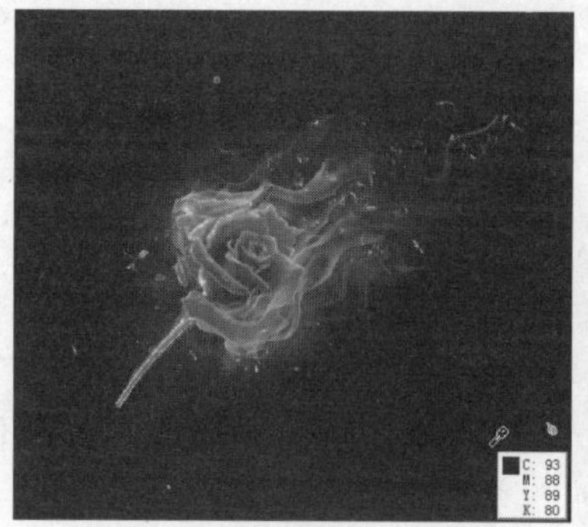

图11–5

2 在软件中设置黑色的色值，如图11–6所示。

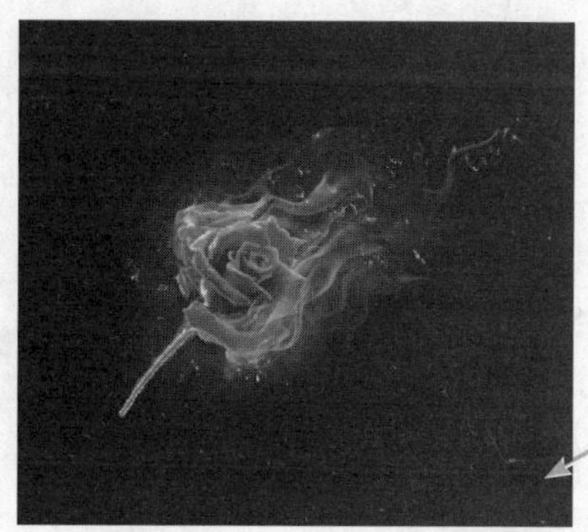

图11–6

11.1.3 “浅色底”避黑

不光是“黑色底”的设置要格外小心，“浅色底”的设置也有“避黑”的讲究。所谓“避黑”就是在设置浅色的底色时，要尽量让黑版的数值为0，避开文字使用的单黑，如图11–7所示。

“避黑”的好处是，在出完菲林片后，如果发现还有少量的文字错误，可以直接在菲林片上进行修改，从而节省了时间和金钱。

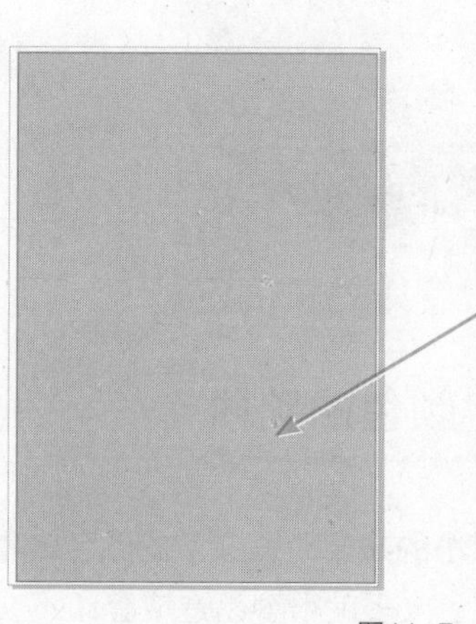
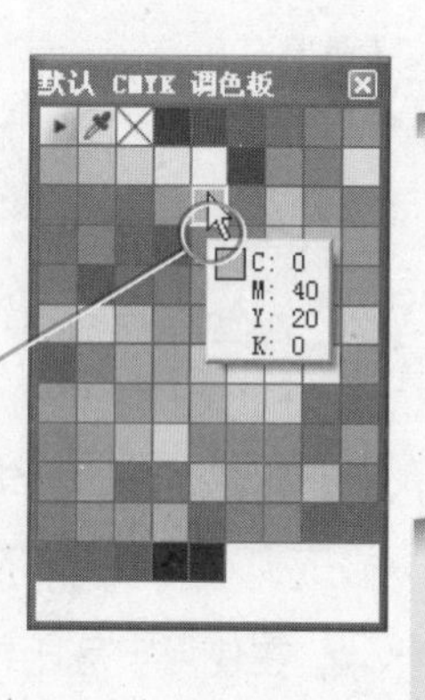

图11–7

11.2 文字陷阱

11.2.1 文字字体陷阱

1. 系统字的麻烦

系统字是计算机中用于显示文字的一些字体，比如“黑体”、“宋体”等，如图11-8所示。如果文件中使用了系统字，在出菲林片时，有可能会报错，或者出现乱码，因此，选择字体时尽量选择非系统字。

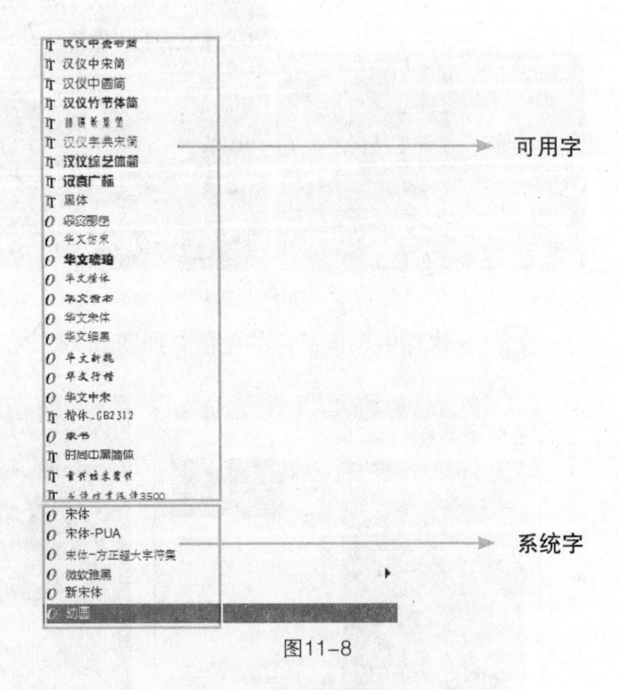

图11-8

2. 字体的选择

在设计制作时，对使用字号比较小的反白文字的字体也有设置规矩，由于印刷是一个套印的过程，笔画太细就不容易套准，或者干脆会“糊版”（模糊成一片），使细笔画看不清楚，如图11-9所示。

在选择反白的小字时，最好选择横竖笔画等宽的字体，如“中黑”、“中等线”、“楷体”等，而像“宋体”等一些非等宽的字体最好不要选择，如图11-10所示。

图11-9

图11-10

11.2.2 文字颜色的陷阱

在使用字号比较小的文字时，文字的颜色设置不正确也容易引发印刷事故，最好选择使用单色或者双色文字，颜色太多就很容易造成套印不准的事故，如图11-11所示。

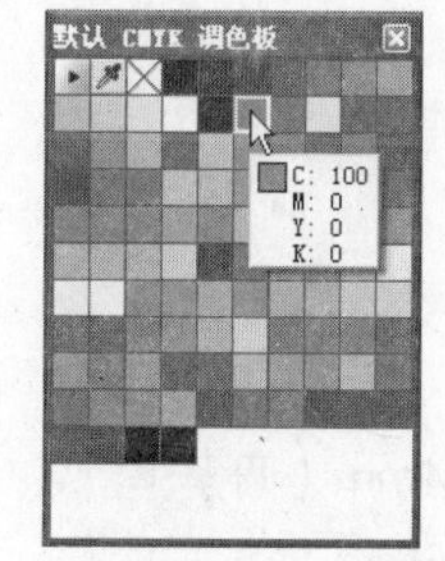

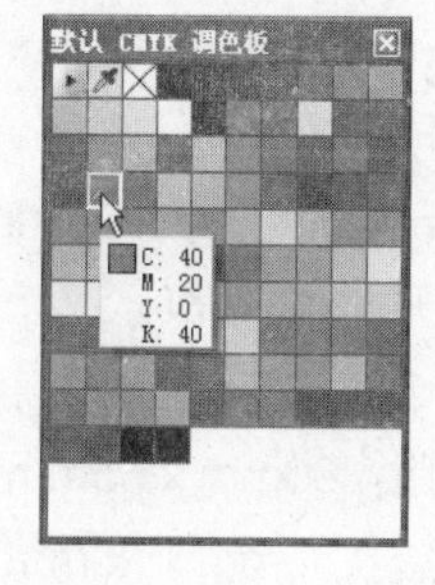

图11-11

11.3 尺寸陷阱

设置正确的尺寸是得到正常印刷品的基础。不管是设计师还是客户，尺寸是最容易被忽略的，这也就成为了最容易出现的印刷事故，并且造成的损失也最大。

在平面设计中，尺寸分为两种：一种叫成品尺寸，另一种是印刷尺寸。成品尺寸是指印刷品经过裁切后的实际尺寸，印刷尺寸是指印刷品在裁切前包含了出血的尺寸。在开始设计之前，一定要确认拿到的是哪种尺寸，然后在软件中进行相应的设置，如图11-12所示。

成品尺寸

印刷尺寸

图11-12

1. 大度纸张（印刷用纸）

整张：850mm×1168mm

对开：570mm×840mm

4开：420mm×570mm

8开：285mm×420mm

16开：210mm×285mm

32开：203mm×140mm

2. 正度纸张（印刷用纸）

整张：787mm×1092mm

全开：781mm×1086mm

2开：530mm×760mm

3开：362mm×781mm

4开：390mm×543mm

6开：362mm×390mm

8开：271mm×390mm

16开：195mm×271mm

3. 名片

横版：90mm×55mm（方角），85mm×54mm（圆角）

竖版：50mm×90mm（方角），54mm×85mm（圆角）

方版：90mm×90mm，90mm×95mm

4. IC卡

85mm×54mm

5. 三折页广告

标准尺寸：（A4纸）210mm×285mm

6. 普通宣传册

标准尺寸:（A4纸）210mm×285mm

7. 文件封套

标准尺寸：220mm×305mm

8. 招贴画

标准尺寸：540mm×380mm

9. 挂旗

8开：376mm×265mm

4开：540mm×380mm

10. 手提袋

标准尺寸：400mm×285mm×80mm

11. 信纸、便条

标准尺寸：185mm×260mm，210mm×285mm

11.4 颜色陷阱

11.4.1 四色的设置

印刷品对颜色的设置要求也是很严格的，颜色的取值最好是按照5的倍数来设置，这样设置数值的好处是，便于记忆，且有色标可以查看对照，如图11-13所示。

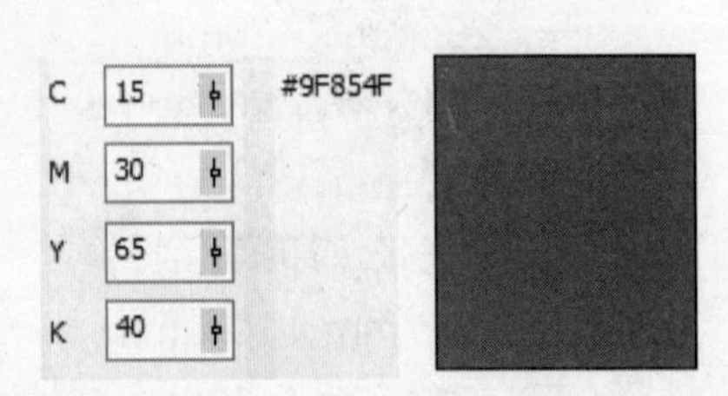

图11-13

11.4.2 专色的困惑

专色是指在印刷过程中为达到某些效果或者基于成本的考虑使用一些特殊的油墨。由于印刷的“后期工艺”是按专色来设置的，因此本书将后期工艺设置也归为专色处理。设计师要为每个印刷专色和后期工艺单独设置一个专色，这样，每个“后期工艺”或专色就能得到一张独立的菲林片，如图11–14所示。

认识和理解专色的6个要素是正确设计制作专色的前提，这6大要素包括：形状、大小、位置、颜色、虚实、套压。

C

M

Y

K

专色

图11–14

11.5 标线陷阱

设计师在设计制作中，有时候需要自己设置角线、套准线和压痕线等标线。比如，制作封面的封套时需要加上压痕线等。这些线在页面内不能显示出来，但是印刷厂需要参照它来更好地完成套准、裁切、压线等作业。下面以光盘设计为例介绍设置绘制标线的方法，如图11–15所示。

① 绘制角线。选择工具箱中的“贝塞尔工具”，绘制出两条十字交叉线，“轮廓宽度”选择“细线”，如图11–16所示。

图11–15

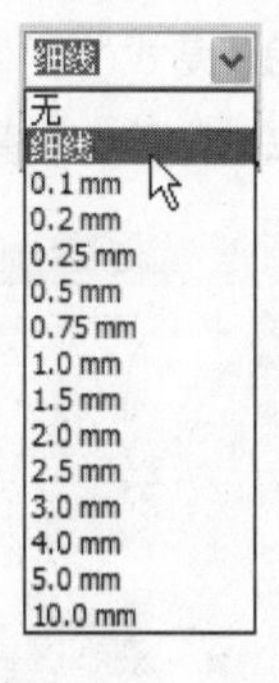

图11–16

2 确定位置。使用“选择工具”，全选十字交叉线，将它移动到圆心的位置，如图11–17所示。

光盘印刷有两种方式：一种是丝网印刷；一种是柯式印刷。本实例是属于丝网印刷方式，做丝网印刷的光盘设计一定要在圆心处绘制出套准线。

3 设置颜色。执行“窗口”→“泊坞窗”→“颜色”命令，调出“颜色”泊坞窗，将颜色设置成“C=100，M=100，Y=100，K=100”，然后单击“轮廓”按钮，这样十字线轮廓就被设置成了四色黑，以保证每个印刷色版都有套准线，如图11–18所示。

图11–17

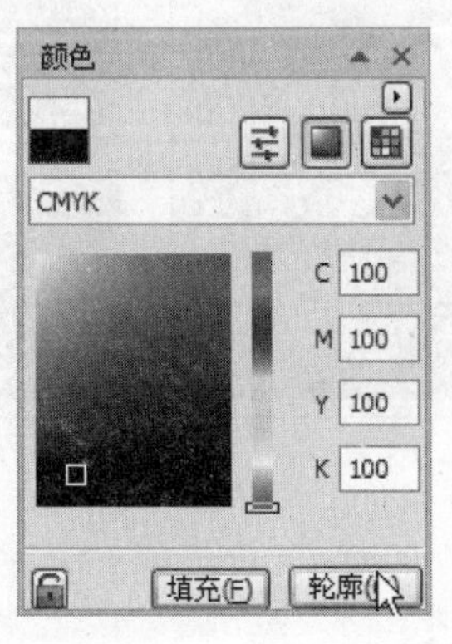

图11–18

11.6 图片陷阱

作为版面中重要元素之一的图片同样需要正确地设置来避免陷阱。

1. 图片的模式问题

最常见的问题是：在软件中绘制图形时，图形的颜色被设置成了RGB模式，或者是没有将RGB模式的图像转成CMYK模式的图像。最好使用Photoshop软件来转换图像的模式，将RGB模式转成CMYK模式，如图11–19所示。

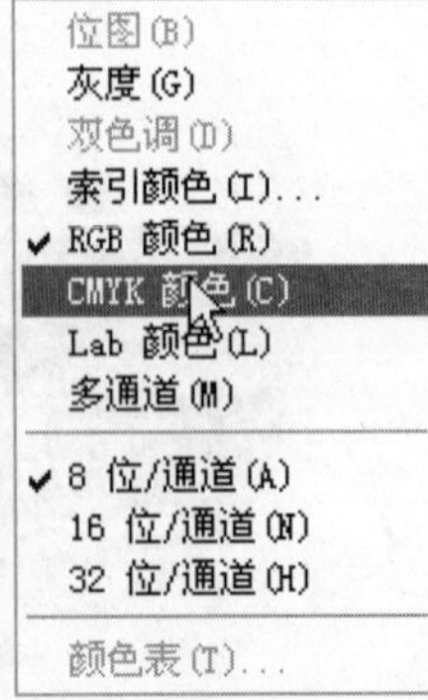

图11–19

2. 图片的缩放问题

在绘图或者排版软件中，最好不要对图像进行拉伸放大。要改变图像的大小，最好使用Photoshop来完成这个操作，这样做，图像拉大后的效果能够直接看到。

3. 图片的尺寸问题

如果图像被设置在版面的裁边位置上，一定要设置好出血量。

4. 图片的链接问题

当图像被置入到排版软件中时，其实在页面中的图像只是初略图，在输出时，一定要带上原始图像。

11.7 小结

对于刚开始进入平面设计行业的设计师，虽然也经过一些专业学习，并看过一些书籍，但在实际操作中往往感到力不从心、无从下手或者频频出错。本章针对一些常见问题进行了系统的阐述，并提供了解决手段，让设计师可更加从容地应对工作。

附录 常用快捷键

下面为设计师列出常用快捷键的分类列表，以方便设计师查找和记忆。熟记快捷键能为工作带来极大的方便，建议设计师使用快捷键来操作文档。

CorelDRAW快捷键

命令	快捷键	解释
Em 短划线(D)	Alt+_	Em 短划线(&D)
Em 空格(M)	Ctrl+Shift+M	Em 空格(&M)
En 短划线(A)	Alt+-	En 短划线(&A)
En 空格(N)	Ctrl+Shift+N	En 空格(&N)
HTML 字体大小列表	Ctrl+Shift+H	显示所有可用/活动的 HTML 字体大小的列表
VSTA 编辑器...	Alt+Shift+F12	VSTA 编辑器...
¼ Em 空格(E)	Ctrl+Alt+Space	¼ Em 空格(&E)
上一个常用的字体大小	Ctrl+NUMPAD4	将字体大小减小为字体大小列表中上一个可用设置
上移	UpArrow	上移
上移一个文本框	PgUp	将文本插入记号向上移动一个文本框
上移一段	Ctrl+UpArrow	将文本插入记号向上移动一个段落
上移一行	UpArrow	将文本插入记号向上移动一行
下一个常用的字体大小	Ctrl+NUMPAD6	将字体大小增加为字体大小列表中的下一个设置
下一页	PgDn	转到下一页
下划线	Ctrl+U	为文字添加下划线
下移	DnArrow	下移
下移一个文本框	PgDn	将文本插入记号向下移动一个文本框
下移一段	Ctrl+DnArrow	将文本插入记号向下移动一个段落
下移一行	DnArrow	将文本插入记号向下移动一行
交互式填充	G	使用绘图窗口和属性栏中的标记更改角度、中点和颜色来动态创建填充
亮度/对比度/强度(I)...	Ctrl+B	亮度/对比度/强度
位置(P)	Alt+F7	打开位置泊坞窗
使用项目符号(U)	Ctrl+M	添加或移除项目符号列表格式
使用首字下沉(U)	Ctrl+Shift+D	添加或移除首字下沉
保存(S)...	Ctrl+S	保存活动文档
停止记录(O)	Ctrl+Shift+O	停止记录(&O)
全屏预览(F)	F9	显示绘图的全屏预览

（续表）

命令	快捷键	解释
全部调整	Ctrl+J	对齐边框左右侧的所有文本，但不包括最后一行
再制(D)	Ctrl+D	再制选定对象并以指定的距离偏移
减小字体大小	Ctrl+NUMPAD2	将字体大小减小为上一个字体大小设置
切换选择状态	Ctrl+Space	在当前工具和选择工具之间切换
列/图文框分割(F)	Ctrl+Enter	列/图文框分割(&F)
列/图文框分割(F)	Ctrl+Enter	列/图文框分割(&F)
删除(L)	删除	删除选定对象
删除右边一个字	Ctrl+删除	删除文本插入记号右边的字
删除右边一个字符	删除	删除文本插入记号右边的字符
到图层后面(A)	Shift+PgDn	将对象移到图层后面
到页面前面(F)	Ctrl+主页	到页面前面
到页面后面(B)	Ctrl+End	到页面后面
刷新窗口(W)	Ctrl+W	重绘绘图窗口
前一页	PgUp	转到前一页
剪切(T)	Ctrl+X	将一个或多个对象移到剪贴板
剪切(T)	Shift+删除	将一个或多个对象移到剪贴板
动态辅助线(Y)	Alt+Shift+D	使用动态辅助线将对象和其他对象对齐
取消群组(U)	Ctrl+U	将一个组分为多个单独的对象或组
另存为(A)...	Ctrl+Shift+S	用新名保存活动绘图
可选的连字符(O)	Ctrl+–	可选的连字符(&O)
右	Ctrl+R	对齐边框右侧的文本
右分散排列	Shift+R	向右分散排列选定的对象
右对齐(R)	R	右对齐选定的对象
右移	RightArrow	右移
右移一个字	Ctrl+RightArrow	将文本插入记号向右移动一个字
右移一个字符	RightArrow	将文本插入记号向右移动一个字符
合并单元格(M)	Ctrl+M	将多个单元格合并为一个单元格
向上平移	Alt+UpArrow	
向上微调	Ctrl+UpArrow	使用微调因子向上微调对象
向上微调(U)	UpArrow	向上微调对象
向上微调锚点	UpArrow	向上微调锚点
向上细微调锚点	Ctrl+UpArrow	向上细微调锚点
向上超微调	Shift+UpArrow	使用“超微调”因子向上微调对象
向上超微调锚点	Shift+UpArrow	向上超微调锚点
向上选择	Shift+UpArrow	向上选择

（续表）

命令	快捷键	解释
向上选择一个文本框	Shift+PgUp	向上选择一个文本框
向上选择一段	Ctrl+Shift+UpArrow	向上选择一段文本
向上选择一行	Shift+UpArrow	向上选择一行文本
向下平移	Alt+DnArrow	
向下微调	Ctrl+DnArrow	使用微调因子向下微调对象
向下微调(D)	DnArrow	向下微调对象
向下微调锚点	DnArrow	向下微调锚点
向下细微调锚点	Ctrl+DnArrow	向下细微调锚点
向下超微调	Shift+DnArrow	使用“超微调”因子向下微调对象
向下超微调锚点	Shift+DnArrow	向下超微调锚点
向下选择	Shift+DnArrow	向下选择
向下选择一个文本框	Shift+PgDn	向下选择一个文本框
向下选择一段	Ctrl+Shift+DnArrow	向下选择一段文本
向下选择一行	Shift+DnArrow	向下选择一行文本
向前一层(O)	Ctrl+PgUp	向前一层
向右平移	Alt+RightArrow	
向右微调	RightArrow	向右微调对象
向右微调	Ctrl+RightArrow	使用微调因子向右微调对象
向右微调锚点	RightArrow	向右微调锚点
向右细微调锚点	Ctrl+RightArrow	向右细微调锚点
向右超微调	Shift+RightArrow	使用超微调因子向右微调对象
向右超微调锚点	Shift+RightArrow	向右超微调锚点
向右选择	Shift+RightArrow	向右选择
向后一层(N)	Ctrl+PgDn	向后一层
向左平移	Alt+LeftArrow	
向左微调	LeftArrow	向左微调对象
向左微调	Ctrl+LeftArrow	使用微调因子向左微调对象
向左微调锚点	LeftArrow	向左微调锚点
向左细微调锚点	Ctrl+LeftArrow	向左细微调锚点
向左超微调	Shift+LeftArrow	使用“超微调”因子向左微调对象
向左超微调锚点	Shift+LeftArrow	向左超微调锚点
向左选择	Shift+LeftArrow	向左选择
图形和文本样式(G)	Ctrl+F5	打开“图形和文本样式”泊坞窗
图纸(G)	D	绘制网格
在页面居中(P)	P	使选定对象在页面居中对齐

（续表）

命令	快捷键	解释
均匀填充	Shift+F11	使用调色板、颜色查看器、颜色和谐或颜色调和为对象选择一种纯填充颜色
垂直分散排列中心	Shift+C	垂直分散排列选定对象的中心
垂直分散排列间距	Shift+A	在选定的对象间垂直分散排列间距
垂直居中对齐(E)	C	垂直对齐选定对象的中部
垂直文本	Ctrl+.	将文本更改为垂直方向
增加字体大小	Ctrl+NUMPAD8	将字体大小增加为下一个字体大小设置
复制(C)	Ctrl+C	将一个或多个对象的副本放到剪贴板
多边形(P)	Y	在绘图窗口拖动工具绘图窗口绘制多边形
大小(I)	Alt+F10	打开大小泊坞窗
字体列表	Ctrl+Shift+F	为新文本或所选文本选择一种字样
字体大小列表	Ctrl+Shift+P	指定字体大小
字体粗细列表	Ctrl+Shift+W	显示所有可用/活动字体粗细的列表
字符格式化(F)	Ctrl+T	更改文本字符的属性
宏管理器(M)	Alt+Shift+F11	宏管理器(&M)
宏编辑器(E)...	Alt+F11	宏编辑器(&E)...
对齐基线(A)	Alt+F12	按基线对齐文本
导入(I)...	Ctrl+I	将文件导入活动文档
导出(E)...	Ctrl+E	将文档副本另存为其他文件格式
导航器	N	打开导航器窗口，使您可以导航到文档中的任何对象
封套(E)	Ctrl+F7	打开封套泊坞窗
将轮廓转换为对象(E)	Ctrl+Shift+Q	将轮廓转换为对象
小型大写字符	Ctrl+Shift+K	缩小文本中上段字符的大小
居中	Ctrl+E	居中边框中的文本
展开选项	Ctrl+A	展开选项
属性(I)	Alt+Enter	允许查看和编辑对象的属性
左	Ctrl+L	对齐边框左侧的文本
左分散排列	Shift+L	向左分散排列选定的对象
左对齐(L)	L	左对齐选定的对象
左移	LeftArrow	左移
左移一个字	Ctrl+LeftArrow	将文本插入记号向左移动一个字
左移一个字符	LeftArrow	将文本插入记号向左移动一个字符
平移	H	不更改缩放级别，将绘图的隐藏区域拖动到视图
底端对齐(B)	B	对齐选定对象的底端
底部分散排列	Shift+B	底部分散排列选定的对象

第11章

附录

（续表）

命令	快捷键	解释
强制调整	Ctrl+H	对齐边框左右侧的所有文本
形状	F10	通过控制节点编辑曲线对象或文本字符
手绘(F)	F5	绘制曲线和直线线段
打印(P)...	Ctrl+P	选择打印选项，打印活动文档
打开(O)...	Ctrl+O	浏览到保存文档的文件夹打开现有文档
打散曲线(B)	Ctrl+K	打散对象创建多个对象和路径
拼写检查(S)...	Ctrl+F12	启动“拼写检查器”；检查选定文本的拼写
插入符号字符(H)	Ctrl+F11	打开“插入字符”泊坞窗
撤消 %s(U)	Ctrl+Z	取消前一个操作
撤消 %s(U)	Alt+Backspace	取消前一个操作
文本	Ctrl+F10	选定“文本”标签，打开“选项”对话框
文本(T)	F8	添加和编辑段落和美术字
斜体	Ctrl+I	将文本设为斜体
新建(N)...	Ctrl+N	开始一个新文档
旋转(R)	Alt+F8	打开旋转泊坞窗
无	Ctrl+N	不要对齐带有边框的文本
显示非打印字符(N)	Ctrl+Shift+C	显示非打印字符
显示页面(P)	Shift+F4	调整缩放级别以适合整个页面
智能绘图(S)	Shift+S	将手绘笔触转换为基本形状或平滑的曲线
更改大小写(G)...	Shift+F3	更改所选文本的大小写
查找对象(O)...	Ctrl+F	按指定属性选择对象
查找文本(F)...	Alt+F3	在绘画中查找指定的文本
样式列表	Ctrl+Shift+S	显示所有绘画样式的列表
椭圆形(E)	F7	在绘图窗口拖动工具绘制圆形和椭圆形
橡皮擦	X	移除绘图中不需要区域
步长和重复(T)...	Ctrl+Shift+D	显示步长和重复泊坞窗
比例(S)	Alt+F9	打开比例泊坞窗
水平分散排列中心	Shift+E	水平分散排列选定对象的中心
水平分散排列间距	Shift+P	在选定的对象间水平分散排列间距
水平居中对齐(C)	E	水平对齐选定对象的中部
水平文本	Ctrl+,	将文本更改为水平方向
渐变填充	F11	使用渐变颜色或色调填充对象。
生成属性栏	Ctrl+Enter	生成“属性栏”并对准可被标记的第一个可视项
矩形(R)	F6	在绘图窗口拖动工具绘制正方形和矩形
移到文本开头	Ctrl+PgUp	将文本插入记号移动到文本开头

（续表）

命令	快捷键	解释
移到文本开头	Ctrl+PgUp	将文本插入记号移动到文本开头
移到文本框开头	Ctrl+主页	将文本插入记号移动到文本框开头
移到文本框结尾	Ctrl+End	将文本插入记号移动到文本框结尾
移到文本框结尾	Ctrl+End	将文本插入记号移动到文本框结尾
移到行尾	End	将文本插入记号移动到行尾
移到行首	主页	将文本插入记号移动到行首
移动到文本结尾	Ctrl+PgDn	移动文本插入记号到文本结尾
符号管理器(O)	Ctrl+F3	符号管理器泊坞窗
粗体	Ctrl+B	将文本设为粗体
粘贴(P)	Ctrl+V	将剪贴板内容放入文档中
粘贴(P)	Shift+Insert	将剪贴板内容放入文档中
结合(C)	Ctrl+L	将对象合并为有相同属性的单一对象
编辑文本(X)...	Ctrl+Shift+T	使用文本编辑器修改文本
缩小(O)	F3	降低缩放级别查看文档的更大部分内容
缩放	Z	更改文档窗口的缩放级别
缩放一次	F2	
缩放以适合(F)	F4	调整缩放级别以包含所有对象
缩放选定对象(S)	Shift+F2	只缩放所选对象
网状填充	M	通过调和网状网格中的多种颜色或阴影来填充对象
群组(G)	Ctrl+G	聚合对象，同时保留各自的属性
色度/饱和度/亮度(S)...	Ctrl+Shift+U	色度/饱和度/亮度
艺术笔	I	使用手绘笔触添加艺术笔刷、喷射和书法效果
螺纹(S)	A	绘制对称式和对数式螺纹
表格(T)	删除	删除选定的表格
视图切换	Shift+F9	在最近使用的两种视图质量间进行切换
视图管理器(W)	Ctrl+F2	打开“视图管理器泊坞窗”
记录临时宏(R)	Ctrl+Shift+R	记录临时宏(&R)
贴齐对象(J)	Alt+Z	将对象与文档中的其他对象对齐
贴齐网格(P)	Ctrl+Y	将对象与网格对齐
转换(V)	Ctrl+F8	转换美术字为段落文本或反过来转换
转换为曲线(V)	Ctrl+Q	允许使用形状工具修改对象
轮廓图(C)	Ctrl+F9	打开轮廓图泊坞窗
轮廓笔	F12	设置轮廓属性，如线条宽度、角形状和箭头类型
轮廓色	Shift+F12	使用颜色查看器和调色板选择轮廓色
运行临时宏(P)	Ctrl+Shift+P	运行临时宏(&P)

（续表）

命令	快捷键	解释
这是什么？(W)	Shift+F1	“这是什么？”帮助
连接曲线(J)	Ctrl+Shift+J	使用端点容限连接曲线
退出(X)	Alt+F4	退出 CorelDRAW 并提示保存活动绘图
选择全部对象	Ctrl+A	
选择右边一个字	Ctrl+Shift+RightArrow	选择文本插入记号右边的字
选择右边一个字符	Shift+RightArrow	选择文本插入记号右边的字符
选择左边一个字	Ctrl+Shift+LeftArrow	选择文本插入记号左边的字
选择左边一个字符	Shift+LeftArrow	选择文本插入记号左边的字符
选择所有锚点	Ctrl+A	选择所有锚点
选择文本开始	Ctrl+Shift+PgUp	选择文本开始的文本
选择文本框的开始	Ctrl+Shift+主页	选择文本框开始的文本
选择文本框结尾	Ctrl+Shift+End	选择文本框结尾的文本
选择文本结尾	Ctrl+Shift+PgDn	选择文本结尾的文本
选择行尾	Shift+End	选择行尾的文本
选择行首	Shift+主页	选择行首的文本
选择颜色	Ctrl+Shift+E	从文档窗口进行颜色取样
选项(O)...	Ctrl+J	设置工作区首选项
透镜(S)	Alt+F3	打开“透镜”泊坞窗
重做 %s(E)	Ctrl+Shift+Z	重新执行上一个撤销的操作
重复 %s(R)	Ctrl+R	重复上一次操作
非断行空格(S)	Ctrl+Shift+Space	非断行空格(&S)
非断行连字符(H)	Ctrl+Shift+–	非断行连字符(&H)
非断行连字符(H)	Ctrl+_	非断行连字符(&H)
顶端对齐(T)	T	对齐选定对象的顶端
顶部分散排列	Shift+T	顶部分散排列选定的对象
颜色平衡(L)...	Ctrl+Shift+B	颜色平衡